热流过程的数学模型和数值模拟

（第2版）

王　路　徐江荣　主编

電子工業出版社
Publishing House of Electronics Industry
北京·BEIJING

图书在版编目（CIP）数据

热流过程的数学模型和数值模拟/王路，徐江荣主编. —2 版. —北京：电子工业出版社，2022.8

ISBN 978-7-121-43957-5

Ⅰ. ①热… Ⅱ. ①王… ②徐… Ⅲ. ①热流动—数学模型—高等学校—教材 Ⅳ. ①O414.1

中国版本图书馆 CIP 数据核字（2022）第 119692 号

责任编辑：康 静
印 刷：三河市良远印务有限公司
装 订：三河市良远印务有限公司
出版发行：电子工业出版社
北京市海淀区万寿路 173 信箱 邮编 100036
开 本：787×1092 1/16 印张：12.75 字数：326.4 千字
版 次：2012 年 3 月第 1 版
2022 年 8 月第 2 版
印 次：2022 年 8 月第 1 次印刷
定 价：44.00 元

凡所购买电子工业出版社图书有缺损问题，请向购买书店调换。若书店售缺，请与本社发行部联系，联系及邮购电话：（010）88254888，88258888。

质量投诉请发邮件至 zlts@phei.com.cn，盗版侵权举报请发邮件至 dbqq@phei.com.cn。

本书咨询联系方式：（010）88254609 或 hzh@phei.com.cn。

第 2 版前言

本书第一版发行于 2011 年，旨在为本校能源研究所的研究生和相关研究者提供热流过程研究中经典有效的数学模型，不追求理论的全面性。第 1 版主要分为数学模型和数值模拟两个部分，第一部分涉及流动理论、湍流理论、多相流理论、传热理论和燃烧理论，是热流过程核心理论的提炼和总结，根据徐江荣教授为杭州电子科技大学能源研究所学生授课的讲义选编。第二部分主要选编了徐江荣教授课题组的部分相关研究成果。近 10 年的教学过程中发现不少疏漏和错误，经杭州电子科技大学研究生核心课程建设项目（资助号：HXKC2017018）和浙江省属高校基本科研业务费专项资金（资助号：GK199900299012-020）资助，我们对第 1 版的内容做了大量修改。

本书第 2 版在第一章黏性不可压缩流体的数学模型部分增加了 Navier-Stokes 方程无量纲形式的推导，并加入低雷诺数下平行流动问题的简化分析；第二章湍流流动的标准 κ–ε 模型改为湍流模型，本部分增补了近几年广泛使用的雷诺应力模型和大涡模型的建模过程；对第 3 章气体湍流燃烧模型部分推导过程做了简化，使内容更容易理解，并重新推导了燃烧关联矩模型，旨在介绍一种复杂源项取雷诺平均的一般方法；第 4 章对颗粒运动拉格朗日方程的建立做了较为详细的补充。保留第 1 版湍流脉动频谱模型的部分内容，并扩充为颗粒随机轨道模型，保留原书网格时间确定部分；重新编写了第 5 章两相流 PDF 模型部分，引入了 PDF 方法的相关数理概念，增加了 PDF 方程的建立和封闭过程的叙述，并以 PDF 方程为基础推导了颗粒相拟流体模型；新增了第 6 章 LBE 模型，从介观尺度介绍热流体和两相流模型。修订工作由徐江荣教授牵头，前 5 章增补工作由王路负责，第 6 章由梁宏编写。本书第 1 版数值模拟部分略显冗杂，本次修改对此进行了大量的删减，保留单相湍流、气体燃烧湍流和气固两相流问题的 3 个算例，增补了基于 LBE 模型的气液两相流的数值算例，该部分是课题组研究生胡晓亮硕士的工作。4 个算例都是本书作者与课题组研究生的工作。附录部分曲线坐标系中的场，基本保持不变。

第 2 版对公式和图表进行了重排，在此由衷感谢蔡宏敏和梅鲁浩两位研究生艰苦而细致的编辑校对工作。受作者水平的限制，虽几经修改、校对，仍无法更正所有的疏漏和错误，期待读者发现后不吝指正。

王　路

2021 年 2 月

于杭州电子科技大学

第 1 版前言

工程热物理的研究对象在自然界和工业过程中无处不在。描述自然界和工业过程热流现象的基本理论主要是流动理论、湍流理论、多相流理论、传热理论和燃烧理论。但由于所描述的热过程往往是流动、传热和燃烧混合的现象，且边界复杂，甚至还要外加其他场，如声场、电磁场等，使得热物理基本理论不能有效地描述这种复杂的热过程，因此对热过程理论模型的研究，特别是多场耦合模型的研究是一个研究热点。现在对热过程模型的研究可以概括为以下几个方面：

（1）由湍流延伸出来的问题依然是理论模型研究的主要内容，因为湍流问题没有一个根本的解决方案，由此引起的多相流、传热、燃烧和多场耦合依然不可能有根本的解决方案，所以由湍流模型引起的传热模型、多相流模型、燃烧模型基本上要在湍流模型的基础上再加上许多假设。在多场耦合问题上，这种模型带来的是数目巨大的偏微分方程组，其相互影响的方程组是值得研究的。

（2）一般来说流动、传热、燃烧数学模型基本上是同一类对流—扩散偏微分方程，但多相流、多相燃烧及其声、电、磁等外场的加入使得模型的类型多样化，给模型的求解带来很大的困难，使得求解过程复杂，误差类型增多。

（3）由于热过程往往是大型的、危险的，测量手段有限、测量费用巨大，使计算机数值模拟变得越来越重要，数值模拟的基础是良好的数学模型和优越的计算方法。对热流模型计算方法的研究是另外一个热点问题，但良好的数学模型是最基本的。研究者不愿意花更多的精力去研究，因此目前的现状是计算方法的研究多于模型的研究，但模型的研究无比重要。

本著作主要集中于数学模型上，注重热物理现象的数学描述。其内容分为两部分，第一部分是流动、湍流、两相流、传热燃烧的基本数学模型，第二部分是外加场作用下复杂热物理问题的数学模型和数值模拟。

第一部分主要的观点是物理模型尽可能数学模型化。流动、湍流、两相流、传热燃烧的基本理论散见于各类专著与文献中，本著作不追求理论的全面性，将每一类问题的最根本、最典型、最有效的一个模型以陈述数学模型的方法给出，避免详细和繁琐的物理过程的描述。其中“两相流颗粒轨道模型”和“两相流 PDF 模型——湍流 f^{-2} 色噪声扩维方法”两部分主要内容是作者本人的研究结果。

第二部分是复杂场下热物理问题的数学模型和数值模拟。该部分都是作者及其指导的应用数学专业研究生的工作，其主要研究的思路和方法可以概括为三个方面：

（1）所有模型都是在第一部分基本模型基础上的多场耦合热物理问题，如流场和声场耦合、特殊材料下热流过程、复杂化学反应过程等。

（2）所有模型的适用对象都来自于最新的工程问题，且这些问题大部分是本课题组承担的研究项目，如可吸入颗粒脱除问题、汽车尾气余热利用问题、声波制冷压缩机问题、多孔介质燃烧问题等。

（3）依然注重热物理问题的数学模型化，注重一组偏微分方程及其相互关联性，所有问题都用计算机数值模拟方法获得数值解，紧密地与所描述的工程问题结合起来，对工程应用具有指导作用。

对热理论基本数学模型的研究是有价值的。作者在多年参与工程热物理专业博士论文答辩和评审过程中发现，由于商业软件的使用，工程领域的科研工作者越来越忽视热物理过程数学模型的研究，博士生甚至搞不清模型方程之间的关系。而大量的著作和文献不追求模型的数学严谨性，这是作者编写第一部分的最原始的目的，希望有一本书能把这些基本模型描述得很严谨，简化的模型的简化原因写得清清楚楚，符号统一。

热过程的多场耦合问题越来越多，如化学反应，在新能源利用、硫和氮污染物的脱除过程涉及大量的链式化学反应，这是热流过程数学模型的难点；有如声—电与流—热场的耦合，用以处理颗粒污染物和热声效应利用是热物理领域的新增长点，这些耦合过程的数学模型有两个难点，一是流-热场和声-电场的相互作用处理，二是模型类型不同引起的计算方法的不同。本专著在这些方面做了大量的尝试性工作，并取得了一定的成果。

本著作第一部分是近几年应用数学硕士研究生课程“热流过程的数学模型”讲述的主要内容，且经过三次调整而成；本著作的第二部分内容均具有很强的工程背景，来自于作者及其课题组近五年承担的科研项目，包括完成和正在承担的国家自然科学基金、浙江省自然科学基金、杭州市科技计划项目和部分企业委托项目。部分内容是本课题组研究生共同研究的成果，其中包含李泽征、李博、赵殿鹏三位研究生的浙江省“新苗计划”项目资助的研究工作。同时还要感谢陈芳、康明、胡素娟等几位研究生的研究工作。

本著作的出版受到杭州电子科技大学专著出版基金的资助。

由于作者的水平有限，书中难免有疏漏、遗漏和不完整之处，期待读者的指正！

作　者

2011 年 8 月

于杭州电子科技大学

目　　录

第 1 章　黏性不可压缩流体的数学模型 …… 1

1.1　几个基本公式 …… 2

1.2　流动的基本方程组 …… 4

1.2.1　质量守恒与动量方程 …… 4

1.2.2　变形速度张量 …… 5

1.2.3　牛顿流体本构方程 …… 8

1.2.4　无量纲方程 …… 10

1.3　平行流动 …… 11

1.3.1　泊肃叶流动 …… 11

1.3.2　库埃特流动 …… 13

1.4　黏性不可压缩流体绕圆球运动模型 …… 14

1.5　黏性不可压缩流体边界层方程 …… 18

1.5.1　边界层厚度 …… 18

1.5.2　边界层内外的数学模型 …… 19

1.5.3　卡门动量积分关系式 …… 21

第 2 章　湍流模型 …… 23

2.1　湍流运动的基本方程 …… 24

2.1.1　雷诺平均方程 …… 24

2.1.2　雷诺应力输运方程 …… 26

2.2　标准 κ–ε 模型 …… 28

2.2.1　湍动能方程 …… 29

2.2.2　湍动能耗散率方程 …… 30

2.3　雷诺应力模型 …… 31

2.3.1　雷诺应力模型的封闭 …… 31

2.3.2　代数形式的雷诺应力模型 …… 33

2.4　雷诺平均模型的通用形式 …… 34

2.5　定解条件 …… 36

2.6　大涡模拟（LES）模型 …… 38

2.6.1 空间平均 …… 38
2.6.2 Smagorinsky 亚格子模型 …… 39
2.6.3 常用亚格子模型 …… 41

第 3 章 气体湍流燃烧模型 …… 44

3.1 能量输运方程 …… 45
3.1.1 能量守恒方程 …… 45
3.1.2 能量守恒方程的其他形式 …… 47
3.2 化学反应组分平衡方程 …… 48
3.3 湍流中的组分平均方程和能量平均方程 …… 50
3.4 湍流扩散燃烧模型 …… 51
3.4.1 混合分数 f–g 方程 …… 51
3.4.2 混合分数的概率密度函数 …… 52
3.5 湍流预混燃烧速率模型 …… 53
3.6 湍流燃烧关联矩模型 …… 54

第 4 章 两相流颗粒轨道模型 …… 58

4.1 颗粒运动拉格朗日方程 …… 59
4.2 颗粒随机轨道模型 …… 61
4.2.1 随机数颗粒轨道模型 …… 61
4.2.2 标准化 Langevin 模型 …… 62
4.2.3 广义 Langevin 模型 …… 64
4.2.4 湍流脉动频谱模型 …… 66
4.3 两相耦合求解问题 …… 68
4.3.1 两相耦合模型 …… 68
4.3.2 两相耦合算法 …… 70
4.4 网格时间确定问题 …… 71
4.4.1 颗粒运动方程的变换和计算方法 …… 72
4.4.2 煤粉浓淡低负荷燃烧器的撞击分离装置内两相流动计算 …… 73

第 5 章 两相流 PDF 模型 …… 75

5.1 概率密度函数的相关概念 …… 76
5.2 颗粒 PDF 输运方程的建立 …… 78
5.2.1 Liouville 方程 …… 78
5.2.2 Fokker-Planck 方程 …… 79
5.2.3 PDF 输运方程的封闭 …… 80
5.3 从 PDF 输运方程到宏观矩模型 …… 82

5.4 气固两相宏观矩模型 …… 84
5.4.1 气固两相湍流模型 …… 84
5.4.2 两相湍流模型的封闭 …… 86

第 6 章 LBE 模型 …… 89

6.1 等温 LBE 模型 …… 89
6.1.1 等温 LBE 模型的基本要素 …… 89
6.1.2 边界条件处理 …… 91
6.1.3 等温 LBE 模型的多尺度分析 …… 92
6.2 热流动 LBE 模型 …… 93
6.3 气液两相流 LBE 模型 …… 95
6.3.1 相场理论 …… 95
6.3.2 基于相场理论的 LBE 模型 …… 96
6.3.3 两相流 LBE 模型的多尺度分析 …… 97

第 7 章 单相湍流的数值模拟 …… 99

7.1 管内充分发展湍流的数值模拟 …… 99
7.1.1 标准 κ–ε 模型与 RNG κ–ε 模型 …… 99
7.1.2 管内湍流的数值模拟 …… 100
7.2 强旋转受限射流的数值模拟 …… 102
7.2.1 数学模型——RNG-ASM 模型 …… 103
7.2.2 模拟对象与方法 …… 107
7.2.3 收敛性与计算速度 …… 108
7.2.4 计算结果分析 …… 108

第 8 章 气体燃烧的数值模拟 …… 114

8.1 多孔介质燃烧的数学模型 …… 114
8.2 二维环状多孔介质燃烧器的数值模拟 …… 116
8.2.1 计算条件 …… 116
8.2.2 高当量比绝热工况下计算结果 …… 118
8.2.3 燃烧器内温度场的影响因素分析 …… 121
8.2.4 火焰移动速率 …… 123
8.3 三维环状多孔介质燃烧器的数值模拟 …… 125
8.3.1 计算条件 …… 125
8.3.2 计算结果分析 …… 126
8.3.3 三维模型与二维模型的燃烧室内温度场及流场对比 …… 128
8.3.4 三维模型与二维模型的速度场对比 …… 132

第 9 章　气固两相流的数值模拟 …… 134

9.1　驻波声-流场中颗粒细颗粒运动数学模型 …… 134
9.2　颗粒声波凝聚的特性分析 …… 135
9.3　超细颗粒声波团聚数值模拟 …… 138
9.3.1　微通道超细颗粒声波团聚数学模型 …… 138
9.3.2　超细颗粒声波团聚数值模拟方法 …… 139
9.3.3　数值模拟结果 …… 140
9.4　声波旋风分离器两相流的数学模型 …… 142
9.4.1　湍流雷诺应力模型 …… 142
9.4.2　颗粒模型 …… 142
9.4.3　团聚动力学方程 …… 143
9.5　旋风除尘器颗粒声波团聚和分离过程的数值模拟 …… 146
9.5.1　模拟对象-旋风除尘器 …… 146
9.5.2　边界条件与差分格式选择 …… 146
9.5.3　单相流场计算结果 …… 147
9.5.4　声波团聚两相流场计算结果 …… 148

第 10 章　气液两相流的 LBM 模拟 …… 152

10.1　Rayleigh-Taylor 不稳定性问题 …… 152
10.2　相场格子 Boltzmann 方法 …… 154
10.3　数值结果与讨论 …… 157

附录 A　曲线坐标系中场 …… 163

A.1　场的基本知识 …… 163
A.1.1　标量场的梯度 …… 163
A.1.2　矢量的散度 …… 164
A.1.3　矢量的旋度 …… 165
A.1.4　哈密顿算子 …… 166
A.2　曲线坐标系表述的场 …… 167
A.2.1　符号约定 …… 167
A.2.2　曲线坐标系及弧元素 …… 168
A.2.3　曲线系中的梯度、散度和旋度 …… 171
A.3　曲线系流体力学的场论公式 …… 173
A.4　曲线坐标系中的不可压缩流方程组 …… 175

参考文献 …… 179

第1章 黏性不可压缩流体的数学模型

黏性不可压缩流体的数学模型的张量形式

$$\begin{cases} \dfrac{\partial v_i}{\partial x_i} = 0 \\ \dfrac{\partial v_i}{\partial t} + v_j \dfrac{\partial v_i}{\partial x_j} = -\dfrac{1}{\rho}\dfrac{\partial p}{\partial x_i} + \upsilon \dfrac{\partial^2 v_i}{\partial x_j^2} + f_i \end{cases}$$

Navier-Stokes 方程的无量纲形式为

$$\begin{cases} \dfrac{\partial v_i}{\partial x_i} = 0 \\ \dfrac{\partial v_i}{\partial t} + v_j \dfrac{\partial v_i}{\partial x_j} = -\dfrac{\partial p}{\partial x_i} + \dfrac{1}{\mathrm{Re}}\dfrac{\partial^2 v_i}{\partial x_j^2} + f_i \end{cases}$$

在直角系中的形式为

$$\begin{cases} \dfrac{\partial v_x}{\partial x} + \dfrac{\partial v_y}{\partial y} + \dfrac{\partial v_z}{\partial z} = 0 \\ \dfrac{\partial v_x}{\partial t} + v_x \dfrac{\partial v_x}{\partial x} + v_y \dfrac{\partial v_x}{\partial y} + v_z \dfrac{\partial v_x}{\partial z} = -\dfrac{1}{\rho}\dfrac{\partial p}{\partial x} + \upsilon\left(\dfrac{\partial^2 v_x}{\partial x^2} + \dfrac{\partial^2 v_x}{\partial y^2} + \dfrac{\partial^2 v_x}{\partial z^2}\right) + f_x \\ \dfrac{\partial v_y}{\partial t} + v_x \dfrac{\partial v_y}{\partial x} + v_y \dfrac{\partial v_y}{\partial y} + v_z \dfrac{\partial v_y}{\partial z} = -\dfrac{1}{\rho}\dfrac{\partial p}{\partial y} + \upsilon\left(\dfrac{\partial^2 v_y}{\partial x^2} + \dfrac{\partial^2 v_y}{\partial y^2} + \dfrac{\partial^2 v_y}{\partial z^2}\right) + f_y \\ \dfrac{\partial v_z}{\partial t} + v_x \dfrac{\partial v_z}{\partial x} + v_y \dfrac{\partial v_z}{\partial y} + v_z \dfrac{\partial v_z}{\partial z} = -\dfrac{1}{\rho}\dfrac{\partial p}{\partial z} + \upsilon\left(\dfrac{\partial^2 v_z}{\partial x^2} + \dfrac{\partial^2 v_z}{\partial y^2} + \dfrac{\partial^2 v_z}{\partial z^2}\right) + f_z \end{cases}$$

直角坐标系无量纲形式

$$\begin{cases} \dfrac{\partial v_x}{\partial x} + \dfrac{\partial v_y}{\partial y} + \dfrac{\partial v_z}{\partial z} = 0 \\ \dfrac{\partial v_x}{\partial t} + v_x \dfrac{\partial v_x}{\partial x} + v_y \dfrac{\partial v_x}{\partial y} + v_z \dfrac{\partial v_x}{\partial z} = -\dfrac{\partial p}{\partial x} + \dfrac{1}{\mathrm{Re}}\left(\dfrac{\partial^2 v_x}{\partial x^2} + \dfrac{\partial^2 v_x}{\partial y^2} + \dfrac{\partial^2 v_x}{\partial z^2}\right) + f_x \\ \dfrac{\partial v_y}{\partial t} + v_x \dfrac{\partial v_y}{\partial x} + v_y \dfrac{\partial v_y}{\partial y} + v_z \dfrac{\partial v_y}{\partial z} = -\dfrac{\partial p}{\partial y} + \dfrac{1}{\mathrm{Re}}\left(\dfrac{\partial^2 v_y}{\partial x^2} + \dfrac{\partial^2 v_y}{\partial y^2} + \dfrac{\partial^2 v_y}{\partial z^2}\right) + f_y \\ \dfrac{\partial v_z}{\partial t} + v_x \dfrac{\partial v_z}{\partial x} + v_y \dfrac{\partial v_z}{\partial y} + v_z \dfrac{\partial v_z}{\partial z} = -\dfrac{\partial p}{\partial z} + \dfrac{1}{\mathrm{Re}}\left(\dfrac{\partial^2 v_z}{\partial x^2} + \dfrac{\partial^2 v_z}{\partial y^2} + \dfrac{\partial^2 v_z}{\partial z^2}\right) + f_z \end{cases}$$

其中，ρ 和 υ 分别为流体密度和运动学黏度，p 为压力，v_i 为流体速度，f_i 为外力，Re 是流体雷诺数。

黏性流体运动的基本方程组可以直接由质量守恒和动量守恒两大守恒定律建立，也可以利用流体力学微元体平衡分析方法得到，还可以漂亮地从更为底层的粒子分布函数方程导出。本章采用较为直观的第一种思路，首先给出空间某点物理量的随体导数表达式、输运方程及本构关系，再综合成黏性不可压缩流体的数学模型，即 Navier-Stokes 方程。最后以平行流动、小 Re 数的绕圆球层流和大 Re 数的平板边界层为例，分析了几个简单流动的详细求解过程。

1.1 几个基本公式

1. 随体导数

流体力学中，对流体运动规律的描述有拉格朗日和欧拉两种基本方法。拉格朗日法着眼于粒子，考察特定流体质点的某些物理量（如位置、速度、温度等）随时间的变化规律，各物理量是时间的函数。欧拉法着眼于场，研究流场中固定坐标位置处的流动参数变化，场方法采用时间和位置的函数表示各物理量。将流体质点物理量的拉格朗日变化率以欧拉体系中全导数的形式表示出来，称为随体导数，它是拉格朗日法与欧拉法的关联通道。对于某流体质点，t 时刻该质点的位置用如下拉格朗日方法描述

$$x = x(t), y = y(t), z = z(t)$$

那么速度函数为一复合函数

$$\boldsymbol{v} = \boldsymbol{v}\left[x(t), y(t), z(t)\right]$$

所以，速度函数的全导数可以表示为

$$\frac{\mathrm{d}\boldsymbol{v}}{\mathrm{d}t} = \frac{\partial \boldsymbol{v}}{\partial t} + \frac{\partial \boldsymbol{v}}{\partial x}\frac{\mathrm{d}x}{\mathrm{d}t} + \frac{\partial \boldsymbol{v}}{\partial y}\frac{\mathrm{d}y}{\mathrm{d}t} + \frac{\partial \boldsymbol{v}}{\partial z}\frac{\mathrm{d}z}{\mathrm{d}t} = \frac{\partial \boldsymbol{v}}{\partial t} + v_x\frac{\partial \boldsymbol{v}}{\partial x} + v_y\frac{\partial \boldsymbol{v}}{\partial y} + v_z\frac{\partial \boldsymbol{v}}{\partial z} = \frac{\partial \boldsymbol{v}}{\partial t} + (\boldsymbol{v}\cdot\nabla)\boldsymbol{v}$$

其中，∇ 为哈密顿算子，其公式为

$$\nabla = \mathrm{i}\frac{\partial}{\partial x} + \mathrm{j}\frac{\partial}{\partial y} + \mathrm{k}\frac{\partial}{\partial z}$$

对任意矢量 $\boldsymbol{a}$ 和标量 ϕ 形式的物理量，有

$$\frac{\mathrm{d}\boldsymbol{a}}{\mathrm{d}t} = \frac{\partial \boldsymbol{a}}{\partial t} + (\boldsymbol{v}\cdot\nabla)\boldsymbol{a} \tag{1.1}$$

$$\frac{\mathrm{d}\phi}{\mathrm{d}t} = \frac{\partial \phi}{\partial t} + \boldsymbol{v}\cdot\nabla\phi \tag{1.2}$$

在式（1.1）和式（1.2）中，物理量 $\boldsymbol{a}$ 和 ϕ 的随体导数由两部分组成。关于时间的偏导数被称作当地导数（或局部导数），表示场的时间不定常性所导致的物理量的变化率。如果某物理场量不随时间变化，称该场为定常场（可简单表示为 $\boldsymbol{a}(\boldsymbol{x})$ 或 $\phi(\boldsymbol{x})$），否则称为不定常场；关于位置的偏导数被称为迁移导数（或对流导数），表示场的空间不均匀性所导致的物理量的变化率。如果某物理量不随空间变化，则称该场为均匀场（可简单表示为 $\boldsymbol{a}(t)$ 或 $\phi(t)$），反之称为不均匀场。

2. 质量守恒的两个推论

取一个流体微团，体积为$\mathcal{V}$，质量为m，则$m=\iiint\limits_{\mathcal{V}}\rho \mathrm{d}\mathcal{V}$，根据质量守恒定律（拉格朗日观点），下式在任一时刻都成立

$$\frac{\mathrm{d}m}{\mathrm{d}t}=\frac{\mathrm{d}}{\mathrm{d}t}\iiint\limits_{\mathcal{V}}\rho \mathrm{d}\mathcal{V}=0$$

时间求导与空间积分可交换，上式变形为

$$\frac{\mathrm{d}}{\mathrm{d}t}\iiint\limits_{\mathcal{V}}\rho \mathrm{d}\mathcal{V}=\iiint\limits_{\mathcal{V}}\frac{\mathrm{d}}{\mathrm{d}t}(\delta m)=0$$

要使等式恒成立，只有

$$\frac{\mathrm{d}(\delta m)}{\mathrm{d}t}=0 \tag{1.3}$$

根据式（1.3），对矢量$\boldsymbol{a}$与标量ϕ，下面两个推论自然成立：

$$\frac{\mathrm{d}}{\mathrm{d}t}\iiint\limits_{\mathcal{V}}\rho\phi\delta\mathcal{V}=\frac{\mathrm{d}}{\mathrm{d}t}\iiint\limits_{\mathcal{V}}\phi\delta m=\iiint\limits_{\mathcal{V}}\frac{\mathrm{d}\phi}{\mathrm{d}t}\delta m+\iiint\limits_{\mathcal{V}}\phi\frac{\mathrm{d}(\delta m)}{\mathrm{d}t}=\iiint\limits_{\mathcal{V}}\frac{\mathrm{d}\phi}{\mathrm{d}t}\delta m=\iiint\limits_{\mathcal{V}}\rho\frac{\mathrm{d}\phi}{\mathrm{d}t}\delta\mathcal{V} \tag{1.4}$$

$$\frac{\mathrm{d}}{\mathrm{d}t}\iiint\limits_{\mathcal{V}}\rho\boldsymbol{a}\delta\mathcal{V}=\frac{\mathrm{d}}{\mathrm{d}t}\iiint\limits_{\mathcal{V}}\boldsymbol{a}\delta m=\iiint\limits_{\mathcal{V}}\frac{\mathrm{d}\boldsymbol{a}}{\mathrm{d}t}\delta m+\iiint\limits_{\mathcal{V}}\boldsymbol{a}\frac{\mathrm{d}(\delta m)}{\mathrm{d}t}=\iiint\limits_{\mathcal{V}}\frac{\mathrm{d}\boldsymbol{a}}{\mathrm{d}t}\delta m=\iiint\limits_{\mathcal{V}}\rho\frac{\mathrm{d}\boldsymbol{a}}{\mathrm{d}t}\delta\mathcal{V} \tag{1.5}$$

即

$$\frac{\mathrm{d}}{\mathrm{d}t}\iiint\limits_{\mathcal{V}}\rho\phi\delta\mathcal{V}=\iiint\limits_{\mathcal{V}}\rho\frac{\mathrm{d}\phi}{\mathrm{d}t}\delta\mathcal{V}\,,\quad \frac{\mathrm{d}}{\mathrm{d}t}\iiint\limits_{\mathcal{V}}\rho\boldsymbol{a}\delta\mathcal{V}=\iiint\limits_{\mathcal{V}}\rho\frac{\mathrm{d}\boldsymbol{a}}{\mathrm{d}t}\delta\mathcal{V} \tag{1.6}$$

3. 高斯公式和斯托克斯公式

高斯公式和斯托克斯公式是流体力学中经常使用的两个公式。对于空间中以面S为界的有限体积$\mathcal{V}$（如图 1-1（a）所示），$\boldsymbol{n}$为曲面S的单位外法线方向，对任意标量ϕ和任意矢量$\boldsymbol{a}$，如果一阶偏导数连续，则标量ϕ的梯度、矢量$\boldsymbol{a}$的散度和旋度的体积分满足以下高斯公式：

（1）标量ϕ的梯度在有限体积$\mathcal{V}$的体积分等于ϕ在边界S上的曲面积分

$$\iiint\limits_{\mathcal{V}}\nabla\phi \mathrm{d}\mathcal{V}=\oiint\limits_{S}\boldsymbol{n}\phi \mathrm{d}S=\oiint\limits_{S}\phi \mathrm{d}\boldsymbol{S}$$

（2）矢量$\boldsymbol{a}$的散度在有限体积$\mathcal{V}$的体积分等于$\boldsymbol{a}$在边界S上的曲面积分（或$\boldsymbol{a}$通过边界S的通量）

$$\iiint\limits_{\mathcal{V}}\nabla\cdot\boldsymbol{a}\mathrm{d}\mathcal{V}=\oiint\limits_{S}\boldsymbol{n}\cdot\boldsymbol{a}\mathrm{d}S=\oiint\limits_{S}\boldsymbol{a}\cdot \mathrm{d}\boldsymbol{S}$$

（3）矢量$\boldsymbol{a}$的旋度在有限体积$\mathcal{V}$的体积分等于单位法向量与$\boldsymbol{a}$的外积在边界S上的曲面积分

$$\iiint\limits_{\mathcal{V}}\nabla\times\boldsymbol{a}\mathrm{d}\mathcal{V}=\oiint\limits_{S}\boldsymbol{n}\times\boldsymbol{a}\mathrm{d}S=-\oiint\limits_{S}\boldsymbol{a}\times \mathrm{d}\boldsymbol{S}$$

对于空间中以可缩曲线$\boldsymbol{l}$为边界的曲面S，$\boldsymbol{n}$为曲面S的单位外法线方向，其指向与曲线$\boldsymbol{l}$满足右手螺旋法则（见图 1-1（b））。任意矢量$\boldsymbol{a}$若一阶偏导数连续，则矢量$\boldsymbol{a}$旋度的面积分满足斯托克斯公式。

（4）矢量$\boldsymbol{a}$的旋度在S上的曲面积分等于$\boldsymbol{a}$在边界$\boldsymbol{l}$上的曲线积分

$$\iint\limits_{S}(\nabla\times\boldsymbol{a})\mathrm{d}\boldsymbol{S}=\iint\limits_{S}\boldsymbol{n}\cdot(\nabla\times\boldsymbol{a})\mathrm{d}S=\oint\limits_{l}\boldsymbol{a}\cdot \mathrm{d}\boldsymbol{l}$$

可见，高斯公式建立了体积分和面积分的联系，斯托克斯公式则建立了曲面积分和曲线积分之间的联系。这两个公式在热流过程数学模型的建立过程中尤其重要，将在本书第一部分各章节中反复使用。

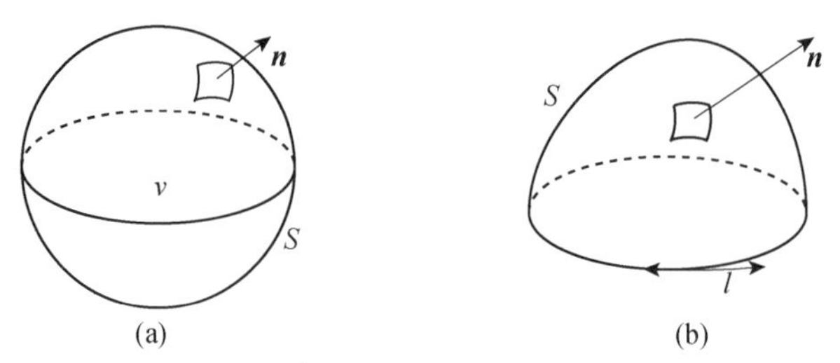

图 1-1　高斯公式与斯托克斯公式图

1.2　流动的基本方程组

1.2.1　质量守恒与动量方程

1. 连续性方程（质量守恒方程）

在空间中取一以面 S 为界的有限体积 $\mathcal{V}$，固定在空间中而不随时间改变，这是场的观点而不是拉格朗日的观点。取控制面 S 的外法线方向为正，$\boldsymbol{n}$ 为外法线的单位矢量，$\mathcal{V}$ 内流体质量的变化主要由两部分组成。

如图 1-1（a）所示，单位时间内通过区域表面微元 $\mathrm{d}\boldsymbol{S}$ 的流体质量为 $\rho\boldsymbol{v}\mathrm{d}\boldsymbol{S}$，因此单位时间内流出区域 $\mathcal{V}$ 的流体总质量为

$$\oiint_{\partial\mathcal{V}} \rho\boldsymbol{v}\mathrm{d}\boldsymbol{S}$$

另一方面，单位时间内区域 $\mathcal{V}$ 中流体质量的减少可以表示

$$-\frac{\partial}{\partial t}\iiint_{\mathcal{V}} \rho\mathrm{d}\mathcal{V}$$

根据质量守恒定律，单位时间内流出区域 $\mathcal{V}$ 的流体总质量等于区域 $\mathcal{V}$ 中流体质量的减少量

$$\oiint_{\partial\mathcal{V}} \rho\boldsymbol{v}\mathrm{d}\boldsymbol{S} = -\frac{\partial}{\partial t}\iiint_{\mathcal{V}} \rho\mathrm{d}\mathcal{V}$$

运用高斯定理将上式中的面积分化为体积分，并结合公式（1.6），得到

$$\iiint_{\mathcal{V}} \left[\frac{\partial\rho}{\partial t} + \mathrm{div}\left(\rho\boldsymbol{v}\right)\right]\mathrm{d}\mathcal{V} = 0$$

所以

$$\frac{\partial\rho}{\partial t} + \mathrm{div}\left(\rho\boldsymbol{v}\right) = 0\text{，或}\frac{\partial\rho}{\partial t} + \frac{\partial\left(\rho v_i\right)}{\partial x_i} = 0 \tag{1.7}$$

式（1.7）是流体运动质量守恒方程的微分形式，被称作连续性方程。该式表明，流体密度的变化率等于流体动量的散度。根据求导法则，对式（1.7）第二项分解，上式可进一步变形为

$$\frac{\partial \rho}{\partial t}+v_i\frac{\partial \rho}{\partial x_i}+\rho\frac{\partial v_i}{\partial x_i}=0 \text{ 或 } -\frac{1}{\rho}\frac{\mathrm{d}\rho}{\mathrm{d}t}=\frac{\partial v_i}{\partial x_i} \tag{1.8}$$

可见，单位体积内流体质量的变化由流体的密度梯度和速度散度共同决定，流体密度的相对变化率等于流体速度的散度。

考虑以下两种特殊情况。

① 定常流体：单位体积流进和流出的质量相等，即 $\partial\rho/\partial t=0$，则连续方程变为

$$\mathrm{div}\left(\rho \boldsymbol{v}\right)=0 \tag{1.9}$$

② 不可压缩流体：流体密度不变化，即

$$\frac{\mathrm{d}\rho}{\mathrm{d}t}=\frac{\partial \rho}{\partial t}+v_i\frac{\partial \rho}{\partial x_i}=\frac{\partial \rho}{\partial t}+\boldsymbol{v}\cdot\mathrm{grad}\rho=0 \tag{1.10}$$

将式（1.7）第二项展开，并结合式（1.10），得

$$\frac{\partial \rho}{\partial t}+\boldsymbol{v}\cdot\mathrm{gard}\rho+\rho\mathrm{div}\boldsymbol{v}=0$$

所以连续方程变为

$$\mathrm{div}\boldsymbol{v}=0 \text{或} \frac{\partial v_i}{\partial x_i}=0 \tag{1.11}$$

2. 速度方程（动量守恒方程）

任取一体积为$\mathcal{V}$的流体微元，其边界为S，如图 1-2 所示。流体微元上的作用力分为体积力和面力两种，作用在流体单位质量和单位体积上的质量力与面力分别记作 $\boldsymbol{F}$ 和 $\boldsymbol{\sigma}$ 。根据动量定理，流体微元动量的改变等于所受的体积力和面力之和

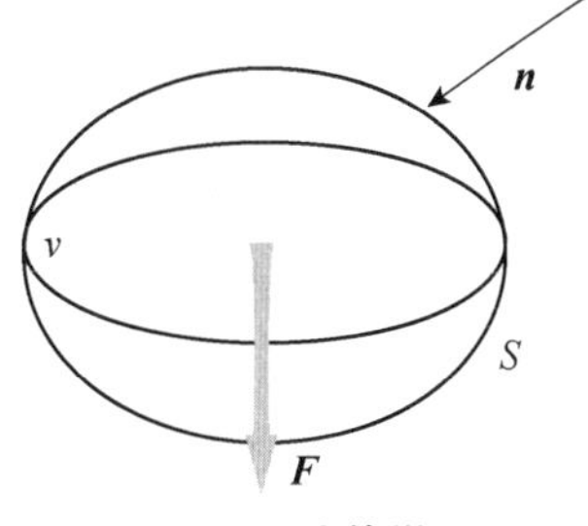

图 1-2　流体微元

$$\frac{\mathrm{d}}{\mathrm{d}t}\iiint_{\mathcal{V}}\rho\boldsymbol{v}\mathrm{d}\mathcal{V}=\iiint_{\mathcal{V}}\rho\boldsymbol{F}\mathrm{d}\mathcal{V}+\oiint_{S}\boldsymbol{\sigma}\mathrm{d}\boldsymbol{S}$$

由式（1.6）和高斯定理，可得

$$\iiint_{\mathcal{V}}\rho\frac{\mathrm{d}\boldsymbol{v}}{\mathrm{d}t}\mathrm{d}\mathcal{V}=\iiint_{\mathcal{V}}\rho\boldsymbol{F}\mathrm{d}\tau+\iiint_{\mathcal{V}}\mathrm{div}\boldsymbol{\sigma}\mathrm{d}\mathcal{V}$$

所以

$$\rho\frac{\mathrm{d}\boldsymbol{v}}{\mathrm{d}t}=\rho\boldsymbol{F}+\mathrm{div}\boldsymbol{\sigma}$$

应用随体导数公式得到

$$\rho\frac{\partial \boldsymbol{v}}{\partial t}+\rho\boldsymbol{v}\cdot\mathrm{div}\boldsymbol{v}=\rho\boldsymbol{F}+\mathrm{div}\boldsymbol{\sigma}\text{或}\rho\frac{\partial v_i}{\partial t}+\rho v_j\frac{\partial v_i}{\partial x_j}=\rho f_i+\frac{\partial \sigma_{ij}}{\partial x_j} \tag{1.12}$$

式（1.12）留下的应力张量$\boldsymbol{\sigma}$需要由速度表达出来，所以还有两个问题：一个是速度分解定理，一个是应力由速度分解近似表达的本构关系。

1.2.2　变形速度张量

1. 亥姆霍兹（Helmholtz）速度分解定理

设流体微团内任一点$M\left(x+\delta x,y+\delta y,z+\delta z\right)$处的速度为$\boldsymbol{v}$，$M_0\left(x,y,z\right)$点处的速度$\boldsymbol{v}_0$，

将 $\boldsymbol{v}$ 在 M_0 点邻域内一阶泰勒展开

$$\boldsymbol{v}=\boldsymbol{v}_0+\frac{\partial \boldsymbol{v}}{\partial x}\delta x+\frac{\partial \boldsymbol{v}}{\partial y}\delta y+\frac{\partial \boldsymbol{v}}{\partial z}\delta z \quad 或 \quad v_i=v_{0i}+\frac{\partial v_i}{\partial x_j}\delta x_j \tag{1.13}$$

上式中，速度关于位置的偏导是一个二阶张量（矩阵）。由张量分解定理，任一个二阶张量都可分解为一个对称张量和一个反对称张量之和，因此

$$\frac{\partial v_i}{\partial x_j}=\boldsymbol{a}+\boldsymbol{s}=a_{ij}+s_{ij}=\frac{1}{2}\left(\frac{\partial v_i}{\partial x_j}-\frac{\partial v_j}{\partial x_i}\right)+\frac{1}{2}\left(\frac{\partial v_i}{\partial x_j}+\frac{\partial v_j}{\partial x_i}\right) \tag{1.14}$$

其中，$\boldsymbol{s}$ 是对称张量，$\boldsymbol{a}$ 是反对称张量，将式（1.14）代入式（1.13），得到

$$v_i=v_{0i}+a_{ij}\delta x_j+s_{ij}\delta x_j \tag{1.15}$$

在直角坐标系中

$$\boldsymbol{s}=s_{ij}=\begin{pmatrix} \frac{\partial v_x}{\partial x} & \frac{1}{2}\left(\frac{\partial v_x}{\partial y}+\frac{\partial v_y}{\partial x}\right) & \frac{1}{2}\left(\frac{\partial v_x}{\partial z}+\frac{\partial v_z}{\partial x}\right) \\ \frac{1}{2}\left(\frac{\partial v_x}{\partial y}+\frac{\partial v_y}{\partial x}\right) & \frac{\partial v_y}{\partial y} & \frac{1}{2}\left(\frac{\partial v_y}{\partial z}+\frac{\partial v_z}{\partial y}\right) \\ \frac{1}{2}\left(\frac{\partial v_x}{\partial z}+\frac{\partial v_z}{\partial x}\right) & \frac{1}{2}\left(\frac{\partial v_y}{\partial z}+\frac{\partial v_z}{\partial y}\right) & \frac{\partial v_z}{\partial z} \end{pmatrix}=\begin{pmatrix} \varepsilon_1 & \frac{1}{2}\theta_3 & \frac{1}{2}\theta_2 \\ \frac{1}{2}\theta_3 & \varepsilon_2 & \frac{1}{2}\theta_1 \\ \frac{1}{2}\theta_2 & \frac{1}{2}\theta_1 & \varepsilon_3 \end{pmatrix} \tag{1.16}$$

$$\boldsymbol{a}=a_{ij}=\begin{pmatrix} 0 & \frac{1}{2}\left(\frac{\partial v_x}{\partial y}-\frac{\partial v_y}{\partial x}\right) & \frac{1}{2}\left(\frac{\partial v_x}{\partial z}-\frac{\partial v_z}{\partial x}\right) \\ -\frac{1}{2}\left(\frac{\partial v_x}{\partial y}-\frac{\partial v_y}{\partial x}\right) & 0 & \frac{1}{2}\left(\frac{\partial v_y}{\partial z}-\frac{\partial v_z}{\partial y}\right) \\ -\frac{1}{2}\left(\frac{\partial v_x}{\partial z}-\frac{\partial v_z}{\partial x}\right) & -\frac{1}{2}\left(\frac{\partial v_y}{\partial z}-\frac{\partial v_z}{\partial y}\right) & 0 \end{pmatrix}=\begin{pmatrix} 0 & -\omega_3 & \omega_2 \\ \omega_3 & 0 & -\omega_1 \\ -\omega_2 & \omega_1 & 0 \end{pmatrix} \tag{1.17}$$

于是，式（1.13）可以表达成另外一种形式

$$\boldsymbol{v}=\boldsymbol{v}_0+\frac{1}{2}\mathrm{rot}\boldsymbol{v}\times\delta\boldsymbol{r}+\boldsymbol{s}\cdot\delta\boldsymbol{r} \tag{1.18}$$

式（1.18）右边三项分别表示流体微团平动、转动和形变，下面重点分析流体变形。

2. 变形速度张量

从上面的速度分解定理可知，对称张量 $\boldsymbol{s}$ 用于表达流体形变，其中六个分量可作进一步分析，明确其物理意义。如图 1-3 所示，取一流体质点组成的线元 $\delta\boldsymbol{r}$，考虑其随体导数，由于

$$\delta\boldsymbol{r}=\boldsymbol{r}-\boldsymbol{r}_0$$

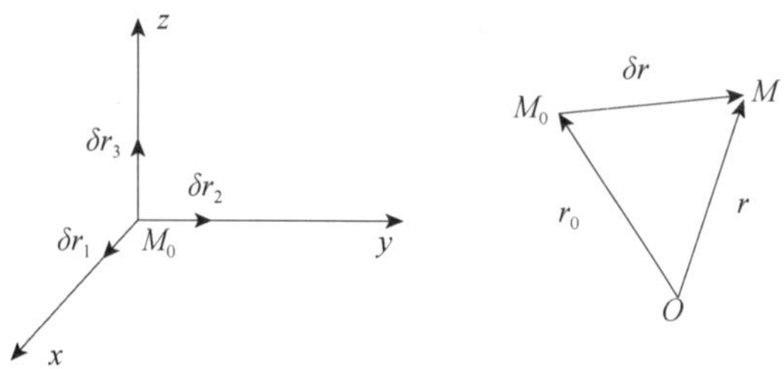

图 1-3　流体线元

所以

$$\frac{\mathrm{d}}{\mathrm{d}t}\delta\boldsymbol{r}=\frac{\mathrm{d}}{\mathrm{d}t}\left(\boldsymbol{r}-\boldsymbol{r}_0\right)=\boldsymbol{v}-\boldsymbol{v}_0=\delta\boldsymbol{v} \tag{1.19}$$

又因为

$$\frac{\mathrm{d}}{\mathrm{d}t}\delta\boldsymbol{r}=\frac{\mathrm{d}}{\mathrm{d}t}\delta\boldsymbol{r}_1+\frac{\mathrm{d}}{\mathrm{d}t}\delta\boldsymbol{r}_2+\frac{\mathrm{d}}{\mathrm{d}t}\delta\boldsymbol{r}_3 \tag{1.20}$$

$$\delta\boldsymbol{v}=\frac{\partial\boldsymbol{v}}{\partial x}\delta x+\frac{\partial\boldsymbol{v}}{\partial y}\delta y+\frac{\partial\boldsymbol{v}}{\partial z}\delta z \tag{1.21}$$

比较式（1.20）、式（1.21），可得

$$\frac{\mathrm{d}}{\mathrm{d}t}\delta\boldsymbol{r}_1=\frac{\partial\boldsymbol{v}}{\partial x}\delta x=\frac{\partial v_x}{\partial x}\delta x\mathbf{i}+\frac{\partial v_y}{\partial x}\delta x\mathbf{j}+\frac{\partial v_z}{\partial x}\delta x\mathbf{k} \tag{1.22}$$

$$\frac{\mathrm{d}}{\mathrm{d}t}\delta\boldsymbol{r}_2=\frac{\partial\boldsymbol{v}}{\partial y}\delta y=\frac{\partial v_x}{\partial y}\delta y\mathbf{i}+\frac{\partial v_y}{\partial y}\delta y\mathbf{j}+\frac{\partial v_z}{\partial y}\delta y\mathbf{k} \tag{1.23}$$

进一步，可得

$$\delta\boldsymbol{r}_1\cdot\frac{\mathrm{d}}{\mathrm{d}t}\delta\boldsymbol{r}_1=\frac{\partial v_x}{\partial x}\left(\delta x\right)^2\text{，且 }\delta\boldsymbol{r}_1\cdot\frac{\mathrm{d}}{\mathrm{d}t}\delta\boldsymbol{r}_1=\delta x\frac{\mathrm{d}}{\mathrm{d}t}\delta x \tag{1.24}$$

所以

$$\varepsilon_1=\frac{\partial v_x}{\partial x}=\frac{1}{\delta x}\frac{\mathrm{d}}{\mathrm{d}t}\delta x$$

同理

$$\varepsilon_2=\frac{\partial v_y}{\partial y}=\frac{1}{\delta y}\frac{\mathrm{d}}{\mathrm{d}t}\delta y;\varepsilon_3=\frac{\partial v_z}{\partial z}=\frac{1}{\delta z}\frac{\mathrm{d}}{\mathrm{d}t}\delta z$$

可以看出 ε_1，ε_2，ε_3 的意义是 x，y，z 轴上 δx，δy，δz 的相对拉伸速度或压缩速度。

用 $\delta\boldsymbol{r}_1$ 点乘式（1.23）和 $\delta\boldsymbol{r}_2$ 点乘式（1.22）得

$$\delta\boldsymbol{r}_1\frac{\mathrm{d}}{\mathrm{d}t}\delta\boldsymbol{r}_2=\frac{\partial v_x}{\partial y}\delta x\delta y,\delta\boldsymbol{r}_2\frac{\mathrm{d}}{\mathrm{d}t}\delta\boldsymbol{r}_1=\frac{\partial v_y}{\partial x}\delta x\delta y$$

上两式相加得

$$\begin{aligned}\left(\frac{\partial v_x}{\partial y}+\frac{\partial v_y}{\partial x}\right)\delta x\delta y&=\frac{\mathrm{d}}{\mathrm{d}t}\left(\delta\boldsymbol{r}_1\cdot\delta\boldsymbol{r}_2\right)=\frac{\mathrm{d}}{\mathrm{d}t}\left(\delta x\delta y\cos\gamma_{xy}\right)\\&=\cos\gamma_{xy}\frac{\mathrm{d}}{\mathrm{d}t}\left(\delta x\delta y\right)-\delta x\delta y\sin\gamma_{xy}\frac{\mathrm{d}\gamma_{xy}}{\mathrm{d}t}\\&=-\delta x\delta y\frac{\mathrm{d}\gamma_{xy}}{\mathrm{d}t}\end{aligned}$$

所以

$$\theta_3=\frac{\partial v_x}{\partial y}+\frac{\partial v_y}{\partial x}=-\frac{\mathrm{d}\gamma_{xy}}{\mathrm{d}t}$$

同理

$$\theta_1=\frac{\partial v_z}{\partial y}+\frac{\partial v_y}{\partial z}=-\frac{\mathrm{d}\gamma_{yz}}{\mathrm{d}t};\theta_2=\frac{\partial v_x}{\partial z}+\frac{\partial v_z}{\partial x}=-\frac{\mathrm{d}\gamma_{zx}}{\mathrm{d}t}$$

γ 表示坐标轴的夹角，上式推导可知 θ_1，θ_2，θ_3 的意义是流体微团相对三个坐标轴扭曲的角度变化率。

1.2.3 牛顿流体本构方程

流体运动方程组（1.7）和（1.12）存在不封闭面力张量 $\boldsymbol{\sigma}$，这是一个二阶对称张量，由 3 个正交的正应力和 3 个方向的切向应力共同确定。对于无黏性的理想流体，可以不考虑剪切力的作用，面力张量 $\boldsymbol{\sigma}$ 仅取决于流体中的正向应力（即压力分布），切向应力可以忽略，即 $\sigma_{ij}=-p\delta_{ij}$。面力张量是各向同性张量，于是流体速度方程（1.12）改写为以下形式

$$\rho\frac{\partial v_i}{\partial t}+\rho v_j\frac{\partial v_i}{\partial x_j}=\rho f_i-\frac{\partial p}{\partial x_i} \tag{1.25}$$

方程（1.25）被称为欧拉方程。如果流体黏性不可以忽略，流体因剪切力持续变形，同时流体黏性力反抗流体的变形。因此，面力张量与流体变形必然存在某种关联。流体力学中，面力张量 $\boldsymbol{\sigma}$ 与速度变形张量之间的关系被称作本构关系。

1. 牛顿黏性实验定律

为了确定切向应力与剪切变形速率之间的关系，牛顿在 1687 年做了最简单、最经典的剪切流动实验，确定了牛顿黏性实验定律。平板间流体速度分布如图 1-4 所示。空间中某一点的应力状态较为复杂，在空间直角坐标系中，该点的的应力可以用附近 3 个正交平面上的应力分量表示，如图 1-5 所示。为了使物理问题简化，研究流体某个方向的应力状态，牛顿剪切流动实验中取两块平行放置的垂直距离为 Δy 的无限大平板，板件充满黏性流体。实验过程中，下板固定，上板在外力的作用下沿水平方向匀速运动，上下两块平板相对速度为 Δv，流体只受水平方向的剪切力，也只有水平方向上的变形。实验发现，上下两块平板附近的流体附着在平板上，与平板保持相同的速度，平板间流体速度呈线性分布。上板施加的单位面积的作用力与两板的相对速度 Δv 成正比，与垂直距离 Δy 成反比

$$\sigma=\mu\frac{\Delta v}{\Delta y} \tag{1.26}$$

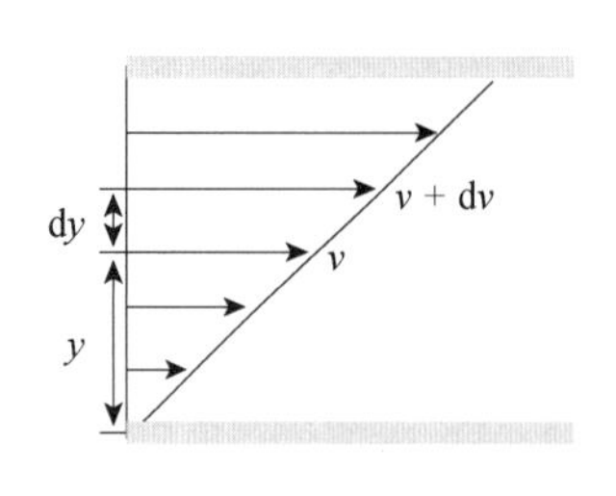

图 1-4　平板间流体速度分布

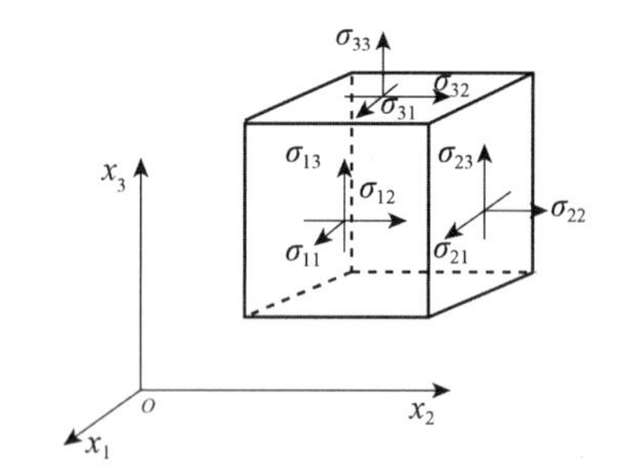

图 1-5　应力张量示意图

其中，比例系数 μ 与流体的物性有关，被称作流体动力学黏性系数，黏性系数是温度的函数，在定常均匀温度场中，可以认为该量是一个常数。流体动力学黏度系数与流体密度之比（$\upsilon=\mu/\rho$）为运动学黏性系数。将式（1.26）表示成微分形式

$$\sigma = \mu \frac{\mathrm{d}v_x}{\mathrm{d}y} \tag{1.27}$$

上式表明，水平切向应力正比于流向速度在竖直方向上的梯度，或切向应力与剪切变形速度成正比。需要指出的是，方程（1.27）并非对所有流体均适用，切应力与速度变形满足该线性关系的流体被定义为牛顿流体，否则被称作非牛顿流体。综合考虑 3 个方向的正应力与 3 个切向应力，该式可以扩充为广义牛顿黏性定律。

2. 广义牛顿定律

流体力学是数学、力学和物理学等基础科学中长期存在但尚未攻克的难题，由于流体本身的复杂性，难以给出一个普适的流体力学本构关系。Stokes 针对牛顿流体，在 3 条假设的基础上提出了 Stokes 方程，首先假设流体物性是各向同性的，将流体应力张量分解为对称张量和反对称张量之和

$$\sigma_{ij} = -p\delta_{ij} + \tau_{ij} \tag{1.28}$$

上式的分解将流体应力状态分成静止状态和运动状态两部分，p 为流体的静压，τ_{ij} 为流体速度变形相关的应力。当流体静止时，τ_{ij} 为零，流体应力只与压力分布有关，方程（1.28）恢复到理想流体本构关系。当流体运动时，假设切向应力与剪切变形速度呈线性关系，将方程（1.27）扩充为如下张量形式

$$\tau_{ij} = c_{ijkl} \frac{\partial v_k}{\partial x_l}$$

流体黏性系数张量 c_{ijkl} 是 4 阶张量，共有 81 个分量，根据物性的各向同性假设，$c_{ijkl} = \mu$。进一步将速度变形张量分解为各向同性和各向异性两部分，由方程（1.28）得到如下本构关系

$$\sigma_{ij} = -p\delta_{ij} + \left(\mu' - \frac{2}{3}\mu\right) s_{kk}\delta_{ij} + 2\mu s_{ij} \tag{1.29}$$

其中，μ' 为第二黏性系数，等式右边三项分别表示流体静压、流体膨胀或收缩引起的各向同性黏性正应力、流体运动变形引起的切向黏性应力。

对于不可压缩流体，由连续方程知 $s_{kk} = 0$，流体膨胀或收缩可以忽略，本构方程（1.29）第二项为 0，广义牛顿公式变为

$$\sigma_{ij} = -p\delta_{ij} + 2\mu s_{ij} = -p\delta_{ij} + \mu\left(\frac{\partial v_i}{\partial x_j} + \frac{\partial v_j}{\partial x_i}\right) \tag{1.30}$$

再结合连续方程，则

$$\frac{\partial \sigma_{ij}}{\partial x_j} = -\frac{\partial p}{\partial x_j} + \mu \frac{\partial}{\partial x_j}\left(\frac{\partial v_i}{\partial x_j} + \frac{\partial v_j}{\partial x_i}\right) = -\frac{\partial p}{\partial x_j} + \mu \frac{\partial^2 v_i}{\partial x_j \partial x_j}$$

代入式（1.12）不可压缩流体动量基本方程，得到

$$\rho \frac{\partial v_i}{\partial t} + \rho v_j \frac{\partial v_i}{\partial x_j} = \rho f_i - \frac{\partial p}{\partial x_i} + \mu \frac{\partial^2 v_i}{\partial x_j \partial x_j} \tag{1.31}$$

或其守恒形式

$$\frac{\partial(\rho v_i)}{\partial t}+\frac{\partial(\rho v_j v_i)}{\partial x_j}=-\frac{\partial p}{\partial x_i}+\mu\frac{\partial^2 v_i}{\partial x_j \partial x_j}+\rho f_i \tag{1.32}$$

式（1.11）和式（1.31）就组成了黏性不可压缩流体的数学模型，即 Navier-Stokes 方程。

1.2.4 无量纲方程

结合方程（1.11）和方程（1.31），不可压缩牛顿流体运动的控制方程的张量形式为

$$\begin{cases}\dfrac{\partial v_i}{\partial x_i}=0\\ \dfrac{\partial v_i}{\partial t}+v_j\dfrac{\partial v_i}{\partial x_j}=-\dfrac{1}{\rho}\dfrac{\partial p}{\partial x_i}+\upsilon\dfrac{\partial^2 v_i}{\partial x_j^2}+f_i\end{cases} \tag{1.33}$$

其中，ρ 和 υ 分别为流体密度和运动学黏性系数。如果流动的特征速度和特征长度为 U 和 L，定义表征流体流动的雷诺数 $\mathrm{Re}=UL/\upsilon$，将方程中各量无量纲化

$$x_i^*=\frac{x_i}{L},\quad v_i^*=\frac{v_i}{U},\quad p^*=\frac{p}{\rho U^2},\quad f_i^*=\frac{f_i L}{U^2},\quad t^*=\frac{tU}{L}$$

于是，原变量可以表示为

$$x_i=x_i^* L,\quad v_i=v_i^* U,\quad p=\rho U^2 p^*,\quad f_i=\frac{f_i^* U^2}{L},\quad t=\frac{t^* L}{U}$$

将以上各量代入 Navier-Stokes 方程（1.33）得

$$\frac{\partial(v_i^* U)}{\partial(x_i^* L)}=0 \tag{1.34}$$

$$\frac{\partial(v_i^* U)}{\partial\left(\dfrac{t^* L}{U}\right)}+(v_j^* U)\frac{\partial(v_i^* U)}{\partial(x_j^* L)}=-\frac{1}{\rho_0}\frac{\partial(\rho_0 U^2 p^*)}{\partial(x_i^* L)}+\upsilon\frac{\partial^2(v_i^* U)}{\partial(x_j^* L)^2}+\frac{f_i^* U^2}{L} \tag{1.35}$$

将式（1.34）两边同时除以 U/L，式（1.35）两边同时除以 U^2/L，得

$$\frac{\partial v_i^*}{\partial x_i^*}=0$$

$$\frac{\partial v_i^*}{\partial t^*}+v_j^*\frac{\partial v_i^*}{\partial x_j^*}=-\frac{\partial p^*}{\partial x_i^*}+\frac{1}{\mathrm{Re}}\frac{\partial^2 v_i^*}{\partial x_j^*}+f_i^*$$

将变量替换为原变量，Navier-Stokes 方程的无量纲形式为

$$\begin{cases}\dfrac{\partial v_i}{\partial x_i}=0\\ \dfrac{\partial v_i}{\partial t}+v_j\dfrac{\partial v_i}{\partial x_j}=-\dfrac{\partial p}{\partial x_i}+\dfrac{1}{\mathrm{Re}}\dfrac{\partial^2 v_i}{\partial x_j^2}+f_i\end{cases} \tag{1.36}$$

无量纲方程是流体力学研究中一种重要的处理思想，各方程与选用的单位无关，更具有普遍性。通过变量的无量纲化可以比较相对大小和相对重要性，在实际问题分析中，可以减少参数，有利于结果的讨论。借助量纲分析和相似原理，选取合适的无量纲量，可以为流体力学实验与数值研究提供经济合理的解决方案。

黏性不可压缩流体的数学模型一般情况下都是不能获得解析解的，只有在简单的情况下做大量的近似，简化 Navier-Stokes 方程，才有可能求得精确解。下面分析三种简单流场的简化数学模型。

1.3 平 行 流 动

平行流动是流动中较为简单的情形，对于小 Re 数的层流流动，在平行流动中所有流体质点的运动均沿同一个方向，即 3 个坐标方向的分速度只有一个不为零。泊肃叶流动（Poiseuille Flow）和库埃特流动（Couette Flow）是两种典型的平行流动。

1.3.1 泊肃叶流动

平行管道或槽道中的不可压缩黏性流体在压强梯度推动下的流动称为泊肃叶流动。如图 1-6 所示的槽道泊肃叶流，在直角坐标系中 y 方向和 z 方向的速度为零：$v_y = v_z = 0$，x 方向的速度分布仅为 y 的函数，与 x，z 无关，即 $v_x = v(y)$，边界为无滑移边界：$v(H) = v(-H) = 0$。在管道泊肃叶流中（如图 1-7 所示），切向和径向速度为零：$v_r = v_\theta = 0$，轴向速度分布为 r 的函数，与 θ、z 无关，即 $v_z = v(r)$，边界为无滑移边界，即 $v(R) = 0$。

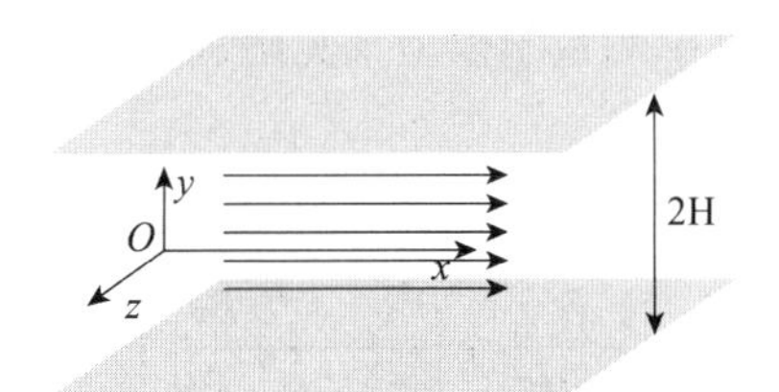

图 1-6　槽道泊肃叶流

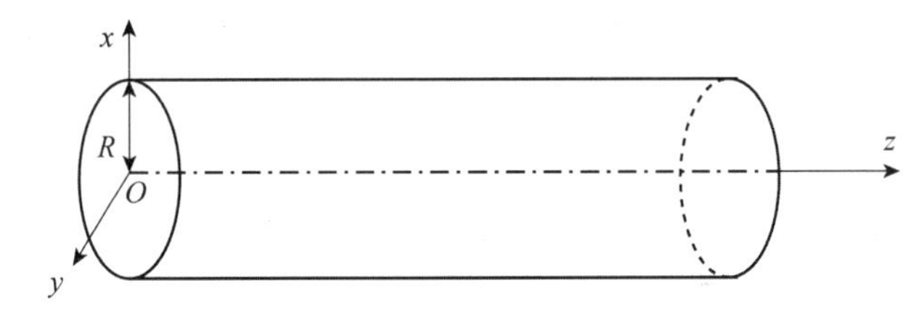

图 1-7　管道泊肃叶流

对于槽道泊肃叶流，控制方程为直角坐标系中的 Navier-Stokes 方程

$$\frac{\partial v_x}{\partial x} + \frac{\partial v_y}{\partial y} + \frac{\partial v_z}{\partial z} = 0$$

$$\frac{\partial v_x}{\partial t} + v_x \frac{\partial v_x}{\partial x} + v_y \frac{\partial v_x}{\partial y} + v_z \frac{\partial v_x}{\partial z} = -\frac{1}{\rho}\frac{\partial p}{\partial x} + \upsilon\left(\frac{\partial^2 v_x}{\partial x^2} + \frac{\partial^2 v_x}{\partial y^2} + \frac{\partial^2 v_x}{\partial z^2}\right)$$

$$\frac{\partial v_y}{\partial t} + v_x \frac{\partial v_y}{\partial x} + v_y \frac{\partial v_y}{\partial y} + v_z \frac{\partial v_y}{\partial z} = -\frac{1}{\rho}\frac{\partial p}{\partial y} + \upsilon\left(\frac{\partial^2 v_y}{\partial x^2} + \frac{\partial^2 v_y}{\partial y^2} + \frac{\partial^2 v_y}{\partial z^2}\right)$$

$$\frac{\partial v_z}{\partial t} + v_x \frac{\partial v_z}{\partial x} + v_y \frac{\partial v_z}{\partial y} + v_z \frac{\partial v_z}{\partial z} = -\frac{1}{\rho}\frac{\partial p}{\partial z} + \upsilon\left(\frac{\partial^2 v_z}{\partial x^2} + \frac{\partial^2 v_z}{\partial y^2} + \frac{\partial^2 v_z}{\partial z^2}\right)$$

将 $v_y = v_z = 0$，$v_x = v(y)$ 代入以上各方程得

$$\frac{\partial v_x}{\partial x} = 0, \frac{\partial p}{\partial y} = \frac{\partial p}{\partial z} = 0, \frac{\partial v_x}{\partial t} = -\frac{1}{\rho}\frac{\partial p}{\partial x} + v\frac{\partial^2 v_x}{\partial y^2} \tag{1.37}$$

由式（1.37）中第二式可见压强仅为 x 的函数，与 y、z 无关，即 $p = p(x)$。由于 $v_x = v(y)$ 仅为 y 的函数，对于稳态泊肃叶流，由式（1.37）中第三式可得

$$\frac{\mathrm{d}^2 v_x}{\mathrm{d}y^2}=\frac{1}{\mu}\frac{\mathrm{d}p}{\mathrm{d}x} \tag{1.38}$$

式（1.38）是 x 方向的 Navier-Stokes 方程，式（1.37）中第二式是 y 、z 方向的 Navier-Stokes 方程。若沿 x 的压力梯度为常数，即 $\frac{\mathrm{d}p}{\mathrm{d}x}=C$，积分式（1.38）得

$$v_x=\frac{1}{2\mu}\frac{\mathrm{d}p}{\mathrm{d}x}y^2+c_1 y+c_2 \tag{1.39}$$

将 $v(H)=v(-H)=0$ 代入式（1.39）得：$c_1=0$，$c_2=-\frac{1}{2\mu}\frac{\mathrm{d}p}{\mathrm{d}x}H^2$，于是

$$v_x=-\frac{1}{2\mu}\frac{\mathrm{d}p}{\mathrm{d}x}\left(H^2-y^2\right) \tag{1.40}$$

可见，速度分布满足抛物线规律，且当 $y=0$ 时速度最大

$$v_x^{\max}=-\frac{1}{2\mu}\frac{\mathrm{d}p}{\mathrm{d}x}H^2,\quad v_x=v_x^{\max}\left(1-\frac{y^2}{H^2}\right)$$

将式（1.39）在 y 方向上取平均，于是断面平均流速为

$$v_x^{\mathrm{m}}=\frac{1}{2H}\int_{-H}^{H}v_x\mathrm{d}y=-\frac{H^2}{3\mu}\frac{\mathrm{d}p}{\mathrm{d}x} \tag{1.41}$$

对于管道泊肃叶流，取不可压缩流体在球坐标系 (r,θ,z) 中的数学模型（见附录）

$$\begin{cases}\frac{1}{r}\frac{\partial(rv_r)}{\partial r}+\frac{1}{r}\frac{\partial v_\theta}{\partial\theta}+\frac{\partial v_z}{\partial z}=0\\ \frac{\partial v_r}{\partial t}+v_r\frac{\partial v_r}{\partial r}+\frac{v_\theta}{r}\frac{\partial v_r}{\partial\theta}+v_z\frac{\partial v_r}{\partial z}-\frac{v_\theta^2}{r}=-\frac{1}{\rho}\frac{\partial p}{\partial r}+\nu\left[\frac{\partial}{\partial r}\left(\frac{1}{r}\frac{\partial(rv_r)}{\partial r}\right)+\frac{1}{r^2}\frac{\partial^2 v_r}{\partial\theta^2}+\frac{\partial^2 v_r}{\partial z^2}-\frac{2}{r^2}\frac{\partial v_\theta}{\partial\theta}\right]\\ \frac{\partial v_\theta}{\partial t}+v_r\frac{\partial v_\theta}{\partial r}+\frac{v_\theta}{r}\frac{\partial v_\theta}{\partial\theta}+v_z\frac{\partial v_\theta}{\partial z}+\frac{v_r v_\theta}{r}=-\frac{1}{\rho r}\frac{\partial p}{\partial\theta}+\nu\left[\frac{\partial}{\partial r}\left(\frac{1}{r}\frac{\partial(rv_\theta)}{\partial r}\right)+\frac{1}{r^2}\frac{\partial^2 v_\theta}{\partial\theta^2}+\frac{\partial^2 v_\theta}{\partial z^2}+\frac{2}{r^2}\frac{\partial v_r}{\partial\theta}\right]\\ \frac{\partial v_z}{\partial t}+v_r\frac{\partial v_z}{\partial r}+\frac{v_\theta}{r}\frac{\partial v_z}{\partial\theta}+v_z\frac{\partial v_z}{\partial z}=-\frac{1}{\rho}\frac{\partial p}{\partial z}+\nu\left[\frac{1}{r}\frac{\partial}{\partial r}\left(r\frac{\partial v_z}{\partial r}\right)+\frac{1}{r^2}\frac{\partial^2 v_z}{\partial\theta^2}+\frac{\partial^2 v_z}{\partial z^2}\right]\end{cases} \tag{1.42}$$

同理，将 $v_r=v_\theta=0$ 及 $v_z=v(r)$ 代入式（1.42）得

$$\frac{\partial v_z}{\partial z}=0,\frac{\partial p}{\partial r}=\frac{\partial p}{\partial\theta}=0,\frac{\partial v_z}{\partial t}=-\frac{1}{\rho}\frac{\partial p}{\partial z}+\upsilon\left(\frac{\partial^2 v_z}{\partial r^2}+\frac{1}{r}\frac{\partial v_z}{\partial r}\right) \tag{1.43}$$

结合边界条件 $v(R)=0$，对式（1.43）积分得

$$v_z^{\max}=-\frac{R^2}{4\mu}\frac{\mathrm{d}p}{\mathrm{d}x},\quad v_z=v_z^{\max}\left(1-\frac{r^2}{R^2}\right)$$

断面平均流速为

$$v_z^{\mathrm{m}}=\frac{1}{\pi R^2}\int_0^R v_z 2\pi r\mathrm{d}r=-\frac{R^2}{8\mu}\frac{\mathrm{d}p}{\mathrm{d}x} \tag{1.44}$$

可见，管道泊肃叶流的速度分布同样满足抛物线规律，且其平均流速为最大流速的一半。

1.3.2 库埃特流动

本章 2.3 节的牛顿黏性实验是库埃特流动的一个特例，在流体动力学中，库埃特流动是两个表面之间的空间中黏性流体的流动，其中一个流体相对于另一个表面正切向移动，最简单的情形（如图 1-8 所示）是两个无限的平行板，距离为L。一个平板固定，另一个平板以一个恒定的速度U在自己的平面中平移。库埃特流动与槽道泊肃叶流动满足相同的控制方程，流向速度在y轴分布仍为式（1.39）。库埃特流动的边界条件为：$v(0)=0$，$v(L)=U$，代入式（1.39）确定积分常数后得

$$v_x=\frac{y}{L}U-\frac{L^2}{2\mu}\frac{\mathrm{d}p}{\mathrm{d}x}\frac{y}{L}\left(1-\frac{y}{L}\right) \tag{1.45}$$

以L为特征长度，速度U为特征速度，对式（1.45）无量纲化

$$\frac{v_x}{U}=\frac{y}{L}+P\frac{y}{L}\left(1-\frac{y}{L}\right) \tag{1.46}$$

记$y^*=y/L$，$v^*=v_x/U$，$P=-\frac{L^2}{2\mu U}\frac{\mathrm{d}p}{\mathrm{d}x}$，式（1.46）改写为

$$v^*=y^*+Py^*\left(1-y^*\right) \tag{1.47}$$

其中P为压力梯度的无量纲数，参数P取值不同对应的流速分布曲线也不同，如图 1-9 所示。沿断面积分式（1.45）可得流量公式

$$Q=\int_0^L v_x\mathrm{d}y=\frac{UL}{2}\left(1+\frac{P}{3}\right) \tag{1.48}$$

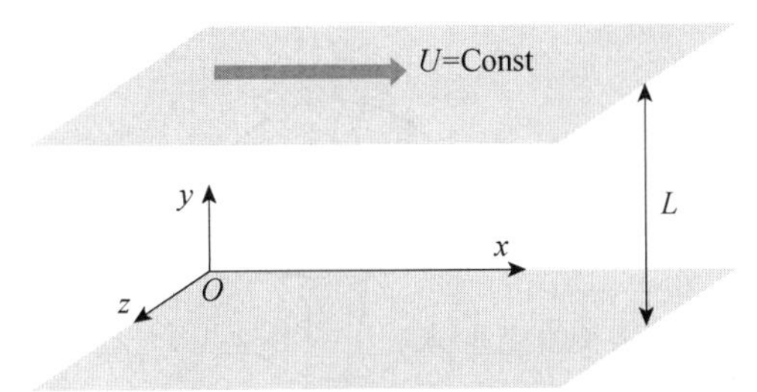

图 1-8　库埃特流动示意图

由式（1.47）和式（1.48）可知：

（1）当$P=0$时，$v^*=y^*$，说明流速呈线性分布。槽道中不存在压力梯度，这种流动称为简单库埃特流动。当$P\neq 0$时，流线是以$y^*=\frac{1+P}{2P}$为对称轴的抛物线。

（2）当$P>0$时，压力梯度$\frac{\mathrm{d}p}{\mathrm{d}x}<0$，压强沿流动方向逐渐降低，这种情形称为顺压梯度。流线（抛物线）开口方向为x轴负方向，在整个流域内流速及槽中流量为正，如图 1-9 中$P=1,2,3$情形。

（3）当$P<0$时，压力梯度$\frac{\mathrm{d}p}{\mathrm{d}x}>0$，$P$为逆压梯度，流线（抛物线）开口方向为$x$轴正方

向，如图 1-9 中 $P=-1,-2,-3$ 情形。$P=-1$ 为不产生回流的极限压强梯度值，当 $P\geqslant -1$ 时，整个流域内流速仍为正。反之，当 $P<-1$ 时，壁面附近（$0<y^*<1+1/P$ 处）产生回流。$P=-3$ 时逆压梯度对流量的作用与上平板拖动形成的流量平衡，槽中流量为 0，$P>-3$ 时，槽中流量为正，$P<-3$ 时，逆压梯度作用更强，槽中流量为负。

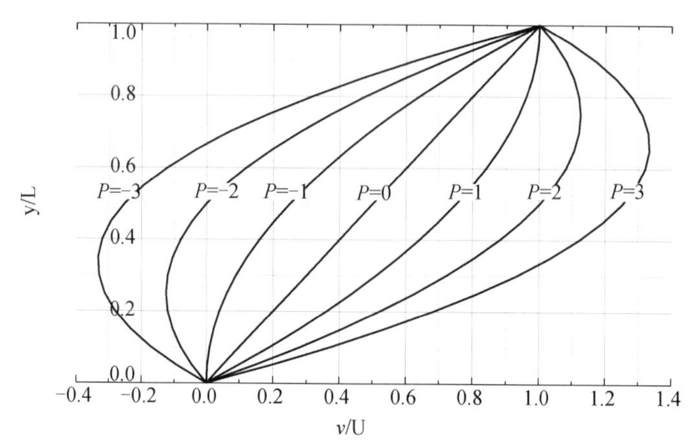

图 1-9　不同参数 P 下流速分布曲线

1.4　黏性不可压缩流体绕圆球运动模型

本节分析小雷诺数下不可压缩黏性流体绕球运动问题，将半径为 R 的圆球置于无限大流场中，无穷远处来流速度为 V_∞、压强为 p_∞，如图 1-10 所示。

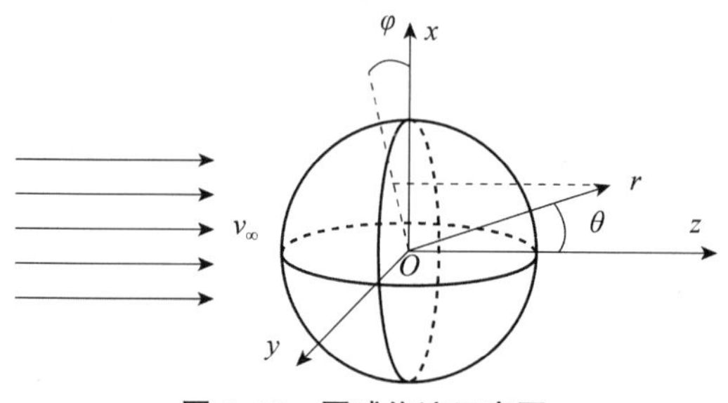

图 1-10　圆球绕流示意图

本节从如下 Navier-Stokes 方程出发对该问题进行分析

$$
\begin{cases}
\nabla \boldsymbol{v}=0 \\
\rho \dfrac{\partial \boldsymbol{v}}{\partial t}+\rho(\boldsymbol{v}\cdot\nabla)v=-\nabla p+\mu\nabla^2\boldsymbol{v}+\rho\boldsymbol{g}
\end{cases}
\tag{1.49}
$$

Navier-Stokes 方程（1.49）中的速度方程包含 4 个部分：表征速度场不稳性的非稳态项、表征速度场不均匀性的对流项、黏性力作用下的扩散项及压力梯度和质量力组成的源项。表征惯性力与黏性力之比的无量纲是雷诺数 $\mathrm{Re}=\rho V_\infty R/\mu$，取半径 R、无穷远处来流速度 V_∞、无穷远处压强 p_∞ 为特征量，将方程中各量无量纲化

$$r^* = \frac{r}{R}, \quad v_i^* = \frac{v_i}{V_\infty}, \quad p^* = \frac{(p - p_\infty)R}{\mu V_\infty}, \quad g_i^* = \frac{g_i R}{V_\infty^2}, \quad t^* = \frac{tV_\infty}{R} \tag{1.50}$$

将以上各量代入方程（1.49），得到如下无量纲方程

$$\begin{cases} \nabla \boldsymbol{v} = 0 \\ \mathrm{Re}\left[\dfrac{\partial \boldsymbol{v}}{\partial t} + (\boldsymbol{v}\cdot\nabla)\boldsymbol{v} - \boldsymbol{g}\right] = -\nabla p + \nabla^2 \boldsymbol{v} \end{cases} \tag{1.51}$$

对于小雷诺数的流动问题，即当 $\mathrm{Re} \to 0$ 时，方程（1.51）中的第二式等式左边趋近于零。这样，Navier-Stokes 方程（1.49）只剩下压力梯度和黏性力。于是

$$\nabla \boldsymbol{v} = 0, \ \nabla p = \nabla^2 \boldsymbol{v} \tag{1.52}$$

其中，在球坐标系中，哈密顿算子和拉普拉斯算子分别为

$$\nabla = \mathbf{i}\frac{\partial}{\partial r} + \mathbf{j}\frac{1}{r}\frac{\partial}{\partial \theta} + \mathbf{k}\frac{1}{r\sin\theta}\frac{\partial}{\partial \varphi}, \quad \nabla^2 = \frac{1}{r^2}\frac{\partial}{\partial r}\left(r^2\frac{\partial}{\partial r}\right) + \frac{1}{r^2\sin\theta}\frac{\partial}{\partial \theta}\left(\sin\theta\frac{\partial}{\partial \theta}\right) + \frac{1}{r^2\sin^2\theta}\frac{\partial}{\partial \varphi^2}$$

根据流场的对称性，三维流体绕球运动退化为二维问题，φ 方向的相关项为 0，将方程（1.52）具体表示为如下形式

$$\begin{cases} \dfrac{1}{r^2}\dfrac{\partial(r^2 v_r)}{\partial r} + \dfrac{1}{r\sin\theta}\dfrac{\partial(v_\theta \sin\theta)}{\partial \theta} = 0 \\ \dfrac{\partial p}{\partial r} = \dfrac{\partial}{\partial r}\left[\dfrac{1}{r^2}\dfrac{\partial(r^2 v_r)}{\partial r}\right] + \dfrac{1}{r^2\sin\theta}\dfrac{\partial}{\partial\theta}\left(\sin\theta\dfrac{\partial v_r}{\partial \theta}\right) - \dfrac{2}{r^2\sin\theta}\dfrac{\partial(v_\theta\sin\theta)}{\partial\theta} \\ \dfrac{\partial p}{\partial \theta} = \dfrac{1}{r}\dfrac{\partial}{\partial r}\left(r^2\dfrac{\partial v_\theta}{\partial r}\right) + \dfrac{1}{r}\dfrac{\partial}{\partial\theta}\left[\dfrac{1}{\sin\theta}\dfrac{\partial(v_\theta\sin\theta)}{\partial\theta}\right] + \dfrac{1}{r\sin^2\theta}\dfrac{\partial^2 v_\theta}{\partial\varphi^2} + \dfrac{2}{r}\dfrac{\partial v_r}{\partial\theta} \end{cases} \tag{1.53}$$

其边界条件为

（1）在球面上，

$$r = 1, \quad v_r(r,\theta) = 0, \quad v_\theta(r,\theta) = 0 \tag{1.54}$$

（2）在无穷远处，

$$r = \infty, \quad v_r(r,\theta) = \cos\theta, \quad v_\theta(r,\theta) = -\sin\theta, \ p(r,\theta) = 0 \tag{1.55}$$

求解方程组（1.53）分以下几个步骤。

1. 分离变量

由于方程组（1.53）舍弃了对流项而成为线性方程组，可采用分离变量法求解。将速度与压力分解为关于 r 和 θ 的两个函数之积，将方程组的解表示为如下形式

$$v_r = f(r)F(\theta), \quad v_\theta = g(r)G(\theta), \quad p = h(r)H(\theta) \tag{1.56}$$

考虑无穷远处的边界条件（1.55），即

$$v_r(r,\theta) = \cos\theta = f(\infty)F(\theta), \quad v_\theta(r,\theta) = -\sin\theta = g(\infty)G(\theta)$$

可见，$f(\infty) = g(\infty) = 1$，且 $F(\theta) = \cos\theta$，$G(\theta) = -\sin\theta$，于是速度方程解的形式进一步确定为

$$v_r = f(r)\cos\theta, \quad v_\theta = -g(r)\sin\theta, \quad p = h(r)H(\theta)$$

将上式代入方程组（1.53），可得

$$\begin{cases} \cos\theta\left[f'+\dfrac{2}{r}(f-g)\right]=0 \\ H(\theta)h'=\cos\theta\left[f''+\dfrac{2}{r}f'-\dfrac{4}{r^2}(f-g)\right] \\ H'(\theta)h=-\sin\theta\left[rg''+2g'+\dfrac{2}{r}(f-g)\right] \end{cases} \tag{1.57}$$

由于 f，g，h 均是关于 r 的函数，要使式（1.57）成立，只有让 $H(\theta)=\cos\theta$，于是式（1.56）可变为

$$v_r=f(r)\cos\theta, v_\theta=-g(r)\sin\theta, p=h(r)\cos\theta \tag{1.58}$$

将式（1.58）代入式（1.57）中得

$$f'+\frac{2}{r}(f-g)=0 \tag{1.59}$$

$$f''+\frac{2}{r}f'-\frac{4}{r^2}(f-g)=0 \tag{1.60}$$

$$h=rg''+2g'+\frac{2}{r}(f-g) \tag{1.61}$$

结合式（1.54）和式（1.55），f，g，h 的边界条件为

$$f(1)=0, g(1)=0, f(\infty)=1, g(\infty)=1, h(\infty)=0 \tag{1.62}$$

2. 求常微分方程的解

方程组（1.59）～（1.62）是关于 f、g、h 的三元二次常微分方程组，可以采用消元法消去 g，h，得到关于 f 的 4 阶微分方程

$$r^3f^{(4)}+8r^2f^{(3)}+8rf^{(2)}-8f'=0 \tag{1.63}$$

该方程的通解为

$$f=\frac{A}{r^3}+\frac{B}{r}+C+Dr^2 \tag{1.64}$$

代入方程（1.59）和方程（1.61）可得

$$g=-\frac{A}{2r^3}+\frac{B}{2r}+C+2Dr^2 \tag{1.65}$$

$$h=\frac{B}{r^2}+10rD \tag{1.66}$$

将边界条件即式（1.62）代入方程（1.64）～（1.66），可得

$$A=\frac{1}{2}, B=-\frac{3}{2}, C=1, D=0$$

于是，f，g，h 的解为

$$f=\frac{1}{2r^3}-\frac{3}{2r}+1,\quad g=-\frac{1}{4r^3}-\frac{3}{4r}+1,\quad h=-\frac{3}{2r^2}$$

将上式代入式（1.58）得

$$v_r(r,\theta)=\left(\frac{1}{2r^3}-\frac{3}{2r}+1\right)\cos\theta \tag{1.67}$$

$$v_\theta(r,\theta)=\left(\frac{1}{4r^3}+\frac{3}{4r}-1\right)\sin\theta \tag{1.68}$$

$$p(r,\theta)=-\frac{3}{2r^2}\cos\theta \tag{1.69}$$

方程（1.67）～（1.69）为无量纲的速度与压力分布，利用式（1.50）可以将方程变回含量纲的表达式

$$\begin{cases} v_r(r,\theta)=V_\infty\cos\theta\left[1-\dfrac{3}{2}\dfrac{R}{r}+\dfrac{1}{2}\dfrac{R^3}{r^3}\right] \\ v_\theta(r,\theta)=-V_\infty\sin\theta\left[1-\dfrac{3}{4}\dfrac{R}{r}-\dfrac{1}{4}\dfrac{R^3}{r^3}\right] \\ p(r,\theta)=-\dfrac{3}{2}\mu\dfrac{V_\infty R}{r^2}\cos\theta+p_\infty \end{cases} \tag{1.70}$$

3. 求应力和阻力

球坐标系下的本构关系具有以下形式

$$\begin{cases} \sigma_{rr}=-p+2\mu\dfrac{\partial v_r}{\partial r} \\ \sigma_{r\theta}=\mu\left(\dfrac{1}{r}\dfrac{\partial v_r}{\partial\theta}+\dfrac{\partial v_\theta}{\partial r}-\dfrac{v_\theta}{r}\right) \\ \sigma_{r\varphi}=\mu\left(\dfrac{\partial v_\varphi}{\partial r}+\dfrac{1}{r\sin\theta}\dfrac{\partial v_r}{\partial\varphi}-\dfrac{v_\varphi}{r}\right) \end{cases} \tag{1.71}$$

由对称性条件 $v_\varphi=0$ 及 $\dfrac{\partial}{\partial\varphi}=0$ 可知 $\sigma_{r\varphi}=0$。将压力与速度表达式（即式（1.70））代入上式，并在球面上取值，有

$$\begin{cases} \sigma_{rr}=\dfrac{3\mu V_\infty}{2R}\cos\theta-p_\infty \\ \sigma_{r\theta}=-\dfrac{3\mu V_\infty}{2R}\sin\theta \\ \sigma_{r\varphi}=0 \end{cases}$$

利用球面上的应力分布求得斯托克斯阻力

$$\begin{aligned} W&=\int_S(\sigma_{rr}\cos\theta-\sigma_{r\theta}\sin\theta)\mathrm{d}S \\ &=\int_0^\pi(\sigma_{rr}\cos\theta-\sigma_{r\theta}\sin\theta)2\pi R^2\sin\theta\mathrm{d}\theta \\ &=6\pi\mu V_\infty R \end{aligned} \tag{1.72}$$

由式（1.72）可得圆球的阻力系数

$$C_D=\frac{W}{\dfrac{1}{2}\rho V_\infty^2 A}=\frac{12\upsilon}{RV_\infty}=\frac{24}{\mathrm{Re}}$$

其中，$A=\pi R^2$ 为圆球的迎风面积，此式说明雷诺数较小时阻力系数和雷诺数成反比。需要指出的是，斯托克斯阻力系数只适用于雷诺数较低的蠕动区域，雷诺数较大下的阻力系数可采用艾伦公式和牛顿公式计算

$$C_D=\begin{cases}\dfrac{24}{\mathrm{Re}}, & \mathrm{Re}<2\\ \dfrac{18.5}{\mathrm{Re}^{0.6}}, & 2<\mathrm{Re}<500\\ 0.44, & 500<\mathrm{Re}<2\times10^5\end{cases}$$

1.5 黏性不可压缩流体边界层方程

前两节（1.3 节与 1.4 节）我们从 Navier-Stokes 方程出发分析了低雷诺数的平行流动与绕圆球流动的近似解。对于稳态的低雷诺数流动，惯性力近似为零，若无外力场的存在，方程只剩下压力和黏性力两项，使问题的分析和求解大为简化。对于大雷诺数流动，由无量纲方程（1.36）可知，黏性力的作用可以忽略，控制方程简化为无黏的欧拉方程。虽然欧拉方程仍是非线性的，但速度场可以通过求解线性拉普拉斯方程来确定。但无黏流动意味着物体表面无阻力，因此这种近似并不适用于固体壁面附近的流场。为此，普朗特在 1904 年引入了边界层的概念。普朗特认为，对于大雷诺数绕流流动，固体壁面附近存在一层极薄的附面层，并称这一薄层为边界层。边界层外的流体黏性可以忽略，而在边界层内黏性力起主要作用。图 1-11 为边界层附近的流场分布，边界层边缘的速度为 $v_e(x)$，固体边界满足无滑移条件，流体速度在边界层内迅速减小到零。本节建立边界层内外流场的简化模型，对大雷诺数绕流问题进行分析。

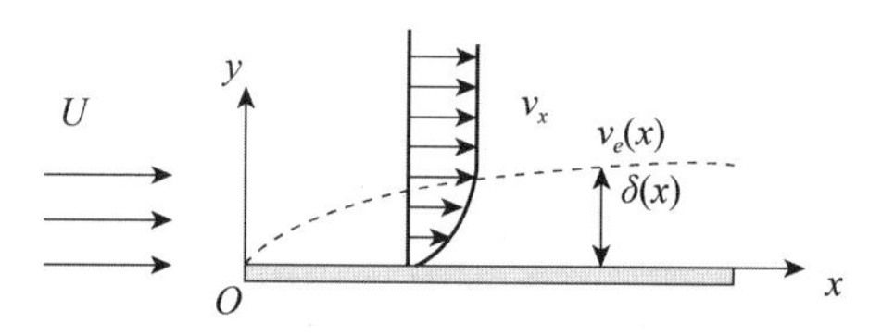

图 1-11 边界层附近速度分布示意图

1.5.1 边界层厚度

边界层内外的流场平稳过渡，没有严格的界限。在极薄的边界层内，流速以渐进的方式趋近于边缘速度。通常将流速达到边缘速度或外流速度 99%的位置认为是边界层的界限，边界层的名义厚度 δ_{99} 通过如下表达式确定

$$v(x,\delta_{99})=0.99v_e(x) \tag{1.73}$$

其中，$v(x,\delta_{99})$ 为流体速度。名义厚度在实际使用中常存在较大的误差，且系数 0.99 没有明确的物理意义。更为严格且实际使用较多的边界层厚度有位移厚度 δ_1、动量损失厚度 δ_2 和能量损失厚度 δ_3，数学表达式如下。

位移厚度：
$$\delta_1 = \int_0^{\infty(\delta)} \left(1 - \frac{v_x}{v_e}\right) \mathrm{d}y \tag{1.74}$$

动量损失厚度：
$$\delta_2 = \int_0^{\infty(\delta)} \frac{v_x}{v_e}\left(1 - \frac{v_x}{v_e}\right) \mathrm{d}y \tag{1.75}$$

能量损失厚度：
$$\delta_3 = \int_0^{\infty(\delta)} \frac{v_x}{v_e}\left(1 - \frac{v_x^2}{v_e^2}\right) \mathrm{d}y \tag{1.76}$$

以上 3 种边界层厚度的定义具有明确的物理意义，在某一给定位置 x，对于无黏和有黏两种情况，通过单位宽度的流量分别为 $\rho v_e \mathrm{d}y$ 和 $\rho v_x \mathrm{d}y$，所以因考虑边界层黏性所导致的流量损失为

$$\rho v_e \delta_1 = \int_0^{\infty} \rho\left(v_e - v_x\right) \mathrm{d}y \tag{1.77}$$

与流量损失类似，边界层黏性阻滞所导致的动量损失和能量损失为

$$\rho v_e^2 \delta_2 = \int_0^{\delta} \rho v_x\left(v_e - v_x\right) \mathrm{d}y \text{，} \quad \frac{\rho v_e^3}{2}\delta_3 = \int_0^{\delta} \rho v_x\left(\frac{v_e^2}{2} - \frac{v_x^2}{2}\right) \mathrm{d}y \tag{1.78}$$

方程（1.77）与方程（1.78）对应的厚度 δ_i 即为方程（1.74）～（1.76）中 3 种厚度的定义。

1.5.2　边界层内外的数学模型

对于稳态的二维大雷诺数绕流场，边界层内外流动均满足黏性不可压缩流体的 Navier-Stokes 方程

$$\frac{\partial v_x}{\partial x} + \frac{\partial v_y}{\partial y} = 0 \tag{1.79}$$

$$\frac{\partial v_x}{\partial t} + v_x \frac{\partial v_x}{\partial x} + v_y \frac{\partial v_x}{\partial y} = -\frac{1}{\rho}\frac{\partial p}{\partial x} + \upsilon\left(\frac{\partial^2 v_x}{\partial x^2} + \frac{\partial^2 v_x}{\partial y^2}\right) \tag{1.80}$$

$$\frac{\partial v_y}{\partial t} + v_x \frac{\partial v_y}{\partial x} + v_y \frac{\partial v_y}{\partial y} = -\frac{1}{\rho}\frac{\partial p}{\partial y} + \upsilon\left(\frac{\partial^2 v_y}{\partial x^2} + \frac{\partial^2 v_y}{\partial y^2}\right) \tag{1.81}$$

根据普朗特边界层理论，边界层外流场近似为无黏的理想流体流动，边界层内部，黏性起主导作用。因此，内外流场可以分开处理，根据内外流场的流动特点，对控制方程进行简化。

1. 外场模型

以图 1-11 所示的平板边界层问题为例，对于外场，取来流速度 U 和板长 L 为特征速度和特征长度，将控制方程无量纲化为

$$\frac{\partial v_x^*}{\partial x} + \frac{\partial v_y^*}{\partial y} = 0 \tag{1.82}$$

$$v_x^* \frac{\partial v_x^*}{\partial x^*} + v_y^* \frac{\partial v_x^*}{\partial y^*} = -\frac{\partial p^*}{\partial x^*} + \frac{1}{\mathrm{Re}}\left(\frac{\partial^2 v_x^*}{\partial x^{*2}} + \frac{\partial^2 v_x^*}{\partial y^{*2}}\right) \tag{1.83}$$

$$v_x^* \frac{\partial v_y^*}{\partial x^*} + v_y^* \frac{\partial v_y^*}{\partial y^*} = -\frac{\partial p^*}{\partial y^*} + \frac{1}{\text{Re}}\left(\frac{\partial^2 v_y^*}{\partial x^{*2}} + \frac{\partial^2 v_y^*}{\partial y^{*2}}\right) \tag{1.84}$$

其中，无量纲压强 $p^* = \frac{p - p_\infty}{\rho U^2}$，雷诺数 $\text{Re} = UL / \upsilon$，当雷诺数 $\text{Re} \gg 1$ 时，Navier-Stokes 方程近似为欧拉方程。为表述方便，省略无量纲标识，边界层外的控制方程为

$$\frac{\partial v_x}{\partial x} + \frac{\partial v_y}{\partial y} = 0，\quad v_x \frac{\partial v_x}{\partial x} + v_y \frac{\partial v_x}{\partial y} = -\frac{\partial p}{\partial x}，\quad v_x \frac{\partial v_y}{\partial x} + v_y \frac{\partial v_y}{\partial y} = -\frac{\partial p}{\partial y} \tag{1.85}$$

方程（1.85）依然是非线性的，求解依然比较困难。研究表明，理想不可压缩流体的绕流运动是无旋的，即 $\nabla \times \boldsymbol{v} = 0$。速度势函数 $\psi(x, y)$ 的梯度 $\nabla \psi(x, y) = \boldsymbol{v}$

$$\boldsymbol{v} = \nabla \psi \tag{1.86}$$

代入方程（1.85）得

$$\frac{\partial^2 \psi}{\partial x^2} + \frac{\partial^2 \psi}{\partial y^2} = 0 \tag{1.87}$$

$$p = \frac{1}{2}\left(1 - |\nabla \psi|^2\right) \tag{1.88}$$

求解拉普拉斯方程（1.87），再结合方程（1.86）和方程（1.88）即可求解速度场 $v_x(x, y)$、$v_y(x, y)$、压力场 $p(x, y)$ 及边界层边缘的速度 $v_e(x)$。

2. 边界层方程

边界层的形成机理可以从涡旋传输的观点加以解释，固体表面是连续分布的涡源，涡旋一边沿流向流动，一边沿固体表面的法向扩散。对于平板边界层（见图 1-11）绕流，经过时间 t 涡旋流动与扩散的距离分别为 $\delta \sim \sqrt{\upsilon t}$ 和 $x \sim Ut$，于是边界层的厚度 $\delta \sim \sqrt{\upsilon x / U}$。边界层厚度与 $\sqrt{\upsilon}$ 和 $\sqrt{x}$ 均成正比，与来流速度的算术平方根 $\sqrt{U}$ 成反比。黏性越大扩散越快，物体的前缘和尾部分别对应边界层厚度的最小与最大值，当 $x = L$ 时最大厚度为 $\delta_L \sim \sqrt{\upsilon L / U} = L / \sqrt{\text{Re}}$。

边界层内 x 方向和 y 方向的物理量具有不同的量级，对控制方程无量纲化需要取不同的特征尺度。在流向上，依然取来流速度 U 和板长 L 为特征速度和特征长度。而在固壁法向上取 $\delta_L (= L / \sqrt{\text{Re}})$ 为特征长度，同时取 $v_\perp (= L / \sqrt{\text{Re}})$ 为法向特征速度。具体地，边界层内各变量无量纲化为

$$x^* = \frac{x}{L}，\quad y^* = \frac{y}{\delta_L} = \frac{y}{L}\sqrt{\text{Re}}，\quad v_x^* = \frac{v_x}{U}，\quad v_y^* = \frac{v_y}{v_\perp} = \frac{v_y}{U}\sqrt{\text{Re}}，\quad p^* = \frac{p - p_\infty}{\rho U^2}$$

代入式（1.79）～式（1.81），边界层内的无量纲 Navier-Stokes 方程为

$$\frac{\partial v_y^*}{\partial x^*} + \frac{\partial x_y^*}{\partial y^*} = 0 \tag{1.89}$$

$$v_x^* \frac{\partial v_x^*}{\partial x^*} + v_y^* \frac{\partial v_x^*}{\partial y^*} = -\frac{\partial p^*}{\partial x^*} + \frac{1}{\text{Re}} \frac{\partial^2 v_x^*}{\partial x^{*2}} + \frac{\partial^2 v_x^*}{\partial y^{*2}} \tag{1.90}$$

$$\frac{1}{\text{Re}}\left(v_x^* \frac{\partial v_y^*}{\partial x^*} + v_y^* \frac{\partial v_y^*}{\partial y^*}\right) = -\frac{\partial p^*}{\partial y^*} + \frac{1}{\text{Re}^2} \frac{\partial^2 v_y^*}{\partial x^{*2}} + \frac{1}{\text{Re}} \frac{\partial^2 v_y^*}{\partial y^{*2}} \tag{1.91}$$

当 $\mathrm{Re}\gg 1$ 时，略去以上方程组中的高阶小量，并省略无量纲上标

$$\frac{\partial v_x}{\partial x}+\frac{\partial v_y}{\partial y}=0 \tag{1.92}$$

$$v_x\frac{\partial v_x}{\partial x}+v_y\frac{\partial v_x}{\partial y}=-\frac{\partial p}{\partial x}+\frac{\partial^2 v_x}{\partial y^2} \tag{1.93}$$

$$\frac{\partial p}{\partial y}=0 \tag{1.94}$$

式（1.94）表明边界层内 y 方向的压力梯度为 0，即在边界层内压力为常数，由方程（1.88）可以求得边界层边缘距离物体前缘 x 处的压力为

$$p(x)=-\frac{1}{2}v_e^2\text{，或 } v_e\frac{\mathrm{d}v_e}{\mathrm{d}x}=-\frac{\mathrm{d}p}{\mathrm{d}x} \tag{1.95}$$

因此，边界内的控制方程为

$$\frac{\partial v_x}{\partial x}+\frac{\partial v_y}{\partial y}=0 \tag{1.96}$$

$$v_x\frac{\partial v_x}{\partial x}+v_y\frac{\partial v_x}{\partial y}=v_e\frac{\mathrm{d}v_e}{\mathrm{d}x}+\frac{\partial \tau}{\partial y} \tag{1.97}$$

式中 $\tau=\dfrac{\partial v_x}{\partial y}$，边界条件为

$$\begin{cases} y=0: v_x=v_y=0 \\ y=\infty: v_x=v_e(x) \end{cases} \tag{1.98}$$

大雷诺数绕流运动的求解可以分成两个部分，首先利用方程（1.86）～（1.88）求解外场，得到边界层边缘的速度分布 $v_e(x)$，然后求解方程（1.96）～（1.98）。也可以进一步将两部分迭代求解，获得更准确的结果。但是方程（1.97）保留了惯性项和部分黏性项，方程仍是非线性的，很难给出解析解，而数值求解的工作量较大。工程中常用边界层动量积分关系式估算边界层厚度和物体表面的摩擦，下面我们以方程（1.96）、方程（1.97）为基础对此积分关系式进行推导。

1.5.3　卡门动量积分关系式

根据连续方程（1.96），将动量方程（1.97）变为如下形式

$$\frac{\partial(v_xv_x)}{\partial x}+\frac{\partial(v_yv_x)}{\partial y}=v_e\frac{\mathrm{d}v_e}{\mathrm{d}x}+\frac{\partial \tau}{\partial y} \tag{1.99}$$

固壁边界条件为

$$\begin{cases} y=0: v_x=v_y=0, \tau=\tau_w \\ y=\infty: v_x=v_e, v_y=v_y^{\infty}, \tau=0 \end{cases} \tag{1.100}$$

对方程（1.96）和方程（1.99）在法向上进行积分，得到以下关系

$$\int_0^{\infty}\frac{\partial v_x}{\partial x}\mathrm{d}y=-\int_0^{\infty}\frac{\partial v_y}{\partial y}\mathrm{d}y=-v_y^{\infty} \tag{1.101}$$

$$\int_0^\infty \frac{\partial v_x^2}{\partial x}\mathrm{d}y-\int_0^\infty v_e\frac{\mathrm{d}v_e}{\mathrm{d}x}\mathrm{d}y=-\int_0^\infty \frac{\partial\left(v_y v_x\right)}{\partial y}\mathrm{d}y+\int_0^\infty \tau dy=-v_e v_y^\infty-\tau_w \tag{1.102}$$

将式（1.101）代入式（1.102）得

$$\int_0^\infty \frac{\partial v_x^2}{\partial x}\mathrm{d}y-\int_0^\infty v_e\frac{\mathrm{d}v_e}{\mathrm{d}x}\mathrm{d}y-v_e\int_0^\infty \frac{\partial v_x}{\partial x}\mathrm{d}y=-\tau_w \tag{1.103}$$

x方向求导与y方向的积分可交换，利用微积分公式，由上式可得

$$\frac{\mathrm{d}}{\mathrm{d}x}\int_0^\infty\left(v_x^2-v_e v_x\right)\mathrm{d}y+\frac{\mathrm{d}v_e}{\mathrm{d}x}\int_0^\infty\left(v_x-v_e\right)\mathrm{d}y=-\tau_w \tag{1.104}$$

结合方程（1.77）与方程（1.78）中边界层厚度的定义，上式可以写成

$$\frac{\mathrm{d}}{\mathrm{d}x}\left(v_e^2\delta_2\right)+\left(v_e\delta_1\right)\frac{\mathrm{d}v_e}{\mathrm{d}x}=\tau_w \tag{1.105}$$

将位移厚度与动量损失厚度值比定义为形状因子$H=\delta_1/\delta_2$，上式改写为

$$\frac{\mathrm{d}\delta_2}{\mathrm{d}x}+\left(2+H\right)\frac{\delta_2}{v_e}\frac{\mathrm{d}v_e}{\mathrm{d}x}=\frac{\tau_w}{v_e^2} \tag{1.106}$$

方程（1.106）即为卡门动量积分关系，该式有形状因子H、边界层厚度δ_2和壁面切应力τ_w三个未知量，但是三者都是由边界层的速度分布决定的，如果给定边界层的速度分布$v_x=f\left(y\right)$，便可以通过方程（1.106）快速估算边界层厚度和表面摩擦力，一般情况下边界层速度分布可以采用多项式逼近，计算精度由多项式的逼近程度决定。本书主要关心边界层模型得的简化形式和建立过程，对此不过多展开。

第2章 湍流模型

湍流模型主要包括RANS模型和LES模型两类，LES模型尚未广泛应用于工程实际，工程上最常用的是标准$\kappa-\varepsilon$模型和雷诺应力模型，形式如下。

标准$\kappa-\varepsilon$模型张量表达如下

$$\begin{cases}\dfrac{\partial \overline{v_i}}{\partial x_i}=0\\ \dfrac{\partial \overline{v_i}}{\partial t}+\overline{v}_j\dfrac{\partial \overline{v_i}}{\partial x_j}=\dfrac{\partial}{\partial x_j}\left[(\upsilon+\upsilon_t)\left(\dfrac{\partial \overline{v_i}}{\partial x_j}+\dfrac{\partial \overline{v_j}}{\partial x_i}\right)\right]-\dfrac{\partial \overline{p}}{\partial x_i}+\overline{f_i}\\ \dfrac{\partial \kappa}{\partial t}+\overline{v}_j\dfrac{\partial \kappa}{\partial x_j}=\dfrac{\partial}{\partial x_j}\left[\left(\upsilon+\dfrac{\upsilon_t}{\sigma_\kappa}\right)\dfrac{\partial \kappa}{\partial x_j}\right]+P_\kappa-\varepsilon\\ \dfrac{\partial \varepsilon}{\partial t}+\overline{v}_j\dfrac{\partial \varepsilon}{\partial x_j}=\dfrac{\partial}{\partial x_j}\left[\left(\upsilon+\dfrac{\upsilon_t}{\sigma_\varepsilon}\right)\dfrac{\partial \varepsilon}{\partial x_j}\right]+\dfrac{\varepsilon}{\kappa}\left(C_{\varepsilon 1}P_\kappa-C_{\varepsilon 2}\varepsilon\right)\end{cases}$$

式中，$P_\kappa=-\rho\overline{v_i'v_k'}\dfrac{\partial \overline{v_i}}{\partial x_k}$，$\mu_{\text{eff}}=\rho\upsilon+\rho\upsilon_T=\mu+\mu_T=\mu+C_\mu\rho\dfrac{\kappa^2}{\varepsilon}$。因为$\mu_T>>\mu$，所以$\mu_T\approx\mu_{\text{eff}}$。

模型常数为

C_μ	σ_κ	σ_ϵ	$C_{\epsilon 1}$	$C_{\epsilon 2}$
0.09	1.0	1.3	1.44	1.92

雷诺应力模型为

$$\begin{cases}\dfrac{\partial \overline{v_i}}{\partial x_i}=0\\ \dfrac{D\overline{v_i}}{Dt}=\upsilon\dfrac{\partial^2\overline{v_i}}{\partial x_k^2}-\dfrac{\partial R_{ik}}{\partial x_k}-\dfrac{\partial \overline{p}}{\partial x_i}+\overline{f_i}\\ \dfrac{DR_{ij}}{Dt}=\dfrac{\partial}{\partial x_k}\left[\left(\upsilon+\dfrac{\upsilon_t}{\sigma_\kappa}\right)\dfrac{\partial R_{ij}}{\partial x_k}\right]+P_{ij}-\dfrac{2}{3}\varepsilon\delta_{ij}-C_1\dfrac{\varepsilon}{\kappa}\left(R_{ij}-\dfrac{2}{3}\kappa\delta_{ij}\right)-C_2\left(P_{ij}-\dfrac{1}{3}P_{kk}\delta_{ij}\right)\\ \dfrac{D\varepsilon}{Dt}=\dfrac{\partial}{\partial x_k}\left[\left(\upsilon+\dfrac{\upsilon_t}{\sigma_\varepsilon}\right)\dfrac{\partial \varepsilon}{\partial x_k}\right]-\dfrac{\varepsilon}{\kappa}\left(C_{\varepsilon 1}R_{ik}\dfrac{\partial \overline{v_i}}{\partial x_k}+C_{\varepsilon 2}\varepsilon\right)\end{cases}$$

其中，常用模型系数为

C_μ	σ_κ	σ_ϵ	C_1	C_2	$C_{\epsilon 1}$	$C_{\epsilon 2}$
0.09	0.82	1.0	1.8	0.6	1.44	1.92

湍流是自然界和工程领域中最常见的流动形式，湍流问题是至今仍未攻克的科学问题。不规则性是湍流最主要的特征，以拉格朗日的观点来看，流体质点的运动轨迹（迹线）呈现出随机性和不确定性。从场的观点来看，空间某一点的物理量（速度、压力、温度等）是随时间无规则变化的随机函数。尽管湍流在时间和空间上无规则地随机变化，但大多数研究者相信，无论多复杂的流动形式，纳维–斯托克斯（Navier-Stokes，N-S）方程仍然是适用的，而且其统计特征也是确定的。在流体力学层次，通过求解 N-S 方程获得流场的瞬时解自然是研究湍流最直接、最精确的方法。但是在实际应用中，这也是一种不切实际的方案。为了获得湍流的统计特征，早期的湍流研究者从 N-S 方程出发，对方程中各量取系综平均，建立湍流统计量满足的控制方程，该方法最大的困难是方程的封闭问题难以有效解决。模拟湍流的另外一种思路是采用滤波函数对不同尺度的涡进行过滤，只对小尺度的涡做模型，其控制方程与雷诺平均方程具有类似的形式。本章主要以常用的标准$\kappa-\varepsilon$模型和雷诺应力模型为例介绍雷诺平均模型的构造方法，并对大涡模型进行简要的分析。

2.1　湍流运动的基本方程

无论是雷诺平均模型还是大涡模型，其基本出发点都是 N-S 方程。N-S 方程可以用简洁的矢量或张量形式表达，形式简单但求解却异常困难。作为七大千禧年难题之一，该方程解的存在性和光滑性尚未得到证明，目前只有少数简单层流流动可以获得分析解，大多数情况只能通过数值方法求解。第 1 章我们根据质量守恒和动量守恒定律建立了黏性不可压缩流体的 N-S 方程，为便于本章的展开，这里给出其直角坐标系中的张量形式

$$\begin{cases}\dfrac{\partial v_i}{\partial x_i}=0\\[2ex]\dfrac{\partial v_i}{\partial t}+v_j\dfrac{\partial v_i}{\partial x_j}=-\dfrac{1}{\rho}\dfrac{\partial p}{\partial x_i}+\upsilon\dfrac{\partial^2 v_i}{\partial x_j^2}+f_i\end{cases}\tag{2.1}$$

初始条件为

$$v_i\left(\boldsymbol{x},0\right)=V_i\left(\boldsymbol{x}\right)\tag{2.2}$$

边界条件为

$$v_i\mid_{\Sigma}=V_i\left(\boldsymbol{x}_0,t\right),p\left(\boldsymbol{x}_0\right)=p_0\tag{2.3}$$

$V_i\left(\boldsymbol{x}\right)$，$V_i\left(\boldsymbol{x}_0,\ t\right)$和$p_0$是已知函数或常数，$\Sigma$是流动边界，$\boldsymbol{x}_0$是流场中给定点的坐标。

2.1.1　雷诺平均方程

流场中任一场量$\varPhi$的平均值有三种定义方法，系综平均、时间平均和体积平均

$$\overline{\varPhi}\left(t,x_i\right)=\int_{-\infty}^{+\infty}\varPhi\left(t,x_i\right)P\left(t,x_i;U_i\right)\mathrm{d}U_i\tag{2.4}$$

$$\bar{\varPhi}\left(t,x_i\right)=\lim_{T\to\infty}\left[\frac{1}{T}\int_0^T\varPhi\left(t,x_i\right)\mathrm{d}t\right]\tag{2.5}$$

$$\overline{\Phi}\left(t,x_i\right)=\lim_{L_i\to\infty}\left[\frac{1}{8L_1L_2L_3}\int_{-L_1}^{L_1}\int_{-L_2}^{L_2}\int_{-L_2}^{L_3}\Phi\left(t,x_i\right)\mathrm{d}x_i\right] \tag{2.6}$$

这里$\overline{\Phi}$表示系综平均量，$P\left(t,x_i;U_i\right)$为流体概率分布函数。湍流模型中的雷诺平均通常指系综平均。对定常湍流和均匀湍流，可以分别用时间平均和体积平均取代系综平均，本章对 3 种定义不做严格的区分，统一称为系综平均。

根据系综平均和雷诺分解，流场中对于任一场量，都可以分解为系综平均值和脉动值之和

$$v_i=\overline{v}_i+v_i',\quad p=\overline{p}+p' \tag{2.7}$$

对物理量φ和ϕ，其系综平均值和脉动值满足如下性质

$$\overline{\overline{\varphi}}=\overline{\varphi},\quad \overline{\varphi'}=0,\quad \overline{\varphi\phi}=\overline{\varphi}\overline{\phi}+\overline{\varphi'\phi'},\quad \overline{\varphi'\phi}=\overline{\varphi\phi'}=\overline{\varphi'\phi'},\quad \overline{\varphi'\overline{\phi}}=\overline{\overline{\varphi}\phi'}=0 \tag{2.8}$$

湍流运动的基本方程组包括表征湍流一阶矩（随机量的数学期望）的雷诺平均方程和表征湍流二阶矩的雷诺应力输运方程，下面分别导出湍流运动的基本方程。

1. 平均连续方程

对 N-S 方程（2.1）中连续方程系综平均，有

$$\overline{\frac{\partial v_i}{\partial x_i}}=0 \tag{2.9}$$

求偏导（对时间和空间）和系综平均运算可交换，则平均连续方程为

$$\frac{\partial\overline{v}_i}{\partial x_i}=0 \tag{2.10}$$

2. 雷诺平均方程

对 N-S 方程（2.1）速度方程系综平均，有

$$\overline{\frac{\partial v_i}{\partial t}}+\overline{v_k\frac{\partial v_i}{\partial x_k}}=-\overline{\frac{1}{\rho}\frac{\partial p}{\partial x_i}}+\upsilon\overline{\frac{\partial^2 v_i}{\partial x_k^2}}+\overline{f_i} \tag{2.11}$$

动量方程（2.11）中的对流项为

$$\overline{v_k\frac{\partial v_i}{\partial x_k}}=\overline{\frac{\partial v_iv_k}{\partial x_k}-v_i\frac{\partial v_k}{\partial x_k}}=\overline{\frac{\partial v_iv_k}{\partial x_k}}-\overline{v_i\frac{\partial v_k}{\partial x_k}}=\frac{\partial\overline{v_iv_k}}{\partial x_k} \tag{2.12}$$

上式的推导用到连续方程，根据系综平均性质

$$\overline{v_iv_k}=\overline{\left(\overline{v}_i+v_i'\right)\left(\overline{v}_k+v_k'\right)}=\overline{v}_i\overline{v}_k+\overline{v_i'v_k'} \tag{2.13}$$

于是，结合平均连续方程（2.10），对流项的系综平均为

$$\overline{v_k\frac{\partial v_i}{\partial x_k}}=\frac{\partial\overline{v_iv_k}}{\partial x_k}=\frac{\partial\overline{v}_i\overline{v}_k}{\partial x_k}+\frac{\partial\overline{v_i'v_k'}}{\partial x_k}=\overline{v}_k\frac{\partial\overline{v}_i}{\partial x_k}+\frac{\partial\overline{v_i'v_k'}}{\partial x_k} \tag{2.14}$$

将上式代入平均动量方程（2.11），得

$$\frac{\partial\overline{v}_i}{\partial t}+\overline{v}_k\frac{\partial\overline{v}_i}{\partial x_k}=-\frac{1}{\rho}\frac{\partial\overline{p}}{\partial x_i}+\upsilon\frac{\partial^2\overline{v}_i}{\partial x_k^2}-\frac{\partial\overline{v_i'v_k'}}{\partial x_k}+\overline{f}_i \tag{2.15}$$

方程（2.10）和方程（2.15）称为雷诺平均方程，方程（2.15）等号右边各项分别为平均压强作用力、平均分子黏性作用力、附加应力作用项和体积力。将$\sigma_{t,ik}=-\rho\overline{v_i'v_k'}$称为雷诺应

力，正是由于附加应力的存在，雷诺平均的 N-S 方程不封闭，需要进一步对雷诺应力建立封闭方程组。

2.1.2 雷诺应力输运方程

雷诺应力输运方程可以在脉动速度方程的基础上建立，也可以直接在方程（2.1）的基础上推导，本节前两个部分给出第一种推导方法，第三部分给出第二种方法，最后对各项的物理意义加以说明。

1. 脉动速度方程

先建立脉动速度的连续和动量方程。方程（2.1）中的连续方程减去方程（2.10）得脉动量的连续方程

$$\frac{\partial v_i'}{\partial x_i}=0 \tag{2.16}$$

方程（2.1）中的动量方程减去方程（2.15）得脉动速度方程

$$\frac{\partial v_i'}{\partial t}+v_k\frac{\partial v_i}{\partial x_k}-\overline{v}_k\frac{\partial \overline{v_i}}{\partial x_k}=-\frac{1}{\rho}\frac{\partial p'}{\partial x_i}+\upsilon\frac{\partial^2 v_i'}{\partial x_k^2}+\frac{\partial \overline{v_i'v_k'}}{\partial x_k} \tag{2.17}$$

其中

$$v_k\frac{\partial v_i}{\partial x_k}-\overline{v}_k\frac{\partial \overline{v_i}}{\partial x_k}=v_k'\frac{\partial v_i'}{\partial x_k}+v_k'\frac{\partial \overline{v_i}}{\partial x_k}+\overline{v}_k\frac{\partial v_i'}{\partial x_k} \tag{2.18}$$

所以式（2.17）变为

$$\frac{\partial v_i'}{\partial t}+\overline{v}_k\frac{\partial v_i'}{\partial x_k}+v_k'\frac{\partial \overline{v_i}}{\partial x_k}=-\frac{1}{\rho}\frac{\partial p'}{\partial x_i}+\upsilon\frac{\partial^2 v_i'}{\partial x_k^2}-\frac{\partial}{\partial x_k}\left(v_i'v_k'-\overline{v_i'v_k'}\right) \tag{2.19}$$

方程（2.16）和方程（2.19）为脉动速度方程。

2. 雷诺应力输运方程的推导

从方程（2.19）出发，v_i' 脉动方程乘以 v_j'，得

$$v_j'\frac{\partial v_i'}{\partial t}+v_j'\overline{v}_k\frac{\partial v_i'}{\partial x_k}+v_j'v_k'\frac{\partial \overline{v_i}}{\partial x_k}=-v_j'\frac{1}{\rho}\frac{\partial p'}{\partial x_i}+\upsilon v_j'\frac{\partial^2 v_i'}{\partial x_k^2}-v_j'\frac{\partial}{\partial x_k}\left(v_i'v_k'-\overline{v_i'v_k'}\right) \tag{2.20}$$

同理，用 v_j' 的脉动方程乘以 v_i'，得

$$v_i'\frac{\partial v_j'}{\partial t}+v_i'\overline{v}_k\frac{\partial v_j'}{\partial x_k}+v_i'v_k'\frac{\partial \overline{v_j}}{\partial x_k}=-v_i'\frac{1}{\rho}\frac{\partial p'}{\partial x_j}+\upsilon v_i'\frac{\partial^2 v_j'}{\partial x_k^2}-v_i'\frac{\partial}{\partial x_k}\left(v_j'v_k'-\overline{v_j'v_k'}\right) \tag{2.21}$$

两式相加，得

$$\begin{aligned}\frac{\partial v_i'v_j'}{\partial t}+\overline{v}_k\frac{\partial v_i'v_j'}{\partial x_k}=&-v_j'v_k'\frac{\partial \overline{v_i}}{\partial x_k}-v_i'v_k'\frac{\partial \overline{v_j}}{\partial x_k}-\frac{1}{\rho}\left(v_j'\frac{\partial p'}{\partial x_i}+v_i'\frac{\partial p'}{\partial x_j}\right)\\&+\upsilon\left(v_j'\frac{\partial^2 v_i'}{\partial x_k^2}+v_i'\frac{\partial^2 v_j'}{\partial x_k^2}\right)-\frac{\partial v_i'v_j'v_k'}{\partial x_k}+v_j'\frac{\partial \overline{v_i'v_k'}}{\partial x_k}+v_i'\frac{\partial \overline{v_j'v_k'}}{\partial x_k}\end{aligned} \tag{2.22}$$

对上式做系综平均运算，得

$$\frac{\partial \overline{v_i'v_j'}}{\partial t}+\overline{v}_k\frac{\partial \overline{v_i'v_j'}}{\partial x_k}=-\overline{v_j'v_k'}\frac{\partial \overline{v}_i}{\partial x_k}-\overline{v_i'v_k'}\frac{\partial \overline{v}_j}{\partial x_k}-\frac{1}{\rho}\overline{\left(v_j'\frac{\partial p'}{\partial x_i}+v_i'\frac{\partial p'}{\partial x_j}\right)}+\upsilon\overline{\left(v_j'\frac{\partial^2 v_i'}{\partial x_k^2}+v_i'\frac{\partial^2 v_j'}{\partial x_k^2}\right)}-\frac{\partial \overline{v_i'v_j'v_k'}}{\partial x_k} \tag{2.23}$$

上式即为雷诺应力方程，方程中出现了新的不封闭项，将在下面章节中讨论。接下来我们先给出第二种推导雷诺应力方程的方法。

3. 雷诺应力输运方程的第二种推导

将 N-S 方程（2.1）中的速度方程与脉动速度相乘，忽略体积力脉动，取系综平均

$$\overline{v_j'\frac{\partial v_i}{\partial t}}+\overline{v_j'v_k\frac{\partial v_i}{\partial x_k}}=-\overline{\frac{1}{\rho}v_j'\frac{\partial p}{\partial x_i}}+\overline{\upsilon v_j'\frac{\partial^2 v_i}{\partial x_k^2}} \tag{2.24}$$

$$\overline{v_i'\frac{\partial v_j}{\partial t}}+\overline{v_i'v_k\frac{\partial v_j}{\partial x_k}}=-\overline{\frac{1}{\rho}v_i'\frac{\partial p}{\partial x_j}}+\overline{\upsilon v_i'\frac{\partial^2 v_j}{\partial x_k^2}} \tag{2.25}$$

将以上两式中的瞬时量分解为平均值和脉动量之和

$$\overline{v_j'\frac{\partial\left(\overline{v}_i+v_i'\right)}{\partial t}}+\overline{v_j'\left(\overline{v}_k+v_k'\right)\frac{\partial\left(\overline{v}_i+v_i'\right)}{\partial x_k}}=-\overline{\frac{1}{\rho}v_j'\frac{\partial\left(\overline{p}+p'\right)}{\partial x_i}}+\overline{\upsilon v_j'\frac{\partial^2\left(\overline{v}_i+v_i'\right)}{\partial x_k^2}} \tag{2.26}$$

$$\overline{v_i'\frac{\partial\left(\overline{v}_j+v_j'\right)}{\partial t}}+\overline{v_i'\left(\overline{v}_k+v_k'\right)\frac{\partial\left(\overline{v}_j+v_j'\right)}{\partial x_k}}=-\overline{\frac{1}{\rho}v_i'\frac{\partial\left(\overline{p}+p'\right)}{\partial x_j}}+\overline{\upsilon v_i'\frac{\partial^2\left(\overline{v}_j+v_j'\right)}{\partial x_k^2}} \tag{2.27}$$

根据系综平均的性质（2.8），由上述两式得

$$\overline{v_j'\frac{\partial v_i'}{\partial t}}+\overline{v_j'\overline{v}_k\frac{\partial v_i'}{\partial x_k}}+\overline{v_j'v_k'\frac{\partial \overline{v}_i}{\partial x_k}}+\overline{v_j'v_k'\frac{\partial v_i'}{\partial x_k}}=-\overline{\frac{1}{\rho}v_j'\frac{\partial p'}{\partial x_i}}+\overline{\upsilon v_j'\frac{\partial^2 v_i'}{\partial x_k^2}} \tag{2.28}$$

$$\overline{v_i'\frac{\partial v_j'}{\partial t}}+\overline{v_i'\,\overline{v}_k\frac{\partial v_j'}{\partial x_k}}+\overline{v_i'v_k'\frac{\partial \overline{v}_j}{\partial x_k}}+\overline{v_i'v_k'\frac{\partial v_j'}{\partial x_k}}=-\overline{\frac{1}{\rho}v_i'\frac{\partial p'}{\partial x_j}}+\overline{\upsilon v_i'\frac{\partial^2 v_j'}{\partial x_k^2}} \tag{2.29}$$

对于常物性流体，以上两式相加得

$$\begin{aligned}\frac{\partial \overline{v_i'v_j'}}{\partial t}+\overline{v}_k\frac{\partial \overline{v_i'v_j'}}{\partial x_k}=&-\overline{v_j'v_k'}\frac{\partial \overline{v}_i}{\partial x_k}-\overline{v_i'v_k'}\frac{\partial \overline{v}_j}{\partial x_k}-\frac{1}{\rho}\overline{v_j'\frac{\partial p'}{\partial x_i}+v_i'\frac{\partial p'}{\partial x_j}}\\&+\upsilon\overline{\left(v_j'\frac{\partial^2 v_i'}{\partial x_k^2}+v_i'\frac{\partial^2 v_j'}{\partial x_k^2}\right)}-\frac{\partial \overline{v_i'v_j'v_k'}}{\partial x_k}\end{aligned} \tag{2.30}$$

显然，两种方法得到的雷诺应力输运方程是一致的，但第二种推导过程更为简单，第 3 章我们还将采用这种思路推导其他关联矩方程。

4. 方程各项的物理意义

对方程（2.30）右边压力和黏性力两项进行简化

$$\overline{v_j'\frac{\partial p'}{\partial x_i}+v_i'\frac{\partial p'}{\partial x_j}}=\frac{\partial \overline{v_j'p'}}{\partial x_i}+\frac{\partial \overline{v_i'p'}}{\partial x_j}-\overline{p'\left(\frac{\partial v_i'}{\partial x_j}+\frac{\partial v_j'}{\partial x_i}\right)} \tag{2.31}$$

$$\overline{\left(v_j'\frac{\partial^2 v_i'}{\partial x_k^2}+v_i'\frac{\partial^2 v_j'}{\partial x_k^2}\right)}=\overline{\frac{\partial}{\partial x_k}\left(v_i'\frac{\partial v_j'}{\partial x_k}\right)+\frac{\partial}{\partial x_k}\left(v_j'\frac{\partial v_i'}{\partial x_k}\right)}-2\overline{\frac{\partial v_i'}{\partial x_k}\frac{\partial v_j'}{\partial x_k}}=\frac{\partial^2 \overline{v_i'v_j'}}{\partial x_k^2}-2\overline{\frac{\partial v_i'}{\partial x_k}\frac{\partial v_j'}{\partial x_k}} \tag{2.32}$$

代回式（2.23）后得到雷诺应力方程

$$\underbrace{\frac{\partial\overline{v_i'v_j'}}{\partial t}+\overline{v}_k\frac{\partial\overline{v_i'v_j'}}{\partial x_k}}_{C_{ij}}=\underbrace{-\frac{\partial}{\partial x_k}\left(\frac{\overline{p'v_i'}}{\rho}\delta_{jk}+\frac{\overline{p'v_j'}}{\rho}\delta_{ik}+\overline{v_i'v_j'v_k'}-\upsilon\frac{\partial\overline{v_i'v_j'}}{\partial x_k}\right)}_{D_{ij}}$$
$$\underbrace{-\overline{v_i'v_k'}\frac{\partial\overline{v}_j}{\partial x_k}-\overline{v_j'v_k'}\frac{\partial\overline{v}_i}{\partial x_k}}_{P_{ij}}+\underbrace{\overline{\frac{p'}{\rho}\left(\frac{\partial v_i'}{\partial x_j}+\frac{\partial v_j'}{\partial x_i}\right)}}_{\Phi_{ij}}\underbrace{-2\upsilon\overline{\frac{\partial v_i'}{\partial x_k}\frac{\partial v_j'}{\partial x_k}}}_{E_{ij}} \tag{2.33}$$

方程中各物理量的意义如下：

C_{ij}：雷诺应力的随体导数，场的时间不稳定性和空间不均匀性所导致的雷诺应力在平均运动轨迹上的增长率。

D_{ij}：雷诺应力的扩散项，由三部分组成，以散度形式存在，具有扩散性质。

P_{ij}：雷诺应力生成项，是雷诺应力和平均速度变形张量的乘积，决定湍流动能的产生。

Φ_{ij}：再分配项，是脉动压强和脉动速度变形率张量的平均值，对雷诺应力的产生与耗散起分配作用。

E_{ij}：耗散项，是脉动速度变形率张量乘积的平均值，对湍流动能起耗散作用。

上式 5 项中，C_{ij}、P_{ij} 与平均速度相关，不需要做模型；在高雷诺下 E_{ij} 通常是近似各向同性的，可以引入湍动能耗散率标量对该量做模型；Φ_{ij} 和 D_{ij} 形式比较复杂，要通过物理意义来做模型，P_{ij}、Φ_{ij}、E_{ij} 共同组成雷诺应力方程的源。

2.2 标准 κ–ε 模型

我们知道，在 N-S 方程的推导过程中，动量方程存在不封闭应力张量 $\boldsymbol{\sigma}$，为了使方程封闭，根据 Stokes 假设构造了流体的本构关系，对于不可压缩流体，其本构方程为

$$\sigma_{ij}=-p\delta_{ij}+2\mu s_{ij} \tag{2.34}$$

仿照本构方程，Boussinesq 将雷诺应力 $\sigma_{t,ik}=-\rho\overline{v_i'v_k'}$ 也表示为各项同性部分和各向异性部分之和

$$\sigma_{t,ij}=-p_t\delta_{ij}+2\mu_t\overline{s}_{ij} \tag{2.35}$$

其中，μ_t 是涡黏系数（湍流黏度），各项同性部分

$$p_t=\frac{1}{3}\rho\overline{v_i'v_i'}=\frac{2}{3}\rho\kappa \tag{2.36}$$

κ 是湍动能强度，定义有效压力 $p_{\text{eff}}=\left(p+p_t\right)/\rho$，将式（2.35）代入动量方程（2.15）得

$$\frac{\partial\overline{v}_i}{\partial t}+\overline{v}_j\frac{\partial\overline{v}_i}{\partial x_j}=\frac{\partial}{\partial x_j}\left[\upsilon_{\text{eff}}\left(\frac{\partial\overline{v}_i}{\partial x_j}+\frac{\partial\overline{v}_j}{\partial x_i}\right)\right]-\frac{\partial\overline{p}_{\text{eff}}}{\partial x_i}+\overline{f}_i \tag{2.37}$$

在方程（2.37）中，有效黏度 $\upsilon_{\text{eff}}=\upsilon+\upsilon_t$。将雷诺平均 N-S 方程（2.10）、动量方程（2.37）与原 N-S 方程（2.1）比较，不难发现雷诺平均 N-S 方程与原 N-S 方程形式一致，雷诺平均 N-S

方程仅仅在黏度和压力上与原 N-S 方程有所不同。在实际问题中绝对压力没有意义，而且对压力修正后也不会对其他量有影响，为书写简洁，本书将有效压力仍记为 p。于是，如何确定 υ_t 成为求解雷诺平均 N-S 方程的关键，根据确定 υ_t 的微分方程的个数，湍流模型分为零方程模型、一方程模型和两方程模型等，本节给出经典的标准 $\kappa-\varepsilon$ 模型（两方程模型）的推导。

2.2.1　湍动能方程

在 $\kappa-\varepsilon$ 模型中，湍流黏度 $v_t = C_\mu \kappa^2/\varepsilon$，$C_\mu$ 为模型常数，ε 是湍流动能耗散率，湍动能及其耗散率的输运方程根据上节推导的湍流运动基本方程建立。由方程（2.36）可知湍流动能 $\kappa = 0.5\overline{v_i'v_i'}$，为建立湍动能输运方程，将雷诺应力输运方程（2.33）进行张量收缩运算（$j=i$）得

$$\frac{\partial \overline{v_i'v_i'}}{\partial t} + \overline{v}_k \frac{\partial \overline{v_i'v_i'}}{\partial x_k} = -\frac{\partial}{\partial x_k}\left(2\frac{\overline{p'v_k'}}{\rho} + \overline{v_i'v_i'v_k'} - \upsilon\frac{\partial \overline{v_i'v_i'}}{\partial x_k}\right) - 2\overline{v_i'v_k'}\frac{\partial \overline{v}_i}{\partial x_k} - 2\upsilon\overline{\frac{\partial v_i'}{\partial x_k}\frac{\partial v_i'}{\partial x_k}} \tag{2.38}$$

则湍动能 κ 的输出方程为

$$\underbrace{\frac{\partial \kappa}{\partial t} + \overline{v}_k\frac{\partial \kappa}{\partial x_k}}_{C_\kappa} = \underbrace{-\frac{\partial}{\partial x_k}\left(\frac{\overline{p'v_k'}}{\rho} + \overline{\kappa' v_k'} - \upsilon\frac{\partial \kappa}{\partial x_k}\right)}_{D_\kappa} \underbrace{-\overline{v_i'v_k'}\frac{\partial \overline{v}_i}{\partial x_k}}_{P_\kappa} \underbrace{-\upsilon\overline{\frac{\partial v_i'}{\partial x_k}\frac{\partial v_i'}{\partial x_k}}}_{E_\kappa} \tag{2.39}$$

方程（2.39）右边的 D_κ、P_κ、E_κ 依次为湍动能方程扩散项、湍动能生成项和湍动能耗散项。D_κ 是梯度形式项，表示一种扩散过程，它由三项组成：由压力速度相关产生的扩散，三阶脉动关联产生的湍流的扩散和分子黏性产生的湍流的扩散。P_κ 表示雷诺应力通过平均运动的变形率向湍流脉动输入的平均能量，P_κ 的正负表示平均运动输入或输出脉动能量，因此 P_κ 称为湍流动能生成项。湍流耗散率 ε 定义为

$$\varepsilon = \upsilon\overline{\frac{\partial v_i'}{\partial x_k}\frac{\partial v_i'}{\partial x_k}} \tag{2.40}$$

$\varepsilon > 0$ 一定成立，$E_\kappa = -\varepsilon$ 使湍动能减小，起耗散作用。

为了使式（2.39）有效，湍动能方程右边的扩散项、湍动能生成项和湍动能耗散项需要进一步处理，本节先解决前两项的问题。

（1）对不可压缩流体，根据 Boussinesq 假设，湍流二阶矩 $\overline{v_i'v_k'}$ 表示为

$$\overline{v_i'v_k'} = \frac{2}{3}\kappa\delta_{ik} - 2\upsilon_t\overline{s}_{ik} \tag{2.41}$$

将式（2.41）代入湍动能生成项 P_κ，得

$$P_\kappa = -\overline{v_i'v_k'}\frac{\partial \overline{v}_i}{\partial x_k} = 2\upsilon_t\overline{s}_{ik}\frac{\partial \overline{v}_i}{\partial x_k} \tag{2.42}$$

将式（2.42）在三维直角坐标系中展开

$$P_\kappa = v_t\left\{2\left[\left(\frac{\partial \overline{u}}{\partial x}\right)^2 + \left(\frac{\partial \overline{v}}{\partial y}\right)^2 + \left(\frac{\partial \overline{w}}{\partial z}\right)^2\right] + \left(\frac{\partial \overline{u}}{\partial y} + \frac{\partial \overline{v}}{\partial x}\right)^2 + \left(\frac{\partial \overline{v}}{\partial z} + \frac{\partial \overline{w}}{\partial y}\right)^2 + \left(\frac{\partial \overline{w}}{\partial x} + \frac{\partial \overline{u}}{\partial z}\right)^2\right\} \tag{2.43}$$

可见，在标准 $\kappa-\varepsilon$ 模型中，湍动能生成项 P_κ 是一个非负项，使湍动能增加，这一项的作用与耗散项 E_κ 正好相反。

（2）对湍动能扩散项做一个简单的处理，引入湍流动能扩散系数 υ_t/σ_κ，写成如下扩散

形式

$$-\left(\frac{\overline{p'v'_k}}{\rho}+\overline{\kappa'v'_k}\right)=\frac{\upsilon_t}{\sigma_\kappa}\frac{\partial\kappa}{\partial x_k} \tag{2.44}$$

将式（2.42）、式（2.44）代入式（2.39），得到湍动能方程

$$\frac{\partial\kappa}{\partial t}+\overline{v}_k\frac{\partial\kappa}{\partial x_k}=\frac{\partial}{\partial x_k}\left[\left(\upsilon+\frac{\upsilon_t}{\sigma_\kappa}\right)\frac{\partial\kappa}{\partial x_k}\right]+P_\kappa-\varepsilon \tag{2.45}$$

2.2.2 湍动能耗散率方程

式（2.45）中多了一个变量，即湍流动能耗散率ε，必须封闭。可以直接由湍流脉动的方程导出ε输运方程，但ε方程推导过程更为复杂，为了简化推导过程，直接给出ε输运方程

$$\begin{aligned}\underbrace{\frac{\partial\varepsilon}{\partial t}+\overline{v}_k\frac{\partial\varepsilon}{\partial x_k}}_{C_\varepsilon}=&\underbrace{\upsilon\frac{\partial}{\partial x_k}\left(\frac{\partial\varepsilon}{\partial x_k}-\overline{v'_k\frac{\partial v'_i}{\partial x_m}\frac{\partial v'_i}{\partial x_m}}-2\overline{\frac{\partial p'}{\partial x_m}\frac{\partial v'_k}{\partial x_m}}\right)}_{D_\varepsilon}\underbrace{-2\upsilon^2\overline{\left(\frac{\partial^2 v'_i}{\partial x_m\partial x_k}\right)^2}}_{E_\varepsilon}\\&\underbrace{-2\upsilon\frac{\partial\overline{v}_i}{\partial x_k}\left(\overline{\frac{\partial v'_i}{\partial x_j}\frac{\partial v'_k}{\partial x_j}}+\overline{\frac{\partial v'_j}{\partial x_i}\frac{\partial v'_j}{\partial x_k}}\right)-2\upsilon\frac{\partial^2\overline{v}_i}{\partial x_k\partial x_j}\overline{v'_k\frac{\partial v'_i}{\partial x_j}}-2\upsilon\overline{\frac{\partial v'_i}{\partial x_k}\frac{\partial v'_i}{\partial x_m}\frac{\partial v'_k}{\partial x_m}}}_{P_\varepsilon}\end{aligned} \tag{2.46}$$

方程（2.46）中各项的物理意义比较明确，但耗散机制却十分复杂。等式左边湍流耗散率的随体导数无须处理，等号右边的扩散项、耗散项和生成项可仿照湍动能方程（2.45），按如下形式做模型

$$\frac{\partial\varepsilon}{\partial t}+\overline{v}_k\frac{\partial\varepsilon}{\partial x_k}=\varepsilon\text{扩散项}+\varepsilon\text{生成项}+\varepsilon\text{耗散项} \tag{2.47}$$

（1）方程（2.46）等号右边前3项组成ε的扩散项，第一项为ε的分子扩散项，无须特别处理，与κ方程扩散项的构造类似，ε方程扩散项为

$$D_\varepsilon=\frac{\partial}{\partial x_k}\left[\left(\upsilon+\frac{\upsilon_t}{\sigma_\varepsilon}\right)\frac{\partial\varepsilon}{\partial x_k}\right] \tag{2.48}$$

（2）方程（2.46）等号右边第4项为ε的耗散项，右边最后4项组成耗散率生成项，假设湍动能耗散率的生成项（P_ε）和耗散项（E_ε）分别与湍动能的生成项（P_κ）与耗散项（E_κ）成正比，并且与湍动能耗散率与湍动能之比$\left(\frac{\varepsilon}{\kappa}\right)$成正比，方程（2.46）的最后两部分简化为

$$P_\varepsilon=C_{\varepsilon1}\frac{\varepsilon}{\kappa}P_\kappa \tag{2.49}$$

$$E_\varepsilon=C_{\varepsilon2}\frac{\varepsilon}{\kappa}E_\kappa=-C_{\varepsilon2}\frac{\varepsilon^2}{\kappa} \tag{2.50}$$

将式（2.48）～式（2.50）代入式（2.46），由此得到湍流耗散率ε的输运方程

$$\frac{\partial\varepsilon}{\partial t}+\overline{v}_k\frac{\partial\varepsilon}{\partial x_k}=\frac{\partial}{\partial x_k}\left[\left(\upsilon+\frac{\upsilon_t}{\sigma_\varepsilon}\right)\frac{\partial\varepsilon}{\partial x_k}\right]+\frac{\varepsilon}{\kappa}\left(C_{\varepsilon1}P_\kappa-C_{\varepsilon2}\varepsilon\right) \tag{2.51}$$

结合雷诺平均的连续方程（2.10）、动量方程（2.37）及湍动能方程（2.45），完整的不可压缩标准$\kappa-\varepsilon$模型为

$$
\begin{cases}
\dfrac{\partial \overline{v}_i}{\partial x_i}=0 \\
\dfrac{\partial \overline{v}_i}{\partial t}+\overline{v}_j\dfrac{\partial \overline{v}_i}{\partial x_j}=\dfrac{\partial}{\partial x_j}\left[\left(\upsilon+\upsilon_t\right)\left(\dfrac{\partial \overline{v}_i}{\partial x_j}+\dfrac{\partial \overline{v}_j}{\partial x_i}\right)\right]-\dfrac{\partial \overline{p}}{\partial x_i}+\overline{f}_i \\
\dfrac{\partial \kappa}{\partial t}+\overline{v}_j\dfrac{\partial \kappa}{\partial x_j}=\dfrac{\partial}{\partial x_j}\left[\left(\upsilon+\dfrac{\upsilon_t}{\sigma_\kappa}\right)\dfrac{\partial \kappa}{\partial x_j}\right]+P_\kappa-\varepsilon \\
\dfrac{\partial \varepsilon}{\partial t}+\overline{v}_j\dfrac{\partial \varepsilon}{\partial x_j}=\dfrac{\partial}{\partial x_j}\left[\left(\upsilon+\dfrac{\upsilon_t}{\sigma_\varepsilon}\right)\dfrac{\partial \varepsilon}{\partial x_j}\right]+\dfrac{\varepsilon}{\kappa}\left(C_{\varepsilon 1}P_\kappa-C_{\varepsilon 2}\varepsilon\right)
\end{cases}
\tag{2.52}
$$

其中，涡黏系数$\upsilon_t=C_\mu\kappa^2/\varepsilon$，方程（2.52）中有 5 个模型常数，由最简单的均匀湍流，剪切流法求解定性获得，经过进一步的数据试验确定，现在使用的常数由 Launder 和 Spalding（1974）建立，见表 2-1。

表 2-1　标准 κ-ε 的模型常数

C_μ	σ_κ	σ_ε	$C_{\varepsilon 1}$	$C_{\varepsilon 2}$
0.09	1.0	1.3	1.44	1.92

2.3　雷诺应力模型

标准$\kappa-\varepsilon$模型建立之初曾被寄以厚望，对于近乎各项同性的湍流，标准$\kappa-\varepsilon$模型可以取得较好的计算结果，但是对于强剪切流动、强旋流动及有分离区并存的二次流流动，其预报结果则不甚理想。后期的研究者以标准$\kappa-\varepsilon$模型为基本框架，提出了各种改进模型，如 RNG $\kappa-\varepsilon$模型、可实现的$\kappa-\varepsilon$模型、非线性$\kappa-\varepsilon$模型和多尺度$\kappa-\varepsilon$模型等，这些模型可以在一定程度上克服标准$\kappa-\varepsilon$模型的某些缺陷，但是应用范围都很有限。在$\kappa-\varepsilon$模型中，附加应力正比于当时当地的平均切变率，无法体现雷诺应力沿流向的历史效应，而且涡黏系数υ_t是个标量，不能反映雷诺应力各向异性的特点。这些缺陷是涡黏模式广泛存在的共性问题，其根本出路是对雷诺应力输运方程（2.33）直接做模型封闭，即建立雷诺应力模型。

2.3.1　雷诺应力模型的封闭

为了便于后面展开，这里再次给出雷诺应力输运方程

$$
\begin{aligned}
\underbrace{\frac{\partial R_{ij}}{\partial t}+\overline{v}_k\frac{\partial R_{ij}}{\partial x_k}}_{C_{ij}}=&\underbrace{-\frac{\partial}{\partial x_k}\left(\overbrace{\overline{p'v_i'}\delta_{jk}+\overline{p'v_j'}\delta_{ik}}^{\text{I}}+\overbrace{\overline{v_i'v_j'v_k'}}^{\text{II}}\overbrace{-\upsilon\frac{\partial R_{ij}}{\partial x_k}}^{\text{III}}\right)}_{D_{ij}}\underbrace{-R_{ik}\frac{\partial \overline{v}_j}{\partial x_k}-R_{jk}\frac{\partial \overline{v}_i}{\partial x_k}}_{P_{ij}}\\
&\underbrace{+\overline{p'\left(\frac{\partial v_i'}{\partial x_j}+\frac{\partial v_j'}{\partial x_i}\right)}}_{\Phi_{ij}}\underbrace{-2\upsilon\overline{\frac{\partial v_i'}{\partial x_k}\frac{\partial v_j'}{\partial x_k}}}_{E_{ij}}
\end{aligned}
\tag{2.53}
$$

方程（2.53）中 $R_{ij}=\overline{v_i'v_j'}$，雷诺应力在平均运动轨迹上的增长率 C_{ij}、雷诺应力生成项 P_{ij} 无须做模型，扩散项 D_{ij}、再分配项 Φ_{ij} 及耗散项 E_{ij} 比较复杂，要通过物理意义来做模型，从而使方程封闭。

（1）扩散项 D_{ij} 一般只改变雷诺应力在空间中的分布情况，不改变雷诺应力的总量。该项由 3 个部分组成，第 I 部分为压力–速度二阶脉动产生的压力扩散，第 II 部分为速度三阶矩的散度，第 III 部分是流体黏性作用下的雷诺应力输运产生的分子扩散。通常压强脉动关联项的散度远小于速度三阶矩散度，无须准确表述第 I 部分的具体形式，前两部分可以一起模化为雷诺应力的散度。对于各项异性湍流，其扩散项表示为

$$\mathrm{I}+\mathrm{II}=-C_s\frac{\kappa}{\varepsilon}R_{kl}\frac{\partial R_{ij}}{\partial x_l} \tag{2.54}$$

或

$$\mathrm{I}+\mathrm{II}=-C_s\frac{\kappa}{\varepsilon}\left(R_{il}\frac{\partial R_{jk}}{\partial x_l}+R_{jl}\frac{\partial R_{ik}}{\partial x_l}+R_{kl}\frac{\partial R_{ij}}{\partial x_l}\right) \tag{2.55}$$

理论上，上述张量形式的扩散系数更具有优势，但是在实际求解过程中其数值稳定性较差，基于这一点考虑方程（2.54）和方程（2.55）中的扩散系数可以简化为标量形式

$$\mathrm{I}+\mathrm{II}=-C_s\frac{\kappa^2}{\varepsilon}\frac{\partial R_{ij}}{\partial x_k} \tag{2.56}$$

$$\mathrm{I}+\mathrm{II}=-C_s\frac{\kappa^2}{\varepsilon}\left(\frac{\partial R_{jk}}{\partial x_i}+\frac{\partial R_{ik}}{\partial x_j}+\frac{\partial R_{ij}}{\partial x_k}\right) \tag{2.57}$$

（2）再分配项 Φ_{ij} 为压强与变形速度张量联合脉动。令 $i=j$，对方程（2.53）进行张量收缩，方程（2.53）退化为湍动能方程，由速度脉动方程（2.16）可知分配项收缩为 $\Phi_{ii}=0$。可见，再分配项 Φ_{ij} 对湍动能（或 3 个正应力之和）的增长没有贡献，对 3 个方向的正应力起分配作用。该项通常被模化为慢速项（Rotta 模型）、快速项（快速畸变近似）和壁面项之和

$$\Phi_{ij}=\Phi_{ij}^s+\Phi_{ij}^r+\Phi_{ij}^w \tag{2.58}$$

其中，

$$\Phi_{ij}^s=-C_1\frac{\varepsilon}{\kappa}\left(R_{ij}-\frac{2}{3}\kappa\delta_{ij}\right),\quad \Phi_{ij}^r=-C_2\left(P_{ij}-\frac{1}{3}P_{kk}\delta_{ij}\right) \tag{2.59}$$

壁面项可以忽略也可以将其合并到其他项，于是再分配项表示为

$$\Phi_{ij}=-C_1\frac{\varepsilon}{\kappa}\left(R_{ij}-\frac{2}{3}k\delta_{ij}\right)-C_2\left(P_{ij}-\frac{1}{3}P_{kk}\delta_{ij}\right) \tag{2.60}$$

（3）湍流理论表明：大尺度涡从主流获得能量，耗散主要由小尺度涡运动决定。对于高雷诺数湍流，小尺度涡结构趋向于各向同性，切向应力的耗散率近似为 0，三个方向的正应力耗散率之和为湍流耗散率 ε。因此，耗散项 E_{ij} 简化为如下形式

$$E_{ij}=-2\upsilon\overline{\frac{\partial v_i'}{\partial x_k}\frac{\partial v_j'}{\partial x_k}}=-\frac{2}{3}\varepsilon\delta_{ij} \tag{2.61}$$

结合方程（2.53）、方程（2.56）、方程（2.60）和方程（2.61），将雷诺应力输运方程模化为

$$\frac{\partial R_{ij}}{\partial t}+\overline{v}_k\frac{\partial R_{ij}}{\partial x_k}=\frac{\partial}{\partial x_k}\left[\left(\upsilon+\frac{\upsilon_t}{\sigma_k}\right)\frac{\partial R_{ij}}{\partial x_k}\right]+P_{ij}-\frac{2}{3}\varepsilon\delta_{ij}-C_1\frac{\varepsilon}{\kappa}\left(R_{ij}-\frac{2}{3}\kappa\delta_{ij}\right)-C_2\left(P_{ij}-\frac{1}{3}P_{kk}\delta_{ij}\right) \tag{2.62}$$

湍动能$\kappa=0.5R_{ii}$，类似于标准$\kappa-\varepsilon$模型，雷诺应力模型中的湍流耗散方程为

$$\frac{\partial\varepsilon}{\partial t}+\overline{v}_k\frac{\partial\varepsilon}{\partial x_k}=\frac{\partial}{\partial x_k}\left[\left(\upsilon+\frac{\upsilon_t}{\sigma_\varepsilon}\right)\frac{\partial\varepsilon}{\partial x_k}\right]-\frac{\varepsilon}{\kappa}\left(C_{\varepsilon1}R_{ik}\frac{\partial\overline{v_i}}{\partial x_k}+C_{\varepsilon2}\varepsilon\right) \tag{2.63}$$

综上，完整的不可压缩雷诺应力模型为

$$\begin{cases}\dfrac{\partial\overline{v_i}}{\partial x_i}=0\\ \dfrac{D\overline{v_i}}{Dt}=\upsilon\dfrac{\partial^2\overline{v_i}}{\partial x_k^2}-\dfrac{\partial R_{ik}}{\partial x_k}-\dfrac{\partial\overline{p}}{\partial x_i}+\overline{f}_i\\ \dfrac{DR_{ij}}{Dt}=\dfrac{\partial}{\partial x_k}\left[\left(\upsilon+\dfrac{\upsilon_t}{\sigma_\kappa}\right)\dfrac{\partial R_{ij}}{\partial x_k}\right]+P_{ij}-\dfrac{2}{3}\varepsilon\delta_{ij}-C_1\dfrac{\varepsilon}{\kappa}\left(R_{ij}-\dfrac{2}{3}\kappa\delta_{ij}\right)-C_2\left(P_{ij}-\dfrac{1}{3}P_{kk}\delta_{ij}\right)\\ \dfrac{D\varepsilon}{Dt}=\dfrac{\partial}{\partial x_k}\left[\left(\upsilon+\dfrac{\upsilon_t}{\sigma_\varepsilon}\right)\dfrac{\partial\varepsilon}{\partial x_k}\right]-\dfrac{\varepsilon}{\kappa}\left(C_{\varepsilon1}R_{ik}\dfrac{\partial\overline{v_i}}{\partial x_k}+C_{\varepsilon2}\varepsilon\right)\end{cases} \tag{2.64}$$

其中，$\dfrac{D}{Dt}=\dfrac{\partial}{\partial t}+\overline{v}_k\dfrac{\partial}{\partial x_k}$，雷诺应力模型常数如表 2-2 所示。

表 2-2　雷诺应力模型常数

C_μ	σ_κ	σ_ε	C_1	C_2	$C_{\varepsilon1}$	$C_{\varepsilon2}$
0.09	0.82	1.0	1.8	0.6	1.44	1.92

2.3.2　代数形式的雷诺应力模型

为了封闭动量方程中的二阶应力张量R_{ik}，雷诺应力模型引入了 7 个额外的微分方程，对于复杂的工程问题，计算成本较高，较为经济的方案是引入近似假设，用代数形式的雷诺应力模型替代其微分形式，常用的近似方法有平衡近似和线性近似两种。

1. 平衡近似

假定湍流处于局部平衡，即雷诺应力的对流项与扩散项相等，在准稳态的条件下，雷诺应力的生成、耗散和再分配也达到局部的平衡。根据方程（2.62），有

$$P_{ij}-C_1\frac{\varepsilon}{\kappa}\left(R_{ij}-\frac{2}{3}\kappa\delta_{ij}\right)-C_2\left(P_{ij}-\frac{1}{3}P_{kk}\delta_{ij}\right)-\frac{2}{3}\varepsilon\delta_{ij}=0 \tag{2.65}$$

其中，P_{ij}是雷诺应力生成项

$$P_{ij}=-R_{ik}\frac{\partial\overline{v_j}}{\partial x_k}-R_{jk}\frac{\partial\overline{v_i}}{\partial x_k} \tag{2.66}$$

$$C_1\frac{\varepsilon}{\kappa}\left(R_{ij}-\frac{2}{3}k\delta_{ij}\right)=\left(1-C_2\right)P_{ij}+\frac{2}{3}C_2P_\kappa\delta_{ij}-\frac{2}{3}\varepsilon\delta_{ij} \tag{2.67}$$

湍动能生成项 $P_\kappa = 0.5P_{ii}$，由上式得到雷诺应力的代数方程为

$$R_{ij} = \frac{2}{3}\kappa\delta_{ij} + \frac{1-C_2}{C_1}\frac{\kappa}{\varepsilon}\left(P_{ij} - \frac{2}{3}P_\kappa\delta_{ij}\right) \tag{2.68}$$

2. **线性近似**

假设由对流和扩散引起的相对雷诺应力增量与相对湍动能增量成正比，即

$$\frac{1}{R_{ij}}\left(\frac{DR_{ij}}{Dt} - D_{ij}\right) \propto \frac{1}{\kappa}\left(\frac{D\kappa}{Dt} - D_\kappa\right) \tag{2.69}$$

由方程（2.45）和方程（2.62）可知

$$\frac{P_{ij} + \Phi_{ij} + E_{ij}}{R_{ij}} \propto \frac{P_\kappa - \varepsilon}{\kappa} \tag{2.70}$$

对方程（2.70）进行张量收缩，式（2.70）左右两边相等，于是

$$P_{ij} - C_1\frac{\varepsilon}{\kappa}\left(R_{ij} - \frac{2}{3}\kappa\delta_{ij}\right) - C_2\left(P_{ij} - \frac{1}{3}P_{kk}\delta_{ij}\right) - \frac{2}{3}\varepsilon\delta_{ij} = \frac{R_{ij}}{\kappa}\left(P_\kappa - \varepsilon\right) \tag{2.71}$$

整理得雷诺应力代数方程的另一种形式为

$$R_{ij} = \frac{2}{3}\kappa\delta_{ij} + \frac{1-C_2}{P_\kappa + (C_1 - 1)\varepsilon}\left(P_{ij} - \frac{2}{3}P_\kappa\delta_{ij}\right) \tag{2.72}$$

方程中的湍动能及其耗散率通过求解 $\kappa-\varepsilon$ 方程得到。不难发现，方程（2.68）和方程（2.72）与 Boussinesq 假设（即方程（2.41））形式相近，可以将 Boussinesq 假设看作代数应力模型的一种特殊形式，也可以将代数应力方程与 $\kappa-\varepsilon$ 方程的组合看作一种改进的 $\kappa-\varepsilon$ 模型，这类模型又被称作 $\kappa-\varepsilon-A$ 模型。需要指出的是，代数雷诺应力基于局部平衡假定，仍然无法体现雷诺应力输运的历史效应，但是可以反映雷诺应力各向异性的特点。

2.4　雷诺平均模型的通用形式

在前面的叙述中，我们把代数应力方程与 $\kappa-\varepsilon$ 方程的组合模型视为一种改进的 $\kappa-\varepsilon$ 模型，通过 $\kappa-\varepsilon$ 模型（2.52）和雷诺应力模型（2.64）可以看出，模型中主要变量的控制方程具有以下通用形式

$$\frac{\partial\phi}{\partial t} + \bar{v}_j\frac{\partial\phi}{\partial x_j} = \frac{\partial}{\partial x_j}\left(\Gamma_\phi\frac{\partial\phi}{\partial x_j}\right) + S_\phi \tag{2.73}$$

或者其守恒形式

$$\frac{\partial\phi}{\partial t} + \frac{\partial\left(\bar{v}_j\phi\right)}{\partial x_j} = \frac{\partial}{\partial x_j}\left(\Gamma_\phi\frac{\partial\phi}{\partial x_j}\right) + S_\phi \tag{2.74}$$

其中，ϕ 是所研究的任一因变量，Γ_ϕ 是扩散系数，S_ϕ 是源项。上述通用微分方程中各项分别称为不稳定项、对流项、扩散项和源项。因变量 ϕ 可以代表各种不同的量，只要把不同的因变量和相应的扩散系数 Γ_ϕ 和源项 S_ϕ 代入式（2.73）或式（2.74），我们就可以得到描述不同物理量的微分方程式。在三维直角坐标中，可以用通用微分方程形式表示

$$\frac{\partial \phi}{\partial t}+\frac{\partial(\bar{u}\phi)}{\partial x}+\frac{\partial(\bar{v}\phi)}{\partial y}+\frac{\partial(\bar{w}\phi)}{\partial z}=\frac{\partial}{\partial x}\left(\Gamma_\phi\frac{\partial \phi}{\partial x}\right)+\frac{\partial}{\partial y}\left(\Gamma_\phi\frac{\partial \phi}{\partial y}\right)+\frac{\partial}{\partial z}\left(\Gamma_\phi\frac{\partial \phi}{\partial z}\right)+S_\phi \tag{2.75}$$

用 $\kappa-\varepsilon$ 模型可以获得平均速度 $\bar{v}_i$、平均压强 $\bar{p}$、湍动能 κ、湍流动能耗散率 ε，以及速度二阶矩 R_{ij}，三维 $\kappa-\varepsilon$ 模型包含连续方程、动量方程（3 个方向）、湍动能及其耗散率方程，对应于方程（2.75），6 个微分方程方程各项的具体意义见表 2-3。而雷诺应力模型（2.64）包含一个连续方程、3 个动量方程、6 个雷诺应力方程和一个湍流耗散率方程，则至少需要求解 11 个微分方程，方程各项的具体意义见表 2-4。

表 2-3　直角坐标下三维 $\kappa-\varepsilon$ 模型方程各项意义

方程	项		
	ϕ	Γ_ϕ	S_ϕ
连续方程	1	0	0
x 轴向动量	$\bar{u}$	$\upsilon+\upsilon_T$	$-\frac{\partial \bar{p}}{\partial x}+\frac{\partial}{\partial x}\left(\upsilon_T\frac{\partial \bar{u}}{\partial x}\right)+\frac{\partial}{\partial y}\left(\upsilon_T\frac{\partial \bar{v}}{\partial x}\right)+\frac{\partial}{\partial z}\left(\upsilon_T\frac{\partial \bar{w}}{\partial x}\right)$
y 轴向动量	$\bar{v}$	$\upsilon+\upsilon_T$	$-\frac{\partial \bar{p}}{\partial y}+\frac{\partial}{\partial x}\left(\upsilon_T\frac{\partial \bar{u}}{\partial y}\right)+\frac{\partial}{\partial y}\left(\upsilon_T\frac{\partial \bar{v}}{\partial y}\right)+\frac{\partial}{\partial z}\left(\upsilon_T\frac{\partial \bar{w}}{\partial y}\right)$
z 轴向动量	$\bar{w}$	$\upsilon+\upsilon_T$	$-\frac{\partial \bar{p}}{\partial z}+\frac{\partial}{\partial x}\left(\upsilon_T\frac{\partial \bar{u}}{\partial z}\right)+\frac{\partial}{\partial y}\left(\upsilon_T\frac{\partial \bar{v}}{\partial z}\right)+\frac{\partial}{\partial z}\left(\upsilon_T\frac{\partial \bar{w}}{\partial z}\right)$
湍流动能	κ	$\upsilon+\frac{\upsilon_T}{\sigma_\kappa}$	$P_\kappa-\rho\varepsilon$
湍动能耗散率	ε	$\upsilon+\frac{\upsilon_T}{\sigma_\varepsilon}$	$\frac{\varepsilon}{\kappa}(C_1P_\kappa-C_2\varepsilon)$

表 2-4　直角坐标下雷诺应力模型方程各项意义

方程	项		
	ϕ	Γ_ϕ	S_ϕ
连续方程	1	0	0
x 方向动量	$\bar{u}$	υ	$-\left(\frac{\partial \bar{p}}{\partial x}+\frac{\partial \overline{u'u'}}{\partial x}+\frac{\partial \overline{u'v'}}{\partial y}+\frac{\partial \overline{u'w'}}{\partial z}\right)$
y 方向动量	$\bar{v}$	υ	$-\left(\frac{\partial \bar{p}}{\partial x}+\frac{\partial \overline{v'u'}}{\partial x}+\frac{\partial \overline{v'v'}}{\partial y}+\frac{\partial \overline{v'w'}}{\partial z}\right)$
z 方向动量	$\bar{w}$	υ	$-\left(\frac{\partial \bar{p}}{\partial x}+\frac{\partial \overline{w'u'}}{\partial x}+\frac{\partial \overline{w'v'}}{\partial y}+\frac{\partial \overline{w'w'}}{\partial z}\right)$
x 方向正应力	$\overline{u'u'}$	$\upsilon+\frac{\upsilon_T}{\sigma_\kappa}$	$-C_1\frac{\varepsilon}{\kappa}\overline{u'u'}+(1-C_2)P_{11}+\frac{2}{3}C_2P_\kappa-\frac{2}{3}\varepsilon(1-C_1)$
y 方向正应力	$\overline{v'v'}$	$\upsilon+\frac{\upsilon_T}{\sigma_\kappa}$	$-C_1\frac{\varepsilon}{\kappa}\overline{v'v'}+(1-C_2)P_{22}+\frac{2}{3}C_2P_\kappa-\frac{2}{3}\varepsilon(1-C_1)$
z 方向正应力	$\overline{w'w'}$	$\upsilon+\frac{\upsilon_T}{\sigma_\kappa}$	$-C_1\frac{\varepsilon}{\kappa}\overline{w'w'}+(1-C_2)P_{33}+\frac{2}{3}C_2P_\kappa-\frac{2}{3}\varepsilon(1-C_1)$
x 与 y 方向切应力	$\overline{u'v'}$	$\upsilon+\frac{\upsilon_T}{\sigma_\kappa}$	$-C_1\frac{\varepsilon}{\kappa}\overline{u'v'}+(1-C_2)P_{12}$

（续表）

方程	项		
	ϕ	Γ_ϕ	S_ϕ
x 与 z 方向切应力	$\overline{u'w'}$	$\upsilon+\dfrac{\upsilon_T}{\sigma_\kappa}$	$-C_1\dfrac{\varepsilon}{\kappa}\overline{u'w'}+(1-C_2)P_{13}$
y 与 z 方向切应力	$\overline{v'w'}$	$\upsilon+\dfrac{\upsilon_T}{\sigma_\kappa}$	$-C_1\dfrac{\varepsilon}{\kappa}\overline{v'w'}+(1-C_2)P_{23}$
湍流动能耗散率	ε	$\upsilon+\dfrac{\upsilon_T}{\sigma_\varepsilon}$	$\dfrac{\varepsilon}{\kappa}(C_1P_\kappa-C_2\varepsilon)$

在湍流模型中，湍动能生成项可以展开为如下形式

$$P_\kappa=-\left(\overline{u'u'}\frac{\partial\overline{u}}{\partial x}+\overline{v'v'}\frac{\partial\overline{v}}{\partial y}+\overline{w'w'}\frac{\partial\overline{w}}{\partial z}+\overline{u'v'}\frac{\partial\overline{u}}{\partial y}+\overline{u'w'}\frac{\partial\overline{u}}{\partial z}+\overline{v'w'}\frac{\partial\overline{v}}{\partial z}\right)\tag{2.76}$$

在雷诺应力模型中，湍动能生成项的计算采用方程（2.76）即可，在标准 $\kappa-\varepsilon$ 模型的建立过程中引入了 Boussinesq 假设，由方程（2.43）可知湍动能生成项近似为

$$P_\kappa=C_\mu\frac{\kappa^2}{\varepsilon}\left\{2\left[\left(\frac{\partial\overline{u}}{\partial x}\right)^2+\left(\frac{\partial\overline{v}}{\partial y}\right)^2+\left(\frac{\partial\overline{w}}{\partial z}\right)^2\right]+\left(\frac{\partial\overline{u}}{\partial y}+\frac{\partial\overline{v}}{\partial x}\right)^2+\left(\frac{\partial\overline{v}}{\partial z}+\frac{\partial\overline{w}}{\partial y}\right)^2+\left(\frac{\partial\overline{w}}{\partial x}+\frac{\partial\overline{u}}{\partial z}\right)^2\right\}\tag{2.77}$$

2.5 定解条件

本章给出的标准 $\kappa-\varepsilon$ 模型和雷诺应力模型都是偏微分形式的方程组，为了计算流场中各物理量的特定解，还需要进一步确定相应的定解条件（初始条件和边界条件）。通常给出雷诺平均模型的定解条件并不容易，需要结合流场特点、实验结果和研究者的经验给定。

1. 初始条件

初始条件指初始时刻（或某一既定时间）流场中各量的分布情况。对于常物性流场，除需要给出初始时刻的流体平均速度、压强以外，标准 $\kappa-\varepsilon$ 模型中还需给定湍流动能和湍流动能耗散率，而雷诺应力模型则需进一步确定雷诺应力的初始分布。对于流场中的某一物理量 ϕ，其初始条件通常有如下两种形式

$$\phi|_{t=0}=\varphi(\boldsymbol{x})\text{ 或 }\frac{\partial\phi}{\partial t}|_{t=0}=\varphi(\boldsymbol{x})\tag{2.78}$$

雷诺平均模型是非线性的，对于非线性系统，方程的解有时特别依赖方程的初始条件，而湍流统计量的初始条件通常难以准确给定。初值的敏感性问题属于非线性物理的范畴，本书不作讨论。

2. 边界条件

边界条件可以归纳为 3 类，即 Dirichlet 条件（第一类边界条件）、Neumann 条件（第二类边界条件）和 Robin 条件（第三类边界条件），3 种边界条件统一表示为

$$\left(\alpha\phi+\beta\frac{\partial\phi}{\partial n}\right)_s=\varphi(t) \tag{2.79}$$

当$\alpha\neq0$，$\beta=0$时表示第一类边界条件，$\alpha=0$，$\beta\neq0$表示第二类边界条件，$\alpha\neq0$，$\beta\neq0$为第三类边界条件。本节给出几种常用边界条件的具体形式。

（1）入口条件。计算流体力学中常用的入口条件有速度入口、压力入口和质量流动入口等。这类边界通常为第一类边界条件，即指定进口速度v_{in}、进口压力p_{in}、进口流量m_{in}，对于$\kappa-\varepsilon$模型和雷诺应力模型则还需给出湍流动能k_{in}、湍流动能耗散率ε_{in}及雷诺应力$\overline{u_i'u_j'}_{\text{in}}$。速度、压力和质量入口可以为该物理量的平均值，也可以根据入口形状，以某种函数分布的形式给出。进口的κ_{in}和ε_{in}值等也可以采用类似的方式，或者以某种经验公式近似估算。表 2-5 中列出了一些较为典型的入口边界条件。

表 2-5　进口流动状态分布

参数	进口分布	进口形式
$\boldsymbol{v}_{\text{in}}$	$V_0\left(1-\frac{2r}{d}\right)^n, 0.2\geqslant n\geqslant0$	管形
	$V_0\left(1-\frac{\lvert R_a-r\rvert}{\left(R_a-\frac{D_n}{2}\right)}\right)^{0.1}$	环形
$\boldsymbol{\kappa}_{\text{in}}$	$B\left(1+2\left(\frac{2r}{d}\right)^2\right)$	管形
	$B\left[1+9\left(\frac{\lvert R_a-r\rvert}{R_a-\frac{D_n}{2}}\right)^{2.82}\right]$	环形
	$\frac{1}{2}I_{\text{in}}^2v_{\text{in}}^2$	/
$\boldsymbol{\varepsilon}_{\text{in}}$	$C_\mu\frac{\kappa^{\frac{3}{2}}}{0.03y_a}$	/
	$C_1\frac{\kappa_{\text{in}}^{3/2}}{l_m}$	/

$R_a=0.5(y_a+D_n)$；$\boldsymbol{y}$为环形喷嘴的宽度；D_n为套筒喷嘴内径；v_0为轴心速度；$B=1.5\left(\sqrt{v_{\text{in}}'^2}\right)^2$；$T_0$为轴心进口温度；自由射流、受限射流及管内流动，$I_{\text{in}}\approx0.1$，旋转射流，$I_{\text{in}}\approx0.3\sim0.4$；无旋充分发展流动$l_m=\frac{1}{4}D_{\text{eq}}$，$D_{\text{eq}}$是当量直径；$C_1=C_\mu^{0.75}$或$C_1=0.83C_\mu$，强旋转气流$C_1=100C_\mu$

（2）出口条件。常用的出口边界条件有流出、压力出口和压力远场等。其中流出边界表示除压力外所有变量在出口处的梯度为 0，即零梯度边界。这类边界属于第二类边界条件，具体表达式为

$$\frac{\partial v}{\partial x}=\frac{\partial\kappa}{\partial x}=\frac{\partial\varepsilon}{\partial x}=\frac{\partial\overline{u_i'u_j'}}{\partial x}\equiv0$$

（3）壁面条件。采用标准$\kappa-\varepsilon$模型和雷诺应力模型计算时，可以结合壁面函数法进行求解。壁面函数法将与壁面相邻的第一个内节点P置于黏性支层外（旺盛湍流区域），壁面速度

无滑移，取 $v_{x,\text{wall}} = v_{y,\text{wall}} = 0$， P 处的黏性系数为按下式计算

$$\mu_T = \begin{cases} \dfrac{y_P^+}{u_P^+}\mu, y_P^+ \geqslant 11.5 \\ \mu, y_P^+ < 11.5 \end{cases} \tag{2.80}$$

其中，

$$y_P^+ = \frac{y_P c_\mu^{0.25} k^{0.5}}{\nu}, u_P^+ = \frac{\ln\left(E y_P^+\right)}{\kappa} \tag{2.81}$$

y_P 为第一个内节点与壁面之间的距离，von Karman 常数 $k_v = 0.4 \sim 0.42$， $E = 9$，二阶矩和湍动能仍按零梯度边界计算，第一个内节点的湍动能耗散率通常取

$$\varepsilon_P = \frac{c_\mu^{\frac{3}{4}} \kappa_p^{\frac{3}{2}}}{k_v y_P}$$

除了进出口边界和壁面条件，常用的还有周期性边界条件、对称性边界条件和反对称边界条件等。但其数学表达形式均可以采用方程（2.79）统一表示，本节不再详细叙述。

2.6 大涡模拟（LES）模型

根据对湍流脉动信息处理的精细程度，可以将湍流描述方法分为 3 个尺度。细尺度模拟（即直接模拟（DNS））直接求解 Navier-Stokes 方程，可以捕捉空间和时间上所有尺度的涡和湍流脉动信息。粗尺度的方法抹平所有尺度的脉动，只关心流体的平均流动信息，该尺度的模拟又称作雷诺平均模拟（RANS）。亚格子尺度的大涡模拟（LES）介于二者之间，其核心思想是用滤波器对湍流进行过滤，对大尺度的脉动直接求解，对小尺度脉动做模式。本节简单介绍大涡模拟的主要思想及几种典型的大涡模拟模型。

2.6.1 空间平均

大涡模拟是对湍流脉动的一种空间平均，要通过某种滤波器将待求解变量（如湍流速度）分解为“大尺度可求解变量”和“亚格子尺度变量”之和。大涡模拟中，大尺度可求解变量用如下卷积形式表示

$$\langle v_i \rangle (x_i, t) = \int G(x_i - \xi_i) v_i(\xi_i, t) \mathrm{d}\xi_i \tag{2.82}$$

其中，滤波函数 G 必须满足正则条件

$$\int G(x_i - x_i') \mathrm{d}x_i' = 1 \tag{2.83}$$

常用的滤波器有帽形滤波器和高斯滤波器两种，帽形滤波器将尺度小于过滤尺度 Δ 的脉动过滤掉。对于简单的一维情况，帽形滤波函数为

$$G(x) = \frac{1}{\Delta} H\left[\frac{1}{2}\Delta - (x)\right] \tag{2.84}$$

式中， H 为 Heaviside 函数。高斯滤波器采用归一化的高斯函数表示为

$$G(x)=\sqrt{\frac{6}{\pi\varDelta^2}}\mathrm{e}^{\frac{-6x^2}{\varDelta^2}} \tag{2.85}$$

式（2.84）和式（2.85）可以很容易扩展到三维情况。经过滤波器过滤后，湍流速度可以分解为

$$v_i=\langle v_i\rangle+v_i' \tag{2.86}$$

等式右边第一项表示大尺度可求解脉动（或低通脉动），第二项表示亚格子尺度不可解脉动（或剩余脉动）。脉动的过滤与雷诺分解式（2.7）类似，但二者的性质有巨大差异，对于雷诺分解，系综平均的再平均仍等于系综平均，且脉动的系综平均为零。脉动的过滤则不然，一般情况下$\langle\langle v_i\rangle\rangle\neq\langle v_i\rangle$，且$\langle v_i'\rangle\neq 0$。

大涡模拟输运方程同样需要通过 Navier-Stokes 方程建立，建模方法与模型形式近似，但二者的数理思想有明显的区别。过滤过程将有效地过滤掉小于过滤尺度Δ的涡，从而导出大尺度运动的控制方程。假设过滤过程和求时间及空间偏导可交换，不考虑其他外力的存在，将不可压缩黏性流体 Navier-Stokes 方程（2.1）过滤得到如下方程

$$\frac{\partial\langle v_i\rangle}{\partial x_i}=0 \tag{2.87}$$

$$\frac{\partial\langle v_i\rangle}{\partial t}+\frac{\partial\langle v_iv_k\rangle}{\partial x_k}=-\frac{1}{\rho}\frac{\partial\langle p\rangle}{\partial x_i}+\upsilon\frac{\partial^2\langle v_i\rangle}{\partial x_k^2} \tag{2.88}$$

定义亚格子应力为可解尺度的动量输运与总的动量输运的低通过率之差

$$\langle\tau_{ik}\rangle=\langle v_i\rangle\langle v_k\rangle-\langle v_iv_k\rangle \tag{2.89}$$

将式（2.89）代入式（2.88），动量方程表示为

$$\frac{\partial\langle v_i\rangle}{\partial t}+\langle v_k\rangle\frac{\partial\langle v_i\rangle}{\partial x_k}=-\frac{1}{\rho}\frac{\partial\langle p\rangle}{\partial x_i}+\upsilon\frac{\partial^2\langle v_i\rangle}{\partial x_k^2}+\frac{\partial\langle\tau_{ik}\rangle}{\partial x_k} \tag{2.90}$$

为了更好地理解亚格子应力的物理意义，进一步将式（2.89）中等式右边第二项的湍流速度分解为“可求解脉动”和“不可以脉动”。于是，亚格子应力变形为

$$\langle\tau_{ik}\rangle=\underbrace{\langle v_i\rangle\langle v_k\rangle-\langle\langle v_i\rangle\langle v_k\rangle\rangle}_{\hat{L}_{ij}}\underbrace{-\langle\langle v_i\rangle v_k'\rangle-\langle\langle v_k\rangle v_i'\rangle}_{\hat{C}_{ij}}\underbrace{-\langle v_i'v_k'\rangle}_{\hat{R}_{ij}} \tag{2.91}$$

式中，$\hat{L}_{ij}$、$\hat{R}_{ij}$和$\hat{C}_{ij}$分别为 Leonard 应力、亚格子雷诺应力和交叉应力，其中 Leonard 应力$\hat{L}_{ij}$是封闭量。Leonard 应力L_{ij}和亚格子雷诺应力$\hat{R}_{ij}$分别表示可解尺度动量输运中的小尺度输运以及亚格子脉动之间的输运，交叉应力$\hat{C}_{ij}$表示可解尺度与亚格子脉动间的动量输运。需要注意的是，亚格子尺度不可解脉动的过滤不为零，因此$\hat{C}_{ij}$也不为零，该项的存在彰显了大涡模拟与雷诺平均的重要不同。$\hat{R}_{ij}$和$\hat{C}_{ij}$的存在导致方程（2.87）与方程（2.90）构成的方程组不封闭，需要进一步建立亚格子应力模型，从而实现大涡模拟。

2.6.2　Smagorinsky 亚格子模型

Smagorinsky 模型采用涡黏假设，概念简单、易于实施且计算方便，属于唯象论模型。唯象涡黏模型连同大涡模拟的基本思想都是由 Smagorinsky 提出的，尽管后期的研究者相继提

出了各种封闭模式，但 Smagorinsky 模型简单有效的优势，使其在工程应用中仍具有无法取代的地位。常用的 Smagorinsky 模型有标准 Smagorinsky 模型和动力 Smagorinsky 模型两种，二者的主要区别在于模型参数的处理方式不同，本节介绍两种模型的建立和推导思路。

1. 标准 Smagorinsky 模型

仿照 Boussinesq 近似将亚格子雷诺应力用亚网格涡旋黏性系数表示

$$\langle\tau_{ij}\rangle=-\frac{1}{3}\langle\tau_{kk}\rangle\delta_{ij}+2\upsilon_{\mathrm{sgs}}\langle S_{ij}\rangle \tag{2.92}$$

其中，$\langle S_{ij}\rangle$表示流体微团变形率的过滤，υ_{sgs}是亚格子涡黏系数

$$\langle S_{ij}\rangle=\frac{1}{2}\left(\frac{\partial\langle v_i\rangle}{\partial x_j}+\frac{\partial\langle v_j\rangle}{\partial x_i}\right) \tag{2.93}$$

$$v_{\mathrm{sgs}}=(C_s\varDelta)^2\left|\langle S\rangle\right|=(C_s\varDelta)^2\sqrt{\langle S_{ij}\rangle\langle S_{ji}\rangle} \tag{2.94}$$

模型常数$C_s=0.1\sim0.2$，$\varDelta$为滤波尺度。另外，为了使近壁区湍流脉动和亚格子应力趋近于零，涡黏系数中的$C_s\varDelta$采用如下近壁阻尼公式替代

$$l_s=C_s\varDelta\left[1-\exp\left(y^+/A^+\right)\right],A^+=26 \tag{2.95}$$

Smagorinsky 模型是代数形式的涡黏模型，此模型只能反映大尺度脉动向小尺度脉动传递能量，而不能反向传递，因此该模型是耗散型的，其主要缺点就是耗散过大，而且模型参数C_s也往往受经验的影响，不具有普适性。

2. 动力 Smagorinsky 模型

动力模型对湍流场做两次过滤，即先后对湍流场做一次细过滤和一次粗过滤。动力模型认为粗过滤的小尺度脉动与细过滤的大尺度脉动具有相似的性质，其形式与 Smagorinsky 模型相似，主要是将 Smagorinsky 模型中的经验常数C_s用动态量C_d表示，这样不仅消除了经验系数的不确定性，又克服了 Smagorinsky 模型过度耗散的弊端。

先将 Navier-Stokes 方程（2.1）分别在两个尺度（记作$\varDelta_1$和$\varDelta_2$，令$\varDelta_1<\varDelta_2$）下进行过滤

$$\frac{\partial\langle v_i\rangle_1}{\partial t}+\langle v_k\rangle_1\frac{\partial\langle v_i\rangle_1}{\partial x_k}=-\frac{1}{\rho}\frac{\partial\langle p\rangle_1}{\partial x_i}+\nu\frac{\partial^2\langle v_i\rangle_1}{\partial x_k^2}+\frac{\partial\langle\tau_{ij}\rangle_1}{\partial x_k} \tag{2.96}$$

$$\frac{\partial\langle v_i\rangle_2}{\partial t}+\langle v_k\rangle_2\frac{\partial\langle v_i\rangle_2}{\partial x_k}=-\frac{1}{\rho}\frac{\partial\langle p\rangle_2}{\partial x_i}+\nu\frac{\partial^2\langle v_i\rangle_2}{\partial x_k^2}+\frac{\partial\langle\tau_{ij}\rangle_2}{\partial x_k} \tag{2.97}$$

与式（2.89）相同，亚格子应力为

$$\langle\tau_{ij}\rangle_1=\langle v_i\rangle_1\langle v_k\rangle_1-\langle v_iv_k\rangle_1 \tag{2.98}$$

$$\langle\tau_{ij}\rangle_2=\langle v_i\rangle_2\langle v_k\rangle_2-\langle v_iv_k\rangle_2 \tag{2.99}$$

将方程（2.96）在Δ_2尺度下进行二次过滤

$$\frac{\partial\langle v_i\rangle_{1,2}}{\partial t}+\langle v_k\rangle_{1,2}\frac{\partial\langle v_i\rangle_{1,2}}{\partial x_k}=-\frac{1}{\rho}\frac{\partial\langle p\rangle_{1,2}}{\partial x_i}+\nu\frac{\partial^2\langle v_i\rangle_{1,2}}{\partial x_k^2}+\frac{\partial\left(\langle\tau_{ij}\rangle_1\right)_2}{\partial x_k}+\frac{\partial\mathcal{L}_{ij}}{\partial x_k} \tag{2.100}$$

式中

$$\mathcal{L}_{ij} = \langle v_i \rangle_{1,2} \langle v_k \rangle_{1,2} - \left(\langle v_i \rangle_1 \langle v_k \rangle_1 \right)_2 \tag{2.101}$$

假设过滤是线性的，由于过滤尺度 $\Delta_1 < \Delta_2$，对湍流连续做两次过滤后只剩下 Δ_2 尺度下的可解脉动，即 $\langle v_i \rangle_{1,2} = \langle v_i \rangle_2$，$\langle p \rangle_{1,2} = \langle p \rangle_2$。将式（2.97）与式（2.100）做差得

$$\mathcal{L}_{ij} = \langle \tau_{ij} \rangle_2 - \left(\langle \tau_{ij} \rangle_1 \right)_2 \tag{2.102}$$

式（2.102）被称作 Germano 等式。$\mathcal{L}_{ij}$ 是封闭量，仿照式（2.92）引入亚格子雷诺应力 $\langle \tau_{ij} \rangle_2$ 和 $\left(\langle \tau_{ij} \rangle_1 \right)_2$ 的表达式，即可建立 $\mathcal{L}_{ij}$ 和涡黏系数之间的关系。首先给出亚格子雷诺应力在过滤尺度 Δ_1 和 Δ_2 下的亚网格涡旋黏性系数

$$\langle \tau_{ij} \rangle_1 = -\frac{1}{3} \langle \tau_{kk} \rangle_1 \delta_{ij} + 2C_D \Delta_1^2 \left| \langle S \rangle_1 \right| \langle S_{ij} \rangle_1 \tag{2.103}$$

$$\langle \tau_{ij} \rangle_2 = -\frac{1}{3} \langle \tau_{kk} \rangle_2 \delta_{ij} + 2C_D \Delta_2^2 \left| \langle S \rangle_2 \right| \langle S_{ij} \rangle_2 \tag{2.104}$$

其中，C_D 是模型参数。将方程（2.103）在 Δ_2 尺度下进行二次过滤

$$\left(\langle \tau_{ij} \rangle_1 \right)_2 = -\frac{1}{3} \left(\langle \tau_{kk} \rangle_1 \right)_2 \delta_{ij} + 2C_D \Delta_1^2 \left| \left(\langle S \rangle_1 \right)_2 \right| \left(\langle S_{ij} \rangle_1 \right)_2 \tag{2.105}$$

将式（2.104）与式（2.105）做差得

$$\mathcal{L}_{ij} = -\frac{1}{3} L_{kk} \delta_{ij} + C_D M_{ij} \tag{2.106}$$

其中

$$M_{ij} = 2\left(\Delta_2^2 \left| \langle S \rangle_2 \right| \langle S_{ij} \rangle_2 - \Delta_1^2 \left| \left(\langle S \rangle_1 \right)_2 \right| \left(\langle S_{ij} \rangle_1 \right)_2 \right) \tag{2.107}$$

采用最小误差法，利用式（2.106）得到

$$C_D = \frac{\mathcal{L}_{ij} M_{ij}}{M_{ij} M_{ij}} \tag{2.108}$$

模型参数 C_D 是一个动态量，随时间和空间变化，消除了经验系数的不确定性，在计算中具有很好的渐进特性。与标准 Smagorinsky 模型相比，动力 Smagorinsky 模型更为合理，但计算代价大幅提高，而且其数值稳定性不如标准 Smagorinsky 模型。

2.6.3　常用亚格子模型

除了仿照 Boussinesq 近似建立亚格子雷诺应力模型，后期的研究者根据不同的数理方法相继发展出多种亚格子模型。本节给出几种常用的亚格子模式。

1. WALE 模型

为了准确模拟边界层附近的流场，除了采用阻尼公式进行修正外，另外一种具有代表性的考虑湍流壁面效应的模型是壁面自适应局部涡黏（Wall-Adapting Local Eddy-viscosity，WALE）模型，WALE 模型在近壁区的亚网格黏度趋近于零，保证了模型的可靠性。首先，引入新的变形率张量

$$\langle g_{ij} \rangle = \frac{\partial \langle v_i \rangle}{\partial x_j}, \langle g_{ij}^2 \rangle = \langle g_{ik} \rangle \langle g_{kj} \rangle$$

$$S_{ij}^{D}=\frac{1}{2}\left(\left\langle g_{ij}^{2}\right\rangle+\left\langle g_{ji}^{2}\right\rangle\right)-\frac{1}{3}\delta_{ij}\left\langle g_{kk}^{2}\right\rangle$$

WALE 亚网格黏度为

$$\upsilon_{t}=\varDelta_{s}^{2}\frac{\left(S_{ij}^{D}S_{ij}^{D}\right)^{3/2}}{\left(\left\langle S_{ij}\right\rangle\left\langle S_{ij}\right\rangle\right)^{5/2}+\left(S_{ij}^{D}S_{ij}^{D}\right)^{5/4}} \tag{2.109}$$

滤波尺度 $\varDelta_{s}=C_{w}V^{\frac{1}{3}}$，模型常数通常取 $C_{w}=0.325$。

WALE 模型能够准确模拟近壁区流动，降低了对网格密度的影响，从而降低计算成本。除了需要考虑壁面效应，针对涡黏模型耗散过大的缺点，Clark 等采用级数展开建立了新的亚格子模型，Bardina 提出了尺度相似模型（SSM 模型），随后又诞生了一系列改进的亚格子模型。

2. Clark 模型

Clark 模型的亚格子应力为

$$\left\langle\tau_{ij}\right\rangle=\left\langle G_{ij}\right\rangle=\frac{\varDelta^{2}}{12}\frac{\partial\left\langle v_{i}\right\rangle}{\partial x_{k}}\frac{\partial\left\langle v_{j}\right\rangle}{\partial x_{k}} \tag{2.110}$$

3. SSM 模型

SSM 模型的亚格子应力为

$$\left\langle\tau_{ij}\right\rangle=\left\langle L_{ij}\right\rangle=\left\langle\left\langle v_{i}\right\rangle\right\rangle\left\langle\left\langle v_{j}\right\rangle\right\rangle-\left\langle v_{i}\right\rangle\left\langle v_{j}\right\rangle \tag{2.111}$$

SSM 模型摒弃了涡黏假设，假定大尺度脉动与小尺度脉动具有相似的性质，理论上既能反映大尺度脉动向小尺度脉动的能量传递，又能反映小尺度脉动向大尺度脉动的能量传递，但是该模型数值稳定性较差，而且矫枉过正，耗散严重不足。于是，Meneveau 等结合 Smagorinsky 模型和 SSM 模型各自的优缺点，对两个模型做线性叠加得到一个亚格子雷诺应力模式，线性叠加的模型在简单的湍流算例中能取得较为理想的计算结果。

4. 混合模型

混合模型的亚格子应力为

$$\left\langle\tau_{ij}\right\rangle=\left\langle L_{ij}\right\rangle+2\nu_{\mathrm{sgs}}\left\langle S_{ij}\right\rangle \tag{2.112}$$

$$\left\langle\tau_{ij}\right\rangle=\left\langle G_{ij}\right\rangle+2\nu_{\mathrm{sgs}}\left\langle S_{ij}\right\rangle \tag{2.113}$$

除此之外，还有一些学者考虑亚格子湍流动能传递效应的模拟，仿照 $\kappa-\varepsilon$ 模型提出 κ 方程亚网格尺度湍流模型。

5. κ 方程模型

定义亚格子动能 $\kappa_{\mathrm{sgs}}=\frac{1}{2}\tau_{kk}$，根据式（2.89），$\kappa_{\mathrm{sgs}}=\frac{1}{2}\left(\left\langle v_{i}^{2}\right\rangle-\left\langle v_{i}\right\rangle^{2}\right)$，再由方程（2.96）将亚格子涡黏假设改写成

$$\left\langle\tau_{ij}\right\rangle=-\frac{2}{3}\kappa_{\mathrm{sgs}}\delta_{ij}+2\nu_{\mathrm{sgs}}\Delta S_{ij} \tag{2.114}$$

其中，亚格子黏度 $\upsilon_{\text{sgs}} = C_k \kappa_{\text{sgs}}^{1/2}$。此外，还可以在 Clark 模型和 SSM 模型的基础上给出亚格子应力的其他形式

$$\langle \tau_{ij} \rangle = 2\upsilon_{\text{sgs}} \frac{\langle L_{ij} \rangle}{\langle L_{kk} \rangle}，\ \langle \tau_{ij} \rangle = 2\upsilon_{\text{sgs}} \frac{\langle G_{ij} \rangle}{\langle G_{kk} \rangle} \tag{2.115}$$

亚格子动能输运方程为

$$\frac{\partial \kappa_{\text{sgs}}}{\partial t} + \langle v_k \rangle \frac{\partial \kappa_{\text{sgs}}}{\partial x_k} = -\langle \tau_{ik} \rangle \frac{\partial \langle v_i \rangle}{\partial x_k} - C_\varepsilon \frac{\kappa_{\text{sgs}}^{3/2}}{\Delta} + \frac{\partial}{\partial x_k}\left(\frac{\upsilon_{\text{sgs}}}{\sigma_\kappa} \frac{\partial \kappa_{\text{sgs}}}{\partial x_k} \right) \tag{2.116}$$

通过以上模型可见，大涡模拟模型与雷诺时均模型的封闭思想和封闭形式有许多相似之处，二者相互借鉴、相互促进，甚至相互结合、混合使用，随着研究的不断深入，混合 RANS/LES 方法已成为复杂湍流模拟的重要方法。近年来，大涡模拟方法逐渐成熟，与 RANS 模型相比 LES 计算精度相对较高，结果更为可靠，与直接模拟相比其计算代价又相对较小，基于这两个优势，大涡模拟越来越广泛地应用于湍流机理研究甚至工程领域。

第3章　气体湍流燃烧模型

气体湍流燃烧模型包括流动、传热和化学反应几个方程，典型数学模型如下

$$
\begin{cases}
\dfrac{\partial \overline{v_i}}{\partial x_i}=0 \\
\dfrac{\partial \overline{v_i}}{\partial t}+\overline{v}_j\dfrac{\partial \overline{v_i}}{\partial x_j}=\dfrac{\partial}{\partial x_j}\left[(\upsilon+\upsilon_t)\left(\dfrac{\partial \overline{v_i}}{\partial x_j}+\dfrac{\partial \overline{v_j}}{\partial x_i}\right)\right]-\dfrac{\partial \overline{p}}{\partial x_i}+\overline{f_i} \\
\dfrac{\partial \kappa}{\partial t}+\overline{v}_j\dfrac{\partial \kappa}{\partial x_j}=\dfrac{\partial}{\partial x_j}\left[\left(\upsilon+\dfrac{\upsilon_t}{\sigma_\kappa}\right)\dfrac{\partial \kappa}{\partial x_j}\right]+P_\kappa-\varepsilon \\
\dfrac{\partial \varepsilon}{\partial t}+\overline{v}_j\dfrac{\partial \varepsilon}{\partial x_j}=\dfrac{\partial}{\partial x_j}\left[\left(\upsilon+\dfrac{\upsilon_t}{\sigma_\varepsilon}\right)\dfrac{\partial \varepsilon}{\partial x_j}\right]+\dfrac{\varepsilon}{\kappa}\left(C_{\varepsilon 1}P_\kappa-C_{\varepsilon 2}\varepsilon\right) \\
\rho C_p\left(\dfrac{\partial \overline{T}}{\partial t}+\overline{u}_j\dfrac{\partial \overline{T}}{\partial x_j}\right)=\dfrac{\partial}{\partial x_j}\left(\dfrac{\upsilon_t}{\sigma_T}\dfrac{\partial \overline{T}}{\partial x_j}\right)+\overline{R}_l Q_l \\
\rho\left(\dfrac{\partial \overline{m}_l}{\partial t}+\overline{u}_j\dfrac{\partial \overline{m}_l}{\partial x_j}\right)=\dfrac{\partial}{\partial x_j}\left(\Gamma_{e,\text{fu}}\dfrac{\partial \overline{m}_l}{\partial x_j}\right)+\overline{R}_l
\end{cases}
$$

湍流化学反速率表达为 $\overline{R}_{\text{fu}}=-\min\left(\left|\overline{R}_{\text{fu},A}\right|,\left|\overline{R}_{\text{fu},T}\right|\right)$

其中，$\overline{R}_{\text{fu},T}=-C_R\rho g^{1/2}\varepsilon/\kappa$，$\overline{R}_{\text{fu},A}=-Z\rho^2\overline{m}_{\text{fu}}\cdot\overline{m}_{\text{ox}}\exp\left(-\overline{T}\right)$

式中，$C_R=\left(\dfrac{\Delta T}{1000}\right)^2\sqrt{\dfrac{g}{g_{\max}}}\ln\left(1+2\sqrt{\dfrac{g}{g_{\max}}}\right)$，$g=\dfrac{C_{g1}}{C_{g2}}\dfrac{\mu\kappa}{\rho\varepsilon}\left[\dfrac{\partial^2 m_{\text{fu}}}{\partial x_j\partial x_j}\right]^2$

燃烧通常被定义为产生热或同时产生光和热的快速氧化反应，有些学者认为广义的燃烧也包括只伴随少量热没有光的慢速氧化反应。按可燃物的物理状态，燃烧可以分为气体燃烧、液体燃烧和固体燃烧，本章主要以气体燃烧为例介绍热流过程的建模方法。气体燃烧涉及流体力学、传热传质和化学反应等领域，根据流体特性，火焰种类分为层流火焰和湍流火焰两种。本书前两章对流体力学问题进行了较为充分的论述，在质量守恒和动量守恒的基础上建立了流体运动方程，并发展了湍流模型。要建立完备的气体燃烧模型，还需要在能量守恒和化学组分平衡的基础上建立能量输运方程和组分平衡方程，然后讨论湍流下的传热和化学反应模型。

3.1 能量输运方程

本节从能量守恒这个普遍规律出发推导流体能量守恒方程，包括其积分形式和微分形式，也包括内能、熵、焓 3 个热力学基本状态参数的方程。

3.1.1 能量守恒方程

考虑体积为$\mathcal{V}$，边界为S的流体微团，$\boldsymbol{n}$为界面S的外法线单位矢量。单位质量的流体能量包括单位质量的内能U和单位质量的动能$\dfrac{1}{2}v^2$两个部分。根据热力学第一定律可知，体积$\mathcal{V}$内流体能量的改变率等于流体微团吸收的热量和对流体微团所作的功的总和。

首先，体积$\mathcal{V}$内流体能量的改变率为

$$\frac{\mathrm{d}}{\mathrm{d}t}\iiint_{\mathcal{V}}\rho\left(U+\frac{v^2}{2}\right)\mathrm{d}\mathcal{V}$$

其次，记单位时间通过单位面积的热流矢量为$\boldsymbol{f}$，单位时间传入单位质量的热量分布函数为q，于是流体微团吸收的热量为

$$-\iint_{S}\boldsymbol{f}\cdot\boldsymbol{n}\mathrm{d}S+\iiint_{\mathcal{V}}\rho q\mathrm{d}\mathcal{V}$$

负号表示当$\boldsymbol{f}\cdot\boldsymbol{n}$为正时热能从流体微团流出，当$\boldsymbol{f}\cdot\boldsymbol{n}$为负时热能从流体微团边界流入。流体微团吸收的热量一般包括热传导、热辐射等，燃烧过程中还需考虑化学反应获得的热量。根据傅里叶传导定律，对各向同性流体，热流矢量与温度梯度成正比，设热传导系数为λ。单位时间内通过边界流入的热量表示为

$$\oiint_{S}\lambda\nabla T\cdot\mathrm{d}\boldsymbol{S}+\iiint_{\mathcal{V}}\rho q\mathrm{d}\mathcal{V}$$

另外，对流体微团所做的功为单位时间内质量力$\boldsymbol{F}$和面力$\boldsymbol{\sigma}$做的功之和

$$\iiint_{\mathcal{V}}\rho\boldsymbol{F}\cdot\boldsymbol{v}\mathrm{d}\mathcal{V}+\oiint_{S}\boldsymbol{\sigma}\cdot\boldsymbol{v}\mathrm{d}S$$

于是，能量方程积分形式为

$$\frac{\mathrm{d}}{\mathrm{d}t}\iiint_{\mathcal{V}}\rho\left(U+\frac{v^2}{2}\right)\mathrm{d}\mathcal{V}=\iiint_{\mathcal{V}}\rho\boldsymbol{F}\cdot\boldsymbol{v}\mathrm{d}\mathcal{V}+\oiint_{S}\boldsymbol{\sigma}\cdot\boldsymbol{v}\mathrm{d}\boldsymbol{S}+\oiint_{s}\lambda\nabla T\cdot\mathrm{d}\boldsymbol{S}+\iiint_{\mathcal{V}}\rho q\mathrm{d}\mathcal{V}\tag{3.1}$$

根据质量守恒推论（1.6），流体能量的改变率为

$$\frac{\mathrm{d}}{\mathrm{d}t}\iiint_{\mathcal{V}}\rho\left(U+\frac{v^2}{2}\right)\mathrm{d}\mathcal{V}=\iiint_{\mathcal{V}}\rho\frac{\mathrm{d}}{\mathrm{d}t}\left(U+\frac{v^2}{2}\right)\mathrm{d}\mathcal{V}$$

再根据高斯定理，将面积分变为体积分

$$\oiint_{s}\boldsymbol{\sigma}\cdot\boldsymbol{v}\mathrm{d}\boldsymbol{S}=\iiint_{\mathcal{V}}\nabla\cdot(\boldsymbol{\sigma}\cdot\boldsymbol{v})\mathrm{d}\mathcal{V}$$

$$\oiint_{s}\lambda\nabla T\cdot\mathrm{d}\boldsymbol{S}=\iiint_{\mathcal{V}}\nabla\cdot(\lambda\nabla T)\mathrm{d}\mathcal{V}$$

于是，能量方程（3.1）变形为

$$\iiint_{\mathcal{V}}\left[\rho\frac{\mathrm{d}}{\mathrm{d}t}\left(U+\frac{v^2}{2}\right)-\rho\boldsymbol{F}\cdot\boldsymbol{v}-\nabla\cdot(\boldsymbol{\sigma}\cdot\boldsymbol{v})-\nabla\cdot(\lambda\nabla T)-\rho q\right]\mathrm{d}\mathcal{V}=0$$

若上式对任意流体微团在任意时刻恒成立，则必须使被积函数恒为零，由上式得到能量方程微分形式

$$\underbrace{\rho\frac{\mathrm{d}}{\mathrm{d}t}\left(U+\frac{v^2}{2}\right)}_{①}=\underbrace{\rho\boldsymbol{F}\cdot\boldsymbol{v}}_{②}+\underbrace{\nabla\cdot(\boldsymbol{\sigma}\cdot\boldsymbol{v})}_{③}+\underbrace{\nabla\cdot(\lambda\nabla T)}_{④}+\underbrace{\rho q}_{⑤} \tag{3.2}$$

方程中各项意义明显：①表示单位体积流体内能与动能变化率之和，即单位体积流体能量变化率；②和③分别表示质量力和面力对单位体积流体微团做功的功率；④和⑤分别表示单位时间内通过流体微团表面热传导和单位体积微团从其他热源获得的能量。

方程（3.2）的张量形式为

$$\rho\frac{\mathrm{d}}{\mathrm{d}t}\left(U+\frac{1}{2}v_j^2\right)=\rho f_i v_i+\frac{\partial}{\partial x_i}(\sigma_{ij}v_j)+\frac{\partial}{\partial x_i}\left(\lambda\frac{\partial T}{\partial x_i}\right)+\rho q \tag{3.3}$$

将面力张量按式（1.28）分解，方程中面力对单位体积流体微团做功的功率为

$$\frac{\partial}{\partial x_i}(\sigma_{ij}v_j)=\sigma_{ij}\frac{\partial v_j}{\partial x_i}+v_j\frac{\partial\sigma_{ij}}{\partial x_i}=\left(-p\frac{\partial v_j}{\partial x_j}+\tau_{ij}\frac{\partial v_j}{\partial x_i}\right)+v_j\frac{\partial\sigma_{ij}}{\partial x_i}$$

方程出现面力张量的散度，根据速度方程（1.12），该项可以表示为

$$\frac{\partial\sigma_{ij}}{\partial x_i}=\rho\left(\frac{\mathrm{d}v_j}{\mathrm{d}t}-f_j\right)$$

于是，面力对单位体积流体微团做功的功率为

$$\frac{\partial}{\partial x_i}(\sigma_{ij}v_j)=\left(-p\frac{\partial v_j}{\partial x_j}+\tau_{ij}\frac{\partial v_j}{\partial x_i}\right)+\rho v_j\left(\frac{\mathrm{d}v_j}{\mathrm{d}t}-f_j\right)=\left(-p\frac{\partial v_j}{\partial x_j}+\tau_{ij}\frac{\partial v_j}{\partial x_i}\right)+\rho\left(\frac{1}{2}\frac{\mathrm{d}v_j^2}{\mathrm{d}t}-v_jf_j\right)$$

代入方程（3.3）得

$$\rho\frac{\mathrm{d}U}{\mathrm{d}t}=-ps_{kk}+\tau_{ij}\frac{\partial v_j}{\partial x_i}+\frac{\partial}{\partial x_i}\left(\lambda\frac{\partial T}{\partial x_i}\right)+\rho q \tag{3.4}$$

根据第 1 章的分析，上式中的速度变形张量$\frac{\partial v_j}{\partial x_i}$可以分解为对称张量$s_{ji}$和反对称张量$a_{ji}$之和，根据本构关系，偏应力张量$\tau_{ij}$是对称张量，因此，$\tau_{ij}a_{ji}=0$，$\tau_{ij}s_{ji}=\tau_{ij}s_{ij}$。且

$$\tau_{ij}=2\mu s_{ij}+\left(\mu'-\frac{2}{3}\mu\right)s_{kk}\delta_{ij} \tag{3.5}$$

于是，方程（3.4）右边第二项为

$$\varPhi=\tau_{ij}\frac{\partial v_j}{\partial x_i}=\tau_{ij}(a_{ji}+s_{ji})=\left[2\upsilon s_{ij}+\left(\upsilon'-\frac{2}{3}\upsilon\right)s_{kk}\delta_{ij}\right]s_{ij}=2\upsilon\left(s_{ij}^2-\frac{1}{3}s_{kk}^2\right)+\upsilon's_{kk}^2 \tag{3.6}$$

其中，称$\varPhi$为耗散函数，表示剪切黏性和膨胀或压缩黏性所损耗的机械能，全部转化为热能，代回方程（3.4）得

$$\rho\frac{\mathrm{d}U}{\mathrm{d}t}=-ps_{kk}+\frac{\partial}{\partial x_i}\left(\lambda\frac{\partial T}{\partial x_i}\right)+\rho\varPhi+\rho q \tag{3.7}$$

或

$$\rho\frac{\mathrm{d}U}{\mathrm{d}t}=-ps_{kk}+\frac{\partial}{\partial x_i}\left(\lambda\frac{\partial T}{\partial x_i}\right)+2\mu\left(s_{ij}^2-\frac{1}{3}s_{kk}^2\right)+\mu' s_{kk}^2+\rho q \tag{3.8}$$

当斯托克斯假设成立时，第二黏性系数为0，上式简化为

$$\rho\frac{\mathrm{d}U}{\mathrm{d}t}=-ps_{kk}+\frac{\partial}{\partial x_i}\left(\lambda\frac{\partial T}{\partial x_i}\right)+2\mu\left(s_{ij}^2-\frac{1}{3}s_{kk}^2\right)+\rho q \tag{3.9}$$

至此，便建立了内能方程的微分形式，结合连续方程、速度方程及热力学方程即可求解。热力学中，另外几个常用的热力学基本状态参数是温度、焓与熵，接下来我们根据这几个状态参数之间的关系，给出能量守恒方程的其他几个不同形式。

3.1.2 能量守恒方程的其他形式

1. 熵与焓的输运方程

首先，引入热力学函数关系式

$$T\mathrm{d}s=\mathrm{d}U+p\mathrm{d}\left(\frac{1}{\rho}\right),T\mathrm{d}s=\mathrm{d}h-\frac{1}{\rho}\mathrm{d}p$$

根据连续方程（1.8）对方程（3.7）等号右边第一项做如下变形

$$s_{kk}=\frac{\partial v_j}{\partial x_j}=-\frac{1}{\rho}\frac{\mathrm{d}\rho}{\mathrm{d}t}=\rho\frac{\mathrm{d}}{\mathrm{d}t}\left(\frac{1}{\rho}\right)$$

代入方程（3.7），并结合Gibbs关系得到熵方程

$$T\frac{\mathrm{d}s}{\mathrm{d}t}=\frac{1}{\rho}\frac{\partial}{\partial x_i}\left(\lambda\frac{\partial T}{\partial x_i}\right)+\Phi+q \tag{3.10}$$

或

$$\frac{\mathrm{d}s}{\mathrm{d}t}=\frac{1}{\rho}\frac{\partial}{\partial x_i}\left(\frac{\lambda}{T}\frac{\partial T}{\partial x_i}\right)+\frac{\lambda}{\rho T^2}\left(\frac{\partial T}{\partial x_i}\right)^2+\frac{\Phi}{T}+\frac{q}{T} \tag{3.11}$$

此外，利用焓与熵的关系，利用熵方程（3.11）很容易得到如下焓方程

$$\rho\frac{\mathrm{d}h}{\mathrm{d}t}=\frac{\mathrm{d}p}{\mathrm{d}t}+\frac{\partial}{\partial x_j}\left(\lambda\frac{\partial T}{\partial x_j}\right)+\rho(\Phi+q) \tag{3.12}$$

方程（3.11）等号右边第一项是热传导的熵增或熵减，后两项分别与温度梯度的平方和速度梯度的平方成正比，分别表示热传导和黏性产热引起的熵产生。

2. 不可压缩流体温度方程

对于不可压缩流体，由连续方程（1.11）知 $s_{kk}=\frac{\partial v_j}{\partial x_j}=0$，内能、熵、焓三个热力学基本状态参数的方程简化为

$$\rho\frac{\mathrm{d}U}{\mathrm{d}t}=\frac{\partial}{\partial x_i}\left(\lambda\frac{\partial T}{\partial x_i}\right)+2\mu s_{ij}^2+\rho q \tag{3.13}$$

$$\rho T\frac{\mathrm{d}s}{\mathrm{d}t}=\frac{\partial}{\partial x_i}\left(\lambda\frac{\partial T}{\partial x_i}\right)+2\mu s_{ij}^2+\rho q \tag{3.14}$$

$$\rho\frac{\mathrm{d}h}{\mathrm{d}t}=\frac{\mathrm{d}p}{\mathrm{d}t}+\frac{\partial}{\partial x_j}\left(\lambda\frac{\partial T}{\partial x_j}\right)+2\mu s_{ij}^2+\rho q \tag{3.15}$$

定义单位质量的流体升高一度所吸收的热量为C（比热），在等压过程和等容过程中相应的比热为等容比热C_v和等压比热C_p，如果忽略流体的密度和体积随压力和温度的变化，有

$$C=C_v=C_p,\quad \mathrm{d}U=T\mathrm{d}s=C_p\mathrm{d}T$$

代入内能方程或熵方程得到如下温度方程

$$\frac{\partial T}{\partial t}+\frac{\partial}{\partial x_j}\left(v_jT\right)=\frac{\partial}{\partial x_j}\left(\frac{\lambda}{\rho C_p}\frac{\partial T}{\partial x_j}\right)+\frac{2\upsilon s_{ij}^2+q}{C_p} \tag{3.16}$$

3.2 化学反应组分平衡方程

1. 化学组分平衡方程

仍然考虑体积为$\mathcal{V}$的流体微团，其边界S的外法线单位矢量为$\boldsymbol{n}$。体积$\mathcal{V}$内组分l的质量的改变由单位时间内通过边界流入的质量和单位时间内化学反应生成的质量组成。因此，化学反应组分平衡方程的积分形式为

$$\frac{\mathrm{d}}{\mathrm{d}t}\iiint_{\mathcal{V}}\rho m_l\mathrm{d}\mathcal{V}=\oint\!\!\oint_S J_l\mathrm{d}\boldsymbol{S}+\iiint_{\mathcal{V}}R_l\mathrm{d}\mathcal{V} \tag{3.17}$$

式中，ρ为混合气体密度，m_l表示组分l的质量分数，J_l是组分l的扩散通量，R_l是组分l的化学反应生成率，显然有下列关系

$$\sum_l m_l=1,\sum_l J_l=0,\sum_l R_l=0$$

上面3个关系式表示质量守恒，化学反应不能使物质的总量增加或减少。

根据高斯定理和简单的微积分运算，由方程（3.17）得到如下微分形式的化学反应组分平衡方程

$$\frac{\partial\left(\rho m_l\right)}{\partial t}+\frac{\partial}{\partial x_j}\left(\rho v_jm_l\right)=-\frac{\partial J_l}{\partial x_j}+R_l \tag{3.18}$$

方程中的扩散通量和化学反应生成率源项需要进一步处理，根据扩散过程的斐克定律：混合物中一种成分的扩散通量的方向与该成分当地质量分数梯度的方向相反，其值正比于该梯度值

$$J_l=-\Gamma_l\mathrm{grad}m_l \tag{3.19}$$

式中，Γ_l是组分交换系数，该量与流体密度值之比即为物理上常说的扩散系数。

组分平衡方程中的源项R_l代表单位体积内由化学反应生成组分l的速率，它决定于组分l所参加的化学反应的反应率和组分l在该化学反应式中的系数。以单步不可逆二级反应为例进行说明

$$A+B\rightarrow C$$

为了工程应用的方便，A 组分的反应生成率写成

$$R_A = -Zm_A^a m_B^b \rho^c \exp\left(-\frac{E}{RT}\right) \tag{3.20}$$

对于给定的化学反应，式中，Z，a，b，c，R 和 E 是常数，其值由化学动力学提供，或由化学动力学软件模拟给出。该式就是著名的 Arrehnius 化学反应速率公式。

反应生成率源项通常比较复杂，不失一般性，本书仅以简单的 Arrehnius 化学反应速率公式讨论化学组分平衡方程的封闭性问题，结合上述扩散通量和化学反应生成率公式，组分 l 的质量分数输运方程为

$$\frac{\partial}{\partial t}(\rho m_l) + \frac{\partial}{\partial x_j}(\rho v_j m_l) = \frac{\partial}{\partial x_j}\left(\Gamma_l \frac{\partial m_l}{\partial x_j}\right) + R_l \tag{3.21}$$

或

$$\frac{\partial m_l}{\partial t} + \frac{\partial}{\partial x_j}(v_j m_l) = \frac{\partial}{\partial x_j}\left(D_l \frac{\partial m_l}{\partial x_j}\right) + \frac{R_l}{\rho} \tag{3.22}$$

其中，$D_l = \Gamma_l / \rho$ 为扩散系数。

结合上节所建立的能量守恒方程（内能方程、焓熵方程、温度方程），以及第 1 章依据质量守恒和动量守恒建立的连续方程和速度方程便组成了完整的气体燃烧模型。

2. 输运系数之间关系

在燃烧现象中，质量输运、动量输运、能量输运往往同时存在，它们之间有一定的内在联系，用以下 3 个无量纲数来表达。

普朗特数（Prandtl Number）表示动量和热量输运之间关系，可用黏性系数 υ 和热扩散系数 $\alpha\left(\alpha = \lambda / \rho C_p\right)$ 之比来描述

$$P_r = \frac{\upsilon}{\alpha} = \frac{\mu / \rho}{\lambda / \rho C_p} = \mu C_p / \lambda \tag{3.23}$$

普朗特数 P_r 表示动量和热量输运相对难易程度，大多数气体 $P_r = 0.7$，而且温度与压力对其影响不大，因此 μ 与 P_r 就可以确定 λ。

施密特数（Schmidt Number）表示动量与质量输运之间的关系

$$S_c = \frac{\upsilon}{D_l} = \mu / \Gamma_l \tag{3.24}$$

通常用 S_c 来表示动量与质量输运的相对难易程度，一般 $S_c \approx 0.8$，因此 μ 和 S_c 就可以确定扩散系数。

路易斯数（Lewis Number）表示热扩散系数和扩散系数之比

$$L_e = \frac{S_c}{P_r} = \left(\frac{\mu}{\Gamma_l}\right) \Big/ \left(\frac{\mu C_p}{\lambda}\right) = \frac{\mu\lambda}{\mu C_p \Gamma_l} = \frac{\lambda}{C_p \Gamma_l} \tag{3.25}$$

大部分混合气体 $L_e \approx 1$。

3. 能量方程中热通量修正

多组分气体导热需要修正傅里叶定律

$$\boldsymbol{f} = -\lambda \Delta T + \sum_l h_l J_l \tag{3.26}$$

显然等式右边第二项是原来传热方程中没有的，与化学反应率组分扩散通量有关。结合方程（3.19）、（3.26）、（3.12），得到含化学反应的能量方程

$$\frac{\partial(\rho h)}{\partial t} + \frac{\partial}{\partial x_j}(\rho v_j h) = \frac{\partial}{\partial x_j}\left(\lambda \frac{\partial T}{\partial x_j}\right) + \frac{\partial}{\partial x_j}\left(\sum_l h_l \Gamma_l \frac{\partial m_l}{\partial x_j}\right) + \frac{\mathrm{d}p}{\mathrm{d}t} + \Phi + \rho q \tag{3.27}$$

在马赫数远小于 1 的情况下，组分变化引起的热传递与耗散能 Φ 可以忽略，将化学反应热独立出来，完整的不可压缩气体燃烧模型归纳为如下形式

$$\frac{\partial v_i}{\partial x_i} = 0 \tag{3.28}$$

$$\frac{\partial(\rho v_i)}{\partial t} + \frac{\partial(\rho v_i v_j)}{\partial x_j} = -\frac{\partial p}{\partial x_i} + \mu \frac{\partial^2 v_i}{\partial x_j^2} + f_i \tag{3.29}$$

$$\frac{\partial(\rho m_l)}{\partial t} + \frac{\partial}{\partial x_j}(\rho v_j m_l) = \frac{\partial}{\partial x_j}\left(\Gamma_l \frac{\partial m_l}{\partial x_j}\right) + R_l \tag{3.30}$$

$$\frac{\partial(\rho C_p T)}{\partial t} + \frac{\partial}{\partial x_j}(\rho C_p v_j T) = \frac{\partial}{\partial x_j}\left(\lambda \frac{\partial T}{\partial x_j}\right) + R_l Q_l \tag{3.31}$$

其中，$R_l Q_l$ 为化学反应各组分生成焓的净变化，即反应发热。

3.3 湍流中的组分平均方程和能量平均方程

对于湍流燃烧问题，可以仿照本书第 2 章中介绍的方法建立气体燃烧模型的雷诺平均形式，第 2 章已经给出雷诺平均形式的连续方程和速度方程，还需对组分方程和温度方程进行雷诺平均。根据方程（3.30）和（3.31），湍流中的时均组分方程和时均温度方程为

$$\frac{\partial}{\partial t} C_p\left(\bar{\rho}\bar{T} + \overline{\rho' T'}\right) + \frac{\partial}{\partial x_j} C_p\left(\overline{\rho v_j}\bar{T} + \bar{\rho}\overline{v_j' T'} + \bar{v}_j \overline{\rho' v_j'} + \overline{\rho' v_j' T'}\right) = \frac{\partial}{\partial x_j}\left(\lambda \frac{\partial \bar{T}}{\partial x_j}\right) + \bar{R}_l Q_l$$

$$\frac{\partial}{\partial t}\left(\bar{\rho}\bar{m}_l + \overline{\rho' m_l'}\right) + \frac{\partial}{\partial x_j}\left(\overline{\rho v_j}\bar{m}_l + \bar{\rho}\overline{v_j' m_l'} + \bar{v}_j \overline{\rho' v_j'} + \overline{\rho' v_j' m_l'}\right) = \frac{\partial}{\partial x_j}\left(\Gamma_l \frac{\partial \bar{m}_l}{\partial x_j}\right) + \bar{R}_l$$

上述两个方程中出现了大量新的未知量，如出现新的关联项 $\overline{\rho' v_j'}$，$\overline{\rho' m_l'}$，$\overline{\rho' T'}$，一种简单的处理方法是忽略密度的脉动（$\rho \approx \bar{\rho}$），即忽略所有涉及密度脉动的关联量，这种简化会带来一定的误差，但可以大大地减少方程的个数。这样得到简化的平均组分和能量方程为

$$\frac{\partial}{\partial t}\left(\rho C_p \bar{T}\right) + \frac{\partial}{\partial x_j}\left(\rho C_p \bar{v}_j \bar{T}\right) = -\frac{\partial}{\partial x_j}\left(\rho C_p \overline{v_j' T'}\right) + \frac{\partial}{\partial x_j}\left(\lambda \frac{\partial \bar{T}}{\partial x_j}\right) + \bar{R}_l Q_l \tag{3.32}$$

$$\frac{\partial}{\partial t}\left(\rho \bar{m}_l\right) + \frac{\partial}{\partial x_j}\left(\rho \bar{v}_j \bar{m}_l\right) = -\frac{\partial}{\partial x_j}\left(\rho \overline{v_j' m_l'}\right) + \frac{\partial}{\partial x_j}\left(\Gamma_l \frac{\partial \bar{m}_l}{\partial x_j}\right) + \bar{R}_l \tag{3.33}$$

组分方程和温度方程的未封闭项引入如下经验关联式

$$-\rho C_p \overline{v_j' T'} = \frac{\mu_e}{P_r} \frac{\partial \overline{T}}{\partial x_j}, -\rho \overline{v_j' m_l'} = \frac{\Gamma_e}{S_c} \frac{\partial \overline{m}_l}{\partial x_j} \tag{3.34}$$

于是，平均能量与平均组份方程简化为

$$\begin{aligned}\frac{\partial\left(\rho C_p \overline{T}\right)}{\partial t} + \frac{\partial\left(\rho C_p \overline{v}_i \overline{T}\right)}{\partial x_i} &= \frac{\partial}{\partial x_i}\left[\left(\lambda + \frac{\mu_t}{P_r}\right)\frac{\partial \overline{T}}{\partial x_i}\right] + \overline{R}_l Q_l \\ &\approx \frac{\partial}{\partial x_i}\left(\frac{\mu_t}{P_r}\frac{\partial \overline{T}}{\partial x_i}\right) + \overline{R}_l Q_l\end{aligned} \tag{3.35}$$

$$\begin{aligned}\frac{\partial}{\partial t}\left(\rho \overline{m}_l\right) + \frac{\partial}{\partial x_j}\left(\rho \overline{v}_j \overline{m}_l\right) &= \frac{\partial}{\partial x_j}\left[\left(\Gamma_l + \frac{\Gamma_e}{S_c}\right)\frac{\partial \overline{m}_l}{\partial x_j}\right] + \overline{R}_l \\ &= \frac{\partial}{\partial x_j}\left(\Gamma_{e,l}\frac{\partial \overline{m}_l}{\partial x_j}\right) + \overline{R}_l\end{aligned} \tag{3.36}$$

这样的方程仍是不封闭的，还需要解决质量源和热量源的封闭问题。这两个源项的关键是如何有效处理化学反应速率 R_l 及其雷诺平均形式，一方面，目前还没有普遍适用的 R_l 的具体形式，另一方面，现有的化学反应速率公式通常具有复杂的表达形式（如本书第 3.2 节给出的 Arrehnius 公式），取雷诺平均会带来新的封闭问题。本章剩下 3 节内容将围绕该问题展开，依次给出 3 种处理化学反应源项的思路：第一种思路是引入新的物理量，简化掉化学反应源项，从而绕过复杂源项雷诺平均的封闭问题；第二种思路是采用经验公式封闭复杂源项；第三种思路是通过泰勒展开建立复杂源项的近似模型。

3.4　湍流扩散燃烧模型

燃烧是化学过程和物理过程相互作用的跨学科、多场耦合过程，描述燃烧现象不仅需要质量、动量的输运，还有能量的输运及化学反应。对湍流燃烧，化学反应速率同时受到湍流混合、分子输运和化学动力学 3 个方面的影响，建立一个普遍适用的化学反应速率模型非常困难。根据燃烧前燃料与氧气的混合状态，气体燃烧有扩散燃烧和预混燃烧两种方式。把燃料和氧化剂分开进入燃烧区的燃烧称为扩散燃烧，它的特点是化学反应速率大大超过燃料和氧化剂的混合速度，湍流脉动对燃烧起主导作用。1971 年，Spalding 提出的 $\kappa-\omega-g$ 模型在模拟扩散燃烧问题方面取得一定的成功，后来该模型演变为 $\kappa-\varepsilon-g$ 模型，其主要思想是引入“简单化学反应系统”模型和新的物理量，绕过化学反应源项的封闭。

3.4.1　混合分数 *f*–*g* 方程

一般情况下，为了获得湍流燃烧过程中各组分的质量分数，可以对平均组分方程（3.36）进行求解，但化学反应速率 $\overline{R_l}$ 是不封闭的。混合分数 $f-g$ 方程将以方程（3.36）为出发点，引入合理的近似假设，消去该不封闭项。

假设化学反应系统由燃料、氧气和生成物 3 部分组成，且燃料及氧化剂的当量比为 S_{ox}，即完全燃烧 1 千克燃料在理论上所需氧化剂的量为 S_{ox}，化学反应是单步不可逆的，燃料和氧

气的质量分数均值的控制方程可以根据方程（3.36）给出

$$\rho\frac{\partial\bar{m}_{\mathrm{fu}}}{\partial t}+\rho\frac{\partial\left(\bar{v}_j\bar{m}_{\mathrm{fu}}\right)}{\partial x_j}=\frac{\partial}{\partial x_j}\left(\Gamma_{e,\mathrm{fu}}\frac{\partial\bar{m}_{\mathrm{fu}}}{\partial x_j}\right)+\bar{R}_{\mathrm{fu}} \tag{3.37}$$

$$\rho\frac{\partial\bar{m}_{\mathrm{ox}}}{\partial t}+\rho\frac{\partial\left(\bar{v}_j\bar{m}_{\mathrm{ox}}\right)}{\partial x_j}=\frac{\partial}{\partial x_j}\left(\Gamma_{e,\mathrm{ox}}\frac{\partial\bar{m}_{ox}}{\partial x_j}\right)+\bar{R}_{\mathrm{ox}} \tag{3.38}$$

定义新的物理量$f=\bar{m}_{\mathrm{fu}}-\bar{m}_{\mathrm{ox}}/S_{\mathrm{ox}}$，该量表示燃料与氧气的混合分数，由式（3.37）和式（3.38）得

$$\rho\frac{\partial\bar{f}}{\partial t}+\rho\frac{\partial\left(\bar{v}_j\bar{f}\right)}{\partial x_j}=\frac{\partial}{\partial x_j}\left(\Gamma_{e,\mathrm{fu}}\frac{\partial}{\partial x_j}\bar{m}_{\mathrm{fu}}-\Gamma_{e,\mathrm{ox}}\frac{\partial}{\partial x_j}\bar{m}_{\mathrm{ox}}/S_{\mathrm{ox}}\right)+\left(\bar{R}_{\mathrm{fu}}-\bar{R}_{\mathrm{ox}}/S_{\mathrm{ox}}\right) \tag{3.39}$$

进一步假设燃料和氧气的扩散交换系数相等，即$\Gamma_{e,\mathrm{fu}}=\Gamma_{e,\mathrm{ox}}=\Gamma_{e,f}$，同时燃料和氧气的化学反应速率满足$\bar{R}_{\mathrm{fu}}-\bar{R}_{\mathrm{ox}}/S_{\mathrm{ox}}=0$，这样就得到了常见的混合分数的方程

$$\rho\frac{\partial f}{\partial t}+\rho\frac{\partial}{\partial x_j}\left(\bar{v}_j f\right)=\frac{\partial}{\partial x_j}\left(\Gamma_{e,f}\frac{\partial f}{\partial x_j}\right) \tag{3.40}$$

混合分数方程是一个无源方程，无须考虑化学反应的细节，也解决了湍流组分方程的封闭问题。显然，仅仅知道混合分数f的脉动均方值还不够，还需要知道混合分数概率密度函数$P(f)$，这样才可以确定各组分的分布。混合分数概率密度函数$P(f)$的确定将在下一节讨论。

在确定体系的化学热力学状态时，通常要引入混合分数f的脉动均方值$\overline{f'^2}$，为书写方便，常将$\overline{f'^2}$记作g，g的控制微分方程为

$$\frac{\partial(\rho g)}{\partial t}+\frac{\partial\left(\rho\bar{v}_j g\right)}{\partial x_j}=\frac{\partial}{\partial x_j}\left(\frac{\mu_e}{\sigma_g}\frac{\partial g}{\partial x_j}\right)+C_{g1}\mu\left(\frac{\partial\bar{f}}{\partial x_j}\right)^2-C_{g2}\rho g\frac{\varepsilon}{\kappa} \tag{3.41}$$

式中，模型常数通常取$C_{g1}=2.8$，$C_{g2}=2.0$，$\sigma_g=0.9$。

3.4.2 混合分数的概率密度函数

混合分数的概率密度函数$P(f)$确定的方法有两种，一是直接建立$P(f)$的微分方程，通过求解概率密度分布函数输运方程，找出分布形式；另一种是假设混合分数f满足某种已知的分布，如域墙式分布、截层正态分布、Beta函数分布、联合概率密度分布等，然后通过混合气体的统计特征（f和g）进一步确定分布函数中的参数。为了说明该方法，我们介绍一种简单的分布。

Jones和Whitelaw采用Richardson的Beta函数形式作为概率分布函数，即

$$P(f)=\frac{f^{a-1}(1-f)^{b-1}}{\int_0^1 f^{a-1}(1-f)^{b-1}\mathrm{d}f},\quad 0\leqslant f\leqslant 1 \tag{3.42}$$

式中，正指数a，b可由f和g求出

$$a=\bar{f}\left[\frac{\bar{f}\left(1-\bar{f}\right)}{g}-1\right],\quad b=\left(1-\bar{f}\right)\left[\frac{\bar{f}\left(1-\bar{f}\right)}{g}-1\right]$$

因为 $\overline{f}$ 和 g 已经由微分方程求出，这样 a，b，$P(f)$ 函数形式就完全确定了，其他标量时间平均值和脉动值都可以求得。如燃料 m_{fu} 为

$$m_{\mathrm{fu}}=\frac{m_{\mathrm{fu},u}}{1-f_s}\left(f-f_s\right) \tag{3.43}$$

所以可求得燃料质量分布的时间平均值和脉动值

$$\overline{m}_{\mathrm{fu}}=\int_0^1\frac{m_{\mathrm{fu},u}}{1-f_s}\left(f-f_s\right)P\left(f\right)\mathrm{d}f \tag{3.44}$$

$$\overline{m_{\mathrm{fu}}^{'2}}=\int_0^1\left[\frac{m_{\mathrm{fu},u}}{1-f_s}\left(f-f_s\right)\right]^2P\left(f\right)\mathrm{d}f-\overline{m}_{\mathrm{fu}}^2 \tag{3.45}$$

3.5 湍流预混燃烧速率模型

本节以预混燃烧模型为例介绍处理化学反应速率源项的第二种思路，所谓预混燃烧是指燃料和氧化剂在进入燃烧区之前已经均匀混合。影响化学反应速率的因素主要包括 3 个方面，即分子输运、化学性质和流动状态。对于层流火焰，分子输运和化学性质对火焰的传播起主导作用，其流动状态的作用可以忽略，层流燃烧的模拟只需解决化学反应本身的问题。对于湍流火焰，流动状态对火焰传播的影响必须考虑进来，而对于高雷诺数湍流，流动状态甚至起到主要作用，工业过程中的燃烧过程大多数是高雷诺数湍流燃烧。对于高雷诺数湍流火焰，直接数值模拟则力不从心，现阶段的数值研究仍需借助于湍流模型。湍流燃烧模型中，湍流的质量和能量平均方程采用第 2 章中介绍的雷诺平均方程，二阶关联项采用 $\kappa-\varepsilon$ 方程或雷诺应力方程封闭，能量平均方程和组分平均方程可由式（3.35）和式（3.36）来描述，而式（3.35）和式（3.36）的复杂源项难以有效处理。因此，除了需要克服化学反应本身的问题，还需要解决雷诺平均导致的模型不封闭问题。

考虑一个简单的化学反应系统，系统中存在燃料、氧气和产物 3 种组分，以燃料的化学反应速率为例，假设其瞬时反应速率满足双分子碰撞模型的 Arreehnius 公式

$$R_{\mathrm{fu}}=-Zm_{\mathrm{fu}}m_{\mathrm{ox}}\rho^2\exp\left(-E/RT\right) \tag{3.46}$$

燃料化学反应速率是燃料和氧气的质量分数 m_{fu} 和 m_{ox} 与温度 T 自然指数的乘积，显然式（3.46）是非线性的，“各量乘积后取雷诺平均”与“各雷诺平均量的乘积”不相等，即

$$\overline{R}_{\mathrm{fu},A}=-Z\overline{m}_{\mathrm{fu}}\overline{m}_{\mathrm{ox}}\rho^2\exp\left(-E/R\overline{T}\right)\neq\overline{R}_{\mathrm{fu}}$$

对于两个随机量 φ 和 ϕ，虽然 $\overline{\varphi\phi}\neq\overline{\varphi}\overline{\phi}$，但“雷诺平均的乘积”是“积的雷诺平均”的重要组成部分

$$\overline{\varphi\phi}=\overline{\varphi}\overline{\phi}+\overline{\varphi'\phi'} \tag{3.47}$$

显然 $\overline{R}_{\mathrm{fu}}$ 必然也是与 $\overline{R}_{\mathrm{fu},A}$ 密切相关的。另外，在层流状态下，各物理量 m_{fu}，m_{ox} 和 T 都是确定的，其脉动量和脉动均方根均为 0，$\overline{R}_{\mathrm{fu}}=\overline{R}_{\mathrm{fu},A}$ 是成立的。因此，可以以 $\overline{R}_{\mathrm{fu},A}$ 为基础构造 $\overline{R}_{\mathrm{fu}}$ 的封闭形式。

在层流或低雷诺数下 $\overline{R}_{\mathrm{fu},A}$ 与 $\overline{R}_{\mathrm{fu}}$ 可以很好地近似，在高雷诺数下二者差别很大。一种简

单的建模思路是构造湍流状态下的化学反应速率 $\overline{R}_{\text{fu},T}$ ，实际燃烧速率 $\overline{R}_{\text{fu}}$ 取 $\overline{R}_{\text{fu},A}$ 和 $\overline{R}_{\text{fu},T}$ 中绝对值的最小者，即

$$\overline{R}_{\text{fu}} = -\min\left(\left|\overline{R}_{\text{fu},A}\right|,\left|\overline{R}_{\text{fu},T}\right|\right) \tag{3.48}$$

$\overline{R}_{\text{fu},T}$ 则采用经验公式构造，较为典型的是 Spalding 提出的旋涡破碎燃烧速率模型和 Magnussen 等提出的 Magnussen 燃烧速率模型。

1. 旋涡破碎燃烧速率模型

Spalding 认为，对于高雷诺数的湍流燃烧，湍流燃烧区由未燃气微团和已燃气微团组成，在两种微团的交界面发生剧烈的化学反应，其反应速率取决于流动状态，即未燃气微团在湍流作用下的破碎速率与湍动能耗散率成正比，与湍动能成反比。在此基础上，Spalding 于 1971 年提出了如下旋涡破碎（eddy-break-up）模型

$$\overline{R}_{\text{fu},T} = -C_R \rho g^{1/2} \varepsilon / \kappa \tag{3.49}$$

模型系数 C_R 与化学动力因素有关，可用下式估算

$$C_R = \left(\frac{\Delta T}{1000}\right)^2 \frac{g^{1/2}}{g_{\max}^{1/2}} \ln\left(1 + 2\frac{g_{\max}^{1/2}}{g^{1/2}}\right)$$

式（3.49）中 $g = \overline{m_{\text{fu}}'^2}$ 是当地燃料质量分数脉动的方程，求解 g 有两种方法：用 $\overline{m}_{\text{fu}}$ 和其梯度相关联的代数式来表示，如

$$g = C\overline{m}_{\text{fu}}^2 \text{ 或 } g = \frac{C_{g1}}{C_{g2}} \frac{\mu\kappa}{\rho\varepsilon} \frac{\partial \overline{m}_{\text{fu}}}{\partial x_j} \frac{\partial \overline{m}_{\text{fu}}}{\partial x_j} \tag{3.50}$$

2. Magnussen 燃烧速率模型

在式（3.49）中，燃烧速率正比于当地燃料质量分数的脉动均方值，需要对二阶矩 $\overline{m_{\text{fu}}'^2}$ 做模型，Magnussen 等则直接采用各组分质量分数当量的最小值做模型，将 $\overline{R}_{\text{fu},T}$ 表示为

$$\overline{R}_{\text{fu},T} = -A\rho\frac{\varepsilon}{k}\min\left(\overline{m}_{\text{fu}}, \frac{\overline{m}_{\text{ox}}}{S_{\text{ox}}}, \frac{\overline{m}_{\text{pr}}}{B(1+S_{\text{ox}})}\right) \tag{3.51}$$

其中 A，B 是常数。

相较于单纯地使用 $\overline{R}_{\text{fu},A}$ 模拟湍流燃烧速率，Spalding 和 Magnussen 等的旋涡破碎模型在一定程度上能够获得更理想的计算结果。但是该模型仍然不能清晰地刻画湍流与化学反应相互作用的物理图像，也没有给出各物理量脉动的统计特征。此外，旋涡破碎模型突出了湍流混合对燃烧速率的控制作用，而未能充分考虑分子输运和化学动力学因素的影响，该模型多局限于高雷诺数湍流燃烧过程的数值模拟。

3.6 湍流燃烧关联矩模型

本章 3.4 节通过引入混合分数 f 和相关近似假设绕过复杂源项雷诺平均的封闭问题，而 3.5 节通过简单的代数形式的经验公式对化学反应速率源项做了近似，本节将给出构造平均化学反应速率的第三种方法。构造平均化学反应速率的困难主要有两点，一是指数形式的

Arrhenius 公式的雷诺平均难以准确表达，二是其非线性特征引入新的高阶不封闭项，给模型带来新的封闭问题。本节采用泰勒展开的方法建立平均化学反应速率的近似模型，并推导高阶燃烧关联矩的输运方程。泰勒展开方法可以给出理论上更合理的封闭形式，高阶燃烧关联矩方程则可以给出燃烧脉动量的统计特征，理论上可以克服前面模型的缺陷。

1. 平均化学反应速率

仍考虑单步不可逆反应表征的燃烧过程，其瞬时反应速率用双分子碰撞模型的 Arrhenius 公式描述

$$R_{\mathrm{fu}} = -B\rho^2 m_{\mathrm{fu}} m_{\mathrm{ox}} \exp\left(-E/RT\right) \tag{3.52}$$

化学反应生成率正比于燃料和氧气的质量分数，并且随温度指数增加。首先对指数项进行处理，将关于变量 T 的任一函数 $f(T)$ 在平均值处进行泰勒展开

$$f(T) = f\left(\overline{T}\right) + f'\left(\overline{T}\right)T' + \cdots + \frac{f^{(n)}\left(\overline{T}\right)}{n!}\left(T'\right)^n + R_n(T)$$

根据上式，对式（3.52）中的指数项进行泰勒级数展开，忽略二阶及以上无穷小量

$$\begin{aligned} f(T) = \exp\left(-\frac{E}{RT}\right) &= \exp\left(-\frac{E}{R\overline{T}}\right) + \exp\left(-\frac{E}{R\overline{T}}\right)\frac{E}{R\overline{T}^2}T' + O\left(T'^2\right) \\ &\approx \exp\left(-\frac{E}{R\overline{T}}\right)\left(1 + \frac{E}{R\overline{T}^2}T'\right) \end{aligned}$$

考虑常物性流体，密度脉动可以忽略，R_{fu} 可以看作 m_{fu}、m_{ox} 和 $f(T)$ 3 个变量的乘积，上述泰勒展开相当于对 $f(T)$ 进行雷诺分解。对式（3.52）中各变量雷诺分解，略去脉动值的三阶以上关联量，便可得到平均化学反应速率的近似表达式

$$\begin{aligned} \overline{R}_{\mathrm{fu}} &= -B\rho^2 \overline{m_{\mathrm{fu}} m_{\mathrm{ox}} \exp\left(-\frac{E}{RT}\right)} \\ &\approx -B\rho^2 \exp\left(-\frac{E}{R\overline{T}}\right)\overline{\left(\overline{m}_{\mathrm{fu}} + m'_{\mathrm{fu}}\right)\left(\overline{m}_{\mathrm{ox}} + m'_{\mathrm{ox}}\right)\left(1 + \frac{E}{R\overline{T}^2}T'\right)} \\ &= -B\rho^2 \exp\left(-\frac{E}{R\overline{T}}\right)\overline{\left(\overline{m}_{\mathrm{fu}}\overline{m}_{\mathrm{ox}} + \overline{m}_{\mathrm{fu}} m'_{\mathrm{ox}} + m'_{\mathrm{fu}}\overline{m}_{\mathrm{ox}} + m'_{\mathrm{ox}} m'_{\mathrm{fu}}\right)\left(1 + \frac{E}{R\overline{T}^2}T'\right)} \\ &\approx -B\rho^2 \exp\left(-\frac{E}{R\overline{T}}\right)\left[\overline{m}_{\mathrm{fu}}\overline{m}_{\mathrm{ox}} + \overline{m'_{\mathrm{ox}} m'_{\mathrm{fu}}} + \frac{E}{R\overline{T}^2}\left(\overline{m}_{\mathrm{fu}}\overline{m'_{\mathrm{ox}} T'} + \overline{m}_{\mathrm{ox}}\overline{m'_{\mathrm{fu}} T'}\right)\right] \\ &= -B\rho^2 \overline{m}_{\mathrm{fu}}\overline{m}_{\mathrm{ox}} \exp\left(-\frac{E}{R\overline{T}}\right)\left[1 + \frac{\overline{m'_{\mathrm{ox}} m'_{\mathrm{fu}}}}{\overline{m}_{\mathrm{fu}}\overline{m}_{\mathrm{ox}}} + \frac{E}{R\overline{T}^2}\left(\frac{\overline{m'_{\mathrm{ox}} T'}}{\overline{m}_{\mathrm{ox}}} + \frac{\overline{m'_{\mathrm{fu}} T'}}{\overline{m}_{\mathrm{fu}}}\right)\right] \end{aligned} \tag{3.53}$$

令

$$f_R = \frac{\overline{m'_{\mathrm{ox}} m'_{\mathrm{fu}}}}{\overline{m}_{\mathrm{fu}}\overline{m}_{\mathrm{ox}}} + \frac{E}{R\overline{T}^2}\left(\frac{\overline{m'_{\mathrm{ox}} T'}}{\overline{m}_{\mathrm{ox}}} + \frac{\overline{m'_{\mathrm{fu}} T'}}{\overline{m}_{\mathrm{fu}}}\right)$$

于是

$$\overline{R}_{\mathrm{fu}} = -B\rho^2 \overline{m}_{\mathrm{fu}}\overline{m}_{\mathrm{ox}} \exp\left(-\frac{E}{R\overline{T}}\right)\left(1 + f_R\right) = \overline{R}_{\mathrm{fu},A}\left(1 + f_R\right) \tag{3.54}$$

上式相当于采用一个修正系数 f_R 对上节提到的 $\overline{R}_{\mathrm{fu},A}$ 进行了修正，式中的项 f_R 概括了湍流

脉动对平均化学反应速率的影响，理论上可以克服旋涡破碎模型的缺陷。但是该修正项含有新的不封闭项$\overline{m'_{\text{ox}}m'_{\text{fu}}}$，$\overline{m'_{\text{ox}}T'}$和$\overline{m'_{\text{fu}}T'}$，这是建立平均化学反应速率模型的第二个困难，但是对这些燃烧关联矩进行封闭也将为研究湍流燃烧提供更丰富的统计特征。

二阶矩的建模思路与雷诺应力类似，可以仿照雷诺应力输运方程的建模过程，在组分平衡方程的基础上推导燃烧关联矩方程，为求解方便，还可以在此基础上简化为代数关联矩方程，下面简要地给出推导过程。

2. 二阶关联矩输运方程

忽略密度的脉动，由组分方程（3.21）知，组分i和组分j的质量分数输运方程为

$$\rho\frac{\partial m_i}{\partial t}+\rho\frac{\partial\left(v_k m_i\right)}{\partial x_k}=\frac{\partial}{\partial x_k}\left(\Gamma_i\frac{\partial m_i}{\partial x_k}\right)+R_i \tag{3.55}$$

$$\rho\frac{\partial m_j}{\partial t}+\rho\frac{\partial\left(v_k m_j\right)}{\partial x_k}=\frac{\partial}{\partial x_k}\left(\Gamma_j\frac{\partial m_j}{\partial x_k}\right)+R_j \tag{3.56}$$

将方程（3.55）与方程（3.56）分别乘以m'_j和m'_i得

$$\rho m'_j\frac{\partial m_i}{\partial t}+\rho m'_j\frac{\partial\left(v_k m_i\right)}{\partial x_k}=m'_j\frac{\partial}{\partial x_k}\left(\Gamma_i\frac{\partial m_i}{\partial x_k}\right)+m'_jR_i \tag{3.57}$$

$$\rho m'_i\frac{\partial m_j}{\partial t}+\rho m'_i\frac{\partial\left(v_k m_j\right)}{\partial x_k}=m'_i\frac{\partial}{\partial x_k}\left(\Gamma_j\frac{\partial m_j}{\partial x_k}\right)+m'_iR_j \tag{3.58}$$

由雷诺平均的性质可知，对于变量A和B，A的脉动和B乘积的系综平均满足

$$\overline{A'B}=\overline{A'\left(\overline{B}+B'\right)}=\overline{A'B'}$$

于是，对方程（3.57）和方程（3.58）取系综平均得

$$\overline{\rho m'_j\frac{\partial m'_i}{\partial t}}+\overline{\rho m'_j\frac{\partial\left(\overline{v}_k m'_i\right)}{\partial x_k}}+\overline{\rho m'_j\frac{\partial\left(v'_k \overline{m}_i\right)}{\partial x_k}}+\overline{\rho m'_j\frac{\partial\left(v'_k m'_i\right)}{\partial x_k}}=\overline{m'_j\frac{\partial}{\partial x_k}\left(\Gamma_i\frac{\partial m'_i}{\partial x_k}\right)}+\overline{m'_jR_i} \tag{3.59}$$

$$\overline{\rho m'_i\frac{\partial m'_j}{\partial t}}+\overline{\rho m'_i\frac{\partial\left(\overline{v}_k \overline{m}'_j\right)}{\partial x_k}}+\overline{\rho m'_i\frac{\partial\left(v'_k \overline{m}_j\right)}{\partial x_k}}+\overline{\rho m'_i\frac{\partial\left(v'_k m'_j\right)}{\partial x_k}}=\overline{m'_i\frac{\partial}{\partial x_k}\left(\Gamma_j\frac{\partial m'_j}{\partial x_k}\right)}+\overline{m'_iR_j} \tag{3.60}$$

将方程（3.59）与方程（3.60）相加得

$$\begin{aligned}\rho\frac{\partial}{\partial t}\overline{m'_im'_j}+\rho\frac{\partial}{\partial x_k}\left(\overline{v}_k\overline{m'_im'_j}\right)=&-\rho\frac{\partial}{\partial x_k}\left(\overline{m}_i\overline{m'_jv'_k}\right)-\rho\frac{\partial}{\partial x_k}\left(\overline{m}_j\overline{m'_iv'_k}\right)-2\rho\frac{\partial}{\partial x_k}\overline{v'_km'_im'_j}\\&+\frac{\partial}{\partial x_k}\left[\left(\Gamma_i+\Gamma_j\right)\frac{\partial}{\partial x_k}\overline{m'_im'_j}\right]+\overline{m'_iR_j}+\overline{m'_jR_i}\end{aligned} \tag{3.61}$$

与方程（3.34）类似，引入以下假设

$$-\rho\overline{v'_km'_im'_j}=\frac{\mu_t}{\sigma_m}\frac{\partial\overline{m'_im'_j}}{\partial x_k} \tag{3.62}$$

将方程（3.34）与方程（3.62）代入方程（3.61），组分二阶关联矩输运方程简化为

$$\rho\frac{\partial}{\partial t}\overline{m'_im'_j}+\rho\frac{\partial}{\partial x_k}\left(\overline{v}_k\overline{m'_im'_j}\right)=\frac{\partial}{\partial x_k}\left(\frac{\mu_e}{\sigma_m}\frac{\partial}{\partial x_k}\overline{m'_im'_j}\right)+2\frac{\mu_t}{\sigma_m}\frac{\partial\overline{m}_i}{\partial x_k}\frac{\partial\overline{m}_j}{\partial x_k}+\overline{m'_iR_j}+\overline{m'_jR_i} \tag{3.63}$$

与方程（3.53）的推导类似，方程（3.63）的源项近似为

$$\overline{m_i'R_j}+\overline{m_j'R_i}\approx -2\rho\frac{\varepsilon}{\kappa}\overline{m_i'm_j'}-B\rho^2\overline{m}_i\overline{m}_j\exp\left(-\frac{E}{R\overline{T}}\right)\cdot\left[\frac{E}{R\overline{T}^2}\left(\overline{T'm_i'}+\overline{T'm_j'}\right)+\frac{\overline{m_i'm_j'}}{\overline{m}_i\overline{m}_j}+\frac{\overline{m_i'm_i'}}{\overline{m}_j}+\frac{\overline{m_j'm_j'}}{\overline{m}_j}\right] \tag{3.64}$$

同理，温度—组分二阶关联矩输运方程近似为

$$\rho\frac{\partial\overline{T'm_l'}}{\partial t}+\rho\frac{\partial}{\partial x_k}\left(\overline{v}_k\overline{T'm_l'}\right)=\frac{\partial}{\partial x_k}\left(\frac{\mu_e}{\sigma_m}\frac{\partial\overline{T'm_l'}}{\partial x_k}\right)+2\frac{\mu_t}{\sigma_m}\frac{\partial\overline{T}}{\partial x_j}\frac{\partial\overline{m}_l}{\partial x_i}-2\rho\frac{\varepsilon}{\kappa}\overline{T'm_l'} \tag{3.65}$$

方程（3.63）和（3.65）即为湍流燃烧关联矩输运方程，一般情况下还可以建立温度二阶矩方程。

3. 代数关联矩方程

与雷诺应力模型相似，二阶燃烧关联矩模型具有更清晰的物理图像，可以描述湍流与化学反应的相互作用，理论上可以在某些情况下获得优于旋涡破碎模型的结果。但是增加的偏微分方程为数值求解带来许多麻烦，增加的微分方程既降低了求解效率，也对整体数值求解的稳定性和收敛性带来影响。

本书 2.3.2 节我们采用平衡近似和线性近似建立了代数应力模型，其中平衡近似假定对流项和扩散项局部平衡。按照这种思路，同样假定燃烧关联矩输运方程在准稳态的条件下达到局部平衡，并忽略稳态时反应速率对组分和温度脉动的影响，方程（3.63）和（3.65）可得到下列相应的代数关系式

$$\overline{m_{\mathrm{fu}}'m_{\mathrm{ox}}'}=C_y\frac{\kappa^3}{\varepsilon^2}\frac{\partial\overline{m}_{\mathrm{fu}}}{\partial x_j}\frac{\partial\overline{m}_{\mathrm{ox}}}{\partial x_j} \tag{3.66}$$

$$\overline{T'm_{\mathrm{fu}}'}=C_{y1}\frac{\kappa^3}{\varepsilon^2}\frac{\partial\overline{T}}{\partial x_j}\frac{\partial\overline{m}_{\mathrm{fu}}}{\partial x_j} \tag{3.67}$$

$$\overline{T'm_{\mathrm{ox}}'}=C_{y2}\frac{\kappa^3}{\varepsilon^2}\frac{\partial\overline{T}}{\partial x_j}\frac{\partial\overline{m}_{\mathrm{ox}}}{\partial x_j} \tag{3.68}$$

不难发现，代数关联矩方程（3.66）～（3.68）是高阶矩建模过程中经常采用的、具有普遍适用性的半经验关联式，即认为某个物理量与其他量的联合脉动与该物理量的梯度成正比。与经验的旋涡破碎模型相比，二者都具有简单的形式，计算效率相当，但是代数关联矩模型（3.54）及（3.66）～（3.68）具有更为清晰的物理图像和相对严格的数理基础。

第 4 章　两相流颗粒轨道模型

1. 欧拉型流场模型

颗粒的存在对流场的影响主要反映在气相方程的体积分数和颗粒源上，下面以气相标准 $\kappa-\varepsilon$ 模型为例来说明，气固两相流连续相方程的张量形式为

$$\begin{cases} \dfrac{\partial \overline{\epsilon}_f}{\partial t} + \nabla \cdot \left(\overline{\epsilon}_f \tilde{\boldsymbol{u}}_f \right) = 0 \\ \overline{\epsilon}_f \dfrac{D\tilde{\boldsymbol{u}}_f}{Dt} = \nabla \cdot \left(\overline{\epsilon}_f \tilde{\boldsymbol{\tau}} - \boldsymbol{R} \right) - \overline{\epsilon}_f \nabla \tilde{\boldsymbol{p}}_f - \overline{\boldsymbol{F}}_{\text{drag}} \\ \overline{\epsilon}_f \dfrac{D\kappa_f}{Dt} = \nabla \cdot \left(\mu_{\text{eff},\kappa} \nabla \kappa_f \right) + P_{\kappa,f} - \overline{\epsilon}_f \varepsilon_f - S_{\kappa,p\to f} \\ \overline{\epsilon}_f \dfrac{D\left(\varepsilon_f\right)}{Dt} = \nabla \cdot \left(\mu_{\text{eff},\varepsilon} \nabla \varepsilon_f \right) + \dfrac{\varepsilon_f}{\kappa_f} \left(C_1 P_{\kappa,f} - C_2 \overline{\epsilon}_f \varepsilon_f - C_3 S_{\kappa,p\to f} \right) \end{cases}$$

其中，$\boldsymbol{R}$ 是雷诺应力，$\mu_{\text{eff},\kappa}$ 和 $\mu_{\text{eff},\varepsilon}$ 分别是湍动能及耗散方程扩散系数，$P_{\kappa,f}$ 是湍动能生成项，气相输运方程中颗粒源项为

$$\overline{\boldsymbol{F}}_{\text{drag}} = \overline{\frac{1}{\tau_p} \epsilon_p \left(\boldsymbol{u}_f - \boldsymbol{u}_p \right)}, S_{k,p\to f} = \overline{\frac{1}{\tau_p} \epsilon_p \boldsymbol{u}'_f \left(\boldsymbol{u}'_f - \boldsymbol{u}'_p \right)}$$

$$\tau_p = \frac{\rho_p}{\rho_f} \frac{4 d_p}{3 C_D \left| \boldsymbol{u}_r \right|}，\quad C_D = \begin{cases} \dfrac{24}{\text{Re}_p} \left(1 + 0.15 \text{Re}_p^{0.687} \right) & \text{Re}_p \leqslant 1000 \\ 0.44 & \text{Re}_p > 1000 \end{cases}$$

2. 拉格朗日颗粒模型

颗粒运动方程以离散随机轨道模型和 Langevin 颗粒轨道模型最为典型，其中颗粒位置、速度控制方程为

$$\mathrm{d}\boldsymbol{x}_p = \boldsymbol{u}_p \mathrm{d}t$$

$$\mathrm{d}\boldsymbol{u}_p = \frac{1}{\tau_p} \left(\boldsymbol{u}_s - \boldsymbol{u}_p \right) \mathrm{d}t + \boldsymbol{g} \mathrm{d}t$$

离散随机轨道模型中，颗粒所见流体速度 $\boldsymbol{u}_s = \overline{\boldsymbol{u}_f} + \boldsymbol{u}'_f$，$\boldsymbol{u}'_f = \xi \sqrt{\dfrac{2k}{3}}$，$\xi$ 为随机数。$\boldsymbol{u}_s$ 也可以用以下 Langevin 方程刻画

$$\mathrm{d}\boldsymbol{u}_s = \boldsymbol{A}_s \mathrm{d}t + \boldsymbol{B}_s \mathrm{d}\mathfrak{B}_s(t)$$

其中，$\boldsymbol{A}_s$ 和 $\boldsymbol{B}_s$ 是漂移系数和扩散系数，$\mathcal{B}_s$ 为布朗运动。

通常把含有两种相态（至少有一种相态为流体）所组成的流动系统称为两相流，常见的两相流动有气—液、气—固、液—固等几种形式。作为多相流体力学的主要分支，气固两相流是能源系统、航空航天、生物医学、生态环境、军事科技等众多领域的关键技术和重要理论基础。气固两相流作为一种典型的受连续相制约的离散动力学系统，其理论成果和研究方法可以借鉴甚至直接移植到其他连续—离散体系（如液固、流体—液滴、流体—气泡等）问题的研究。因此，气固两相流研究具有重要的实际应用价值和理论意义。在流体力学层次，气固两相流的研究有两种不同的观点，第一种处理颗粒的方法称为拉格朗日方法（或轨道方法），相应的两相处理方法被称为欧拉—拉格朗日方法。第二种处理颗粒的方法称为欧拉方法（或场方法），相应的两相处理方法称为双流体方法或欧拉—欧拉方法。

本章我们讨论欧拉—拉格朗日模型，所涉及的内容包括颗粒运动的数学模型、求解颗粒轨道模型的计算方法，以及两相耦合计算的方法。

4.1　颗粒运动拉格朗日方程

力学里描述物体运动的主要模型有质点、刚体和变形体。根据颗粒相的处理方式，可以将描述流体中离散颗粒运动的模型分为点源颗粒和有限体积颗粒两种。基于点源颗粒的运动模型将颗粒视为质点，不考虑颗粒的形状和大小，而基于有限体积颗粒的运动模型将颗粒视为刚体或变形体，需要详细考察颗粒的平动、转动和变形等情况。流体中运动颗粒的受力和力矩可以分为三类：流体对颗粒的作用力和力矩（$\boldsymbol{F}_{f\to p}$ 和 $\boldsymbol{M}_{f\to p}$），颗粒之间的相互作用力和力矩（$\boldsymbol{F}_{p\to p}$ 和 $\boldsymbol{M}_{p\to p}$），以及其他外力 $\boldsymbol{F}_{\text{ext}}$（如重力）和力矩 $\boldsymbol{M}_{\text{ext}}$。根据牛顿定律，颗粒在流体中的运动可以用以下拉格朗日运动方程描述

$$\frac{\mathrm{d}\boldsymbol{x}_p}{\mathrm{d}t}=\boldsymbol{u}_p \tag{4.1}$$

$$m_p\frac{\mathrm{d}\boldsymbol{u}_p}{\mathrm{d}t}=\sum\boldsymbol{F}_p=\boldsymbol{F}_{f\to p}+\boldsymbol{F}_{p\to p}+\boldsymbol{F}_{\text{ext}} \tag{4.2}$$

$$I_p\frac{\mathrm{d}\boldsymbol{\omega}_p}{\mathrm{d}t}=\sum\boldsymbol{M}_p=\boldsymbol{M}_{f\to p}+\boldsymbol{M}_{p\to p}+\boldsymbol{M}_{\text{ext}} \tag{4.3}$$

其中，$\boldsymbol{x}_p$ 是颗粒质心的位置矢量，m_p 和 I_p 分别是颗粒的质量和转动惯量，$\boldsymbol{u}_p$ 和 $\boldsymbol{\omega}_p$ 是颗粒的平动和转动速度。

颗粒两相流研究要解决的两个核心问题是颗粒与流体之间的相互耦合及颗粒与颗粒之间的碰撞，本章不讨论颗粒之间的碰撞。本质上，气固两相之间的作用是气体分子与固体颗粒之间的碰撞，颗粒与流体之间的作用力可以通过颗粒表面无滑移边界实现，流体对颗粒的作用力和力矩分别为

$$\boldsymbol{F}_{f\to p}=\oint\!\!\oint_{\partial\mathcal{V}_p}\boldsymbol{\sigma}\cdot\boldsymbol{n}\mathrm{d}S \tag{4.4}$$

$$\boldsymbol{M}_{f\to p}=\oint\!\!\oint_{\partial\mathcal{V}_p}\boldsymbol{r}_p\times\left(\boldsymbol{\sigma}\cdot\boldsymbol{n}\right)\mathrm{d}S \tag{4.5}$$

其中，$\boldsymbol{\sigma}$ 是流体应力张量，$\mathcal{V}_p$ 和 $\partial\mathcal{V}_p$ 分别是颗粒体积和颗粒表面，$\boldsymbol{r}_p$ 是颗粒表面到质心的位

移矢量，$\boldsymbol{n}$ 是垂直于颗粒表面的单位矢量。基于有限体积颗粒的数值模拟被认为是颗粒两相流动“真正的直接模拟”，该方法可以解析到颗粒边界层的流动状态及颗粒转动和碰撞的详细信息，主要用于颗粒两相流机理性的研究。

对于颗粒粒径较小，颗粒数目较多的稠密颗粒两相流，基于有限体积的颗粒运动模型需要消耗巨大的计算资源，目前的计算机无能为力。一种较为经济的方案是采用基于点源颗粒的运动模型描述颗粒在流场中的运动。点源颗粒模型忽略颗粒的形状、大小及转动，流体对颗粒的作用采用经验或者半经验关联式描述。由于相间作用的复杂性，目前仍然没有普遍认可的能够准确刻画颗粒在流体中受力情况的点源颗粒模型。现有的经验关联式中，流体对颗粒的作用力通常包括压力梯度力、浮力、Stokes 阻力、虚假质量力、升力及 Basset 力等，内容繁杂且难以给出统一的表达式，且不同的研究者往往倾向于采用不同的经验关联式。另外，不同的力在颗粒运动中的地位不同，对不同形状和粒径的颗粒运动起到的作用也不同，对于粒径与 Kolmogorov 尺度相当（$d_p \sim \eta_K$）的球形颗粒，忽略重力以外的其他外力，基于点源颗粒模型的颗粒速度方程为

$$m_p \frac{\mathrm{d}\boldsymbol{u}_p}{\mathrm{d}t} = \mathcal{V}_p \rho_f \frac{D\boldsymbol{u}_s^{\mathcal{V}}}{Dt} + \mathcal{V}_p \rho_f C_A \left(\frac{D\boldsymbol{u}_s^{\mathcal{V}}}{Dt} - \frac{D\boldsymbol{u}_p}{Dt} \right) + \frac{1}{2} A_p \rho_f C_D \left| \boldsymbol{u}_s^{\mathcal{S}} - \boldsymbol{u}_p \right| \left(\boldsymbol{u}_s^{\mathcal{S}} - \boldsymbol{u}_p \right) + \mathcal{V}_p \left(\rho_p - \rho_f \right) \boldsymbol{g} \tag{4.6}$$

其中，ρ_p 是颗粒密度，A_p 为颗粒的受风面积，C_A 和 C_D 分别是虚假质量力系数和 Stokes 阻力系数，$\boldsymbol{u}_s^{\mathcal{S}}$ 和 $\boldsymbol{u}_s^{\mathcal{V}}$ 表示对颗粒表面和体积平均的流体平均速度

$$\boldsymbol{u}_s^{\mathcal{S}} = \frac{1}{\mathcal{S}_p} \int_{\mathcal{S}_p} \boldsymbol{u}_f \left(t, \boldsymbol{r}_{\mathcal{S}} \right) \mathrm{d}\boldsymbol{r}_{\mathcal{S}} \simeq \boldsymbol{u}_s + \frac{d_p^2}{24} \left(\nabla^2 \boldsymbol{u}_s \right) \tag{4.7}$$

$$\boldsymbol{u}_s^{\mathcal{V}} = \frac{1}{\mathcal{V}_p} \int_{\mathcal{V}_p} \boldsymbol{u}_f \left(t, \boldsymbol{r}_{\mathcal{V}} \right) \mathrm{d}\boldsymbol{r}_{\mathcal{V}} \simeq \boldsymbol{u}_s + \frac{d_p^2}{40} \left(\nabla^2 \boldsymbol{u}_s \right) \tag{4.8}$$

式(4.7)和(4.8)中，$\boldsymbol{u}_s = \boldsymbol{u}_f \left(t, \boldsymbol{x}_p(t) \right)$ 是颗粒所见流体速度，对于粒径较小的球形颗粒（$d_p \leqslant \eta_K$），$\boldsymbol{u}_s^{\mathcal{S}}$ 和 $\boldsymbol{u}_s^{\mathcal{V}}$ 可近似为颗粒所见流体速度，于是式（4.6）可以近似为颗粒速度方程的经典形式

$$m_p \frac{\mathrm{d}\boldsymbol{u}_p}{\mathrm{d}t} = \mathcal{V}_p \rho_f \frac{D\boldsymbol{u}_s}{Dt} + \mathcal{V}_p \rho_f C_A \left(\frac{D\boldsymbol{u}_s}{Dt} - \frac{D\boldsymbol{u}_p}{Dt} \right) + \frac{1}{2} A_p \rho_f C_D \left| \boldsymbol{u}_s - \boldsymbol{u}_p \right| \left(\boldsymbol{u}_s - \boldsymbol{u}_p \right) + \mathcal{V}_p \left(\rho_p - \rho_f \right) \boldsymbol{g} \tag{4.9}$$

当颗粒密度 ρ_p 远远大于流体密度 ρ_f 时，重力和流体对颗粒的 Stokes 阻力占主要地位，颗粒运动方程（4.9）可进一步简化为

$$\rho_p \mathcal{V}_p \frac{\mathrm{d}\boldsymbol{u}_p}{\mathrm{d}t} = \frac{1}{2} A_p \rho_f C_D \left| \boldsymbol{u}_s - \boldsymbol{u}_p \right| \left(\boldsymbol{u}_s - \boldsymbol{u}_p \right) + \rho_p \mathcal{V}_p \boldsymbol{g} \tag{4.10}$$

对于球形颗粒，颗粒体积 $\mathcal{V}_p = \pi d_p^3 / 6$，受风面积 $A_p = \pi d_p^2 / 4$，定义颗粒弛豫时间 τ_p

$$\tau_p = \frac{\rho_p}{\rho_f} \frac{4 d_p}{3 C_D \left| \boldsymbol{u}_r \right|} \tag{4.11}$$

其中，$\boldsymbol{u}_r = \boldsymbol{u}_s - \boldsymbol{u}_p$ 为颗粒所见流体与颗粒之间的相对速度，阻力系数 C_D 一般采用 Schiller 和 Nauman 公式

$$C_D = \begin{cases} \dfrac{24}{\mathrm{Re}_p}\left(1+0.15\mathrm{Re}_p^{0.687}\right) & \mathrm{Re}_p \leqslant 1000 \\ 0.44 & \mathrm{Re}_p > 1000 \end{cases} \tag{4.12}$$

绕圆球时的阻力系数如图 4-1 所示。颗粒雷诺数 $\mathrm{Re}_p \equiv \left|\boldsymbol{u}_s - \boldsymbol{u}_p\right| d_p / \upsilon_f$，由式（4.10）得到重颗粒（$\rho_p \gg \rho_f$）运动方程的一般形式

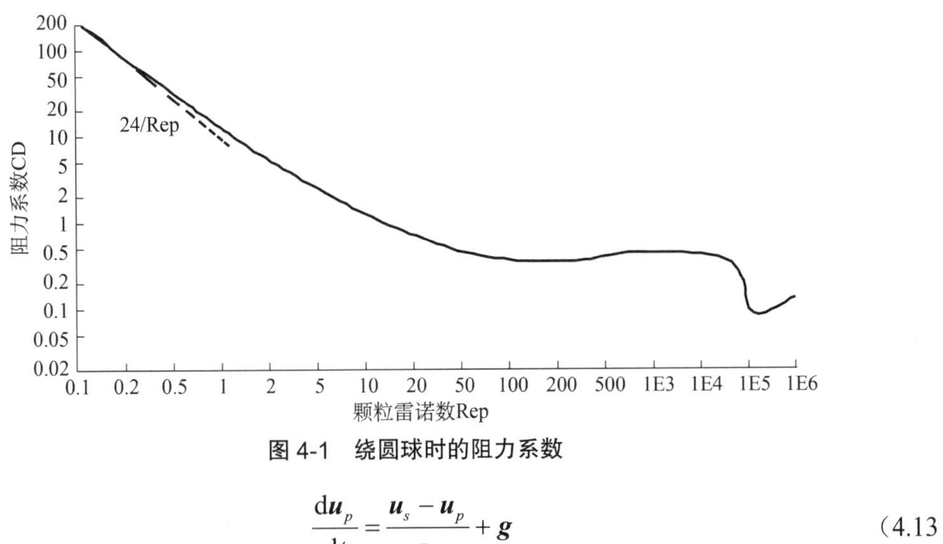

图 4-1　绕圆球时的阻力系数

$$\frac{\mathrm{d}\boldsymbol{u}_p}{\mathrm{d}t} = \frac{\boldsymbol{u}_s - \boldsymbol{u}_p}{\tau_p} + \boldsymbol{g} \tag{4.13}$$

4.2　颗粒随机轨道模型

沿颗粒轨迹的流体瞬时速度的准确确定是一个极为困难的问题，也是两相湍流相互作用的关键。显然，若连续相瞬时速度场已知，联立颗粒位置–速度方程（4.1）和（4.13），即可获得颗粒运动信息。对 Navier-Stokes 方程直接求解可以获得流体瞬时速度场，但是直接模拟计算代价昂贵，难以用于工程实际。而计算量较小的雷诺平均模拟只能获得流场宏观量，无法直接解出流体瞬时速度场。随机轨道方法在雷诺平均模拟的基础上对湍流瞬时速度做模型，相对简单且易于实施，较为典型的随机方法有随机数颗粒轨道模型、Langevin 模型等。

4.2.1　随机数颗粒轨道模型

对于球形重颗粒，简化的颗粒轨道模型（式（4.1）、式（4.13））为

$$\begin{cases} \dfrac{\mathrm{d}\boldsymbol{x}_p}{\mathrm{d}t} = \boldsymbol{u}_p \\ \dfrac{\mathrm{d}\boldsymbol{u}_p}{\mathrm{d}t} = \dfrac{\boldsymbol{u}_f\left(t, \boldsymbol{x}_p\right) - \boldsymbol{u}_p}{\tau_p} + \boldsymbol{g} \end{cases} \tag{4.14}$$

根据雷诺分解，流体瞬时速度可以表示为平均速度和脉动速度之和：$\boldsymbol{u}_f = \overline{\boldsymbol{u}}_f + \boldsymbol{u}_f'$。在随机轨道方法中，通过对单个轨迹的轨迹方程（式（4.14））进行积分，利用积分过程中沿颗粒

轨迹的流体瞬时速度来预测颗粒的扩散。流体平均速度 $\overline{\boldsymbol{u}}_f$ 可以通过求解雷诺平均方程获得，于是流体脉动速度能否准确刻画成为随机轨道模型的关键问题。一种粗糙的方法是将沿颗粒轨迹的脉动速度看作一个均值为 0 方差为 $\boldsymbol{\delta}^2 = \overline{\boldsymbol{u}_f'^2}$ 的高斯分布，在随机数颗粒轨道模型中，各方向的脉动速度表示为流体脉动速度均方根与高斯分布随机数 ξ 的乘积。在直角坐标系中，各方向的脉动为

$$u_f' = \xi\sqrt{\overline{u_f'^2}}, v_f' = \xi\sqrt{\overline{v_f'^2}}, w_f' = \xi\sqrt{\overline{w_f'^2}} \tag{4.15}$$

对于各向同性湍流，各方向的流体脉动速度近似为

$$u_f' = v_f' = w_f' = \xi\sqrt{\frac{2}{3}\kappa_f} \tag{4.16}$$

随机数颗粒轨道模型具有很大的理论缺陷和应用局限性，在积分过程中，高斯分布随机数 ξ 在涡寿命内保持不变，下一个积分时间采用新的随机数。在整个颗粒轨道上，随机数是时间的分段常值函数，流体脉动速度分量互不相关，而且是统计独立的，湍流无法以连续的方式作用于颗粒，在涡寿命结束时产生了无限的流体相加速。由于流体瞬时脉动速度的时间离散性，随机数模型可能会给出非物理结果。例如，在强非均匀扩散控制流中小颗粒应该均匀分布，随机数模型则显示这些粒子集中出现低湍流区域的趋势，而且该模型对小于微米级颗粒在壁面附近的预测较差。此外，由式（4.15）易得流体雷诺应力 $\overline{u_{f,i}' u_{f,i}'} = \xi^2 \boldsymbol{\delta}_{(i)} \boldsymbol{\delta}_{(i)}$，这显然与雷诺平均的 Navier-Stokes 方程不符。尽管如此，由于随机数颗粒轨道模型易于实施而且能给出相对准确的预测结果，该模型被广泛地用于工程两相颗粒流的数值计算。

4.2.2 标准化 Langevin 模型

对相间相互作用更合理的处理方法是以连续的方式表示颗粒所见流体瞬时速度，从而更真实地刻画湍流与颗粒作用的物理图像。一种有效的方法是将湍流看作“噪声”，用 Langevin 方程刻画流体脉动速度。首先，定义标准化瞬时脉动速：$\hat{\boldsymbol{u}}_f' = \boldsymbol{u}_f' / \boldsymbol{\delta}$（本节中正体加粗变量“$\boldsymbol{\delta}$”表示协方差矢量，张量形式表示为 $\delta_{(i)}$），对于单相均匀各向同性湍流，其相关函数满足指数率

$$\overline{\hat{\boldsymbol{u}}_f'(t)} = 0 \tag{4.17}$$

$$\overline{\hat{\boldsymbol{u}}_f'(t)\hat{\boldsymbol{u}}_f'(t')} = \exp\left(-\frac{|t-t'|}{\tau_L}\right) \tag{4.18}$$

这里，平稳状态下脉动速度拉格朗日时间标尺 τ_L 正比于流体湍动能 κ_f 和湍动能耗散率 ε_f 之比

$$\tau_L = \frac{4}{3C_0}\frac{\kappa_f}{\varepsilon_f} \tag{4.19}$$

如果仅考虑相关函数特性，随机过程 $\hat{\boldsymbol{u}}_f'$ 可以用如下马尔可夫过程描述

$$\frac{\mathrm{d}\hat{\boldsymbol{u}}_f'}{\mathrm{d}t} = -\frac{\hat{\boldsymbol{u}}_f'}{\tau_L} + \sqrt{\frac{2}{\tau_L}}\boldsymbol{\omega}(t) \tag{4.20}$$

其中，ω 表示“白噪声”，且有

$$\overline{\omega(t)} = 0, \quad \overline{\omega(t)\omega(t')} = \delta(t-t') \tag{4.21}$$

此处,正体不加粗变量“δ”表示狄拉克函数。将方程(4.20)中的“白噪声”用布朗运动$\mathfrak{B}(t)$取代,其解释为

$$\mathrm{d}\hat{\boldsymbol{u}}_f' = -\frac{\hat{\boldsymbol{u}}_f'}{\tau_L}\mathrm{d}t + \sqrt{\frac{2}{\tau_L}}\mathrm{d}\mathfrak{B}(t) \tag{4.22}$$

只要通过式(4.22)解出$\hat{\boldsymbol{u}}_f'$,马上可以验证$\hat{\boldsymbol{u}}_f'$满足式(4.17)～(4.18),即方程(4.17)～(4.18)与方程(4.20)或(4.22)是等价的。

方程(4.22)单相均匀流体标准化 Langevin 模型,为了讨论该模型与 Navier-Stokes 方程的关系,通过对方程(4.22)简单变形,很容易得到流体瞬时脉动速度方程

$$\mathrm{d}\boldsymbol{u}_f' = \left[\frac{1}{\boldsymbol{\delta}}\left(\frac{\partial\boldsymbol{\delta}}{\partial t} + \boldsymbol{U}_f\frac{\partial\boldsymbol{\delta}}{\partial\boldsymbol{x}}\right) - \frac{1}{\tau_L}\right]\boldsymbol{u}_f'\mathrm{d}t + \boldsymbol{\delta}\sqrt{\frac{2}{\tau_L}}\mathrm{d}\mathfrak{B} \tag{4.23}$$

对于均匀各向同性流体$\partial\boldsymbol{\delta}/\partial\boldsymbol{x}=0$,且有

$$\frac{1}{\boldsymbol{\delta}}\frac{\partial\boldsymbol{\delta}}{\partial t} = \frac{1}{\sqrt{2\kappa_f/3}}\frac{\partial\sqrt{2\kappa_f/3}}{\partial t} = \frac{1}{2\kappa_f}\frac{\partial\kappa_f}{\partial t} = -\frac{\varepsilon_f}{2\kappa_f} \tag{4.24}$$

于是,由式(4.23)可得如下瞬时脉动速度方程

$$\mathrm{d}\boldsymbol{u}_f' = -\left(\frac{1}{2} + \frac{3C_0}{4}\right)\frac{\varepsilon_f}{\kappa_f}\boldsymbol{u}_f'\mathrm{d}t + \sqrt{C_0\varepsilon_f}\mathrm{d}\mathfrak{B} \tag{4.25}$$

对于单相非均匀流体,需要增加雷诺应力梯度项,对方程(4.22)进行修正。为了便于讨论,将修正后的标准化瞬时脉动速度方程表示为如下张量形式

$$\mathrm{d}\hat{u}_{f,i}' = \frac{1}{\delta_{(i)}}\frac{\partial\overline{u_{f,i}'u_{f,k}'}}{\partial x_k}\mathrm{d}t - \frac{\hat{u}_{f,i}'}{\tau_L}\mathrm{d}t + \sqrt{\frac{2}{\tau_L}}\mathrm{d}\mathfrak{B}_i \tag{4.26}$$

对于两相流,标准化瞬时脉动速度方程需包含颗粒的作用,定义 Stokes 数$St=\tau_p/\tau_L$,方程(4.26)进一步修正为

$$\mathrm{d}\hat{u}_{f,i}' = \frac{1}{(1+St)\delta_{(i)}}\frac{\partial\overline{u_{f,i}'u_{f,k}'}}{\partial x_k}\mathrm{d}t - \frac{\hat{u}_{f,i}'}{\tau_L}\mathrm{d}t + \sqrt{\frac{2}{\tau_L}}\mathrm{d}\mathfrak{B}_i \tag{4.27}$$

结合方程(4.1)、(4.13)及(4.27),颗粒运动标准化 Langevin 模型的张量形式为

$$\begin{cases}\mathrm{d}x_{p,i} = u_{p,i}\mathrm{d}t \\ \mathrm{d}u_{p,i} = \dfrac{\overline{u}_{f,i} + u_{f,i}' - u_{p,i}}{\tau_p}\mathrm{d}t + g_i\mathrm{d}t \\ d\hat{u}_{f,i}' = \dfrac{1}{(1+St)\delta_{(i)}}\dfrac{\partial\overline{u_{f,i}'u_{f,k}'}}{\partial x_k}dt - \dfrac{\hat{u}_{f,i}'}{\tau_L}\mathrm{d}t + \sqrt{\dfrac{2}{\tau_L}}\mathrm{d}\mathfrak{B}_i(t)\end{cases} \tag{4.28}$$

标准化 Langevin 模型(4.28)用随机过程刻画湍流,克服了流体瞬时脉动速度的时间离散性的缺陷,湍流可以以连续的方式作用于颗粒,与随机数颗粒轨道模型相比,这是一个巨大的进步,但与随机数颗粒轨道模型一样,该模型仍与 Navier-Stokes 方程存在不一致的问题。

当颗粒弛豫时间$\tau_p\to 0$时,两相流标准化瞬时脉动速度方程(4.27)退化为单相标准化瞬时脉动速度方程(4.26),方程(4.26)对应如下瞬时脉动速度方程

$$\mathrm{d}u'_{f,i}=\frac{\partial \overline{u'_{f,i}u'_{f,k}}}{\partial x_k}\mathrm{d}t+\left(\frac{1}{\delta_{(i)}}\frac{d\delta_{(i)}}{\mathrm{d}t}-\frac{1}{\tau_L}\right)u'_{f,i}\mathrm{d}t+\delta_{(i)}\sqrt{\frac{2}{\tau_L}}\mathrm{d}\mathfrak{B}_i \tag{4.29}$$

由式（2.19），再次写出 Navier-Stokes 方程对应的瞬时脉动速度方程为

$$\mathrm{d}u'_{f,i}=\frac{\partial \overline{u'_{f,i}u'_{f,k}}}{\partial x_k}\mathrm{d}t-u'_{f,k}\frac{\partial \overline{u}_{f,i}}{\partial x_k}dt+\left(-\frac{\partial p'_f}{\partial x_i}+\upsilon\frac{\partial^2 u'_{f,i}}{\partial x_k^2}\right)\mathrm{d}t \tag{4.30}$$

这里，运动学压力 $p_f=\boldsymbol{P}_f/\rho_f$。比较方程（4.29）和方程（4.30），将两式两边分别乘以 $u'_{f,i}$，方程（4.30）变形为雷诺应力方程，而方程（4.29）无法恢复到雷诺应力方程，这意味着方程（4.26）和（4.29）与 Navier-Stokes 方程不具备一致性。由构造过程可知，标准化 Langevin 模型基于各向同性假设，尽管方程（4.26）无法恢复到雷诺应力方程，但湍流瞬时脉动速度的一阶矩和二阶矩满足 $\overline{\boldsymbol{u}'_f}=0$，$\overline{\boldsymbol{u}'_f\boldsymbol{u}'_f}=\sqrt{2\kappa_f/3}$，方程（4.29）两边同乘以 $u'_{f,i}$ 即可恢复到湍动能方程，这意味着标准化 Langevin 模型具备与各向同性的 $\kappa-\varepsilon$ 模型的一致性。

4.2.3 广义 Langevin 模型

为了使流体速度的拉格朗日随机模型再现湍流的一些关键统计特性，Pope（1983）以 Navier-Stokes 方程为出发点，推导出了瞬时流体速度增量的 Langevin 模型，该模型保持与 Navier-Stokes 方程的一致性。将流体应力张量分解为系综平均和脉动两部分，拉格朗日形式的流体瞬时速度方程表示为

$$\frac{\mathrm{d}u_{f,i}}{\mathrm{d}t}=-\frac{\partial \overline{p}_f}{\partial x_i}+\upsilon_f\Delta\overline{u}_{f,i}\underbrace{-\frac{\partial p'_f}{\partial x_i}\mathrm{d}t+\upsilon_f\Delta u'f,i\mathrm{d}t}_{\text{tomodel}} \tag{4.31}$$

将方程（4.31）中的脉动量模化为漂移和扩散两项，建立如下流体瞬时速度 Langevin 模型

$$\mathrm{d}u_{f,i}=-\frac{\partial \overline{p}_f}{\partial x_i}\mathrm{d}t+\nu_f\Delta\overline{u}_{f,i}\mathrm{d}t+G_{ik}\left(u_{f,k}-\overline{u}_{f,k}\right)\mathrm{d}t+\sqrt{C_0\varepsilon_f}\,\mathrm{d}\mathfrak{B}_i \tag{4.32}$$

漂移系数 G_{ik} 表示为

$$G_{ik}=-\frac{1}{T_L}\delta_{ik}+G_{ik}^a \tag{4.33}$$

其中，G_{ik}^a 代表各向异性效应，满足 $\mathrm{tr}\left(G_{ik}^a\overline{u_{f,k}u_{f,i}}\right)=0$，$T_L$ 是大尺度涡脉动速度时间积分标尺

$$T_L=\frac{1}{\frac{1}{2}+\frac{3}{4}C_0}\frac{\kappa_f}{\varepsilon_f} \tag{4.34}$$

根据雷诺平均的 Navier-Stokes 方程（2.15），流体平均速度方程的拉格朗日形式变形为

$$\frac{\mathrm{d}\overline{u}_{f,i}}{\mathrm{d}t}=\frac{\partial \overline{u}_{f,i}}{\partial t}+\overline{u}_{f,k}\frac{\partial \overline{u}_{f,i}}{\partial x_k}+u'_{f,k}\frac{\partial \overline{u}_{f,i}}{\partial x_k}=-\frac{\partial \overline{p}_f}{\partial x_i}+\upsilon_f\Delta\overline{u}_{f,i}+\frac{\partial \overline{u'_{f,i}u'_{f,k}}}{\partial x_k}+u'_{f,k}\frac{\partial \overline{u}_{f,i}}{\partial x_k} \tag{4.35}$$

即

$$\mathrm{d}\overline{u}_{f,i}=-\frac{\partial \overline{p}_f}{\partial x_i}\mathrm{d}t+\upsilon_f\Delta\overline{u}_{f,i}\mathrm{d}t+\frac{\partial \overline{u'_{f,i}u'_{f,k}}}{\partial x_k}\mathrm{d}t+u'_{f,k}\frac{\partial \overline{u}_{f,i}}{\partial x_k}\mathrm{d}t \tag{4.36}$$

将流体瞬时速度方程（4.32）减去流体平均速度方程（4.36），于是拉格朗日形式的流体瞬时

速度方程为

$$du'_{f,i}=\left(\frac{\partial\overline{u'_{f,i}u'_{f,k}}}{\partial x_k}-u'_{f,k}\frac{\partial\overline{u}_{f,i}}{\partial x_k}\right)\mathrm{d}t-\left(\frac{1}{T_L}-G^a_{ij}\right)u'_{f,i}\mathrm{d}t+\sqrt{C_0\varepsilon_f}\,\mathrm{d}\mathfrak{B}_i \tag{4.37}$$

由方程（4.37）容易得到如下二阶矩方程

$$\frac{\partial\overline{u'_{f,i}u'_{f,j}}}{\partial t}+\overline{u}_{f,k}\frac{\partial\overline{u'_{f,k}u'_{f,j}}}{\partial x_k}=\frac{\partial\overline{u'_{f,i}u'_{f,j}u'_{f,k}}}{\partial x_k}-\overline{u'_{f,i}u'_{f,k}}\frac{\partial\overline{u}_{f,j}}{\partial x_k}-\overline{u'_{f,j}u'_{f,k}}\frac{\partial\overline{u}_{f,i}}{\partial x_k}\mathrm{d}t+G^a_{ik}\overline{u'_{f,j}u'_{f,k}}$$
$$+G^a_{jk}\overline{u'_{f,i}u'_{f,k}}-\left(1+\frac{3}{2}C_0\right)\frac{\varepsilon_f}{\kappa_f}\overline{u'_{f,i}u'_{f,j}}+\sqrt{C_0\varepsilon_f}\left(\overline{u'_{f,i}\circ\mathrm{d}\mathfrak{B}_j}+\overline{u'_{f,j}\circ\mathrm{d}\mathfrak{B}_i}\right) \tag{4.38}$$

选取适当的 G^a_{ij} 和 $\mathrm{d}\mathfrak{B}_i$，方程（4.35）和（4.38）即可恢复到系综平均的速度方程及二阶矩方程。因此，Langevin 模型（4.32）与 Navier-Stokes 方程是一致的。

在颗粒两相流中，由于固体颗粒与流体微团速度的差异，二者会出现颗粒轨道分离的现象（见图 4-2），运动过程中颗粒所见流体速度 $\boldsymbol{u}_s$ 需考虑颗粒轨道穿越效应的影响，将颗粒所见流体速度增量做如下分解

$$\begin{aligned}\mathrm{d}u_{s,i}&=u_{f,i}\left(t+\mathrm{d}t,x_i+u_{p,i}\mathrm{d}t\right)-u_{f,i}\left(t,x_i\right)\\&=\underbrace{u_{f,i}\left(t+\mathrm{d}t,x_i+u_{f,i}\mathrm{d}t\right)-u_{f,i}\left(t,x_i\right)}_{\mathrm{I}}+\underbrace{u_{f,i}\left(t+\mathrm{d}t,x_i+u_{p,i}\mathrm{d}t\right)-u_{f,i}\left(t+\mathrm{d}t,x_i+u_{f,i}\mathrm{d}t\right)}_{\mathrm{II}}\end{aligned}$$

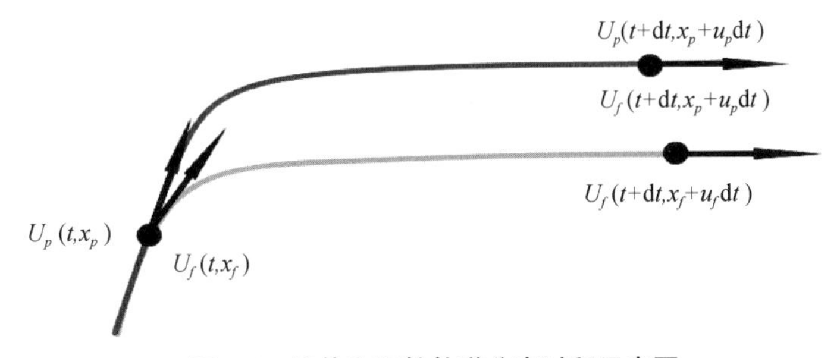

图 4-2　流体和颗粒轨道分离过程示意图

等式右端第 I 项代表流体微团沿自身轨道的拉格朗日增量 $\mathrm{d}u_{f,i}$，若不考虑颗粒对流体的影响，该项遵循 Navier-Stokes 方程或 Langevin 方程（4.32）；第 II 项是由于固体颗粒相对流体微团轨道的分离产生的流体速度的欧拉增量，该项可以进一步分解为系统平均和脉动量之和

$$\mathrm{II}=\underbrace{\overline{u}_{f,i}\left(t+\mathrm{d}t,x_i+u_{p,i}\mathrm{d}t\right)-\overline{u}_{f,i}\left(t+\mathrm{d}t,x_i+u_{f,i}\mathrm{d}t\right)}_{\mathrm{III}}+\underbrace{u'_{f,i}\left(t+\mathrm{d}t,x_i+u_{p,i}\mathrm{d}t\right)-u'_{f,i}\left(t+\mathrm{d}t,x_i+u_{f,i}\mathrm{d}t\right)}_{\mathrm{IV}} \tag{4.39}$$

方程（4.39）第 III 可以按照 Taylor 展开得到近似表达式，类似于方程（4.31）和（4.32），第 IV 项及其他脉动量用 Langevin 模型描述，于是

$$\mathrm{II}=\left(u_{p,k}-u_{s,k}\right)\frac{\partial\overline{u}_{f,i}}{\partial x_k}\mathrm{d}t+G^+_{ik}\left(u_{s,k}-\overline{u}_{f,k}\right)\mathrm{d}t+B^+_{ik}\mathrm{d}\mathfrak{B}_k \tag{4.40}$$

将方程（4.32）和（4.40）代入颗粒所见流体速度增量方程

$$\mathrm{d}u_{s,i} = -\frac{\partial \overline{p}_f}{\partial x_i}\mathrm{d}t + \upsilon_f \Delta \overline{u}_{f,i}\mathrm{d}t + \left(u_{p,k} - u_{s,k}\right)\frac{\partial \overline{u}_{f,i}}{\partial x_k}\mathrm{d}t + G_{ik}^{*}\left(u_{s,k} - \overline{u}_{f,k}\right)\mathrm{d}t + B_{ik}^{*}\mathrm{d}\mathfrak{B}_k \tag{4.41}$$

将气固两相滑移速度无量纲化为 $r_i = u_{r,i} / \left|\overline{\boldsymbol{u}}_{rm}\right|$，其中平均滑移速度为 $\overline{\boldsymbol{u}}_{rm} = \overline{\boldsymbol{u}}_{pm} - \overline{\boldsymbol{u}}_f$，方程（4.41）中漂移系数张量 G_{ik}^{*} 表示为

$$G_{ik}^{*} = -\frac{1}{T_{L,\perp}^{*}}\delta_{ik} - \left(\frac{1}{T_{L,\parallel}^{*}} - \frac{1}{T_{L,\perp}^{*}}\right)r_i r_k \tag{4.42}$$

$$T_{L,/\!/}^{*} = \frac{T_L}{\sqrt{1 + \mathrm{le}^2 \dfrac{\left|\overline{\boldsymbol{u}}_{rm}\right|^2}{2k_f / 3}}}, T_{L,\perp}^{*} = \frac{T_L}{\sqrt{1 + 4\mathrm{le}^2 \dfrac{\left|\overline{\boldsymbol{u}}_{rm}\right|^2}{2k_f / 3}}} \tag{4.43}$$

其中，le 为拉格朗日时间尺度与欧拉时间尺度（$T_E = \kappa_f / \varepsilon_f$）之比：$le = T_L / T_E$，对于各向同性的时间尺度（见式（4.34）），漂移系数张量 G_{ik}^{*} 表示为如下形式

$$G_{ik}^{*} = -\left(\frac{1}{2} + \frac{3}{4}C_0\right)\frac{\varepsilon_f}{\kappa_f}H_{ik} \tag{4.44}$$

$$H_{ik} = b_{\perp}\delta_{ik} - \left(b_{/\!/} - b_{\perp}\right)r_i r_k \tag{4.45}$$

方程（4.45）中，$b_{/\!/} = T_L / T_{L,/\!/}^{*}$，$b_{\perp} = T_L / T_{L,\perp}^{*}$。

定义一个新的湍动能

$$\tilde{\kappa}_f = \frac{3}{2}\frac{\mathrm{tr}\left(\boldsymbol{HR}\right)}{\mathrm{tr}\left(\boldsymbol{H}\right)} \tag{4.46}$$

其中，$R_{ij} = \overline{u'_{f,i}u'_{f,j}}$。方程（4.41）中扩散矩阵是方程 $\left(B^{*}B^{*\mathrm{T}}\right)_{ij} = D_{ij}$ 的解，这里 D_{ij} 是一个对称矩阵，在一般坐标系中可以表示为

$$D_{ij} = D_{\perp}\delta_{ij} + \left(D_{/\!/} - D_{\perp}\right)r_i r_j \tag{4.47}$$

$$D_{/\!/} = \varepsilon_f\left[C_0 b_{/\!/}\tilde{\kappa}_f / \kappa_f + \frac{2}{3}\left(b_i\tilde{\kappa}_f / \kappa_f - 1\right)\right] \tag{4.48}$$

$$D_{\perp} = \varepsilon_f\left[C_0 b_{\perp}\tilde{\kappa}_f / \kappa_f + \frac{2}{3}\left(b_i\tilde{\kappa}_f / \kappa_f - 1\right)\right] \tag{4.49}$$

于是，考虑颗粒对流体的相间作用，完整的广义 Langevin 模型表示为

$$\begin{cases} \mathrm{d}x_{p,i} = u_{p,i}\mathrm{d}t \\ \mathrm{d}u_{p,i} = \dfrac{u_{s,i} - u_{p,i}}{\tau_p}\mathrm{d}t + g_i\mathrm{d}t \\ \mathrm{d}u_{s,i} = -\dfrac{\partial \overline{p}_f}{\partial x_i}\mathrm{d}t + \upsilon_f \Delta \overline{u}_{f,i}\mathrm{d}t + \left(u_{p,k} - u_{s,k}\right)\dfrac{\partial \overline{u}_{f,i}}{\partial x_k}\mathrm{d}t \\ \qquad + G_{ik}^{*}\left(u_{s,k} - \overline{u}_{f,k}\right)\mathrm{d}t - \dfrac{\alpha_p\rho_p}{\alpha_f\rho_f}\dfrac{u_{s,i} - u_{p,i}}{\tau_p} + B_{ik}^{*}\mathrm{d}\mathfrak{B}_k \end{cases} \tag{4.50}$$

4.2.4 湍流脉动频谱模型

在模式理论中，最早的双方程模型是 Kolmogorov 建立的有频率方程，他关于特征频率的

定义为

$$f_0 \propto \frac{\kappa_f^{1/2}}{L} \tag{4.51}$$

并用湍动能和特征频率来表示湍流黏性

$$\mu_{f,t} = \frac{\kappa_f}{f_0} \tag{4.52}$$

其中 L 为混合长度。20 世纪 60 年代，Rotta.J，Ng.K.H 和 D.B.Spalding 将特征频率方程改为圆频率 ω^2 方程，计算二维边界层。1972 年，Jones.W.P 和 Launder B.K.提出湍流耗散率方程，特征长度定义为

$$L \propto \frac{\kappa_f^{3/2}}{\varepsilon_f} \tag{4.53}$$

将式（4.53）代入式（4.51）可以得到特征频率的比例关系

$$f_0 \propto \frac{\varepsilon_f}{\kappa_f} \tag{4.54}$$

在标准 $\kappa-\varepsilon$ 模型中，湍流黏性为

$$\mu_{f,t} = C_\mu \frac{\kappa_f^2}{\varepsilon_f} \tag{4.55}$$

将式（4.55）代入式（4.52），不难得到

$$f_0 = \frac{1}{c_{f,\mu}} \frac{\varepsilon_f}{\kappa_f} \tag{4.56}$$

κ_f 为湍流动能，ε_f 是湍能耗散率，$c_{f,\mu} = 0.99$。实际上，特征频率是湍流场内涡旋尺度的一种表示，与流场形状、尺寸和平均速度有关。

根据频率谱的指数特点和各种理论中的频谱形式，这里假设频率谱分布函数可表达为

$$E(f) = \frac{Bf^\beta}{f_0^{\beta+1}\left\{1+(f/f_o)^\beta\right\}^2} \propto f^{-\beta} \tag{4.57}$$

β 为频率谱指数，上述关系式显然符合频谱的指数率，且通过级数展开与各相同性的频谱是一致的。由归一化条件，积分上式

$$1 = \int_0^\infty E(f)\,\mathrm{d}f = \int_0^\infty \frac{Bf^\beta}{f_0^{\beta+1}\left\{1+(f/f_o)^\beta\right\}^2}\,\mathrm{d}f \tag{4.58}$$

得到

$$B = \frac{\beta \cdot \Gamma(2)}{\Gamma\left(\frac{\beta+1}{\beta}\right)\Gamma\left(\frac{\beta-1}{\beta}\right)} \tag{4.59}$$

当$1<\beta<2$时，$1.5<\frac{\beta+1}{\beta}<2$，$0<\frac{\beta-1}{\beta}<0.5$，函数$\Gamma\left(\frac{\beta+1}{\beta}\right)$，$\Gamma\left(\frac{\beta-1}{\beta}\right)$用斯特林公式求得

$$\Gamma(x+1) = \sqrt{2\pi \cdot x} \cdot x^x \mathrm{e}^{-x}\left\{1+\frac{1}{12x}+\frac{1}{288x^2}-\frac{1}{51840x^3}+\cdots\right\} \tag{4.60}$$

对均匀各向同性的湍流，由式（4.57）、（4.58）计算值与 Faver.A 测定的频率谱实验值进行比较，其结果是相吻合的，如图 4-3 所示。对自由射流，由式（4.57）、（4.58）计算值与 Laurence 测定的频率谱实验值进行比较，其结果也是相吻合的，如图 4-4 所示。

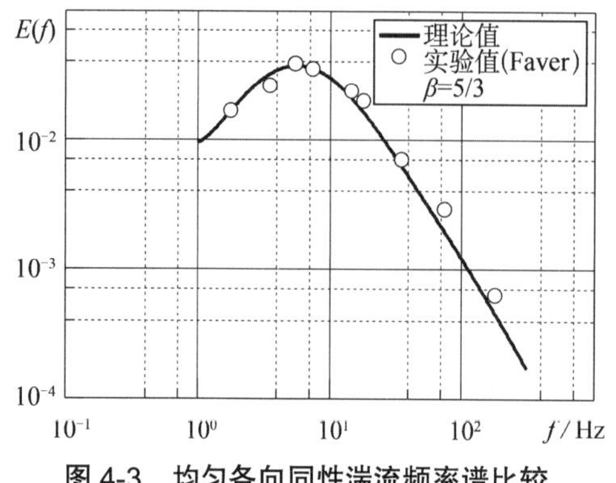

图 4-3　均匀各向同性湍流频率谱比较

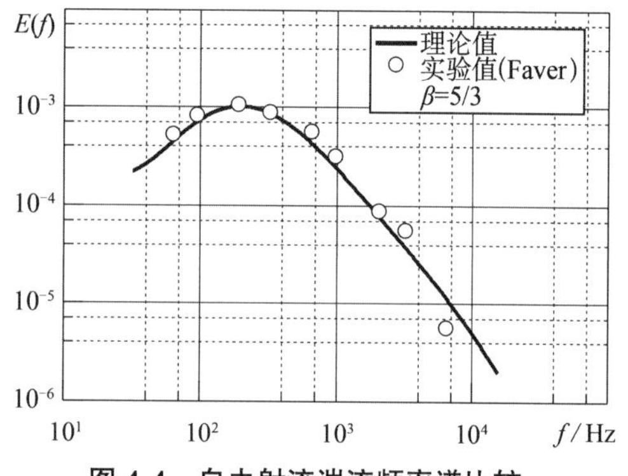

图 4-4　自由射流湍流频率谱比较

频率谱指数 β 随特征频率变化，在工程流体中，湍流充分发展处呈各向同性，β 取 $\frac{5}{3}$。由湍流的分数维特性可知，湍流耗散的不均匀导致频率谱指数 β 不同，即分数维的不同。所以频率谱指数 β 可以认为是特征频率的不均匀引起的，在 $\frac{5}{3}$ 左右变化。

$$\beta = \frac{5}{3} + \frac{f_0 - f_c}{f_{0\max} - f_{0\min}}\left(2 - \frac{5}{3}\right) \tag{4.61}$$

$$\beta = \frac{5}{3} + \frac{f_0 - f_c}{f_{0\max} - f_{0\min}}\left(\frac{5}{3} - 1\right) \tag{4.62}$$

其中，f_0 为当地特征频率，f_c 为流场平均特征频率，$f_{0\max}$ 流场最大特征频率，$f_{0\min}$ 流场最小特征频率。脉动速度表述为如下 Fourier 级数

$$\frac{u'_f}{\delta} = \sum_{n=0}^{N} A(f)\cos(2\pi \cdot ft + 2\pi R) \tag{4.63}$$

$$A(f) = \sqrt{E(f)} \tag{4.64}$$

其中，f_n 为湍流脉动频率，R 由均匀分布随机给出，N 为 Fourier 级数的模数。$E(f)$ 由式（4.57）～式（4.60）给出。

4.3　两相耦合求解问题

4.3.1　两相耦合模型

Elghobashi 认为当颗粒体积分数小于 10^{-6} 时，颗粒对湍流的影响可以忽略，只需考虑流体对颗粒的作用，即单向耦合；当颗粒体积分数大于 10^{-6} 时，计算需考虑两相耦合求解问题如图 4-5 所示。当颗粒体积分数处于 10^{-6} 和 10^{-3} 之间，颗粒弛豫时间与 Kolmogorov 时间之比 τ_p / τ_K 大于 10^2 时颗粒增强湍流生成，τ_p / τ_K 小于 10^2 时颗粒增强湍流耗散；对于颗粒体积分

数大于 10^{-3} 的稠密颗粒两相流，还需考虑颗粒之间的相互作用。

对于颗粒两相流模型，连续相方程里除了需要加入颗粒相的作用外，方程各项还需考虑颗粒体积分数的影响。颗粒两相流连续相 Navier-Stokes 方程表示为

$$\frac{\partial\left(\alpha_f\rho_f\right)}{\partial t}+\nabla\cdot\left(\alpha_f\rho_f\boldsymbol{u}_f\right)=0 \tag{4.65}$$

$$\frac{\partial\left(\alpha_f\rho_f\boldsymbol{u}_f\right)}{\partial t}+\nabla\cdot\left(\alpha_f\rho_f\boldsymbol{u}_f\otimes\boldsymbol{u}_f\right)=\nabla\cdot\left(\alpha_f\rho_f\boldsymbol{\tau}\right)-\nabla\boldsymbol{P}_f-\boldsymbol{F}_{p\to f} \tag{4.66}$$

其中，α_f 是连续相体积分数，与颗粒相体积分数 α_p 满足 $\alpha_f+\alpha_p=1$，相间作用 $\boldsymbol{F}_{p\to f}$ 包含流体阻力和浮力的作用，流体应力张量 $\boldsymbol{\tau}$ 为

$$\boldsymbol{\tau}=\upsilon\left[\nabla\boldsymbol{u}+\left(\nabla\boldsymbol{u}\right)^{\mathrm{T}}\right]+\frac{2}{3}\nu\left(\nabla\cdot\boldsymbol{u}\right)\delta \tag{4.67}$$

在计算单元 $\mathcal{V}$ 中，假设颗粒体积为 $\mathcal{V}_p$，于是

$$\boldsymbol{F}_{p\to f}=\sum_p\boldsymbol{f}_{p\to f}=\frac{1}{\mathcal{V}}\sum_p\left(\boldsymbol{f}_{\text{drag}}-\mathcal{V}_p\nabla\boldsymbol{P}\right)=\boldsymbol{F}_{\text{drag}}-\alpha_p\nabla\boldsymbol{P} \tag{4.68}$$

$$\boldsymbol{F}_{\text{drag}}=\frac{\alpha_p\rho_p}{\tau_p}\left(\boldsymbol{u}_f-\boldsymbol{u}_p\right) \tag{4.69}$$

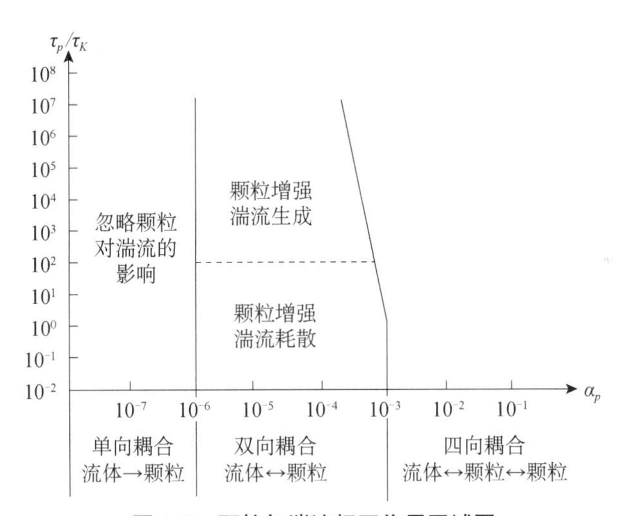

图 4-5　颗粒与湍流相互作用区域图

对于均匀不可压缩流体，定义有效密度 $\epsilon_f=\alpha_f\rho_f$ 及运动学压力 $\boldsymbol{p}_f=\boldsymbol{P}_f/\rho_f$，将式（4.68）代入方程（4.66）得

$$\frac{\partial\epsilon_f}{\partial t}+\nabla\cdot\left(\epsilon_f\boldsymbol{u}_f\right)=0 \tag{4.70}$$

$$\frac{\partial\left(\epsilon_f\boldsymbol{u}_f\right)}{\partial t}+\nabla\cdot\left(\epsilon_f\boldsymbol{u}_f\otimes\boldsymbol{u}_f\right)=\nabla\cdot\left(\epsilon_f\boldsymbol{\tau}\right)-\epsilon_f\nabla\boldsymbol{p}_f-\boldsymbol{F}_{\text{drag}} \tag{4.71}$$

可见，即使连续相为对于均匀不可压缩流体，由于颗粒相在流场中的分布不均，连续相有效密度 ϵ_f 呈现出可压缩性，以有效密度 ϵ_f 为权重对方程（4.70）～（4.71）取系综平均，加权的连续相 $\kappa-\varepsilon$ 模型为

$$\frac{\partial \overline{\epsilon}_f}{\partial t} + \nabla \cdot \left(\overline{\epsilon}_f \tilde{\boldsymbol{u}}_f \right) = 0 \tag{4.72}$$

$$\overline{\epsilon}_f \frac{D\tilde{\boldsymbol{u}}_f}{Dt} = \nabla \cdot \left(\overline{\epsilon}_f \tilde{\boldsymbol{\tau}} - \boldsymbol{R} \right) - \overline{\epsilon}_f \nabla \tilde{\boldsymbol{p}}_f - \overline{\boldsymbol{F}}_{\text{drag}} \tag{4.73}$$

$$\overline{\epsilon}_f \frac{D\kappa_f}{Dt} = \nabla \cdot \left(\mu_{\text{eff},\kappa} \nabla \kappa_f \right) + P_{\kappa,f} - \overline{\epsilon}_f \varepsilon_f - S_{\kappa,p\to f} \tag{4.74}$$

$$\overline{\epsilon}_f \frac{D\left(\varepsilon_f\right)}{Dt} = \nabla \cdot \left(\mu_{\text{eff},\varepsilon} \nabla \varepsilon_f \right) + \frac{\varepsilon_f}{\kappa_f} \left(C_1 P_{\kappa,f} - C_2 \overline{\epsilon}_f \varepsilon_f - C_3 S_{\kappa,p\to f} \right) \tag{4.75}$$

其中，$\boldsymbol{R}$ 是加权的流体二阶矩，$\mu_{\text{eff},\kappa}$ 和 $\mu_{\text{eff},\varepsilon}$ 分别是湍动能及耗散方程扩散系数，$P_{\kappa,f}$ 是湍动能生成项，$\kappa-\varepsilon$ 方程中颗粒源项 $\overline{\boldsymbol{F}}_{\text{drag}}$ 和 $S_{\kappa,p\to f}$ 为

$$\overline{\boldsymbol{F}}_{\text{drag}} = \overline{\frac{\epsilon_p}{\tau_p}\left(\boldsymbol{u}_f - \boldsymbol{u}_p\right)}, S_{k,p\to f} = \overline{\frac{\epsilon_p}{\tau_p}\boldsymbol{u}'_f\left(\boldsymbol{u}'_f - \boldsymbol{u}'_p\right)} \tag{4.76}$$

颗粒相计算可采用上面给出的几种随机轨道模型，以广义 Langevin 模型为例

$$\mathrm{d}\boldsymbol{x}_p = \boldsymbol{u}_p \mathrm{d}t \tag{4.77}$$

$$\mathrm{d}\boldsymbol{u}_p = \frac{\boldsymbol{u}_s - \boldsymbol{u}_p}{\tau_p} \mathrm{d}t + \boldsymbol{g}\mathrm{d}t \tag{4.78}$$

$$\mathrm{d}\boldsymbol{u}_s = \boldsymbol{A}_s \mathrm{d}t + \boldsymbol{B}_s \mathrm{d}\mathfrak{B}_s\left(t\right) \tag{4.79}$$

4.3.2 两相耦合算法

双向耦合求解方法是流场–颗粒耦合求解的一种方法，以两相流模型（4.72）～（4.79）的求解过程为例：连续相采用欧拉求解器（如 SIMPLE 算法）求解，颗粒相的计算采用拉格朗日求解器，通过颗粒轨迹统计出颗粒场量和连续相方程的颗粒源项，然后把所求的颗粒源项代入连续相方程再进行求解，直至气相场和颗粒场分别收敛为止，整个计算的流程如图 4-6 所示。

颗粒运动方程组中各方程是耦合的，颗粒速度方程通过颗粒的弛豫时间相互耦合，所以颗粒运动的具体形式为

$$\frac{\mathrm{d}\boldsymbol{u}_p\left(t\right)}{\mathrm{d}t} = \frac{\boldsymbol{u}_s\left(t\right) - \boldsymbol{u}_p\left(t\right)}{\tau_p\left(\boldsymbol{u}_s, \boldsymbol{u}_p\right)} + \boldsymbol{g} \tag{4.80}$$

颗粒所见流体速度随颗粒位置的变化而变化，即它也是时间 t 的函数。对于形式较为简单的随机数颗粒轨道模型，在给定的小时间间隔 Δt 内，可以认为流体平均速度 $\overline{\boldsymbol{u}_f}$ 和脉动速度 $\boldsymbol{u}'_f = \xi\sqrt{2\kappa_f / 3}$ 都是常数，因而松弛时间 τ_p 也是常数，到下一个时间间隔 Δt，$\overline{\boldsymbol{u}_f}$ 和 $\boldsymbol{u}'_f$ 变化了，因而松弛时间 τ_p 等要重新取值。在小时间间隔内，随机数颗粒轨道模型（4.14）具有如下形式的解

$$\begin{cases} \boldsymbol{x}_p^{n+1} = \boldsymbol{x}_p^n + \left(\boldsymbol{u}_f + \tau_p \boldsymbol{g}\right)\Delta t + \tau_p\left(\boldsymbol{u}_p^n - \boldsymbol{u}_f - \tau_p \boldsymbol{g}\right)\left[1 - \exp\left(-\Delta t / \tau_p\right)\right] \\ \boldsymbol{u}_p^{n+1} = \boldsymbol{u}_f + \tau_p \boldsymbol{g} + \left(\boldsymbol{u}_p^n - \boldsymbol{u}_f - \tau_p \boldsymbol{g}\right)\exp\left(-\Delta t / \tau_p\right) \end{cases} \tag{4.81}$$

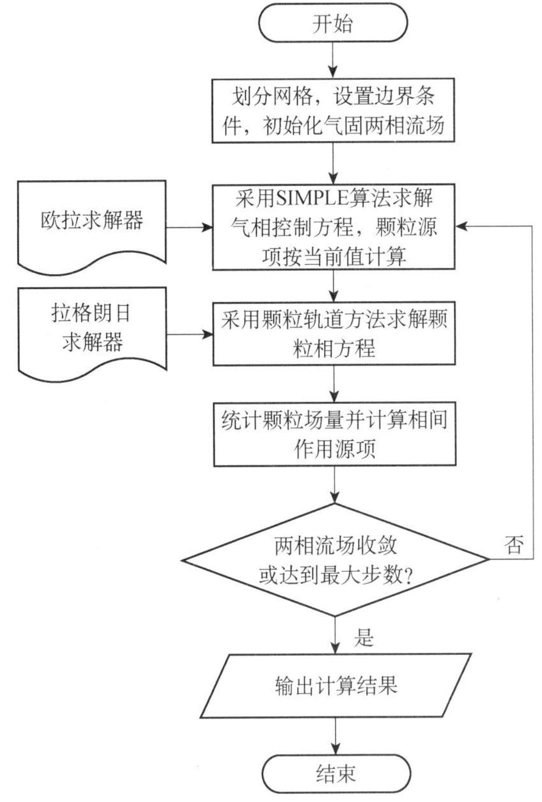

图 4-6　双向耦合求解方法计算框图

其中，$\boldsymbol{u}_f=\overline{\boldsymbol{u}}_f+\xi\sqrt{2k_f/3}$。而对于 Langevin 模型（尤其方程（4.50）），求解则较为复杂，需要采用 Runge-Kutta 法或其他随机微分方程数值算法联合求解，具体计算过程如下：

① 定义数组 $\boldsymbol{P}\left(\boldsymbol{x}_p,\boldsymbol{u}_p,\boldsymbol{u}_s\right)$ 或 $\boldsymbol{P}\left(\boldsymbol{x}_p,\boldsymbol{u}_p,\boldsymbol{u}'_f\right)$。

② 给定颗粒的入口值（$t=0$ 时），颗粒速度给出随机值（颗粒速度是否给定随机值对计算结果有较大的影响）。

③ 给定时间间隔 Δt，确定该时间间隔 Δt 内的流体速度 $\overline{\boldsymbol{u}}_f$ 及雷诺应力 R_{ij}，计算出松弛时间 τ_p 及其他参数。

④ 调用求解方程组的 Runge-Kutta 法或其他数值方法，求解出 Δt 后的颗粒速度和位置。

⑤ 重复③和④，直到颗粒终止为止。

如果颗粒速度和位置不联合求解，使用的不是同一时间间隔 Δt 内的值，则会产生比较严重的计算误差。

4.4　网格时间确定问题

颗粒轨道模型的缺点是用拉格朗日法处理的结果难以给出连续的颗粒速度和浓度的空间分布，因而难以与实测的欧拉系中的颗粒场特性相对照。其中的一个关键问题是用计算机自动确定颗粒轨道经过哪些气相网格和颗粒轨道经过气相网格的时间，即网格时间。网格时间在拉格朗日系与欧拉系之间的物理量转换中是一个重要的量，如果网格时间处理不当，在颗粒轨道的统计过程中会出现路径跳网格现象。另外，网格时间的误差会引起所有颗粒相场量的误差。

一种方法是网格时间根据随机涡旋生存时间与颗粒穿过随机涡旋的穿越时间来确定，随机涡旋生存时间由 Hinze 的随机涡尺寸来计算，而颗粒穿过随机涡旋的穿越时间是根据最简单的颗粒运动方程得到的解析解，再取两个时间的最小值。张健[43]采用的方法是在计算轨道时首先在网格单元内湍流涡团反复作随机取样，并在每个取样的随机涡团内用数值积分方法求解颗粒运动方程，取样和计算一直进行到颗粒达到网格单元边界面为止。判断该位置是否在最先到达的网格线上，如果不是，修正时间，直到位置落在网格线上。这种方法有两个缺点，一是大大增加计算时间，既要进行大量的涡团取样，又要判断颗粒是否达到网格边界上，以修正颗粒的网格时间；二是如果涡团尺度大于网格尺度，要在颗粒历经半个涡团时停止计算，实现较为困难。

如果使用点观察法来统计欧拉场量，颗粒的运动按涡团时间一步一步进行，就无须确定网格时间。如果仍使用时间间隔法统计欧拉场量，网格时间可由空间变量法确定。这里提出一种颗粒轨道运动方程的新解法，主要思路是将轨道方程中速度随时间的变化规律变换成速度随空间位置的变化规律来确定网格时间。这种方法没有增加任何假设；不需要不断修正网格时间，可以节约计算时间，并使拉格朗日系与欧拉系之间的物理量转换统计结果方便、可靠。

4.4.1 颗粒运动方程的变换和计算方法

颗粒运动方程可简写为（以二维方程为例）

$$\frac{\mathrm{d}u_p}{\mathrm{d}t}=-\frac{1}{\tau_p}\left(u_p-u_s\right)+f_x \tag{4.82}$$

$$\frac{\mathrm{d}v_p}{\mathrm{d}t}=-\frac{1}{\tau_p}\left(v_p-v_s\right)+f_y \tag{4.83}$$

$$\frac{\mathrm{d}x_p}{\mathrm{d}t}=u_p \tag{4.84}$$

$$\frac{\mathrm{d}y_p}{\mathrm{d}t}=v_p \tag{4.85}$$

以前我们都用上述运动方程来解颗粒轨道。现在将运动方程中速度随时间的变化规律变换成速度随空间位置的变化规律，即将式（4.84）代入式（4.82）

$$\frac{\mathrm{d}u_p}{\mathrm{d}x_p}=-\frac{1}{\tau_p u_p}\left(u_p-u_s\right)+\frac{f_x}{u_p} \tag{4.86}$$

$$x_p=x_{p0}+\Delta x \tag{4.87}$$

Δx 为 x 方向网格长度，或者将式（4.85）代入式（4.83）

$$\frac{\mathrm{d}v_p}{\mathrm{d}y_p}=-\frac{1}{\tau_p v_p}\left(v_p-v_s\right)+\frac{f_y}{v_p} \tag{4.88}$$

$$y_p=y_{p0}+\Delta y \tag{4.89}$$

Δy 为 y 方向网格长度。同时可以确定网格时间为

$$\Delta t_x = \frac{2\Delta x}{u_p + u_{p0}} \text{或} \Delta t_y = \frac{2\Delta y}{v_p + v_{p0}} \tag{4.90}$$

在计算过程中，使用式（4.86）、（4.87）、（4.90）或式（4.88）、（4.89）、（4.90）来确定网格时间，再使用式（4.82）～（4.85）来计算另外方向的速度和位置。上述各组方程都可以使用 Runge-Kutta 方法进行积分，具体计算执行过程框图，如图 4-7 所示。

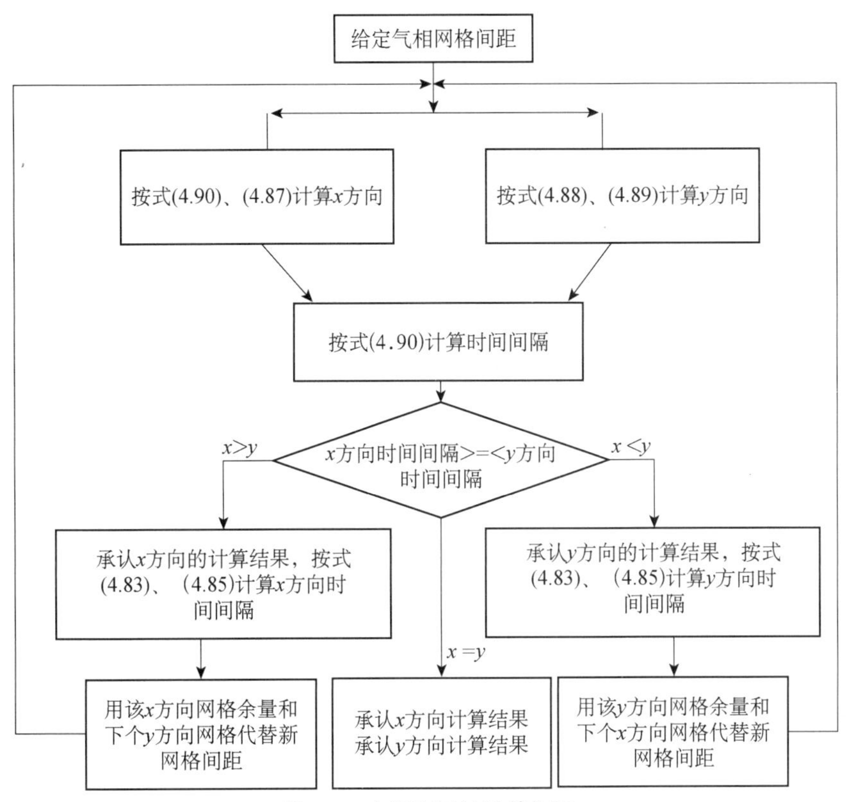

图 4-7　空间变量法计算框图

4.4.2　煤粉浓淡低负荷燃烧器的撞击分离装置内两相流动计算

首先我们检验上述算法是否能确保每个计算点都在网格线上。计算实例是双回流煤粉浓淡低负荷燃烧器的撞击分离装置，撞击块高度 H=65mm。气相采用 RNG $\kappa-\varepsilon$ 模型，使用人工压缩法计算，流场分布如图 4-8 所示；颗粒相采用上述空间变量法，使用 6 阶 Runge-Kutta-Fehlberg 方法进行积分。图 4-9 显示当颗粒从 y 方向第一个网格点出发的，直径 D_p 为 10μm 的颗粒在分离器的全轨迹。图 4-10 是将图 4-9 中虚线框内部分放大，可以看出，所有计算点都在网格线上，且与壁面碰撞时，也不受影响。

对双回流煤粉浓淡低负荷燃烧器的撞击分离装置中气固两相流进行计算。出口时，浓淡两侧浓度比为 6.3/1，而测得的实验值为 6.5/1。图 4-11 所示的是该工况下出口浓度计算值与实验值的比较。

通过对双回流煤粉浓淡低负荷燃烧器的撞击分离装置内，气固两相流动的计算表明，该方法能使颗粒轨迹的每一个计算点准确地落在气相网格线上，同时能方便准确地计算出网格

时间；除了少数近壁点，计算结果与实验值吻合得较好。

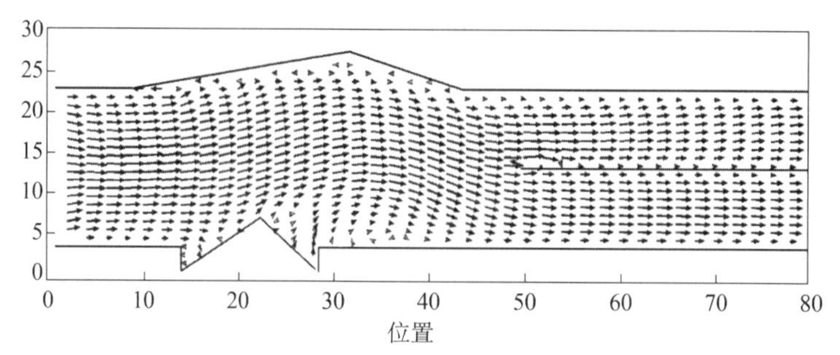

图 4-8　RNG $\kappa-\varepsilon$ 模型计算的气相速度矢量图

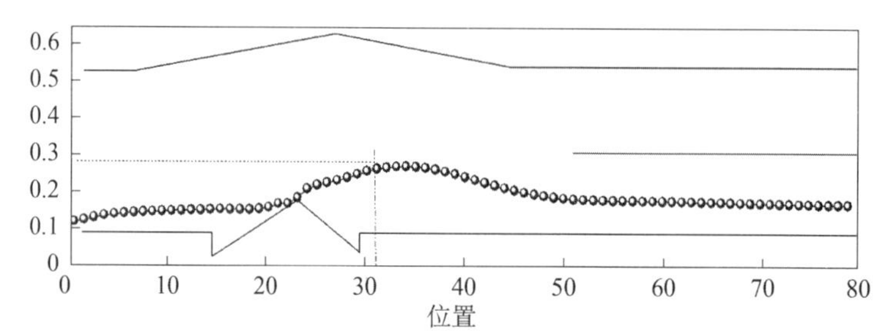

图 4-9　D_p=10μm 时颗粒在撞击式煤粉分离器的一条轨迹

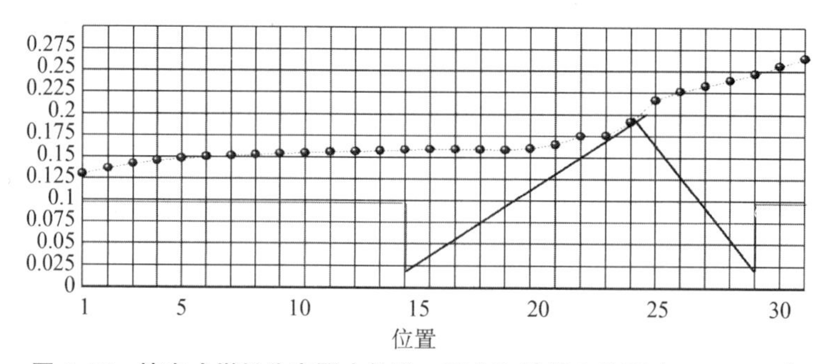

图 4-10　撞击式煤粉分离器中轨道一部分和计算点位置（D_p=10μm）

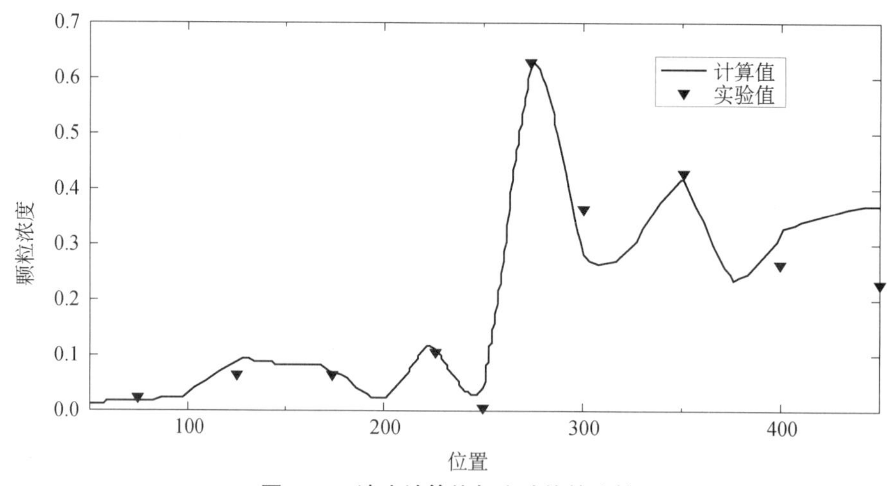

图 4-11　浓度计算值与实验值的比较

第 5 章　两相流 PDF 模型

1. 颗粒 PDF 模型

（1）相空间 $z=\left(t;\boldsymbol{x}_p,\boldsymbol{u}_p,\boldsymbol{u}_s\right)$ 中，两相完全 PDF 方程为

$$\frac{\partial p}{\partial t}+\frac{\partial\left(u_{p,i}p\right)}{\partial x_{p,i}}+\frac{\partial}{\partial u_{p,i}}\left[\frac{1}{\tau_p}\left(u_{s,i}-u_{p,i}\right)p\right]=-\frac{\partial\left(A_i p\right)}{\partial u_{s,i}}+\frac{1}{2}\frac{\partial^2\left[\left(BB^{\mathrm{T}}\right)_{ij}p\right]}{\partial u_{s,i}\partial u_{s,j}}$$

其中，A_i 和 B_{ij} 分别为漂移系数和扩散系数，具体表达式参见第 4 章。

（2）相空间 $z=\left(t;\boldsymbol{x}_p,\boldsymbol{u}_p\right)$ 中，颗粒相约化 PDF 方程为

$$\frac{\partial p}{\partial t}+\frac{\partial\left(u_{p,i}p\right)}{\partial x_{p,i}}+\frac{\partial}{\partial u_{p,i}}\left[\frac{1}{\tau_p}\left(\overline{u}_{s,i}-u_{p,i}\right)p\right]=\frac{\partial}{\partial u_{p,i}}\left(\mu_{ij}\frac{\partial p}{\partial u_{p,i}}+\lambda_{ij}\frac{\partial p}{\partial u_{p,i}}\right)$$

其中，$\mu_{ij}=\frac{1}{\tau_p}\overline{u'_{s,i}u'_{p,i}},\lambda_{ij}=\frac{1}{\tau_p}\overline{u'_{s,i}x'_{p,i}}$。

2. 双流体模型

连续相方程：

$$\frac{\partial\epsilon_f}{\partial t}+\nabla\cdot\left(\epsilon_f\overline{\boldsymbol{u}}_f\right)=0$$

$$\frac{\partial\left(\epsilon_f\overline{\boldsymbol{u}}_f\right)}{\partial t}+\nabla\cdot\epsilon_f\left(\overline{\boldsymbol{u}}_f\otimes\overline{\boldsymbol{u}}_f-\boldsymbol{\tau}_f\right)=-\epsilon_f\nabla\,\overline{\boldsymbol{p}}_{f,\mathrm{eff}}+\epsilon_f g+\frac{\epsilon_p}{\tau_p}\left(\overline{\boldsymbol{u}}_p-\overline{\boldsymbol{u}}_f\right)$$

颗粒相方程：

$$\frac{\partial\epsilon_p}{\partial t}+\nabla\cdot\left(\epsilon_p\overline{\boldsymbol{u}}_p\right)=0$$

$$\frac{\partial\left(\epsilon_p\overline{\boldsymbol{u}}_p\right)}{\partial t}+\nabla\cdot\epsilon_p\left(\overline{\boldsymbol{u}}_p\otimes\overline{\boldsymbol{u}}_p-\boldsymbol{\tau}_p\right)=-\epsilon_p\nabla\,\overline{\boldsymbol{p}}_{p,\mathrm{eff}}+\epsilon_p g+\frac{\epsilon_p}{\tau_p}\left(\overline{\boldsymbol{u}}_f-\overline{\boldsymbol{u}}_p\right)$$

其中，τ_l 为偏应力张量 $\boldsymbol{\tau}_l=\nu_{l,\mathrm{eff}}\left[\nabla\overline{\boldsymbol{u}}_l+\nabla\overline{\boldsymbol{u}}_l^{\mathrm{T}}-\frac{2}{3}\nabla\cdot\left(\overline{\boldsymbol{u}}_l\cdot\boldsymbol{I}\right)\right]$，$\upsilon_{l,\mathrm{eff}}=\upsilon+\upsilon_T=\upsilon+C_\mu\frac{k_l^2}{\varepsilon_l}$

用概率密度函数（PDF）来描述两相流是两相流理论的一个分支。建立颗粒相 PDF 输运方程不外乎两种方法，一种是刘维方程方法，另一种是 Fokker-Planck 方程方法，两种方法的关键问题都是随机项的封闭。如果不知道湍流微团的关联特性，随机项的封闭都是形式上的，不能用于计算。而至今为止，总是利用湍流各向同性的指数关联进行模拟，因此研究湍流微

团的关联特性，即湍流的统计特性是建立颗粒相 PDF 输运方程的关键问题之一。本章主要介绍颗粒两相湍流 PDF 方法，并利用 PDF 方法的理论成果，建立气固两相流双流体模型。

5.1 概率密度函数的相关概念

概率密度函数方法以统计力学和随机微分方程为数理基础，本节先介绍概率空间、概率密度函数的相关概念，并给出统计矩和噪声的定义。

1. 概率空间，随机变量和随机过程

若$(\Omega,\ \mathcal{F})$是由给定集合Ω和其上的σ代数$\mathcal{F}$构成的可测空间，函数$P:\mathcal{F}\to[0,1]$是$(\Omega,\ \mathcal{F})$上的概率测度，称$(\Omega,\ \mathcal{F},\ P)$为一个**概率空间**，如果：

（a）$P(\varnothing)=0$，$P(\Omega)=1$；

（b）如果$A_1,\ A_2,\cdots\in\mathcal{F}$且互不相交，那么$P\left(\bigcup\limits_{i=1}^{\infty}A_i\right)=\sum_{i=1}^{\infty}P(A_i)$。

在概率空间$(\Omega,\ \mathcal{F},\ P)$中，对于$\Omega$中的某一子集$F$，如果$F\in\mathcal{F}$，则$F$为**可测集**，在概率上称$F$为**事件**，$P(F)$称为事件$F$发生的**概率**。如果$(\Omega,\ \mathcal{F},\ P)$是一个给定的完备概率空间，$\mathcal{F}$上的可测函数$X:\Omega\to R^n$称为随机变量，随机变量族$\{X_t\}_{t\in T}$称为**随机过程**。

2. 概率密度函数和统计矩

对于n维欧几里得空间R^n上的 Borelσ代数$\mathcal{B}$，对于$\forall\boldsymbol{x}\in R^n$，$B=(-\infty,\ \boldsymbol{x}]\in\mathcal{B}$，每一个随机变量$X$诱导一个$R^n$上的概率测度$P_X(B)=P\left(X^{-1}(B)\right)$，$P_X$称为随机变量$X$的分布。如果$P(\boldsymbol{x}\leqslant X\leqslant\boldsymbol{x}+\mathrm{d}\boldsymbol{x})=p(\boldsymbol{x})\mathrm{d}\boldsymbol{x}$，则称$p(\boldsymbol{x})$为随机变量$X$的**概率密度函数**。

在随机变量X的概率密度函数分布的基础上，可以进一步定义与X相关的统计量。如果$\int|X(\omega)|\mathrm{d}P(\omega)<\infty$，那么随机变量$X$的期望定义为

$$E[X]=\int\limits_{\Omega}|X(\omega)|\mathrm{d}P(\omega)=\int\limits_{R^n}\boldsymbol{x}p(\boldsymbol{x})\mathrm{d}\boldsymbol{x} \tag{5.1}$$

如果$f:R^n\to R$是 Borel 可测的，且$\int\left|f\left(X(\omega)\right)\right|\mathrm{d}P(\omega)<\infty$，那么$f(X)$的期望定义为

$$E\left[f(X)\right]=\int\limits_{\Omega}\left|f\left(X(\omega)\right)\right|\mathrm{d}P(\omega)=\int\limits_{R^n}f(\boldsymbol{x})p(\boldsymbol{x})\mathrm{d}\boldsymbol{x} \tag{5.2}$$

当$f(X)=X^n$时，$f(X)$的期望$E\left[f(X)\right]=E[X^n]$称作随机变量$X$的 $\boldsymbol{n}$ **阶矩**。因此，期望$E(X)$（简记为$\bar{X}$）又称作随机变量X的一阶矩。我们把随机变量X与其期望$\bar{X}$的差称作随机变量X的脉动量：$X'=X-\bar{X}$。当$f(X)=(X')^n$时，$f(X)$的期望$E\left[f(X)\right]=E\left[(X')^n\right]$称作随机变量$X$的 $\boldsymbol{n}$ **阶中心矩**，任意随机变量X的零阶中心矩恒为 1，一阶中心矩恒为 0，二至四阶中心矩依次称作X的方差、峰度和偏度。考虑两个随机变量X和Y，将$E[X^mY^n]$称为X和Y的 $\boldsymbol{m+n}$ **阶混合矩**，$E\left[(X')^m(Y')^n\right]$称作$X$和$Y$的 $\boldsymbol{m+n}$ **阶混合中心矩**。随机过程是一族随机变量，上面对统计量的定义主要针对随机变量进行讨论，这些定义很容易拓展到随机过程。

在流固两相流体力学中，可以通过粒子（微观分子和宏观颗粒）概率密度函数的演化刻画流体和颗粒的运动。例如，对于单相流体系统，给定相空间$(\boldsymbol{x},\boldsymbol{v})$，$t$时刻流体在$[\boldsymbol{x},\boldsymbol{x}+\mathrm{d}\boldsymbol{x}]$，$[\boldsymbol{v},\boldsymbol{v}+\mathrm{d}\boldsymbol{v}]$内出现的概率为$p(t;\boldsymbol{x},\boldsymbol{v})\mathrm{d}\boldsymbol{x}\mathrm{d}\boldsymbol{v}$，如果粒子分布函数$p(t;\boldsymbol{x},\boldsymbol{v})$已知，理论上可以获得流体运动的所有宏观信息。在流体力学层次，通常只关心$p(t;\boldsymbol{x},\boldsymbol{v})$的前 3 次矩，它们与流体的密度、速度和内能密切相关

$$\begin{cases}\rho(\boldsymbol{x},t)=m\int p(t;\boldsymbol{x},\boldsymbol{v})\mathrm{d}\boldsymbol{v}\\ \rho\boldsymbol{u}(\boldsymbol{x},t)=m\int \boldsymbol{v}p(t;\boldsymbol{x},\boldsymbol{v})\mathrm{d}\boldsymbol{v}\\ \rho\mathrm{e}(\boldsymbol{x},t)=\dfrac{m}{2}\int(\boldsymbol{v}-\boldsymbol{u})^2 p(t;\boldsymbol{x},\boldsymbol{v})\mathrm{d}\boldsymbol{v}\end{cases} \tag{5.3}$$

其中，m为分子质量。同样，对于流体中的颗粒运动，如果颗粒分布函数已知，可以类似地定义颗粒数密度、颗粒平均速度和颗粒内能等。

3. 白噪声和色噪声

考虑一个均值为 0 的随机过程X_t，两种典型的时间关联函数为δ函数和指数型函数

$$\overline{X_t}=0,\overline{X_tX_{t'}}=2D\delta(\Delta t) \tag{5.4}$$

$$\overline{X_t}=0,\overline{X_tX_{t'}}=\frac{D}{T_L}\exp\left(-\frac{\Delta t}{T_L}\right) \tag{5.5}$$

这里$\Delta t=t-t'$，将关联函数为δ函数和指数型函数的随机过程分别称为高斯白噪声和高斯色噪声。式（5.4）所表示的随机过程在不同时刻是相互独立的，事实上，将不同时刻的随机过程看作完全互不相关是一种近似，而且真正的白噪声是不存在的，指数型随机过程在实际应用过程中较为常用，当相关时间$T_L\to 0$时，式（5.5）恢复到式（5.4）。如果频率非常小，而某种情况下频率波段的区间内，高斯色噪声可以用高斯白噪声来近似代替。

此外，还可以从噪声的功率谱特性对噪声进行分类。以高斯白噪声和高斯色噪声为例，相关函数进行傅里叶变换，得到两种随机过程的功率谱

$$S(f)=\int \mathrm{e}^{-if\Delta t}\overline{X_tX_{t+\Delta t}}\mathrm{d}(\Delta t)=\int \mathrm{e}^{-if\Delta t}D\delta(\Delta t)\mathrm{d}(\Delta t)=2D \tag{5.6}$$

$$S(f)=\int \mathrm{e}^{-if\Delta t}\overline{X_tX_{t+\Delta t}}\mathrm{d}(\Delta t)=\int \mathrm{e}^{-if\Delta t}\frac{D}{T_L}\exp\left(-\frac{\Delta t}{T_L}\right)\mathrm{d}(\Delta t)=\frac{D}{1+T_L^2f^2} \tag{5.7}$$

其中，f为频率，式（5.6）的功率谱与频率无关，即功率谱$S(f)$是关于频率f的零次函数（功率谱指数$\beta=0$），式（5.7）的功率谱指数$\beta=2$，即

$$S(f)\propto 1/f^0,\quad S(f)\propto 1/f^2$$

在自然界中，功率谱指数β介于介于 0 和 2 之间的噪声最为普遍，如音乐、地震序列、湍流信号等，图 5-1 是三种不同噪声信号和功率谱$S(f)$在双对数坐标$(\log(f),\log(S(f)))$上的图形。

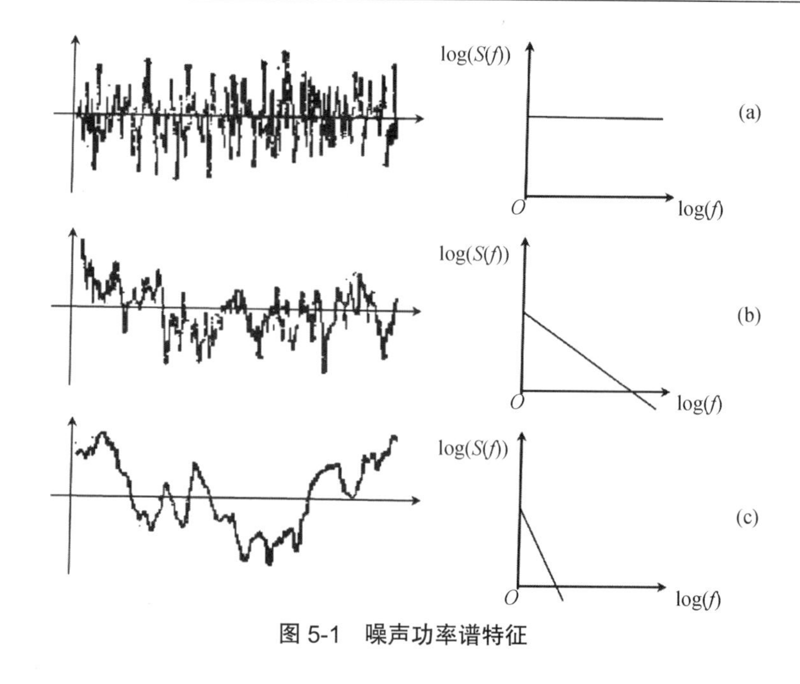

图 5-1　噪声功率谱特征

5.2　颗粒 PDF 输运方程的建立

5.2.1　Liouville 方程

考虑一个具有 N 个粒子的闭合系统，第 i 个粒子的位置和动量分别用 q_i 和 p_i 表示，在三维空间中可以给系统建立一个 $6N$ 维的相空间 Ω，态矢量 $\boldsymbol{x}^N\left(p^N,q^N\right)$ 对应相空间的一个点，描述相空间一点 $\boldsymbol{x}^N$ 在空间中运动的动力学方程为

$$\frac{\mathrm{d}\boldsymbol{x}^N}{\mathrm{d}t}=\boldsymbol{v}\left(t,\boldsymbol{x}^N\right) \tag{5.8}$$

方程（5.8）着眼于粒子，是拉格朗日的描述。如果系统由大量粒子组成，同时我们又无须关心所有粒子的运动细节，可以通过场的方法讨论系统状态的时间演变。引入相空间 Ω 中的概率密度函数 $p^N\left(t,\boldsymbol{x}^N\right)$，在 t 时刻粒子出现在区间[$\boldsymbol{x}^N,\boldsymbol{x}^N+\mathrm{d}\boldsymbol{x}^N$]的概率为 $p^N\left(t,\boldsymbol{x}^N\right)\mathrm{d}\boldsymbol{x}^N$，在相空间某个区域 $\mathcal{V}_0$，其表面为 S_0。单位时间内通过区域表面微元 $\mathrm{d}S^N$ 的粒子为 $p^N\left(t,\boldsymbol{x}^N\right)\boldsymbol{v}^N\mathrm{d}S^N$，因此单位时间内流出区域 $\mathcal{V}_0$ 的总粒子量为

$$\oint_{S_0} p^N\left(t,\boldsymbol{x}^N\right)\boldsymbol{v}^N\mathrm{d}S^N \tag{5.9}$$

另一方面，单位时间内区域 $\mathcal{V}_0$ 中粒子减少量可以表示为

$$-\frac{\partial}{\partial t}\int p^N\left(t,\boldsymbol{x}^N\right)\mathrm{d}\mathcal{V} \tag{5.10}$$

于是由式（5.9）和式（5.10）得到

$$\oint_{S_0} p^N\left(t,\boldsymbol{x}^N\right)\boldsymbol{v}^N\mathrm{d}S^N=-\frac{\partial}{\partial t}\int p^N\left(t,\boldsymbol{x}^N\right)\mathrm{d}\mathcal{V} \tag{5.11}$$

根据高斯定理，上式变为

$$\int\left[\frac{\partial}{\partial t}p^N\left(t,\boldsymbol{x}^N\right)+\nabla_{\boldsymbol{x}^N}p^N\left(t,\boldsymbol{x}^N\right)\boldsymbol{v}^N\right]\mathrm{d}\mathcal{V}=0 \tag{5.12}$$

式（5.12）在任何区间都成立，等式左边被积函数应该恒等于 0，即

$$\frac{\partial p^N}{\partial t}+\nabla_{\boldsymbol{x}^N}\cdot\left(p^N\boldsymbol{v}^N\right)=0 \tag{5.13}$$

方程（5.13）即 Liouville 方程，该方程通过颗粒概率密度函数的演化来刻画颗粒的运动行为，该方程与粒子运动方程（5.8）是等价的。进一步将方程（5.8）具体化，对于 $\boldsymbol{N}$ 个全同固体颗粒与气相流体组成的气固两相流系统，只考虑黏性阻力，颗粒运动方程为

$$\frac{\mathrm{d}x_{p,i}}{\mathrm{d}t}=u_{p,i},\frac{\mathrm{d}u_{p,i}}{\mathrm{d}t}=\frac{u_{s,i}-u_{p,i}}{\tau_p} \tag{5.14}$$

在相空间 $\boldsymbol{Z}_p=\left(\boldsymbol{x}_p,\boldsymbol{u}_p\right)$ 中，考虑密度算子 $\mathcal{P}=\delta\left(\boldsymbol{x}_p(t)-\boldsymbol{y}_p\right)\delta\left(\boldsymbol{u}_p(t)-\boldsymbol{v}_p\right)$，由方程（5.8）和方程（5.13），容易建立方程（5.14）所对应的 Liouville 方程

$$\frac{\partial\mathcal{P}}{\partial t}+\frac{\partial\left(v_{p,i}\mathcal{P}\right)}{\partial y_{p,i}}+\frac{\partial}{\partial v_{p,i}}\left[\frac{1}{\tau_p}\left(v_{s,i}-v_{p,i}\right)\mathcal{P}\right]=0 \tag{5.15}$$

定义概率密度函数 $p\left(t,y_{p,i},v_{p,i}\right)=\overline{\mathcal{P}\left(t,y_{p,i},v_{p,i}\right)}$，对方程（5.15）取系综平均，得到约化 PDF 输运方程

$$\frac{\partial p}{\partial t}+\frac{\partial\left(v_{p,i}p\right)}{\partial y_{p,i}}=\frac{\partial}{\partial v_{p,i}}\left[\overline{\frac{v_{p,i}}{\tau_p}\middle|\left(y_{p,i},v_{p,i}\right)}p\right]-\frac{\partial}{\partial v_{p,i}}\left[\overline{\frac{u_{s,i}}{\tau_p}\middle|\left(y_{p,i},v_{p,i}\right)}p\right] \tag{5.16}$$

考虑 $u_{s,i}=u_{f,i}\left(t,\boldsymbol{x}_p(t)\right)+u'_{s,i}$，忽略颗粒弛豫时间 τ_p 的脉动，式（5.16）近似为

$$\frac{\partial p}{\partial t}+\frac{\partial\left(v_{p,i}p\right)}{\partial y_{p,i}}=\frac{\partial}{\partial v_{p,i}}\left[\frac{1}{\tau_p}\left(v_{p,i}-\overline{u_{f,i}}\right)p\right]-\frac{\partial}{\partial v_{p,i}}\left[\frac{1}{\tau_p}\overline{u'_{s,i}\middle|\left(y_{p,i},v_{p,i}\right)}p\right] \tag{5.17}$$

其中，

$$\overline{u'_{s,i}\middle|\left(y_{p,i},v_{p,i}\right)}p=\int v_{s,i}p\left(t,y_{p,i},v_{p,i},v_{s,i}\right)\mathrm{d}v_{s,i} \tag{5.18}$$

相空间 $\boldsymbol{z}_p=\left(\boldsymbol{x}_p,\boldsymbol{u}_p\right)$ 中的概率密度函数被称作运动学 PDF，颗粒运动方程（5.14）中存在额外项 $u_{s,i}$，其对应的概率密度函数输运方程自然也不封闭，不能直接用于计算。可以根据 $u_{s,i}$ 的统计特性，进一步构造不封闭项 $\overline{u'_{s,i}\middle|\left(y_{p,i},v_{p,i}\right)}$。

另外一种建立 PDF 方程的思路是先对颗粒所见流体速度 $u_{s,i}$ 进行模化，扩大相空间维数，再在相空间 $\boldsymbol{z}_p=\left(\boldsymbol{x}_p,\boldsymbol{u}_p,\boldsymbol{u}_s\right)$ 中建立相应的 PDF 输运方程。

5.2.2 Fokker-Planck 方程

湍流可以视为一种有色噪声，颗粒在湍流中的扩散则可以作为随机过程处理。一般地，对于 n 维随机过程 $\boldsymbol{x}(t)=(x_1,\ x_2,\cdots,\ x_n)$，其扩散过程满足以下形式的 Langevin 方程

$$\mathrm{d}X_i=A_i\left(t,\boldsymbol{x}(t)\right)\mathrm{d}t+B_{ij}\left(t,\boldsymbol{x}(t)\right)\mathrm{d}W_j \tag{5.19}$$

这里 $\boldsymbol{x}(t)$ 为粒子在 t 时刻的位置，速度 $A\left(t,\boldsymbol{x}(t)\right)$ 为飘移系数，$B\left(t,\boldsymbol{x}(t)\right)$ 是扩散系数，W_j 是

表示一组相互独立的维纳过程，满足

$$\overline{W_i(t)}=0,\overline{W_i(t)W_j(t')}=2\delta_{ij}\delta(t-t')$$

Langevin 方程与 Fokker-Planck 方程之间的关系是确定的，方程（5.19）所对应的 PDF 方程为

$$\frac{\partial p}{\partial t}=-\frac{\partial}{\partial x_i}\left[A_i(t,\boldsymbol{x}(t))p\right]+\frac{1}{2}\frac{\partial^2}{\partial x_i\partial x_j}\left[\left(BB^{\mathrm{T}}\right)_{ij}(t,\boldsymbol{x}(t))p\right] \tag{5.20}$$

PDF 方程（5.20）称作 Fokker-Planck 方程。颗粒运动 Langevin 模型和 PDF 方程是相互对应的，一旦颗粒轨道模型确定，就可以给出其 PDF 输运方程，反过来给定 PDF 方程，也可以很容易写出其对应的常微分方程。再次给出第 4 章建立的颗粒运动 Langevin 模型

$$\begin{cases}\mathrm{d}x_{p,i}=u_{p,i}\mathrm{d}t\\ \mathrm{d}u_{p,i}=\dfrac{1}{\tau_p}\left(u_{s,i}-u_{p,i}\right)\mathrm{d}t\\ \mathrm{d}u_{s,i}=A_{s,i}\mathrm{d}t+B_{s,ij}\mathrm{d}W_j\end{cases} \tag{5.21}$$

根据 Langevin 方程与 Fokker-Planck 方程之间的关系，概率密度函数 $\tilde{p}\left(t,y_{p,i},v_{p,i},v_{s,i}\right)$ 满足的 PDF 输运方程为

$$\frac{\partial\tilde{p}}{\partial t}+\frac{\partial\left(v_{p,i}\tilde{p}\right)}{\partial y_{p,i}}+\frac{\partial}{\partial v_{p,i}}\left[\frac{1}{\tau_p}\left(v_{s,i}-v_{p,i}\right)\tilde{p}\right]=-\frac{\partial\left(A_i\tilde{p}\right)}{\partial v_{s,i}}+\frac{1}{2}\frac{\partial^2\left[\left(BB^{\mathrm{T}}\right)_{ij}\tilde{p}\right]}{\partial v_{s,i}\partial v_{s,j}} \tag{5.22}$$

方程（5.22）被称作运动学 PDF 输运方程或者两相完全 PDF 方程，如果漂移系数和扩散系数已知，该方程形式上是封闭的，可以直接求解。但是对于一个三维位置空间问题，方程（5.22）需要在 9 维相空间中求解。对于高维相空间问题的数值求解一直是一个难题，科学界称为“维度灾难”，目前尚无理想的数值方法求解方程（5.22）。方程（5.22）需要降低维度，对方程（5.22）关于 $v_{s,i}$ 积分，可以得到约化概率密度函数 $p\left(t,y_{p,i},v_{p,i}\right)$ 的输运方程

$$\frac{\partial p}{\partial t}+\frac{\partial\left(v_{p,i}p\right)}{\partial y_{p,i}}=\frac{\partial}{\partial v_{p,i}}\left[\frac{1}{\tau_p}\left(v_{p,i}-\overline{u_{f,i}}\right)p\right]-\frac{\partial}{\partial v_{p,i}}\left[\frac{1}{\tau_p}\overline{u'_{s,i}\left|\left(y_{p,i},v_{p,i}\right)\right.}p\right] \tag{5.23}$$

该方法建立的 PDF 输运方程与方程（5.16）一致，同样需要考虑 $\overline{u'_{s,i}\left|\left(y_{p,i},v_{p,i}\right)\right.}$ 的封闭问题。

5.2.3 PDF 输运方程的封闭

不封闭项 $\overline{u'_{s,i}\left|\left(y_{p,i},v_{p,i}\right)\right.}$（或记为 $\overline{\boldsymbol{u}'_s\left|(\boldsymbol{y},\boldsymbol{v})p\right.}$），表示已知 $(\boldsymbol{y},\boldsymbol{v})$ 的条件下 $\boldsymbol{u}'_s$ 的条件期望。目前，较为成功的封闭方法有 Kraichnan 的 DIA 方法和 LHDI 方法、Novikov-Furutsu-Donsker 的泛函变分法、vanKampen 积累扩张法，以及高斯分部积分方法等。本节通过高斯分部积分法，给出颗粒 PDF 输运方程的封闭形式。

1. $\boldsymbol{u}'_s$ 的条件期望

对于 $n+1$ 维高斯随机过程 $\mathbb{Z}_t=\left(Z_{t,1},Z_{t,2},\cdots,Z_{t,n+1}\right)$，它的概率密度函数为 $p_{n+1}=\left(Z_{t,1},Z_{t,2},\cdots,Z_{t,n+1}\right)$，随机过程 $Z_{t,n+1}$ 的条件期望满足

$$\int Z_{n+1} p_{n+1}\left(Z_{t,1}, Z_{t,2}, \cdots, Z_{t,n+1}\right) \mathrm{d} Z_{n+1}=-\sum_{i=1}^{n} \overline{Z_{i} Z_{n+1}} \frac{\partial p_{n}}{\partial Z_{i}} \tag{5.24}$$

于是，根据高斯分部积分，很容易得到 $\frac{1}{\tau_p}\overline{u_i^s|(\boldsymbol{y},\boldsymbol{v})}\tilde{p}$ 的封闭形式

$$\frac{1}{\tau_{p}} \overline{\boldsymbol{u}_{s}^{\prime}|(\boldsymbol{y}, \boldsymbol{v})} p=\frac{1}{\tau_{p}} \int v_{s, i} p\left(t, y_{p, i}, v_{p, i}, v_{s, i}\right) \mathrm{d} v_{s, i}=-\frac{1}{\tau_{p}}\left(\overline{u_{s, i}^{\prime} x^{\prime} p, j} \frac{\partial p}{\partial y_{p, j}}+\overline{u_{s, i}^{\prime} u_{p, j}^{\prime}} \frac{\partial p}{\partial v_{p, j}}\right) \tag{5.25}$$

记两相关联系数为

$$\mu_{ij}=\frac{1}{\tau_{p}} \overline{u_{s, i}^{\prime} u_{p, j}^{\prime}}, \lambda_{ij}=\frac{1}{\tau_{p}} \overline{u_{s, i}^{\prime} x_{p, j}^{\prime}} \tag{5.26}$$

于是，方程（5.16）或（5.23）对应的 PDF 方程进一步封闭为

$$\frac{\partial p}{\partial t}+\frac{\partial\left(v_{p, i} p\right)}{\partial y_{p, i}}+\frac{\partial}{\partial v_{p, i}}\left[\frac{1}{\tau_{p}}\left(\bar{u}_{s, i}-v_{p, i}\right) p\right]=\frac{\partial}{\partial v_{p, i}}\left(\mu_{ij} \frac{\partial p}{\partial v_{p, i}}+\lambda_{ij} \frac{\partial p}{\partial y_{p, i}}\right) \tag{5.27}$$

两相关联系数 λ_{ij} 与 μ_{ij} 的表达式可通过近似方法确定。

2. λ_{ij} 与 μ_{ij} 的确定

对方程（5.14）进行积分得

$$x_{p, j}(t)=x_{p, j}(0)+\tau_{p}\left[1-\mathrm{e}^{-t / \tau_{p}}\right] u_{p, j}(0)+\int_{0}^{t}\left[1-\mathrm{e}^{\left(t^{\prime}-t\right) / \tau_{p}}\right] u_{f, j}\left(t^{\prime}\right) \mathrm{d} t^{\prime} \tag{5.28}$$

$$u_{p, j}(t)=u_{p, j}(0) \mathrm{e}^{-t / \tau_{p}}+\frac{\mathrm{e}^{-t / \tau_{p}}}{\tau_{p}} \int_{0}^{t} \mathrm{e}^{t^{\prime} / \tau_{p}} u_{f, j}\left(t^{\prime}\right) \mathrm{d} t^{\prime} \tag{5.29}$$

方程（5.28）与（5.29）两边同乘 $u_{s,i}'(t')$，并取系综平均得

$$\begin{aligned}\overline{u_{s, i}^{\prime} x_{p, j}^{\prime}} &=\int_{0}^{t}\left[1-\mathrm{e}^{\left(t^{\prime}-t\right) / \tau_{p}}\right] \overline{u_{s, i}^{\prime}\left(t^{\prime}\right) u_{f, j}^{\prime}(t)} \mathrm{d} t^{\prime}=\int_{0}^{t}\left[1-\mathrm{e}^{\left(t^{\prime}-t\right) / \tau_{p}}\right] \overline{u_{s, i}^{\prime} u_{f, j}^{\prime}} \mathrm{e}^{\left(t^{\prime}-t\right) / T_{L}} \mathrm{d} t^{\prime} \\ &=\overline{u_{s, i}^{\prime} u_{f, j}^{\prime}}\left\{T_{L}\left(1-\mathrm{e}^{-t / T_{L}}\right)-\frac{\tau_{p} T_{L}}{\tau_{p}+T_{L}}\left[1-\mathrm{e}^{-\left(t / \tau_{p}+t / T_{L}\right)}\right]\right\}\end{aligned} \tag{5.30}$$

$$\begin{aligned}\overline{u_{s, i}^{\prime} u_{p, j}^{\prime}} &=\frac{\mathrm{e}^{-t / \tau_{p}}}{\tau_{p}} \int_{0}^{t} \mathrm{e}^{t^{\prime} / \tau_{p}} \overline{u_{s, i}^{\prime}(t) u_{f, j}^{\prime}\left(t^{\prime}\right)} \mathrm{d} t^{\prime}=\frac{\mathrm{e}^{-t / \tau_{p}}}{\tau_{p}} \int_{0}^{t} \mathrm{e}^{t^{\prime} / \tau_{p}} \overline{u_{s, i}^{\prime} u_{f, j}^{\prime}} \mathrm{e}^{\left(t^{\prime}-t\right) / T_{L}} \mathrm{d} t^{\prime} \\ &=\overline{u_{s, i}^{\prime} u_{f, j}^{\prime}} \frac{1}{1+\tau_{p} / T_{L}}\left[1-\mathrm{e}^{-\left(t / \tau_{p}+t / T_{L}\right)}\right]\end{aligned} \tag{5.31}$$

因为 t 远大于 τ_p 和 T_L，式（5.30）和（5.31）可近似为

$$\overline{u_{s, i}^{\prime} x_{p, j}^{\prime}} \approx \frac{T_{L}}{1+\tau_{p} / T_{L}} \overline{u_{f, i}^{\prime} u_{f, j}^{\prime}}$$

$$\overline{u_{s, i}^{\prime} u_{p, j}^{\prime}} \approx \frac{1}{1+\tau_{p} / T_{L}} \overline{u_{f, i}^{\prime} u_{f, j}^{\prime}}$$

所以

$$\lambda_{ij}=\frac{1}{\tau_{p}} \overline{u_{s, i}^{\prime} x_{p, j}^{\prime}} \approx \frac{T_{L}}{\tau_{p}\left(1+\tau_{p} / T_{L}\right)} \overline{u_{f, i}^{\prime} u_{f, j}^{\prime}} \tag{5.32}$$

$$\mu_{ij}=\frac{1}{\tau_p}\overline{u'_{s,i}u'_{p,j}}\approx\frac{1}{\tau_p\left(1+\tau_p/T_L\right)}\overline{u'_{f,i}u'_{f,j}} \tag{5.33}$$

得到λ_{ij}与μ_{ij}的值，则解决了方程的封闭问题。

5.3 从PDF输运方程到宏观矩模型

在欧拉体系中，对于变量$u_i=\bar{u}_i+u'_i$，先引入以下两个公式

$$\frac{\partial p(u_k)}{\partial t}=\frac{\partial p(u'_k)}{\partial t}-\frac{\partial\bar{u}_i}{\partial t}\frac{\partial p(u'_k)}{\partial u'_i} \tag{5.34}$$

$$\frac{\partial p(u_k)}{\partial x_i}=\frac{\partial p(u'_k)}{\partial x_i}-\frac{\partial\bar{u}_j}{\partial x_i}\frac{\partial p(u'_k)}{\partial u'_j} \tag{5.35}$$

将式（5.34）～（5.35）代入式（5.27）得到概率密度函数$p\left(t;x_k,u'_{p,k}\right)$的PDF方程为

$$\frac{\partial p}{\partial t}-\frac{\partial\bar{u}_{p,i}}{\partial t}\frac{\partial p}{\partial u'_{p,i}}+u_{p,i}\left(\frac{\partial p}{\partial x_i}-\frac{\partial\bar{u}_{p,j}}{\partial x_i}\frac{\partial p}{\partial u'_j}\right)+\frac{\partial}{\partial u'_{p,i}}\left(A_{p,i}p\right)=0 \tag{5.36}$$

其中

$$A_{p,i}=\frac{1}{\tau_p}\left(\bar{u}_i^s-u_i\right)-\mu_{ij}\frac{\partial}{\partial u'_i}+\lambda_{ij}\left(\frac{\partial}{\partial x_j}-\frac{\partial\bar{u}_j}{\partial x_i}\frac{\partial}{\partial u'_j}\right)$$

再将$u_{p,i}=\bar{u}_{p,i}+u'_{p,i}$代入式（5.36）的第三项，得到

$$\frac{\partial p}{\partial t}+\bar{u}_{p,i}\frac{\partial p}{\partial x_{p,i}}+u'_{p,i}\frac{\partial p}{\partial x_i}=\left(\frac{\partial\bar{u}_{p,i}}{\partial t}+\bar{u}_{p,j}\frac{\partial\bar{u}_{p,i}}{\partial x_j}\right)\frac{\partial p}{\partial u'_{p,i}}+u'_{p,i}\frac{\partial\bar{u}_{p,j}}{\partial x_i}\frac{\partial p}{\partial u'_{p,j}}-\frac{\partial\left(A_{p,i}p\right)}{\partial u'_{p,i}} \tag{5.37}$$

定义流体随体导数

$$\frac{D(\cdot)}{Dt}=\frac{\partial(\cdot)}{\partial t}+\bar{u}_{p,i}\frac{\partial(\cdot)}{\partial x_i}$$

于是概率密度函数p的Fokker-Planck方程为

$$\frac{Dp}{Dt}+u'_{p,i}\frac{\partial p}{\partial x_i}=-\frac{\partial}{\partial u'_{p,i}}\left(A_{p,i}p\right)+\frac{D\bar{u}_{p,i}}{Dt}\frac{\partial p}{\partial u'_{p,i}}+u'_{p,i}\frac{\partial\bar{u}_{p,j}}{\partial x_i}\frac{\partial p}{\partial u'_{p,j}} \tag{5.38}$$

将式（5.38）乘以$\Phi\left(u'_{p,k}\right)$（简记作$\Phi$），并对$u'_{p,i}$做积分得到

$$\begin{aligned}&\int\Phi\left(u'_{p,k}\right)\frac{Dp}{Dt}\mathrm{d}u'_{p,i}+\int\Phi\left(u'_{p,k}\right)u'_{p,i}\frac{\partial p}{\partial x_i}\mathrm{d}u'_{p,i}=-\int\Phi\left(u'_{p,k}\right)\frac{\partial}{\partial u'_{p,i}}\left(A_{p,i}p\right)\mathrm{d}u'_{p,i}\\&+\int\Phi\left(u'_{p,k}\right)\frac{D\bar{u}_{p,i}}{Dt}\frac{\partial p}{\partial u'_{p,i}}\mathrm{d}u'_{p,i}+\int\Phi\left(u'_{p,k}\right)u'_{p,i}\frac{\partial\bar{u}_{p,j}}{\partial x_i}\frac{\partial p}{\partial u'_{p,j}}\mathrm{d}u'_{p,i}\end{aligned} \tag{5.39}$$

记流体颗粒数密度为$n_p=\int p\left(u'_{p,i}\right)\mathrm{d}u'_{p,i}$，则任一场量$\Phi$的平均值定义为

$$\bar{\Phi}=\frac{1}{n_p}\int\Phi\left(u'_{p,i}\right)p\left(u'_{p,i}\right)\mathrm{d}u'_{p,i} \tag{5.40}$$

于是，式（5.39）左边项为

$$\int \Phi\left(u'_{p,i}\right)\frac{Dp\left(u'_{p,i}\right)}{Dt}\mathrm{d}u'_{p,i} = \frac{D}{Dt}\left(n_p\bar{\Phi}\right) \tag{5.41}$$

$$\int \Phi\left(u'_{p,k}\right)u'_{p,i}\frac{\partial p}{\partial x_i}\mathrm{d}u'_{p,i} = \frac{\partial}{\partial x_i}\left(n_p\overline{\Phi u'_{p,i}}\right) \tag{5.42}$$

式（5.39）右边第一项为

$$\begin{aligned} -\int \Phi A_{p,i}\frac{\partial p}{\partial u'_{p,i}}\mathrm{d}u'_{p,i} &= -\int\left[\frac{\partial}{\partial u'_{p,i}}\left(\Phi A_{p,i}p\right) - A_{p,i}\frac{\partial \Phi}{\partial u'_{p,i}}p\right]\mathrm{d}u'_{p,i} \\ &= -\Phi A_{p,i}p\big|_{-\infty}^{+\infty} + n_p\overline{A_{p,i}\frac{\partial \Phi}{\partial u'_{p,i}}} \\ &= n_p\overline{A_{p,i}\frac{\partial \Phi}{\partial u'_{p,i}}} \end{aligned} \tag{5.43}$$

在上式的推导过程中，使用了“当 $u'_{p,i}\to\infty$ 时 $p\to 0$”的条件，同理方程（5.39）右边第二项、第三项有

$$\int \Phi\frac{D\bar{u}_{p,i}}{Dt}\frac{\partial p}{\partial v'_{p,i}}\mathrm{d}u'_{p,i} = \frac{D\bar{u}_{p,i}}{Dt}\int\left[\frac{\partial}{\partial u'_{p,i}}\left(\Phi p\right) - \frac{\partial \Phi}{\partial u'_{p,i}}p\right]\mathrm{d}u'_{p,i} = -n_p\frac{D\bar{u}_{p,i}}{Dt}\overline{\frac{\partial \Phi}{\partial u'_{p,i}}} \tag{5.44}$$

$$\int \Phi u'_{p,i}\frac{\partial \bar{u}_{p,j}}{\partial t}\frac{\partial p}{\partial u'_{p,j}}\mathrm{d}u'_{p,i} = \frac{\partial \bar{u}_{p,j}}{\partial x_i}\int\left[\frac{\partial}{\partial u'_{p,i}}\left(\Phi u'_{p,i}p\right) - \frac{\partial\left(\Phi u'_{p,i}\right)}{\partial u'_{p,i}}p\right]\mathrm{d}u'_{p,i} = -n_p\frac{\partial \bar{u}_{p,j}}{\partial x_i}\overline{\frac{\partial\left(\Phi u'_{p,i}\right)}{\partial u'_{p,j}}} \tag{5.45}$$

将式（5.41）～（5.45）代入式（5.39）得

$$\frac{D\left(n_p\bar{\Phi}\right)}{Dt} + \frac{\partial\left(n_p\overline{\Phi u'_{p,i}}\right)}{\partial x_i} = n_p\overline{A_{p,i}\frac{\partial \Phi}{\partial u'_{p,i}}} - n_p\frac{D\bar{u}_{p,i}}{Dt}\overline{\frac{\partial \Phi}{\partial u'_{p,i}}} - n_p\frac{\partial \bar{u}_{p,j}}{\partial x_i}\overline{\frac{\partial\left(\Phi u'_{p,i}\right)}{\partial u'_{p,j}}} \tag{5.46}$$

上式中的 Φ 分别为 1、$u_{p,i}$ 和 $u'_{p,i}u'_{p,j}$ 时，忽略 τ_p 的脉动，分别得到颗粒相连续方程、动量方程和雷诺应力方程

$$\frac{\partial\left(n_p\right)}{\partial t} + \frac{\partial\left(n_p\bar{u}_{p,i}\right)}{\partial x_i} = 0 \tag{5.47}$$

$$\frac{\partial}{\partial t}\left(n_p\bar{u}_{p,i}\right) + \frac{\partial}{\partial x_k}\left(n_p\bar{u}_{p,k}\bar{u}_{p,i}\right) = \frac{\partial}{\partial x_j}\left(n_pR_{ij}\right) + \frac{n_p}{\tau_p}\left(\bar{u}_{s,i} - \bar{u}_{p,i}\right) \tag{5.48}$$

$$\begin{aligned} \frac{\partial}{\partial t}\left(n_pR_{p,ij}\right) + \frac{\partial}{\partial x_k}\left(n_p\bar{u}_{p,k}R_{p,ij}\right) = &-\frac{\partial}{\partial x_k}\left(n_p\overline{u'_{p,i}u'_{p,j}u'_{p,k}}\right) - n_p\left(\overline{u'_{p,i}u'_{p,k}} + \lambda_{ik}\right)\frac{\partial \bar{u}_{p,j}}{\partial x_k} \\ &- n_p\left(\overline{u'_{p,j}u'_{p,k}} + \lambda_{jk}\right)\frac{\partial \bar{u}_{p,i}}{\partial x_k} + \frac{n_p}{\tau_p}\left(\mu_{ij} + \mu_{ji} - 2R_{p,ij}\right) \end{aligned} \tag{5.49}$$

在计算单元 $\mathcal{V}$ 中，假设颗粒体积为 $\mathcal{V}_p$，颗粒体积分数为 $\alpha_p = n_p\mathcal{V}_p/\mathcal{V}$，颗粒密度 ρ_p 为常数，记颗粒有效密度 $\epsilon_p = \alpha_p\rho_p$，颗粒统计矩方程等价于以下形式

$$\frac{\partial\left(\epsilon_p\right)}{\partial t} + \frac{\partial\left(\epsilon_p\bar{u}_{p,i}\right)}{\partial x_i} = 0 \tag{5.50}$$

$$\frac{\partial}{\partial t}\left(\epsilon_p \bar{u}_{p,i}\right)+\frac{\partial}{\partial x_k}\left(\epsilon_p \bar{u}_{p,k} \bar{u}_{p,i}\right)=\frac{\partial}{\partial x_j}\left(\epsilon_p R_{p,ij}\right)+\frac{\epsilon_p}{\tau_p}\left(\bar{u}_{s,i}-\bar{u}_{p,i}\right) \tag{5.51}$$

$$\begin{aligned}\frac{\partial}{\partial t}\left(\epsilon_p R_{p,ij}\right)+\frac{\partial}{\partial x_k}\left(\epsilon_p \bar{u}_{p,k} R_{p,ij}\right)=&-\frac{\partial}{\partial x_k}\left(\epsilon_p \overline{u'_{p,i}u'_{p,j}u'_{p,k}}\right)-\epsilon_p\left(\overline{u'_{p,i}u'_{p,k}}+\lambda_{ik}\right)\frac{\partial \bar{u}_{p,j}}{\partial x_k}\\&-\epsilon_p\left(\overline{u'_{p,j}u'_{p,k}}+\lambda_{jk}\right)\frac{\partial \bar{u}_{p,i}}{\partial x_k}+\frac{\epsilon_p}{\tau_p}\left(\mu_{ij}+\mu_{ji}-2R_{p,ij}\right)\end{aligned} \tag{5.52}$$

颗粒统计矩方程（5.50）～（5.52）被称作拟流体模型，该模型着眼于粒子运动表现出的系综特性，是一种欧拉形式的描述方法，多用于克努森数较小的稠密两相湍流。

5.4 气固两相宏观矩模型

5.4.1 气固两相湍流模型

两相流 PDF 方法的一个重要理论成果是为双流体模型的建立和发展提供了可靠的理论基础。气固两相宏观矩模型，又称双流体模型或欧拉–欧拉模型。对于气体分子和固体颗粒组成的气固两相流系统，在相空间 $\boldsymbol{z}=\left(t;\boldsymbol{x}_f,\boldsymbol{u}_f,\boldsymbol{x}_p,\boldsymbol{u}_p\right)$ 中，建立两相统一 PDF 方程（如 Bolztmann 方程、Fokker-Planck 方程），分别对 $\boldsymbol{z}_p\left(\boldsymbol{x}_p,\boldsymbol{u}_p\right)$ 和 $\boldsymbol{z}_f\left(\boldsymbol{x}_f,\boldsymbol{u}_f\right)$ 积分，得到气固两相 PDF 方程，进一步仿照方程（5.50）～（5.52）的推导过程，即可建立气固两相宏观矩模型，详细推导过程参见文献[8]。与单相湍流模型类似，双流体模型也具有多种形式，本节给出一种应用较为广泛的形式。连续相模型连续方程和动量方程为

$$\frac{\partial\left(\epsilon_f\right)}{\partial t}+\frac{\partial\left(\epsilon_f \bar{u}_{f,i}\right)}{\partial x_i}=0 \tag{5.53}$$

$$\frac{\partial}{\partial t}\left(\epsilon_f \bar{u}_{f,i}\right)+\frac{\partial}{\partial x_k}\epsilon_f\left(\bar{u}_{f,k}\bar{u}_{f,i}-R_{f,ij}\right)=\epsilon_f g_i-\frac{\epsilon_p}{\tau_p}\left(\bar{u}_{f,i}-\bar{u}_{p,i}\right) \tag{5.54}$$

其中，流体有效密度 $\epsilon_f=\alpha_f\rho_f$ ，α_f 为流体体积分数，满足 $\alpha_f+\alpha_p=1$。$R_{f,ij}$ 为有效应力张量，考虑牛顿流体，仿照斯托克斯假设，将有效应力分解为各向同性部分和各向异性部分之和

$$R_{f,ij}=-\bar{p}_f\delta_{ij}+\bar{\tau}_{f,ij}=-\bar{p}_f\delta_{ij}+2\upsilon_{f,\mathrm{eff}}\left(\bar{s}_{f,ij}-\frac{1}{3}\bar{s}_{f,kk}\delta_{ij}\right) \tag{5.55}$$

考虑

$$\nabla\cdot\left(\epsilon_f\bar{\boldsymbol{p}}_f\right)=\epsilon_f\nabla\cdot\bar{\boldsymbol{p}}_f+\bar{\boldsymbol{p}}_f\cdot\nabla\epsilon_f \tag{5.56}$$

方程（5.56）中等式右边第二项通常可以忽略，于是，连续相项方程为

$$\frac{\partial\epsilon_f}{\partial t}+\nabla\cdot\left(\epsilon_f\bar{\boldsymbol{u}}_f\right)=0 \tag{5.57}$$

$$\frac{\partial\left(\epsilon_f\bar{\boldsymbol{u}}_f\right)}{\partial t}+\nabla\cdot\epsilon_f\left(\bar{\boldsymbol{u}}_f\otimes\bar{\boldsymbol{u}}_f-\bar{\boldsymbol{\tau}}_f\right)=-\epsilon_f\nabla\bar{\boldsymbol{p}}_{f,\mathrm{eff}}+\epsilon_f g-\frac{\epsilon_p}{\tau_p}\left(\bar{\boldsymbol{u}}_f-\bar{\boldsymbol{u}}_p\right) \tag{5.58}$$

类似地，颗粒相模型连续方程和动量方程（5.50）～（5.51）为

$$\frac{\partial \epsilon_p}{\partial t} + \nabla \cdot \left(\epsilon_p \bar{\boldsymbol{u}}_p\right) = 0 \tag{5.59}$$

$$\frac{\partial\left(\epsilon_p \bar{\boldsymbol{u}}_p\right)}{\partial t} + \nabla \cdot \epsilon_p \left(\bar{\boldsymbol{u}}_p \otimes \bar{\boldsymbol{u}}_p - \bar{\boldsymbol{\tau}}_p\right) = -\epsilon_p \nabla\, \bar{\boldsymbol{p}}_{p,\mathrm{eff}} + \epsilon_p g + \frac{\epsilon_p}{\tau_p}\left(\bar{\boldsymbol{u}}_f - \bar{\boldsymbol{u}}_p\right) \tag{5.60}$$

其中

$$\bar{\boldsymbol{\tau}}_p = \upsilon_{p,\mathrm{eff}}\left[\nabla \bar{\boldsymbol{u}}_p + \nabla \bar{\boldsymbol{u}}_p^{\mathrm{T}} - \frac{2}{3}\nabla \cdot \left(\bar{\boldsymbol{u}}_p \cdot \boldsymbol{I}\right)\right]$$

双流体模型中有效黏度$\upsilon_{f,\mathrm{eff}}$和$\upsilon_{p,\mathrm{eff}}$的封闭方法与单相湍流类似，需要引入湍流模型进行封闭。可以从二阶矩方程（如方程（5.52））出发，建立双流体$\kappa-\varepsilon$模型或$\kappa-\omega$模型等，也可以构造双流体雷诺应力模型。双流体模型多用于颗粒数密度较高的气固两相流动，对于较稠密的颗粒流，相体积分数对阻力系数的影响不可以忽略，需要对阻力系数进行修正，常用的修正阻力系数模型见表 5-1。

表 5-1　常用阻力系数

模型	阻力系数
SchillerNaumann-1	$C_D = \begin{cases} 24\left(1+0.15\mathrm{Re}_p^{0.687}\right), \mathrm{Re}_p \leqslant 1000 \\ 0.44\mathrm{Re}_p, \mathrm{Re}_p > 1000 \end{cases}$
SchillerNaumann-2	$C_D = \begin{cases} 24\left(1+0.15\mathrm{Re}_s^{0.687}\right), \mathrm{Re}_s \leqslant 1000 \\ 0.44\mathrm{Re}_s, \mathrm{Re}_s > 1000 \end{cases}$
Lain	$C_D = \begin{cases} 16\mathrm{Re}_p, \mathrm{Re}_p < 1.5 \\ 14.9\mathrm{Re}_p^{0.22}, 1.5 \leqslant \mathrm{Re}_p < 80 \\ 48\left(1-\dfrac{2.21}{\mathrm{Re}_p}\right), 80 \leqslant \mathrm{Re}_p < 1500 \\ 2.51\mathrm{Re}_p, \mathrm{Re}_p \geqslant 1500 \end{cases}$
Gibilaro	$C_D = \frac{4}{3}\alpha_f^{-1.8}\left(\frac{17.3}{\alpha_f} + 0.336\mathrm{Re}_p\right)$
Ergun	$C_D = \frac{4}{3}\left(150\frac{\alpha_p}{\alpha_f} + 1.75\mathrm{Re}_p\right)$
WenYu	$C_D = \alpha_f^{-2.65}\begin{cases} 24\left(1+0.15\mathrm{Re}_p^{0.687}\right),\ \alpha_f\mathrm{Re}_p \leqslant 1000 \\ 0.44\mathrm{Re}_p,\ \alpha_f\mathrm{Re}_p > 1000 \end{cases}$
GidaspowWenYu	$C_D = \begin{cases} C_D^{\mathrm{WenYu}},\ \alpha_f \geqslant 0.8 \\ C_D^{\mathrm{Ergun}},\ \alpha_f < 0.8 \end{cases}$
GidaspowSchillerNaumann	$C_D = \alpha_f^{-2.65}\begin{cases} \dfrac{24}{\alpha_f}\left(1+0.15\mathrm{Re}_p^{0.687}\right),\ \alpha_f\mathrm{Re}_p \leqslant 1000 \\ 0.44\alpha_f\mathrm{Re}_p,\ \alpha_f\mathrm{Re}_p > 1000 \end{cases}$
SyamlalOBrien	$C_D = \alpha_f\left(0.63\sqrt{\mathrm{Re}_p} + 4.8\sqrt{\boldsymbol{u}_r}\right)$
Tenneti	$C_D = C_D^{\mathrm{SchillerNaumann\text{-}2}} + 24\alpha_f^2\left(F_0 + F_1\right)$

（续表）

模型	阻力系数
	$\mathrm{Re}_p=\dfrac{d_p\lvert\boldsymbol{u}_p-\boldsymbol{u}_f\rvert}{\upsilon_f},\mathrm{Re}_s=\alpha_f\dfrac{d_p\lvert\boldsymbol{u}_p-\boldsymbol{u}_f\rvert}{\upsilon_f}$ $\boldsymbol{u}_r=0.5\left[A-0.06\mathrm{Re}_p+\sqrt{(0.06\mathrm{Re}_p)^2+0.12\mathrm{Re}_p(2B-A)+A^2}\right]$ $A=\alpha_f^{4.41},\quad B=\begin{cases}0.8\alpha_f^{1.28}, & \alpha_f<0.85\\ \alpha_f^{2.65}, & \alpha_f\geqslant 0.85\end{cases}$

5.4.2 两相湍流模型的封闭

1. 双流体 $\kappa-\varepsilon$ 模型

本节给出 3 种常用的 $\kappa-\varepsilon$ 模型——标准 $\kappa-\varepsilon$ 模型、重整化群（RNG）$\kappa-\varepsilon$ 模型和可实现的 $\kappa-\varepsilon$ 模型。3 种模型具有相同形式的湍动能方程，而对于湍动能耗散方程，可实现的 $\kappa-\varepsilon$ 模型与其他两种略有不同。

在 3 种模型中，组分 l（气相或颗粒）的湍动能方程为

$$\frac{D(\epsilon_l\kappa_l)}{Dt}=\nabla\cdot\left(\epsilon_l D_l^{\kappa}\nabla\kappa_l\right)+\epsilon_l P_l^{\kappa}-\frac{2}{3}\epsilon_l(\nabla\cdot\boldsymbol{u}_l)\kappa_l-\epsilon_l\varepsilon_l+S_l^{\kappa} \tag{5.61}$$

标准 $\kappa-\varepsilon$ 模型过分依赖于经验参数，Yakhot 和 Orszag 利用重整化群的思想从理论上获得一组模型参数，并在 ε 方程产生项系数的计算中引入时均应变率的作用。标准 $\kappa-\varepsilon$ 模型与 RNG $\kappa-\varepsilon$ 模型的湍动能耗散方程具有如下形式

$$\frac{D(\epsilon_l\varepsilon_l)}{Dt}=\nabla\cdot\left(\epsilon_l D_l^{\varepsilon}\nabla\varepsilon_l\right)+(C_{\varepsilon1}-R)\epsilon_l P_l^{\kappa}\frac{\varepsilon_l}{\kappa_l}-\frac{2}{3}C_{\varepsilon1}\epsilon_l(\nabla\cdot\boldsymbol{u}_l)\varepsilon_l-C_{\varepsilon2}\epsilon_l\frac{\varepsilon_l}{\kappa_l}\varepsilon_l+S_l^{\varepsilon} \tag{5.62}$$

湍动能及其耗散率方程的扩散系数和相间作用项分别为

$$D_l^{\kappa}=\frac{\upsilon_{t,l}}{\sigma_{\kappa}}+\nu_l,\quad D_l^{\varepsilon}=\frac{\upsilon_{t,l}}{\sigma_{\varepsilon}}+\nu_l \tag{5.63}$$

$$S_l^{\kappa}=\frac{\epsilon_p}{\tau_p}\left(\overline{\boldsymbol{u}_l'\boldsymbol{u}_{\neg l}'}-2\kappa_l\right),\quad S_l^{\varepsilon}=C_{\varepsilon2}\frac{\epsilon_p}{\tau_p}\left(\overline{\boldsymbol{u}_l'\boldsymbol{u}_{\neg l}'}-2\kappa_l\right)\frac{\varepsilon_l}{\kappa_l} \tag{5.64}$$

湍流黏度 $\upsilon_{t,l}=C_{\mu}\dfrac{\kappa_l^2}{\varepsilon_l}$，湍动能生成项 $P_l^{\kappa}=\upsilon_{t,l}S_{2,l}$，其中 $S_{2,l}=2\left(\overline{s}_{l,ij}-\dfrac{1}{3}\overline{s}_{l,kk}\delta_{ij}\right)\dfrac{\partial\overline{v}_{l,i}}{\partial x_k}$，RNG 模型中产生项系数的修正函数为

$$R=\frac{\eta(-\eta/\eta_0+1)}{\beta\eta_3+1},\quad \eta=\frac{\sqrt{\lvert S_{2,l}\rvert}\kappa_l}{\varepsilon_l},\quad \eta_3=\eta^3 \tag{5.65}$$

可见，标准 $\kappa-\varepsilon$ 模型与 RNG $\kappa-\varepsilon$ 模型中 ε 方程的产生项和耗散项采用类比湍动能方程的方法建立，可实现 $\kappa-\varepsilon$ 模型的 ε 方程则采用以下形式

$$\frac{D(\epsilon_l\varepsilon_l)}{Dt}=\nabla\cdot\left(\epsilon_l D_l^{\varepsilon}\nabla\varepsilon_l\right)+C_{\varepsilon1}\epsilon_l\sqrt{S_{2,l}}\varepsilon_l-\frac{C_{\varepsilon2}\epsilon_l\varepsilon_l}{\kappa_l+\sqrt{\upsilon_l\varepsilon_l}}\varepsilon_l+S_l^{\varepsilon} \tag{5.66}$$

记 $S_l=\overline{s}_{l,ij}-\dfrac{1}{3}\overline{s}_{l,kk}\delta_{ij}$，$S_{l,2}=2S_l^2$，湍流黏度 $\upsilon_{t,\ l}=\left(A_0+\dfrac{A_sU_s\kappa_l}{\varepsilon_l}\right)^{-1}$，其中

$$A_s = 6^{1/2}\cos\phi_s,\quad U_s = \left(\frac{S_{l,2}}{2} + \left|\frac{\nabla \boldsymbol{u}_l - \nabla \boldsymbol{u}_l^{\mathrm{T}}}{2}\right|^2\right)^{\frac{1}{2}}$$

$$\phi_s = \frac{1}{3}\operatorname{acos}\left(\min\left(\max\left(6^{1/2}W,-1\right),1\right)\right),\quad W = \frac{2\sqrt{2}\left(\left(S_l \cdot S_l\right):S_l\right)}{S_{2,l}^{3/2}}$$

模型系数 $C_{\varepsilon 1} = \max\left(\frac{\eta}{5+\eta},0.43\right)$，$A_0 = 4$，$C_{\varepsilon 2} = 1.9$，$\sigma = 1.2$，$\eta$ 的表达式见式（5.65）。标准与 RNG $\kappa-\varepsilon$ 的模型常数如表 5-2 所示。

表 5-2　标准与 RNG $\kappa-\varepsilon$ 的模型常数

模型	C_μ	σ_k	σ_ϵ	$C_{\varepsilon 1}$	$C_{\varepsilon 2}$	η_0	β
标准	0.09	1.0	1.3	1.44	1.92	/	/
RNG	0.0845	0.71942	0.71942	1.42	1.68	4.38	0.012

2. 雷诺应力模型

利用第 2 章的方法，对颗粒雷诺应力方程（5.52）及流体雷诺应力方程做封闭，可以建立双流体雷诺应力模型。本节给出两种常用的雷诺应力模型：LRR 模型和 SSG 模型。LRR 和 SSG 模型的湍动能耗散率方程为式（5.67），雷诺应力方程分别为式（5.68）和式（5.69）

$$\frac{D\left(\epsilon_l \varepsilon_l\right)}{Dt} = \nabla \cdot \left(\epsilon_l D_l^{\varepsilon} \nabla \varepsilon_l\right) + C_{\varepsilon 1}\epsilon_l P_l \frac{\varepsilon_l}{\kappa_l} - C_{\varepsilon 2}\epsilon_l \frac{\varepsilon_l}{\kappa_l}\varepsilon_l + S_l^{\varepsilon} \tag{5.67}$$

$$\frac{D\left(\epsilon_l \boldsymbol{R}_l\right)}{Dt} = \nabla \cdot \left(\epsilon_l \boldsymbol{D}_{l,\mathrm{eff}}^{\boldsymbol{R}} \nabla \boldsymbol{R}_l\right) + \epsilon_l \boldsymbol{P}_l^{\boldsymbol{R}} + C_1 \epsilon_l \frac{\varepsilon_l}{\kappa_l}\boldsymbol{R}_l - \frac{2}{3}\left(1-C_1\right)\boldsymbol{I}\epsilon_l \varepsilon_l - C_2 \epsilon_l \left(\boldsymbol{R}_l^{\boldsymbol{R}} - \frac{1}{3}tr\left(\boldsymbol{P}_l^{\boldsymbol{R}}\right)\boldsymbol{I}\right) + S_l^{\boldsymbol{R}} \tag{5.68}$$

$$\begin{aligned}\frac{D\left(\epsilon_l \boldsymbol{R}_l\right)}{Dt} =& \nabla \cdot \left(\epsilon_l \boldsymbol{D}_{l,\mathrm{eff}}^{\boldsymbol{R}} \nabla \boldsymbol{R}_l\right) + \epsilon_l \boldsymbol{P}_l^{\boldsymbol{R}} + \epsilon_l \frac{C_1 \varepsilon_l + C_{1,s}\boldsymbol{P}_l^{\kappa}}{2\kappa_l}\boldsymbol{R}_l - \frac{\epsilon_l}{3}\left[\left(2-C_1\right)\varepsilon_l - C_{1,s}\boldsymbol{P}_l^{\kappa}\right]\boldsymbol{I}\\ &+ C_2 \epsilon_l \varepsilon_l \left[\boldsymbol{b}_l \cdot \boldsymbol{b}_l - \frac{1}{3}\mathrm{tr}\left(\boldsymbol{b}_l \cdot \boldsymbol{b}_l\right)\boldsymbol{I}\right] + \epsilon_l \kappa_l \left(C_3 - C_{3,s}\,|\,\boldsymbol{b}_l\,|\right)\left[\boldsymbol{s}_l - \frac{1}{3}\mathrm{tr}\left(\boldsymbol{s}_l\right)\boldsymbol{I}\right]\\ &+ C_4 \epsilon_l \kappa_l \left[\boldsymbol{b}_l \cdot \boldsymbol{s}_l + \left(\boldsymbol{b}_l \cdot \boldsymbol{s}_l\right)^{\mathrm{T}} - \frac{2}{3}tr\left(\boldsymbol{b}_l \cdot \boldsymbol{s}_l\right)\boldsymbol{I}\right] + C_5 \epsilon_l \kappa_l \left[\boldsymbol{b}_l \cdot \boldsymbol{a}_l + \left(\boldsymbol{b}_l \cdot \boldsymbol{a}_l\right)^{\mathrm{T}}\right] + \boldsymbol{S}_l^{\boldsymbol{R}}\end{aligned} \tag{5.69}$$

雷诺应力和湍动能耗散率方程的扩散系数和相间作用项分别为

$$\boldsymbol{D}_{l,\mathit{eff}}^{\boldsymbol{R}} = C_R \frac{\kappa_l}{\varepsilon_l}\boldsymbol{R}_l + \upsilon_l \boldsymbol{I},\quad \boldsymbol{D}_{l,\mathrm{eff}}^{\varepsilon} = C_{\varepsilon}\frac{\kappa_l}{\varepsilon_l}\boldsymbol{R}_l + \upsilon_l \boldsymbol{I} \tag{5.70}$$

$$S_l^{\boldsymbol{R}} = \frac{\epsilon_p}{\tau_p}\left(\boldsymbol{\mu} + \boldsymbol{\mu}^{\mathrm{T}} - 2\boldsymbol{R}_l\right),\quad S_l^{\varepsilon} = C_{\varepsilon 2}\frac{\epsilon_p}{\tau_p}\left(\overline{\boldsymbol{u}_l'\boldsymbol{u}_{-l}'} - 2\kappa_l\right)\frac{\varepsilon_l}{\kappa_l} \tag{5.71}$$

$\boldsymbol{P}_l^{\boldsymbol{R}}$ 为雷诺应力生成项，$\boldsymbol{P}_l^{\kappa}$ 为湍动能生成项，$\boldsymbol{s}$ 和 $\boldsymbol{a}$ 为式（1.14）定义的对称和反对称应力张量，二阶应力张量 $\boldsymbol{b} = \left[\boldsymbol{R}_l - \frac{1}{3}\mathrm{tr}\left(\boldsymbol{R}_l\right)I\right]/\left(2\kappa_l\right)$，模型常数见表 5-3。

表 5-3　雷诺应力模型常数

模型	C_μ	C_R	C_ε	C_1	C_2	C_3	C_4	C_5	$C_{1,s}$	$C_{3,s}$	$C_{\varepsilon 1}$	$C_{\varepsilon 2}$
LRR	0.09	0.25	0.15	1.8	0.6	/	/	/	/	/	1.44	1.92
SSG	0.09	0.25	0.15	3.4	0.6	0.8	1.25	0.4	1.8	1.3	1.44	1.92

需要指出的是，气固两相双流体模型的相间作用项非常复杂，本章没有充分考虑τ_p和体积分数脉动的作用，这将导致湍动能方程或雷诺应力方程的相间作用项（即式（5.64）与式（5.71））恒为负，这意味着颗粒相的存在削弱湍动能，与实验及直接模拟结果不符。感兴趣的读者可以仿照 3.6 节给出的复杂源项的处理方法，进一步考虑τ_p脉动的作用，改进两相湍流模型。

第 6 章　LBE 模型

格子 Boltzmann 方法（LBM）是 20 世纪 90 年代国际上提出来的一种流体系统建模与模拟的数值方法，它不同于基于 Navier-Stokes 方程的宏观连续模型和微观分子动力学模型，而是从介观动理学理论出发，通过描述粒子分布函数的演化再现复杂流体的宏观行为，因而兼有微观和宏观模型的优点。LBM 创立所孕育的流体建模的新思路、新方法、新观点，为计算流体力学的发展带来启迪，也开辟了流体力学研究的一个崭新领域。该方法自提出之日起，就受到了力学、物理学、数学、航空航天、能源、计算机等各领域众多学者的广泛关注，目前对 LBM 的研究已从理论领域扩展到实际工程应用，已从简单流体问题拓展到多组分多相流、多孔介质流动、化学反应与燃烧、微纳尺度流动与传热等复杂流体输运问题。基于篇幅限制，本章主要概述 LBM 中等温 LBE 模型、热流动 LBE 模型、气液两相流 LBE 模型，包括基本背景、基本原理、基本元素等。

6.1　等温 LBE 模型

6.1.1　等温 LBE 模型的基本要素

格子 Boltzmann 方法源于元胞自动机中格子气自动机（Lattice Gas Automata，LGA），替代 LGA 中一组布尔型变量 n_i 而使用布尔变量的统计平均量，即粒子分布函数 f_i 来描述流体在格点上的演化。记 $f_i(x,t)$ 表示粒子在空间点 x 时刻 t 具有离散速度方向 c_i 的概率密度分布函数，则描述 f_i 演化的格子 Boltzmann 方程（Lattice Boltzmann Equation，LBE）可以表述为

$$f_i(\boldsymbol{x}+\boldsymbol{c}_i\delta_t, t+\delta_t)-f_i(\boldsymbol{x},t)=\Omega_i(\boldsymbol{x},t)+\delta_t F_i(\boldsymbol{x},t) \tag{6.1}$$

其中 c_i 是离散速度模型，δ_t 是离散时间步长，Ω_i 是碰撞算子，F_i 是外力项分布函数。在 LBE 中，最常用的碰撞模型是简单的线性化碰撞算子，也称为 BGK 模型或者单松弛模型

$$\Omega_i=-\frac{1}{\tau}\left[f_i(\boldsymbol{x},t)-f_i^{\mathrm{eq}}(\boldsymbol{x},t)\right] \tag{6.2}$$

其中 τ 是无量纲的松弛因子，f_i^{eq} 是局部的 Maxwell-Boltzmann 平衡态分布函数。当流体速度较小（满足低马赫数假设）时，f_i^{eq} 常取二次平衡态分布形式

$$f_i^{\mathrm{eq}}=\omega_i\rho\left[1+\frac{\boldsymbol{c}_i\cdot\boldsymbol{u}}{c_s^2}+\frac{(\boldsymbol{c}_i\cdot\boldsymbol{u})^2}{2c_s^4}-\frac{\boldsymbol{u}^2}{2c_s^2}\right] \tag{6.3}$$

其中 ρ 是流体密度，$\boldsymbol{u}$ 是流体速度，c_s^2 是声速，ω_i 是权系数。ω_i 和 c_i 的选取依赖于离散速度

模型。目前，常用的离散速度模型对二维情形有 D2Q5 和 D2Q9 模型，对三维情形有 D3Q7、D3Q15 和 D3Q19 模型，相应参数的取值如下。

D2Q5：

$$\omega_0=\frac{1}{3},\omega_{1-4}=\frac{1}{6},c_s^2=\frac{c^2}{3} \tag{6.4}$$

$$\boldsymbol{c}_i=\begin{pmatrix}0 & 1 & 0 & -1 & 0\\ 0 & 0 & 1 & 0 & -1\end{pmatrix}c \tag{6.5}$$

D2Q9：

$$\omega_0=\frac{4}{9},\omega_{1-4}=\frac{1}{9},\omega_{5-8}=\frac{1}{36},c_s^2=\frac{c^2}{3} \tag{6.6}$$

$$\boldsymbol{c}_i=\begin{pmatrix}0 & 1 & 0 & -1 & 0 & 1 & -1 & -1 & 1\\ 0 & 0 & 1 & 0 & -1 & 1 & 1 & -1 & -1\end{pmatrix}c \tag{6.7}$$

D3Q7：

$$\omega_0=\frac{1}{4},\omega_{1-6}=\frac{1}{8},c_s^2=\frac{c^2}{4} \tag{6.8}$$

$$\boldsymbol{c}_i=\begin{pmatrix}0 & 1 & -1 & 0 & 0 & 0 & 0\\ 0 & 0 & 0 & 1 & -1 & 0 & 0\\ 0 & 0 & 0 & 0 & 0 & 1 & -1\end{pmatrix}c \tag{6.9}$$

D3Q15：

$$\omega_0=\frac{2}{9},\omega_{1-6}=\frac{1}{9},\omega_{7-14}=\frac{1}{72},c_s^2=\frac{c^2}{3} \tag{6.10}$$

$$\boldsymbol{c}_i=\begin{pmatrix}0 & 1 & -1 & 0 & 0 & 0 & 0 & 1 & -1 & 1 & -1 & 1 & -1 & 1 & -1\\ 0 & 0 & 0 & 1 & -1 & 0 & 0 & 1 & 1 & -1 & -1 & 1 & 1 & -1 & -1\\ 0 & 0 & 0 & 0 & 0 & 1 & -1 & 1 & 1 & 1 & 1 & -1 & -1 & -1 & -1\end{pmatrix}c \tag{6.11}$$

D3Q19：

$$\omega_0=\frac{1}{3},\omega_{1-6}=\frac{1}{18},\omega_{7-18}=\frac{1}{36},c_s^2=\frac{c^2}{3} \tag{6.12}$$

$$\boldsymbol{c}_i=\begin{pmatrix}0 & 1 & -1 & 0 & 0 & 0 & 0 & 1 & -1 & 1 & -1 & 1 & -1 & 1 & -1 & 0 & 0 & 0 & 0\\ 0 & 0 & 0 & 1 & -1 & 0 & 0 & 1 & 1 & -1 & -1 & 0 & 0 & 0 & 0 & 1 & -1 & 1 & -1\\ 0 & 0 & 0 & 0 & 0 & 1 & -1 & 0 & 0 & 0 & 0 & 1 & 1 & -1 & -1 & 1 & 1 & -1 & -1\end{pmatrix}c \tag{6.13}$$

其中，c 是格子速度，满足关系式 $c=\delta_x/\delta_t$，δ_x 是离散空间步长。当流体系统受到内部或者外部施加的作用力时，需要在 LBE 中引入外力项分布函数来刻画作用力的影响。许多学者已提出不同类型的 LBE 作用力模型，Guo 等人对 LBE 中的作用力模型进行了详细的理论分析并比较各模型的差异，指出只有 He 模型和 Guo 模型能完全克服作用力中离散效应导致的误差，即两者模型是等价的，尽管形式上差异很大。He 模型外力项分布函数可写为

$$F_i=\left(1-\frac{1}{2\tau}\right)\frac{(\boldsymbol{c}_i-\boldsymbol{u})\cdot\boldsymbol{a}}{c_s^2}f_i^{\mathrm{eq}} \tag{6.14}$$

其中 $\boldsymbol{a}$ 是加速度。Guo 等人提出了另外一种在 LBE 框架下的作用力模型

$$F_i = \left(1 - \frac{1}{2\tau}\right)\omega_i\left[\frac{\boldsymbol{c}_i \cdot \boldsymbol{F}}{c_s^2} + \frac{(\boldsymbol{uF} + \boldsymbol{Fu}):(\boldsymbol{c}_i\boldsymbol{c}_i - c_s^2\boldsymbol{I})}{2c_s^4}\right] \tag{6.15}$$

其中，$\boldsymbol{F}$ 是施加于流体系统的作用力，$\boldsymbol{I}$ 是单位矩阵。流体的宏观物理比如密度、速度和内能（温度）可以通过粒子分布函数的矩条件给出

$$\rho = \sum_i f_i, \quad \rho\boldsymbol{u} = \sum_i \boldsymbol{c}_i f_i + \frac{1}{2}\delta_t \boldsymbol{F} \tag{6.16}$$

$$\rho e = \frac{\rho DRT}{2} = \frac{1}{2}\sum_i (\boldsymbol{c}_i - \boldsymbol{u})^2 f_i \tag{6.17}$$

6.1.2　边界条件处理

格子 Boltzmann 方法在应用的过程中要给定分布函数的边界条件，边界条件的选定会直接影响 LBE 模型的精度和稳定性。传统数值模拟方法按照宏观量给出边界条件，而 LBM 中需要通过给定分布函数的边界条件实现边界处理。在本小节，我们主要介绍几种较为常用的边界处理格式，分别是周期边界格式、标准反弹边界格式和非平衡态外推格式。

1. 周期边界格式

若流场在空间上周期性变化，或者是在某一个方向上趋近于无穷大时，通常选取流场的任意周期性单元作为模拟区域，其边界采用周期性边界格式进行处理。周期边界格式假定当流体粒子从某一边界离开流场时，在下一时间就会从流场对应的另一侧重新进入该流场（如图 6-1 所示）。假设在 x 方向上流体流动的周期为 L，则周期边界格式可以定义为

$$f_i(0, y, z, t + \delta_t) = f_i'(L, y, z, t), \; f_i(L, y, z, t + \delta_t) = f_i'(0, y, z, t) \tag{6.18}$$

其中 f_i' 表示碰撞后的粒子分布函数，c_i 指向流场外部。容易证明，在周期边界格式处理下，整个流场系统的质量以及动量严格守恒。

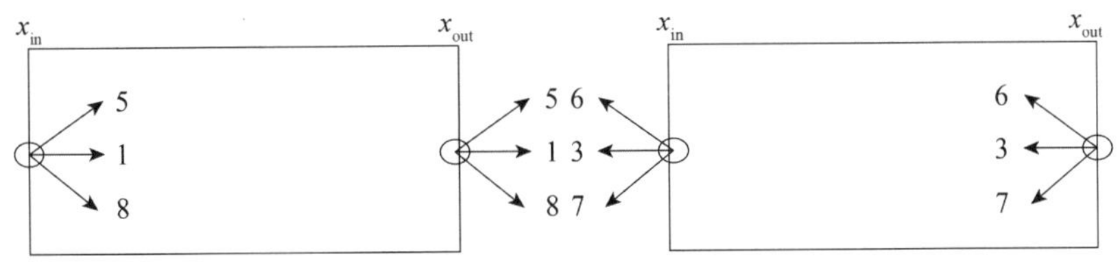

图 6-1　周期边界格式示意图

2. 标准反弹边界格式

标准反弹格式是一种处理静止无滑移壁面的常用边界格式。这种格式的基本思想如图 6-2 所示，认为粒子在与壁面碰撞瞬间速度发生逆转，即

$$f_{i'}(\boldsymbol{x}_f, t + \delta_t) = f_i'(\boldsymbol{x}_f, t) \tag{6.19}$$

其中，$c_{i'} = -c_i$（c_i 指向壁面），x_f 为靠近壁面的第一层流体格点。根据式（6.19）我们可以看出，标准反弹边界格式的实现相对简单，不会增加额外的计算量，缺点是这种格式仅具有一阶精度。处理无滑移边界的另一种改进反弹格式是半步长反弹格式。该格式中边界置于格线的中点上，对临近壁面的第一层流体格点执行标准反弹格式。半步长反弹格式具有二阶的

空间精度。

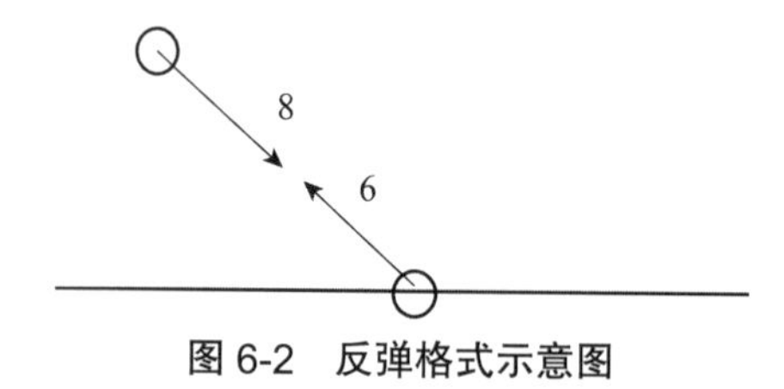

图 6-2　反弹格式示意图

3. 非平衡态外推格式

2002 年，郭照立等人提出了一种新的 LBM 边界条件的外推格式——非平衡态外推格式。该格式将边界节点上的分布函数分成平衡态部分和非平衡态部分，其中平衡态部分通过构造一个平衡态分布函数近似，非平衡态的部分则根据相邻格点的信息通过插值法获得，即

$$f_i\left(\boldsymbol{x}_b,t\right)=f_i^{(\mathrm{eq})}\left(\boldsymbol{x}_b,t\right)+f_i^{(\mathrm{neq})}\left(\boldsymbol{x}_f,t\right) \tag{6.20}$$

其中，$\boldsymbol{x}_b$ 是边界节点，$f_i^{\mathrm{eq}}\left(\boldsymbol{x}_b,t\right)$ 是平衡态部分，$f_i^{\mathrm{neg}}\left(\boldsymbol{x}_f,t\right)=f_i\left(\boldsymbol{x}_f,t\right)-f_i^{(\mathrm{eq})}\left(\boldsymbol{x}_f,t\right)$ 为邻近边界的流体点 $\boldsymbol{x}_f$ 的非平衡态部分。这种格式具有二阶精度，具有非常好的数值稳定性。

6.1.3　等温 LBE 模型的多尺度分析

在本小节，我们利用 Chapman-Enskog 方法分析等温 LBE 模型所恢复的宏观方程。为了简便讨论，我们仅考虑不含外力项的 LBE 模型多尺度分析过程，即 $F_i=0,\boldsymbol{F}=0$。作为预备知识，首先给出平衡态分布函数 f_i^{eq} 所满足的矩条件

$$\sum_i f_i^{\mathrm{eq}}=\rho,\sum_i \boldsymbol{c}_i f_i^{\mathrm{eq}}=\rho\boldsymbol{u},\sum_i \boldsymbol{c}_i\boldsymbol{c}_i f_i^{\mathrm{eq}}=\rho\boldsymbol{u}\boldsymbol{u}+\rho c_s^2\boldsymbol{I},\sum_i \boldsymbol{c}_i\boldsymbol{c}_i\boldsymbol{c}_i f_i^{\mathrm{eq}}=\rho c_s^2\Delta\cdot\boldsymbol{u} \tag{6.21}$$

其中 $\Delta_{\alpha\beta\gamma\theta}=I_{\alpha\beta}I_{\gamma\theta}+I_{\alpha\gamma}I_{\beta\theta}+I_{\alpha\theta}I_{\beta\gamma}$ 是四阶算子。引入两个时间尺度 $t_1=\epsilon t$ 和 $t_2=\epsilon^2 t$ 以及空间尺度 $x_1=\epsilon x$，并对粒子分布函数、时间导数、空间导数做如下的多尺度展开

$$f_i=f_i^{(0)}+\epsilon f_i^{(1)}+\epsilon^2 f_i^{(2)}+\cdots,\partial_t=\epsilon\partial_{t_1}+\epsilon^2\partial_{t_2},\nabla=\epsilon\nabla_1 \tag{6.22}$$

对 LBE 方程（6.1）左端的分布函数 $f_i\left(\boldsymbol{x}+\boldsymbol{c}_i\delta_t,t+\delta_t\right)$ 在空间 $\boldsymbol{x}$ 和时间 t 进行 Taylor 展开，并忽略 $O\left(\delta_t^2\right)$，可以得到

$$\delta_t D_i f_i+\frac{\delta_t^2}{2}D_i f_i=\frac{1}{\tau}\left(f_i-f_i^{\mathrm{eq}}\right) \tag{6.23}$$

其中 $D_i=\partial_t+\boldsymbol{c}_i\cdot\nabla$ 是微分算子。将多尺度展开式（6.22）代入方程（6.23），整理关于 ϵ 各阶的同类项，则可以获得多尺度的介观方程

$$\epsilon^0: f_i^{(0)}=f_i^{(\mathrm{eq})} \tag{6.24}$$

$$\epsilon^1: D_{1i}f_i^{(0)}=-\frac{1}{\tau\delta_t}f_i^{(1)} \tag{6.25}$$

$$\epsilon^2: \partial_{t_2}f_i^{(0)}+D_{1i}f_i^{(1)}+\frac{\delta_t}{2}D_{1i}^2 f_i^{(0)}=-\frac{1}{\tau\delta_t}f_i^{(2)} \tag{6.26}$$

其中 $D_{1i}=\partial_{t_1}+\boldsymbol{c}_i\cdot\nabla_1$。利用方程（6.25），式（6.26）可以改写为

$$\partial_{t_2} f_i^{(0)} + D_{1i}\left(1-\frac{1}{2\tau}\right) f_i^{(1)} = -\frac{1}{\tau\delta_t} f_i^{(2)} \tag{6.27}$$

将多尺度展开式（6.22）代入式（6.16），并根据平衡态分布函数满足的矩条件式（6.21）可导出

$$\sum_i f_i^{(n)} = 0, \sum_i \boldsymbol{c}_i f_i^{(n)} = 0, (n \geqslant 1) \tag{6.28}$$

利用式（6.21）的结果，并对式（6.25）分别求零阶矩和一阶速度矩，可以得到 t_1 尺度上的宏观方程

$$\partial_{t_1}\rho + \nabla_1 \cdot (\rho\boldsymbol{u}) = 0 \tag{6.29}$$

$$\partial_{t_1}(\rho\boldsymbol{u}) + \nabla_1 \cdot \left(\rho\boldsymbol{uu} + \rho c_s^2 \boldsymbol{I}\right) = 0 \tag{6.30}$$

同理，对式（6.27）求零阶矩和一阶矩可以推导出 t_2 尺度上的宏观方程

$$\partial_{t_2}\rho = 0 \tag{6.31}$$

$$\partial_{t_2}(\rho\boldsymbol{u}) + \left(1-\frac{1}{2\tau}\right)\nabla_1 \cdot \Pi^{(1)} = 0 \tag{6.32}$$

其中，$\Pi^1 = \sum_i \boldsymbol{c}_j \boldsymbol{c}_i f_i^1$。利用式（6.25），可知

$$\begin{aligned}\Pi^{(1)} &= \sum_i \boldsymbol{c}_i \boldsymbol{c}_i f_i^{(1)} = -\tau\delta_t \sum_i \boldsymbol{c}_i \boldsymbol{c}_i D_{1i} f_i^{(0)} \\ &= -\tau\delta_t\left[\partial_{t_1}(\rho\boldsymbol{uu} + \rho c_s^2 \boldsymbol{I}) + \nabla_1 \cdot (\rho c_s^2 \Delta \cdot \boldsymbol{u})\right] \\ &= -\tau\delta_t \rho c_s^2\left(\nabla_1 u + \nabla_1 \boldsymbol{u}^{\mathrm{T}}\right) + O\left(\mathrm{Ma}^3\right)\end{aligned} \tag{6.33}$$

其中马赫数 $\mathrm{Ma} = |\boldsymbol{u}| / c_s^2$。最后，分别对方程（6.29）和（6.31）、（6.30）和（6.32）进行尺度黏合，可以得到 LBE 模型所恢复的宏观方程

$$\frac{\partial\rho}{\partial t} + \nabla \cdot (\rho\boldsymbol{u}) = 0 \tag{6.34}$$

$$\frac{\partial(\rho\boldsymbol{u})}{\partial t} + \nabla \cdot (\rho\boldsymbol{uu}) = -\nabla p + \nabla\left[\rho\upsilon(\nabla\boldsymbol{u} + \nabla\boldsymbol{u}^{\mathrm{T}})\right] \tag{6.35}$$

其中，压力 $p = \rho c_s^2$，运动学黏性与松弛因子相关，$\upsilon = c_s^2(\tau - 0.5)\delta_t$。上述的 Chapman-Enskog 分析过程可以证明在低马赫数 $(\mathrm{Ma} \ll 1)$ 条件下，LBE 模型可以恢复到正确的 Navier-Stokes 方程组。

6.2 热流动 LBE 模型

除了等温情形，LBM 已成功地应用于热流体动力学领域。目前热流动 LBE 模型可以分为以下几类模型，即多速模型、双分布函数模型以及与有限差分方法相结合的混合模型。多速模型可以看成是等温 LBE 模型的直接推广，流体的密度、动量和内能（温度）均由单个粒子分布函数 f_i 的各阶速度矩得到。另外，需要利用更多的离散速度才能恢复温度宏观方程，因而计算量和存储量大。多速模型的另一个不足是数值稳定性差，这限制了这类模型在实际中的应用。第二类热 LBE 模型是双分布函数模型，其基本思想是忽略黏性热耗散和压缩功时，

温度看成是一个随流体运动的被动标量，并由与浓度组分相似的对流扩散方程来描述，因而可以使用两个粒子分布函数分别来求解温度输运方程和 Navier-Stokes 方程。这类模型的优势是算法简单、具有良好的数值稳定性，并且所模拟的温度范围也比多速模型大。第三类热 LBE 模型是混合模型，即采用 LBE 模型求解流体流动的速度场，而用有限差分格式求解温度输运方程。本节主要介绍双分布函数模型。

对于不可压流动，流体密度除了浮力项外可以近似看成是常数（也称为 Boussinesq 假设），则流体的输运方程可由不可压 Navier-Stokes 方程来刻画

$$\nabla\cdot\boldsymbol{u}=0 \tag{6.36}$$

$$\frac{\partial\boldsymbol{u}}{\partial t}+\boldsymbol{u}\cdot\nabla\boldsymbol{u}=-\nabla p+\upsilon\nabla^2\boldsymbol{u}+\boldsymbol{a} \tag{6.37}$$

其中，$\boldsymbol{a}$ 是加速度。忽略黏性热耗散和压缩功，即温度的变化对流体流动的影响不大时，温度场的宏观控制方程可以近似为简单的对流扩散方程

$$\frac{\partial T}{\partial t}+\nabla\cdot(T\boldsymbol{u})=D\nabla^2T \tag{6.38}$$

其中 D 是扩散系数。对于非等温的不可压流动，Guo 等人提出了一类双分布的热 LBE 模型，对描述流场的 LBE 采用了 D2Q9 格子，而对温度场的 LBE 采用了 D2Q5 格子

$$f_i(\boldsymbol{x}+\boldsymbol{c}_i\delta_t,t+\delta_t)-f_i(\boldsymbol{x},t)=-\frac{1}{\tau_f}\left[f_i(\boldsymbol{x},t)-f_i^{\text{eq}}(\boldsymbol{x},t)\right]+\delta_tF_i(\boldsymbol{x},t) \tag{6.39}$$

$$g_i(\boldsymbol{x}+\boldsymbol{c}_i\delta_t,t+\delta_t)-g_i(\boldsymbol{x},t)=-\frac{1}{\tau_g}\left[g_i(\boldsymbol{x},t)-g_i^{\text{eq}}(\boldsymbol{x},t)\right] \tag{6.40}$$

其中，平衡态分布函数 f_i^{eq} 和 g_i^{eq} 设定为

$$f_i^{\text{eq}}=\begin{cases}\dfrac{-5p}{3c^2}+s_i(\boldsymbol{u}) & i=0\\[2ex] \dfrac{p}{3c^2}+s_i(\boldsymbol{u}) & i=1,2,3,4\\[2ex] \dfrac{p}{12c^2}+s_i(\boldsymbol{u}) & i=5,6,7,8\end{cases} \tag{6.41}$$

$$g_i^{\text{eq}}=\frac{T}{4}\left(1+2\frac{\boldsymbol{c}_i\cdot\boldsymbol{u}}{c^2}\right),i=1,2,3,4 \tag{6.42}$$

其中，$s_i(\boldsymbol{u})$ 定义为

$$s_i(\boldsymbol{u})=\omega_i\left[\frac{\boldsymbol{c}_i\cdot\boldsymbol{u}}{c_s^2}+\frac{(\boldsymbol{c}_i\cdot\boldsymbol{u})^2}{2c_s^2}-\frac{\boldsymbol{u}\cdot\boldsymbol{u}}{2c_s^4}\right] \tag{6.43}$$

流体的速度、压力和温度可以通过分布函数的速度矩计算

$$\boldsymbol{u}=\sum_i\boldsymbol{c}_if_i+\frac{\delta_t\boldsymbol{a}}{2},p=\frac{3c^2}{5}\left[\sum_{i\neq0}f_i+s_0(\boldsymbol{u})\right],T=\sum_ig_i \tag{6.44}$$

通过 Chapman-Enskog 分析可以发现，Guo 等人的热 LBE 模型所恢复的温度宏观方程与目标方程（6.38）存在不一致。为了克服非物理的离散误差，Chopard 等人针对温度方程提出了一类修正的热 LBE 模型，在演化方程右端加入一项与时间导数有关的源项 G_i

$$g_i(\boldsymbol{x}+\boldsymbol{c}_i\delta_t,t+\delta_t)-g_i(\boldsymbol{x},t)=-\frac{1}{\tau_g}\left[g_i(\boldsymbol{x},t)-g_i^{\text{eq}}(\boldsymbol{x},t)\right]+\delta_tG_i \tag{6.45}$$

其中，G_i 定义为

$$G_i = \left(1 - \frac{1}{2\tau_g}\right)\omega_i \frac{\boldsymbol{c}_i \cdot \partial_t (T\boldsymbol{u})}{c_s^2} \tag{6.46}$$

平衡态分布函数设计为

$$g_i^{\mathrm{eq}} = \omega_i T\left(1 + \frac{\boldsymbol{c}_i \cdot \boldsymbol{u}}{c_s^2}\right) \tag{6.47}$$

可以证明 Chopard 模型对应的宏观方程就是方程（6.38），扩散系数为

$$D = c_s^2\left(\tau_g - \frac{1}{2}\right)\delta_t \tag{6.48}$$

2013 年，Chai 等人利用动量方程在 t_1 尺度上的方程，提出了一类新的关于温度对流扩散方程的 LBE 模型，对应的演化方程如式（6.45）所示，其中平衡态分布函数重新构造为

$$g_i^{\mathrm{eq}} = \omega_i T\left[1 + \frac{\boldsymbol{c}_i \cdot \boldsymbol{u}}{c_s^2} + \frac{(\boldsymbol{c}_i \cdot \boldsymbol{u})^2}{2c_s^4} - \frac{\boldsymbol{u} \cdot \boldsymbol{u}}{2c_s^2}\right] + \lambda_i \frac{Tp}{c_s^2} \tag{6.49}$$

其中，$\lambda_0 = -\sum_{i \neq 0} \lambda_i, \lambda_i = \omega_i (i \neq 0)$ 为了恢复到正确的温度宏观方程，源项 G_i 定义为

$$G_i = \left(1 - \frac{1}{2\tau_g}\right)\omega_i \frac{\boldsymbol{c}_i \cdot (p\nabla T + T\boldsymbol{a})}{c_s^2} \tag{6.50}$$

其中温度梯度 ∇T 可以通过局部的非平衡部分计算，可以保证 LBE 在碰撞过程中也能进行局部计算，与标准 LBE 算法具有相同的简单性。

6.3　气液两相流 LBE 模型

气液两相流广泛存在于能源、环境、化工、航空力学等诸多领域。由于涉及迁移、变形、破碎、合并等复杂界面动力学，而且流动还受到毛细作用、流固间相互作用等众多物理化学因素的影响，这类流动问题通常难以通过解析方法或者理论分析来研究。随着计算机技术的快速发展和数值方法的不断丰富，数值模拟已成为研究气液两相流的有效手段。目前研究气液两相流的传统数值方法包括流体体积函数方法（Volume-of-Fluid）、水平集方法（Level Set Method）和界面跟踪法（Front-tracking Method）。相比传统方法，LBM 可以在介观尺度上直观描述流体与流体之间、流体与固体之间的微观相互作用，自动追踪流体界面，从而在模拟气液两相流方面更具优势。根据文献调研可知，许多学者已经从流体间相互作用力的不同物理背景提出多种类别的气液两相流 LBM 模型，包括颜色梯度 LBM 模型、伪势 LBM 模型、自由能 LBM 模型和基于相场理论的 LBM 模型，感兴趣的读者可以参考最近几年关于多相流的 LBM 模型的综述。相比前三类模型，基于相场理论的 LBM 模型在界面捕获方面具有坚实的物理基础，近年来受到学者的广泛关注。本小节主要介绍基于相场理论的 LBM 模型。

6.3.1 相场理论

根据相场理论方法，一个多相流体系统的自由能泛函可以表示为序参数 ϕ 的函数

$$F(\phi)=\int_{\Omega}\left(\psi(\phi)+\frac{k|\nabla\phi|^2}{2}\right)\mathrm{d}\Omega \tag{6.51}$$

其中，Ω 是多相流体系统所占的体积，$\psi(\phi)$ 是体相区自由能密度函数，$k|\nabla\phi|^2/2$ 是与表面张力相关的自由能。对于范德瓦尔斯（van der Waals）流体，$\psi(\phi)$ 为 double-well 形式

$$\psi(\phi)=\beta(\phi-\phi_A)^2(\phi-\phi_B)^2 \tag{6.52}$$

其中，β 是与界面厚度 D、表面张力 σ 相关的参数。

$$D=\frac{1}{|\phi_A-\phi_B|}\sqrt{\frac{8k}{\beta}} \tag{6.53}$$

$$\sigma=\frac{|\phi_A-\phi_B|^3}{6}\sqrt{2k\beta} \tag{6.54}$$

其中，ϕ_A,ϕ_B 分别是标记流体 A 与 B 的参数，k 是一个正参数。对自由能泛函 $F(\phi)$ 做变分运算，可以得到化学势 μ 的表达式

$$\mu=\frac{\mathrm{d}\psi(\phi)}{\mathrm{d}\phi}-k\nabla^2\phi=4\beta(\phi-\phi_A)(\phi-\phi_B)\left(\phi-\frac{\phi_A+\phi_B}{2}\right)-k\nabla^2\phi \tag{6.55}$$

求解方程 $\mu=0$，我们可以得到一维平板界面内序参数 ϕ 的解析分布

$$\phi(z)=\frac{\phi_A+\phi_B}{2}+\frac{\phi_A-\phi_B}{2}\tan h\left(\frac{2z}{D}\right) \tag{6.56}$$

由相场理论可知，组分间的扩散效应是由化学势梯度 μ 引起的，因此序参数 ϕ 的数学控制方程就为著名的 Cahn-Hilliard 方程

$$\frac{\partial\phi}{\partial t}+\nabla\cdot(\phi\boldsymbol{u})=\nabla\cdot M(\nabla\mu) \tag{6.57}$$

其中，M 为迁移率，$\boldsymbol{u}$ 是宏观流体速度，由含外力项的不可压 Navier-Stokes 方程所描述

$$\nabla\cdot\boldsymbol{u}=0 \tag{6.58}$$

$$\rho\left(\frac{\partial\boldsymbol{u}}{\partial t}+\boldsymbol{u}\cdot\nabla\boldsymbol{u}\right)=-\nabla p+\nabla\cdot\left[\nu\rho(\nabla\boldsymbol{u}+\nabla\boldsymbol{u}^{\mathrm{T}})\right]+\boldsymbol{F}_s+\boldsymbol{G} \tag{6.59}$$

其中，p 为流体动力学压力，ν 为流体的运行黏性系数，$\boldsymbol{G}$ 为外力，$\boldsymbol{F}_s$ 为流体界面处的表面张力。$\boldsymbol{F}_s$ 具有多种形式，为了减小流体界面处的虚假速度，$\boldsymbol{F}_s$ 取为势形式，即 $\boldsymbol{F}_s=\mu\nabla\phi$。

6.3.2　基于相场理论的 LBE 模型

为了求解 Cahn-Hilliard 方程和 Navier-Stokes 方程的耦合系统，需要引入两个分布函数 f_i、g_i，则对应单松弛碰撞算子的 LBE 可表述为

$$f_i(\boldsymbol{x}+\boldsymbol{c}_i\delta_t,t+\delta_t)-f_i(\boldsymbol{x},t)=-\frac{1}{\tau_f}\left[f_i(\boldsymbol{x},t)-f_i^{\mathrm{eq}}(\boldsymbol{x},t)\right]+\delta_t F_i(\boldsymbol{x},t) \tag{6.60}$$

$$g_i(\boldsymbol{x}+\boldsymbol{c}_i\delta_t,t+\delta_t)-g_i(\boldsymbol{x},t)=-\frac{1}{\tau_g}\left(g_i(\boldsymbol{x},t)-g_i^{\mathrm{eq}}(\boldsymbol{x},t)\right)+\delta_t G_i(\boldsymbol{x},t) \tag{6.61}$$

其中，$f_i(\boldsymbol{x},t)$ 表示求解序参数的粒子分布函数，$g_i(\boldsymbol{x},t)$ 是求解流场的密度分布函数，$F_i(\boldsymbol{x},t)$ 和 $G_i(\boldsymbol{x},t)$ 是外力项分布函数，$f_i^{\mathrm{eq}}(\boldsymbol{x},t)$ 是局部的平衡态分布函数，其形式与采用的格子模型相关，可统一地表示为

$$f_i^{\mathrm{eq}}(\boldsymbol{x},t)=\begin{cases}\phi+(\omega_i-1)\eta\mu, & i=0\\ \dfrac{\omega_i\eta\mu+\omega_i\boldsymbol{c}_i\cdot\phi\boldsymbol{u},}{c_s^2} & i\neq 0\end{cases} \tag{6.62}$$

其中，η 为调节迁移率大小的参数。为了满足速度场散度为零的条件，流场的平衡态分布函数设计为

$$g_i^{\mathrm{eq}}(\boldsymbol{x},t)=\begin{cases}\dfrac{p}{c_s^2}(\omega_i-1)+\rho s_i(\boldsymbol{u}) & i=0\\ \dfrac{p}{c_s^2}\omega_i+\rho s_i(\boldsymbol{u}) & i\neq 0\end{cases} \tag{6.63}$$

为了恢复到正确的 Cahn-Hilliard 方程，Liang 等人在 LBE 中引入关于时间导数的源项 F_i，其定义为

$$F_i=\left(1-\frac{1}{2\tau_f}\right)\frac{\omega_i\boldsymbol{c}_i\cdot\partial_t(\phi\boldsymbol{u})}{c_s^2} \tag{6.64}$$

另外，一类新的外力项分布函数构造为

$$G_i=\left(1-\frac{1}{2\tau_g}\right)\frac{(\boldsymbol{c}_i-\boldsymbol{u})}{c_s^2}\cdot\left[s_i(\boldsymbol{u})\nabla(\rho c_s^2)+(\boldsymbol{F}_s+\boldsymbol{F}_a+\boldsymbol{G})(s_i(\boldsymbol{u})+\omega_i)\right] \tag{6.65}$$

其中，$\boldsymbol{F}_a=\dfrac{\rho_A-\rho_B}{\phi_A-\phi_B}\nabla\cdot(M\nabla\mu)\boldsymbol{u}$ 是由 Li 等人为了消除压缩效应引入的额外界面力。

在上述模型中，序参数计算如下

$$\phi=\sum_i f_i \tag{6.66}$$

宏观密度是序参数的线性插值函数

$$\rho=\frac{\phi-\phi_B}{\phi_A-\phi_B}(\rho_A-\rho_B)+\rho_B \tag{6.67}$$

其中 ρ_A，ρ_B 分别是流体 A 和 B 的密度。另外，对 g_i 求一阶矩可以得到宏观速度

$$\boldsymbol{u}=\frac{\sum_i\boldsymbol{c}_i g_i+0.5\delta_t(\boldsymbol{F}_s+\boldsymbol{G})}{\rho-0.5\delta_t(\rho_A-\rho_B)\nabla\cdot M_\phi\nabla\mu/(\phi_A-\phi_B)} \tag{6.68}$$

压力 p 的计算如下

$$p=\frac{c_s^2}{(1-\omega_0)}\left[\sum_{i\neq 0}g_i+\frac{\delta_t}{2}\boldsymbol{u}\cdot\nabla\rho+\rho s_0(\boldsymbol{u})\right] \tag{6.69}$$

通过 Chapman-Enskog 理论分析，上述模型可以准确地恢复到 Cahn-Hilliard 方程和不可压 Navier-Stokes 方程，并且迁移率、运动黏性系数与松弛因子的关系为

$$M=\eta c_s^2(\tau_f-0.5)\delta_t,\upsilon=c_s^2(\tau_g-0.5)\delta_t \tag{6.70}$$

6.3.3 两相流 LBE 模型的多尺度分析

我们利用 Chapman-Enskog 多尺度展开方法对上述提出的 Cahn-Hillard 方程的 LBE 模型进行分析。基于式（6.62）与式（6.64），f_i^{eq} 与 F_i 分别满足如下的矩条件

$$\sum_i f_i^{\mathrm{eq}} = \phi, \sum_i \boldsymbol{c}_i f_i^{\mathrm{eq}} = \phi \boldsymbol{u}, \sum_i \boldsymbol{c}_i \boldsymbol{c}_i f_i^{\mathrm{eq}} = \eta \mu c_s^2 \boldsymbol{I} \tag{6.71}$$

$$\sum_i F_i = 0, \sum_i \boldsymbol{c}_i F_i = \partial_t (\phi \boldsymbol{u}) \tag{6.72}$$

首先，我们将分布函数、时间导数、空间导数在ϵ的连续尺度上进行展开

$$f_i = f_i^{(0)} + \epsilon f_i^{(1)} + \epsilon^2 f_i^{(2)} + \cdots \tag{6.73}$$

$$\partial_t = \epsilon \partial_{t_1} + \epsilon^2 \partial_{t_2}, \nabla = \epsilon \nabla_1 \tag{6.74}$$

其中，ϵ是展开参数。对演化方程（6.60）进行 Taylor 展开，并且利用上述的多尺度展开式，可以分别得到ϵ的零阶、一阶、二阶方程

$$\epsilon^0 : f_i^{(0)} = f_i^{(\mathrm{eq})} \tag{6.75}$$

$$\epsilon^1 : D_{1i} f_i^{(0)} = -\frac{1}{\tau_f \delta_t} f_i^{(1)} + \left(1 - \frac{1}{2\tau_f}\right) \frac{\omega_i \boldsymbol{c}_i \cdot \partial_{t_1} (\phi \boldsymbol{u})}{c_s^2} \tag{6.76}$$

$$\epsilon^2 : \partial_{t_2} f_i^{(0)} + D_{1i} f_i^{(1)} + \frac{\delta_t}{2} D_{1i}^2 f_i^{(0)} = -\frac{1}{\tau_f \delta_t} f_i^{(2)} + \left(1 - \frac{1}{2\tau_f}\right) \frac{\omega_i \boldsymbol{c}_i \cdot \partial_{t_2} (\phi u)}{c_s^2} \tag{6.77}$$

根据式（6.66）与式（6.76），可得

$$\sum_i f_i^{(k)} = 0, (k \geqslant 1) \tag{6.78}$$

$$\sum_i \boldsymbol{c}_i f_i^{(1)} = -\tau_f \delta_t \left[\nabla_1 (\eta \mu c_s^2) + \frac{1}{2\tau_f} \partial_{t_1} (\phi \boldsymbol{u}) \right] \tag{6.79}$$

其中，我们应用了式（6.71）、（6.72）、（6.73）与（6.76）。利用方程（6.76）可将方程（6.77）改写为

$$\partial_{t_2} f_i^{(0)} + \left(1 - \frac{1}{2\tau_f}\right) D_{1i} \left[f_i^{(1)} + \frac{\delta_t \omega_i \boldsymbol{c}_i \cdot \partial_{t_1} (\phi \boldsymbol{u})}{2c_s^2} \right] = -\frac{1}{\tau_f \delta_t} f_i^{(2)} + \left(1 - \frac{1}{2\tau_f}\right) \frac{\omega_i \boldsymbol{c}_i \cdot \partial_{t_2} (\phi \boldsymbol{u})}{c_s^2} \tag{6.80}$$

将方程（6.76）与（6.80）分别对i求和，并且利用方程（6.71）、（6.72）、（6.78）、（6.79），我们可以得到

$$\partial_{t_1} \phi + \partial_1 (\phi \boldsymbol{u}) = 0 \tag{6.81}$$

$$\partial_{t_2} \phi - \nabla_1 (M \nabla_1 \mu) = 0 \tag{6.82}$$

其中，迁移率M为

$$M = \eta c_s^2 (\tau_f - 0.5) \delta_t \tag{6.83}$$

根据上述t_1与t_2尺度的方程，可以得到界面捕获的 LBE 模型所对应的宏观方程

$$\frac{\partial \phi}{\partial t} + \nabla \cdot (\phi \boldsymbol{u}) = \nabla \cdot (M \nabla \mu) \tag{6.84}$$

由上式可以看到，上述模型可以恢复到正确的捕捉相界面的 Cahn-Hillard 方程。

第 7 章　单相湍流的数值模拟

湍流是自然界和工程领域中流体运动的常见形态，获得湍流场流动信息最可靠的方法是直接求解 Navier-Stokes 方程或更为底层的微/介观模型。但是，受计算资源和成本限制，工程中经常使用的是更为经济的湍流模型。本书第 2 章介绍了几个经典的湍流模型，并给出建模方法和过程。本章进一步通过管内充分发展湍流与强旋受限射流两个算例，对标准 $\kappa-\varepsilon$ 模型、RNG $\kappa-\varepsilon$ 模型及代数应力模型（ASM）进行比较研究。

7.1　管内充分发展湍流的数值模拟

7.1.1　标准 $\kappa-\varepsilon$ 模型与 RNG $\kappa-\varepsilon$ 模型

第 2 章在 Navier-Stokes 方程的基础上，使用雷诺分解和系综平均的方法，引入近似假设建立了标准 $\kappa-\varepsilon$ 模型。其中，湍流耗散率 ε 方程采用类比的方法获得，模型常数由经验得到，缺乏理论支撑。

Yakhot 和 Orszag 利用重整化群的方法分析了湍流场，他们认为在高雷诺数的湍流流场中小涡呈各向同性，处于统计定常和统计平衡状态，所以湍流流动在惯性子区域可用随机力作用下的 Navier-Stokes 方程来描述，即所谓的对应原理，湍流运动在惯性子区域用下列方程描述

$$\nabla \boldsymbol{v} = 0 \tag{7.1}$$

$$\frac{\partial \boldsymbol{v}}{\partial t} + (\boldsymbol{v} \cdot \nabla)\boldsymbol{v} = -\frac{1}{\rho}\nabla p + \upsilon \nabla^2 \boldsymbol{v} + \boldsymbol{f} \tag{7.2}$$

其中 ρ 为流体密度，p 为压力，υ 为流体运动黏性系数，f 为随机扰动力。对高波数随机力分量进行逐次平均，在平均过程中，高波数速度分量对低波数速度分量的作用相当于黏性，这样就出现重整化群黏性（Renormalized Viscosity）。Yakhot 和 Orszag 利用他们所推得的重整化黏性公式导出了 RNG $k-\varepsilon$ 模型，从理论上支持了原来 ε 方程的基本形式，并从理论上获得一组模型系数（见表 7-1），所得到的湍动能及其耗散率方程与标准 $\kappa-\varepsilon$ 模型完全一致。对于不可压缩流体，标准 $\kappa-\varepsilon$ 模型与 RNG $\kappa-\varepsilon$ 模型的张量形式如下

$$\frac{\partial \overline{v}_i}{\partial x_i} = 0 \tag{7.3}$$

$$\frac{\partial \overline{v}_i}{\partial t} + \overline{v}_k \frac{\partial \overline{v}_i}{\partial x_k} = -\frac{\partial \overline{p}}{\partial x_i} + \frac{\partial}{\partial x_k}\left[(\upsilon + \upsilon_t)\left(\frac{\partial \overline{v}_i}{\partial x_k} + \frac{\partial \overline{v}_k}{\partial x_i}\right)\right] + \overline{f}_i \tag{7.4}$$

$$\frac{\partial\kappa}{\partial t}+\bar{v}_k\frac{\partial\kappa}{\partial x_k}=\frac{\partial}{\partial x_k}\left[\left(\nu+\frac{\nu_t}{\sigma_\kappa}\right)\frac{\partial\kappa}{\partial x_k}\right]+P_\kappa-\varepsilon \tag{7.5}$$

$$\frac{\partial\varepsilon}{\partial t}+\bar{v}_k\frac{\partial\varepsilon}{\partial x_k}=\frac{\partial}{\partial x_k}\left[\left(\upsilon+\frac{\upsilon_t}{\sigma_\varepsilon}\right)\frac{\partial\varepsilon}{\partial x_k}\right]+\frac{\varepsilon}{\kappa}\left(C_{\varepsilon1}P_\kappa-C_{\varepsilon2}\varepsilon\right) \tag{7.6}$$

表 7-1 标准 $\kappa-\varepsilon$ 模型与 RNG $\kappa-\varepsilon$ 模型系数

	C_μ	σ_k	σ_ε	$C_{\varepsilon1}$	$C_{\varepsilon2}$
标准	0.09	1.0	1.3	1.44	1.92
RNG	0.085	0.7179	0.7179	1.42-f（η）	1.68

其中，$f(\eta)=\dfrac{\eta(1-\eta/\eta_0)}{1+\beta\eta^3}$，$\eta=\dfrac{S\kappa}{\varepsilon}$，$S=2\sqrt{\bar{S}_{ij}\bar{S}_{ij}}$，$\beta=0.015$，$\eta_0=4.38$。

对轴对称问题，采用柱坐标系轴对称方程，统一形式为

$$\frac{\partial(\rho\varphi)}{\partial t}+\frac{1}{r}\left[\frac{\partial(r\rho\bar{u}\varphi)}{\partial x}+\frac{\partial(r\rho\bar{v}\varphi)}{\partial r}\right]=\frac{1}{r}\left[\frac{\partial}{\partial x}\left(r\Gamma_\varphi\frac{\partial\varphi}{\partial x}\right)+\frac{\partial}{\partial r}\left(r\Gamma_\varphi\frac{\partial\varphi}{\partial r}\right)\right]+S_\varphi \tag{7.7}$$

在方程（7.7）中，φ，Γ_φ，S_φ的具体含义见表 7-2。

表 7-2 圆柱系轴对称流动通用方程各项含义

方程	φ	Γ_φ	S_φ
连续方程	1	0	0
轴向动量	$\bar{u}$	μ_{eff}	$-\frac{\partial\bar{p}}{\partial x}+\frac{\partial}{\partial x}\left(\mu_{\text{eff}}\frac{\partial\bar{u}}{\partial x}\right)+\frac{1}{r}\frac{\partial}{\partial r}\left(r\mu_{\text{eff}}\frac{\partial\bar{u}}{\partial r}\right)$
径向动量	$\bar{v}$	μ_{eff}	$-\frac{\partial\bar{p}}{\partial r}+\frac{\partial}{\partial x}\left(\mu_{\text{eff}}\frac{\partial\bar{v}}{\partial x}\right)+\frac{1}{r}\frac{\partial}{\partial r}\left(r\mu_{\text{eff}}\frac{\partial\bar{v}}{\partial r}\right)-2\mu_{\text{eff}}\frac{\bar{v}}{r}+\frac{(\bar{v})^2}{r}$
切向动量	$\bar{w}$	μ_{eff}	$-\frac{\bar{w}}{r^2}\frac{\partial}{\partial r}(r\mu_{\text{eff}})-\rho\frac{\overline{vw}}{r}$
湍动能	κ	$\frac{\mu_{\text{eff}}}{\sigma_\kappa}$	$P_\kappa-\rho\varepsilon$
湍动能耗散率	ε	$\frac{\mu_{\text{eff}}}{\sigma_\varepsilon}$	$\frac{\varepsilon}{\kappa}(C_{\varepsilon1}P_\kappa-C_{\varepsilon2}\varepsilon)$

其中，湍动能生成项

$$P_\kappa=\mu_{\text{eff}}\left\{2\left[\left(\frac{\partial\bar{u}}{\partial x}\right)^2+\left(\frac{\partial\bar{v}}{\partial r}\right)^2+\left(\frac{\bar{v}}{r}\right)^2\right]+\left(\frac{\partial\bar{u}}{\partial r}+\frac{\partial\bar{v}}{\partial x}\right)^2+\left(r\frac{\partial}{\partial r}\left(\frac{\bar{v}}{r}\right)\right)^2+\left(\frac{\partial\bar{w}}{\partial x}\right)^2\right\} \tag{7.8}$$

7.1.2 管内湍流的数值模拟

对管内充分发展湍流的研究已相当成熟，存在大量的实验数据可作比较，所以通常也当作基准问题来检验模型的可靠性和标定湍流模型常数。本节的模拟对象为长直圆管，管长 L 和直径 D 之比为 100，以管径 D 为特征尺寸，特征速度 $U_b=4$。流量与横截面（πD^2）之比

为 1，流动雷诺数 $Re=10000$，计算中采用轴对称形式的控制方程，湍流模型分别采用标准 $\kappa-\varepsilon$ 模型和 RNG $\kappa-\varepsilon$ 模型，网格数为8021。算法采用交错网格上的 SIMPLE 方法。定解条件为如下所述。

进口条件：$\overline{u}_{\text{in}}$ 取 1/7 次方速度分布，$\overline{v}_{\text{in}}=0$，$\kappa_{\text{in}}=0.005\overline{u}_{\text{in}}^2$，$\varepsilon_{\text{in}}=C_\mu^{3/4}\kappa_{\text{in}}^{1.5}/\left(0.03D\right)$。

出口条件：由质量守衡原理确定。

轴对称边界：$\dfrac{\partial\overline{u}}{\partial y}=\dfrac{\partial\kappa}{\partial y}=\dfrac{\partial\varepsilon}{\partial y}=\overline{v}=\overline{w}=0$。

壁面条件：$\overline{u}$，$\overline{w}$ 的近壁点湍流黏性系数采用壁面函数确定

$$y^+=\frac{\Delta d C_\mu^{\frac{1}{4}}\kappa_p^{\frac{1}{2}}}{\upsilon},u^+=\frac{1}{\hat{\kappa}}\ln\left(Ey^+\right),y^+=\frac{y^+\mu}{u^+} \tag{7.9}$$

其中，$\hat{\kappa}=0.4$，$E=9.0$，Δd 为近壁点到壁面的距离。近壁点的 κ 还按原方程计算，但 ε 按下式决定

$$\varepsilon=\frac{C_\mu^{\frac{3}{4}}\kappa^{\frac{1}{2}}}{\hat{\kappa}\Delta d}$$

轴向速度、湍动能和湍流耗散率径向分布的计算结果如图 7-1～图 7-3 所示，取值位置在 $x/D=80$ 处，实验结果引自文献[70]。使用标准 $\kappa-\varepsilon$ 模型和 RNG $\kappa-\varepsilon$ 模型的计算结果非常接近，两种模型的计算结果与实验值都吻合得很好，这说明含有附加生成项的 RNG ε 方程在简单流场中与标准 $\kappa-\varepsilon$ 模型的 ε 方程具有等效性。

为了了解湍流时间尺度比 η 和模型系数 C_1 在流场中的变化情况，这里取出位置在 $x/D=80$ 处的湍流时间尺度比 η 和模型系数 C_1 的计算值（见图 7-4、图 7-5），从图 7-4 可以看出，湍流时间尺度比 η 随离壁面距离的增加而增加，当到达对称轴处，接近于湍流各向同性剪切流时间尺度比取值，而对称轴处的湍流充分发展，呈各向同性，这与一般结论相符。在 RNG $\kappa-\varepsilon$ 模型中，这里的模型系数 $C_{1,\text{RNG}}$ 相当于

$$C_{1,\text{RNG}}=C_1-\eta\left(1-\eta/\eta_0\right)/(1+\beta\eta^3) \tag{7.10}$$

从图 7-5 可以看出，模型系数 $C_{1,\text{RNG}}$ 的值沿径向在 1 附近变化，虽然这里无法详细分析其变化的原因，但变化的等效模型常数有利于描述速度梯度大的分离流场。

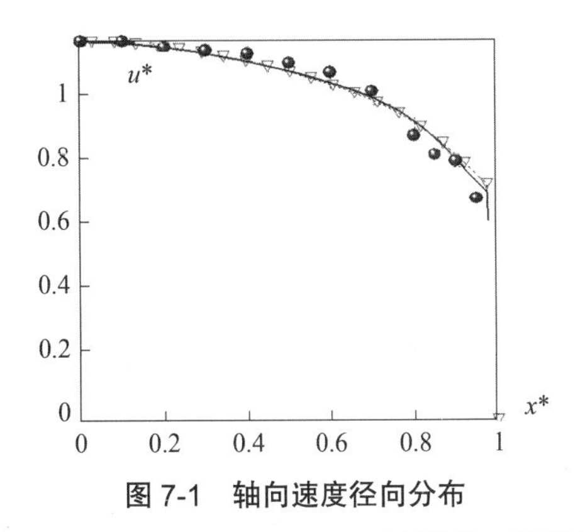

图 7-1　轴向速度径向分布

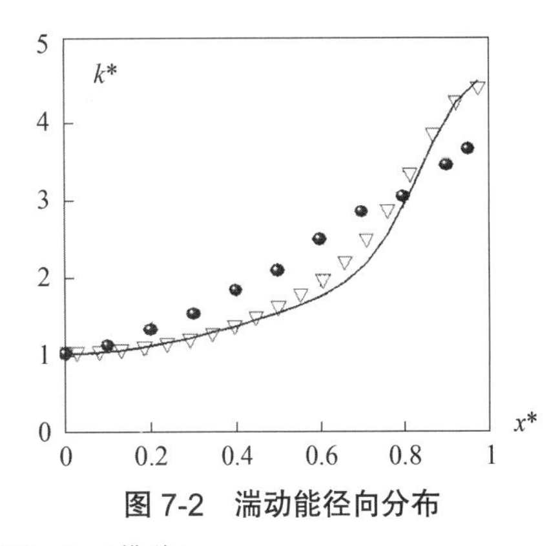

图 7-2　湍动能径向分布

（●实验值，▽标准 $\kappa-\varepsilon$ 模型，——RNG $\kappa-\varepsilon$ 模型）

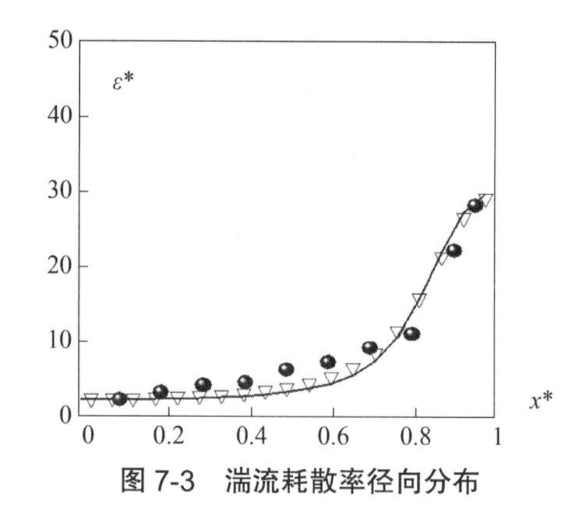

图 7-3　湍流耗散率径向分布

（•实验值，∇标准 $\kappa-\varepsilon$ 模型，——RNG　$\kappa-\varepsilon$ 模型）

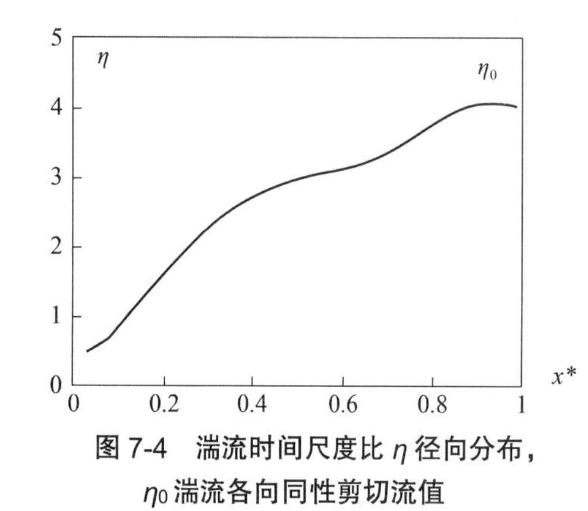

图 7-4　湍流时间尺度比 η 径向分布，η_0 湍流各向同性剪切流值

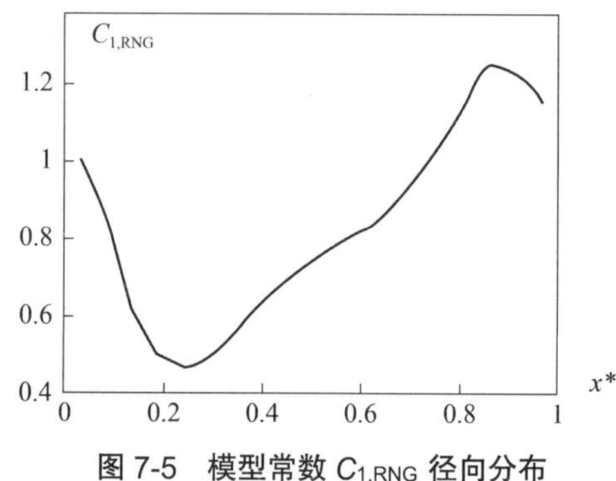

图 7-5　模型常数 $C_{1,\mathrm{RNG}}$ 径向分布

通过对管内充分发展湍流的计算能表明一点：RNG　$\kappa-\varepsilon$ 模型对简单流场，与标准 $\kappa-\varepsilon$ 模型具有等效的预测能力，且其变化的等效模型常数使得该模型有更大的适应性。

7.2　强旋转受限射流的数值模拟

旋转流动，包括旋转受限流动和旋转自由射流，广泛地应用于工程技术中，如旋流燃烧器、旋风分离器、旋风炉、旋转叶片式燃气轮机等。按旋流强度的大小，流体力学中将旋转流动分为强旋转流动和弱旋转流动。弱旋转流动由于不出现轴向逆流，使用常规的 $\kappa-\varepsilon$ 模型模拟就可以满足工程要求。而强旋转流动的准确预报较为困难，这是因为强旋转流动有其自身特点。

在强旋转流动中，存在着的沿轴线的逆压梯度不能被轴向流动的流体动能所克服，从而形成一个内部回流区。在强旋转流动湍流模拟中，其 6 个湍流应力差别较大，对应的 6 个等效湍流黏度中起主要作用的是 $\mu_{z\varphi}$、$\mu_{\varphi\varphi}$、μ_{zz}，并且等效湍流黏度的数值沿径向的变化很大，即湍流表现出强各向异性。由于湍流的强各向异性，流场中大小涡旋的级串关系复杂。数值模拟中，使用单一尺度-湍流耗散率 ε 不足以全面反映其湍流特性。一般的工程旋转流动中，大都是旋流-直流、旋流-旋流组合射流，增加了流动的复杂性，使数值模拟更困难。

对强旋转流动数值模拟，Abnjelala 和 Lilley 在 20 世纪 80 年代中曾使用标准 $\kappa-\varepsilon$ 模型来模拟受限强旋流，但模拟结果与实验结果相去甚远。文献[29]中对 90 年以前的工作做了详细的介绍，但所有的结果都不能令人满意，主要表现在：对回流区的预报不准确，回流区过短，因而轴向速度，特别在轴线处的轴向速度过大；切向速度的径向分布不饱满，轴线处的切向速度太小；湍流量的模拟分析欠缺。20 世纪 90 年代以后，针对强旋转流动的特性，有的研究者提出了不同的模型来模拟强旋转流动，较为成功的有代数应力模型（ASM）和双时间尺度模型。代数应力模型可以反映强旋转流动的各向异性特点，其预报结果比 $\kappa-\varepsilon$ 模型有较大的改正。双时间尺度模型，对表示湍流涡尺度的 ε 方程做了修正。本节模拟采用 RNG $\kappa-\varepsilon$ 方程与 ASM 结合的数学模型（RNG-ASM 模型），其中 RNG $\kappa-\varepsilon$ 方程用于求解流体速度、湍动能及其耗散率分布，代数应力模型用于求解雷诺应力分布。

7.2.1 数学模型——RNG-ASM 模型

张健对代数应力模型做了详细推导，本节先给出张健的 Zhang-ASM 模型，然后给出 RNG $\kappa-\varepsilon$ 方程。

1. Zhang–ASM 方程

代数应力模型来源于 Reynolds 应力模型，Reynolds 应力输运方程可简单地表达为张量形式

$$\rho\frac{\partial\overline{v_i'v_j'}}{\partial t}+C_{ij}=D_{ij}+\rho P_{ij}+\rho\,\Phi_{ij}-\frac{2}{3}\delta_{ij}\rho\varepsilon \tag{7.11}$$

上式中各项依次为非稳态项、对流项、扩散项、雷诺应力生成项、再分配项和耗散项，第 2 到第 5 项的具体表达式为

$$C_{ij}=\rho\overline{v}_k\frac{\partial\overline{v_i'v_j'}}{\partial x_k} \tag{7.12}$$

$$D_{ij}=C_s\frac{\partial}{\partial x_k}\left(\rho\frac{\kappa}{\varepsilon}\overline{v_k'v_l'}\frac{\partial\overline{v_i'v_j'}}{\partial x_l}\right) \tag{7.13}$$

$$P_{ij}=-R_{ik}\frac{\partial\overline{v}_j}{\partial x_k}-R_{jk}\frac{\partial\overline{v}_i}{\partial x_k} \tag{7.14}$$

$$\Phi_{ij}=-C_1\frac{\varepsilon}{\kappa}\left(R_{ij}-\frac{2}{3}\kappa\delta_{ij}\right)-C_2\left(P_{ij}-\frac{1}{3}P_{kk}\delta_{ij}\right) \tag{7.15}$$

这里，C_1，C_2，C_s 为模型常数。在轴对称圆柱坐标系中，与径向和切向脉动速度有关的 Reynolds 应力对流项 C_{ij} 写为

$$C_{rr}=\rho\overline{u}\frac{\partial\overline{v'v'}}{\partial x}+\rho\overline{v}\frac{\partial\overline{v'v'}}{\partial r}-2\rho\overline{v'w'}\frac{\overline{w}}{r} \tag{7.16}$$

$$C_{\theta\theta}=\rho\overline{u}\frac{\partial\overline{w'w'}}{\partial x}+\rho\overline{v}\frac{\partial\overline{w'w'}}{\partial r}+2\rho\overline{v'w'}\frac{\overline{w}}{r} \tag{7.17}$$

$$C_{xr}=\rho\overline{u}\frac{\partial\overline{u'v'}}{\partial x}+\rho\overline{v}\frac{\partial\overline{u'v'}}{\partial r}-\rho\overline{u'w'}\frac{\overline{w}}{r} \tag{7.18}$$

$$C_{r\theta}=\rho\overline{u}\frac{\partial\overline{v'w'}}{\partial x}+\rho\overline{v}\frac{\partial\overline{v'w'}}{\partial r}+\rho\left(\overline{v'v'}-\overline{w'w'}\right)\frac{\overline{w}}{r} \tag{7.19}$$

$$C_{\theta x}=\rho\overline{u}\frac{\partial\overline{v'w'}}{\partial x}+\rho\overline{v}\frac{\partial\overline{v'w'}}{\partial r}+\rho\overline{u'v'}\frac{\overline{w}}{r} \tag{7.20}$$

将式（7.12）分为两个部分，表达成统一的形式为

$$C(\Phi)=\rho\bar{u}\frac{\partial\Phi}{\partial x}+\rho\bar{v}\frac{\partial\Phi}{\partial r}+S_c(\Phi) \tag{7.21}$$

那么 Reynolds 应力对流项C_{ij}的两部分中，第一部分是等号右边前两项，其含义是 Reynolds 应力梯度引起的对流，第二部分是$S_c(\phi)$，将它称为非梯度对流源项，该项与切向速度w密切相关（与旋转密切相关），对该项要慎重处理。方法是将$S_c(\phi)$表示为一张量A_{ij}，并乘以$0\sim1$之间的系数Ψ；而 Reynolds 应力梯度对流项仍按 Rodi 的处理方法处理，即

$$\rho\bar{u}\frac{\partial\overline{v_i'v_j'}}{\partial x}+\rho\bar{v}\frac{\partial\overline{v_i'v_j'}}{\partial r}-D_{ij}=\frac{\overline{v_i'v_j'}}{k}\left(\rho\bar{u}\frac{\partial\kappa}{\partial x}+\rho\bar{v}\frac{\partial\kappa}{\partial r}-D_k\right)=\frac{\overline{v_i'v_j'}}{\kappa}(P-\rho\varepsilon) \tag{7.22}$$

式（7.22）与（7.11）结合，则

$$\frac{\overline{v_i'v_j'}}{\kappa}(P-\rho\varepsilon)+\psi A_{ij}=\rho P_{ij}+\rho\,\Phi_{ij}-\frac{2}{3}\delta_{ij}\rho\varepsilon \tag{7.23}$$

将式（7.12）至（7.15）的 4 个式子代入式（7.23），并进行整理

$$\overline{v_i'v_j'}=\frac{2}{3}\delta_{ij}\kappa+\lambda\frac{\kappa}{\varepsilon}\left(P_{ij}-\frac{2}{3}\delta_{ij}P-\beta A_{ij}\right) \tag{7.24}$$

其中模型系数为

$$\lambda=\frac{1-C_2}{C_1-1+(P/\varepsilon)}，\quad \beta=\frac{\psi}{1-C_2}$$

在实际计算中，并不是由C_1，C_2，ψ来确定模型常数β，λ，而是通过与标准$\kappa-\varepsilon$模型的比较及与计算检验比较而确定的。

轴对称圆柱坐标系中的新型代数应力方程组可由式（7-39）展开，表达为矩阵形式

$$\boldsymbol{A}\times\boldsymbol{R}=\boldsymbol{B} \tag{7.25}$$

其中，$\boldsymbol{R}=\left[\overline{u'u'},\overline{v'v'},\overline{w'w'},\overline{u'v'},\overline{u'w'},\overline{v'w'}\right]^{\mathrm{T}}$，$\boldsymbol{B}=\left[\frac{\varepsilon}{\lambda},\frac{\varepsilon}{\lambda},\frac{\varepsilon}{\lambda},0,0,0\right]^{\mathrm{T}}$，

$$\boldsymbol{A}=\begin{bmatrix}
\frac{3\varepsilon}{2\lambda k}+2\frac{\partial\bar{u}}{\partial x} & -\frac{\partial\bar{v}}{\partial r} & -\frac{\bar{v}}{r} & -\left(\frac{\partial\bar{v}}{\partial x}-2\frac{\partial\bar{u}}{\partial r}\right) & -r\frac{\partial}{\partial r}\left(\frac{\bar{w}}{r}\right) & -\frac{\partial\bar{w}}{\partial x}\\
-\frac{\partial\bar{u}}{\partial x} & \frac{3\varepsilon}{2\lambda k}+2\frac{\partial\bar{v}}{\partial r} & -\frac{\bar{v}}{r} & -\left(\frac{\partial\bar{u}}{\partial r}-2\frac{\partial\bar{v}}{\partial x}\right) & -\left[\frac{\partial\bar{w}}{\partial r}+(2+3\beta)\frac{\bar{w}}{r}\right] & -\frac{\partial\bar{w}}{\partial x}\\
-\frac{\partial\bar{u}}{\partial x} & -\frac{\partial\bar{v}}{\partial r} & \frac{3\varepsilon}{2\lambda k}+2\frac{\bar{v}}{r} & -\left(\frac{\partial\bar{u}}{\partial r}+\frac{\partial\bar{v}}{\partial x}\right) & 2\frac{\partial\bar{w}}{\partial r}+(1+3\beta)\frac{\bar{w}}{r} & 2\frac{\partial\bar{w}}{\partial x}\\
\frac{\partial\bar{v}}{\partial x} & \frac{\partial\bar{u}}{\partial r} & 0 & \frac{\varepsilon}{\lambda k}+\left(\frac{\partial\bar{u}}{\partial x}+\frac{\partial\bar{v}}{\partial r}\right) & 0 & -(1+\beta)\frac{\bar{w}}{x}\\
0 & \frac{\partial\bar{w}}{\partial r}+\beta\frac{\bar{w}}{r} & -(1+\beta)\frac{\bar{w}}{r} & \frac{\partial\bar{w}}{\partial x} & \frac{\varepsilon}{\lambda k}+\left(\frac{\partial\bar{v}}{\partial r}+\frac{\bar{v}}{r}\right) & \frac{\partial\bar{v}}{\partial x}\\
\frac{\partial w}{\partial x} & 0 & 0 & \frac{\partial\bar{w}}{\partial r}+\beta\frac{\bar{w}}{r} & \frac{\partial\bar{u}}{\partial r} & \frac{\varepsilon}{\lambda k}+\left(\frac{\partial\bar{u}}{\partial x}+\frac{\bar{v}}{r}\right)
\end{bmatrix} \tag{7.26}$$

从本质上说，该代数应力方程组与 Rodi 的近似没有区别，但这种形式有利于对强旋流的数值计算。

基于强旋流的特点，即在大部分的流场中

$$\overline{w} \gg \overline{u} \gg \overline{v}\text{，}\quad \frac{\partial}{\partial r} \gg \frac{\partial}{\partial x} \gg \frac{\partial}{\partial \theta}$$

在代数应力方程中，与$\frac{\partial \overline{u}}{\partial r},\frac{\partial \overline{w}}{\partial r},\frac{\overline{w}}{r}$相比，$\frac{\partial \overline{u}}{\partial x},\frac{\partial \overline{v}}{\partial x},\frac{\overline{v}}{r}$可以忽略。式（7.26）中的矩阵 $\boldsymbol{A}$ 简化为

$$\boldsymbol{A}=\begin{bmatrix} \frac{3\varepsilon}{2\lambda k} & 0 & 0 & 2\frac{\partial \overline{u}}{\partial r} & -r\frac{\partial}{\partial r}\left(\frac{\overline{w}}{r}\right) & 0 \\ 0 & \frac{3\varepsilon}{2\lambda k} & 0 & -\frac{\partial \overline{u}}{\partial r} & -\left[\frac{\partial \overline{w}}{\partial r}+(2+3\beta)\frac{\overline{w}}{r}\right] & 0 \\ 0 & 0 & \frac{3\varepsilon}{2\lambda k} & -\frac{\partial \overline{u}}{\partial r} & 2\frac{\partial \overline{w}}{\partial r}+(1+3\beta)\frac{\overline{w}}{r} & 0 \\ 0 & \frac{\partial \overline{u}}{\partial r} & 0 & \frac{\varepsilon}{\lambda k} & 0 & -(1+\beta)\frac{\overline{w}}{x} \\ 0 & \frac{\partial \overline{w}}{\partial r}+\beta\frac{\overline{w}}{r} & -(1+\beta)\frac{\overline{w}}{r} & 0 & \frac{\varepsilon}{\lambda k} & 0 \\ \frac{\partial w}{\partial x} & 0 & 0 & \frac{\partial \overline{w}}{\partial r}+\beta\frac{\overline{w}}{r} & \frac{\partial \overline{u}}{\partial r} & \frac{\varepsilon}{\lambda k} \end{bmatrix}$$

这样可以解得这个 6 阶代数方程组

$$\overline{u'v'}=-\upsilon_{xr}\frac{\partial \overline{u}}{\partial r} \tag{7.27}$$

$$\overline{w'v'}=-\upsilon_{r\theta}r\frac{\partial}{\partial r}\left(\frac{\partial \overline{w}}{\partial r}\right) \tag{7.28}$$

$$\overline{u'w'}=-\lambda\frac{\kappa}{\varepsilon}\overline{u'u'}\frac{\partial \overline{w}}{\partial x}-\lambda\frac{\kappa}{\varepsilon}\left[\left(\frac{\partial \overline{w}}{\partial r}+\beta\frac{\overline{w}}{r}\right)\overline{u'v'}+\frac{\partial \overline{u}}{\partial r}\overline{v'w'}\right] \tag{7.29}$$

$$\overline{u'u'}=\frac{2}{3}\kappa+\frac{2}{3}\lambda\frac{\kappa}{\varepsilon}\left[-2\frac{\partial \overline{u}}{\partial r}\overline{u'v'}+r\frac{\partial}{\partial r}\left(\frac{\overline{w}}{r}\right)\overline{v'w'}\right] \tag{7.30}$$

$$\overline{v'v'}=\frac{2}{3}\kappa+\frac{2}{3}\lambda\frac{\kappa}{\varepsilon}\left\{\frac{\partial \overline{u}}{\partial r}\overline{u'v'}+\left[\frac{\partial \overline{w}}{\partial r}+(2+3\beta)\frac{\overline{w}}{r}\right]\overline{v'w'}\right\} \tag{7.31}$$

$$\overline{w'w'}=\frac{2}{3}\kappa+\frac{2}{3}\lambda\frac{\kappa}{\varepsilon}\left\{\frac{\partial \overline{u}}{\partial r}\overline{u'v'}-\left[2\frac{\partial \overline{w}}{\partial r}+(1+3\beta)\frac{\overline{w}}{r}\right]\overline{v'w'}\right\} \tag{7.32}$$

其中，

$$v_{xr}=\frac{b_1-a_1b_2r\frac{\partial}{\partial r}\left(\frac{\overline{w}}{r}\right)}{1-a_1a_2\frac{\partial \overline{u}}{\partial r}r\frac{\partial}{\partial r}\left(\frac{\overline{w}}{r}\right)} \tag{7.33}$$

$$v_{r\theta}=\frac{b_2-a_2b_1r\frac{\partial \overline{u}}{\partial r}}{1-a_1a_2\frac{\partial \overline{u}}{\partial r}r\frac{\partial}{\partial r}\left(\frac{\overline{w}}{r}\right)} \tag{7.34}$$

$$a_1 = \left(\lambda \frac{k}{\varepsilon}\right)^2 \left[\left(\frac{7}{3} + 3\beta\right)\frac{\overline{w}}{r} + \frac{3}{2}\frac{\partial \overline{w}}{\partial r}\right] / A_1$$

$$a_2 = \frac{2}{3}\left(\lambda \frac{k}{\varepsilon}\right)^2 \frac{\partial \overline{u}}{\partial r} / A_2$$

$$b_1 = \frac{2}{3}\lambda \frac{k^2}{\varepsilon} / A_1$$

$$b_2 = \frac{2}{3}\lambda \frac{k^2}{\varepsilon} / A_2$$

$$A_1 = 1 + \left(\lambda \frac{k}{\varepsilon}\right)^2 \left[\frac{2}{3}\left(\frac{\partial \overline{u}}{\partial r}\right)^2 + (1+\beta)\frac{\overline{w}}{r}\frac{\partial \overline{w}}{\partial r} + (1+\beta)\beta\left(\frac{\overline{w}}{r}\right)^2\right]$$

$$A_2 = 1 + \frac{2}{3}\left(\lambda \frac{k}{\varepsilon}\right)^2 \left[\left(\frac{\partial \overline{w}}{\partial r}\right)^2 + (4+6\beta)\frac{\overline{w}}{r}\frac{\partial \overline{w}}{\partial r} + \left(1+6\beta+6\beta^2\right)\left(\frac{\overline{w}}{r}\right)^2\right]$$

在数值计算过程中，直接利用式（7.27）～（7.34）这个显式解，一方面可以节约计算时间，另一方面，可以避免求解代数方程时使用迭代方法产生的不收敛问题，或直接求解法可能出现的矩阵不对角占优问题。

Zhang-ASM 模型对 Reynolds 应力对流项中的非梯度对流项做了特殊处理，推出了旋转对 Reynolds 应力的贡献。对旋风炉内流场的数值模拟表明，Zhang-ASM 模型对旋风炉内流场的中心回流区和 Rankine 涡的预报是成功的，无论是轴向速度还是切向速度，比原 ASM 模型和 $\kappa-\varepsilon$ 模型都有较大的改善。但在回流区附近、速度变化剧烈的小区域内，轴向速度的分布趋势与实验结果有差异，切向速度的预报偏大。

2. RNG-ASM 方程

将新代数应力模型（ASM）和 RNG $\kappa-\varepsilon$ 方程结合起来，建立 RNG-ASM 模型，并改写成统一形式，改写过程基于以下几点：

① 引进 3 个新的涡黏系数 μ_{xr}，$\mu_{r\theta}$，$\mu_{\theta x}$，以反映强旋流的各向异性特点。

② 为了求解的稳定性，引入伪扩散涡黏系数 μ_t，因此源项中出现伪扩散项。

③ 使用 RNG $\kappa-\varepsilon$ 模型中的模型常数。

④ 对湍能产生项按强旋转湍流的特点进行简化。

代数应力模型的统一形式为

$$\frac{\partial}{\partial x}(\rho \overline{u} \Phi) + \frac{1}{r}\frac{\partial}{\partial r}(r\rho \overline{v} \Phi) = \frac{\partial}{\partial x}\left(\Gamma_{\varphi x}\frac{\partial \Phi}{\partial x}\right) + \frac{1}{r}\frac{\partial}{\partial r}\left(r\Gamma_{\varphi r}\frac{\partial \Phi}{\partial r}\right) + S(\Phi) \tag{7.35}$$

其中的各项和常数含义见表 7-3、表 7-4。

表 7-3　代数应力模型各项含义

	$\Gamma_{\varphi x}$	$\Gamma_{\varphi r}$	S_{φ}
$\overline{u}$	μ_e	μ_{xr}	$\frac{\partial}{\partial x}\left(\mu_{\text{eff}}\frac{\partial \overline{u}}{\partial x}\right) + \frac{1}{r}\frac{\partial}{\partial r}\left(r\mu_{xr}\frac{\partial \overline{v}}{\partial r}\right) - \frac{\partial p}{\partial x} - \frac{\partial}{\partial x}\left(p\overline{u'u'}\right) - 2\frac{\partial}{\partial x}\left(\mu_t\frac{\partial \overline{u}}{\partial x}\right)$
$\overline{v}$	μ_{xr}	μ_e	$\frac{\partial}{\partial x}\left(\mu_{xr}\frac{\partial \overline{u}}{\partial x}\right) + \frac{1}{r}\frac{\partial}{\partial r}\left(r\mu_e\frac{\partial \overline{v}}{\partial r}\right) - \frac{\partial p}{\partial x} - \frac{\partial}{r\partial r}\left(r\rho\overline{v'v'}\right) - 2\frac{\partial}{r\partial r}\left(\mu_t r\frac{\partial \overline{v}}{\partial r}\right) - 2\frac{\mu_e \overline{v}}{r^2} + \frac{\rho \overline{w}^2}{r} + \frac{\rho\overline{w'w'}}{r}$

（续表）

	$\Gamma_{\varphi x}$	$\Gamma_{\varphi r}$	S_φ
$\overline{w}$	$\mu_{\theta x}$	$\mu_{r\theta}$	$-\frac{\rho\overline{v}\overline{w}}{r}-\frac{\overline{w}}{r^2}\frac{\partial(r\mu_{r\theta})}{\partial r}-\frac{\partial}{\partial x}\left(\overline{u'w'}+\mu_{\theta x}\frac{\partial\overline{w}}{\partial x}\right)$
κ	$\frac{\mu_e}{\sigma_\kappa}$	$\frac{\mu_e}{\sigma_\kappa}$	$P_\kappa-\rho\varepsilon$
ε	$\frac{\mu_e}{\sigma_\varepsilon}$	$\frac{\mu_e}{\sigma_\varepsilon}$	$\frac{\varepsilon}{\kappa}(C_1P_\kappa-C_2\varepsilon)$

表中，$\mu_e=\rho C_\mu$，$\mu_t=\rho C_\mu\frac{\kappa^{1.5}}{\varepsilon}$，$\mu_{xr}=\rho v_{xr}$，$\mu_{r\theta}=\rho\upsilon_{r\theta}$，$\mu_{\theta x}=\rho\lambda\frac{\kappa}{\varepsilon}\overline{u'u'}$，$P_\kappa=-\rho\frac{\partial\overline{u}}{\partial r}\overline{u'v'}-\rho r\frac{\partial}{\partial r}\left(\frac{\overline{w}}{r}\right)\overline{v'w'}$。

表 7-4　代数应力模型常数值

λ	σ_k	σ_ε	C_1	C_2	C_μ	β
0.135	0.7179	0.7179	1.42	1.68	0.085	0～1.2

7.2.2　模拟对象与方法

模拟对象为 Yoon.H.K 和 Lilly.D.G 的受限强旋流实验，20 世纪 80 年代初 Abnjelala.M.T 和 Lilley.D.G 曾用标准 $\kappa-\varepsilon$ 模型计算过，但模拟结果与实验结果差别较大。计算区域如图 7-6 所示。

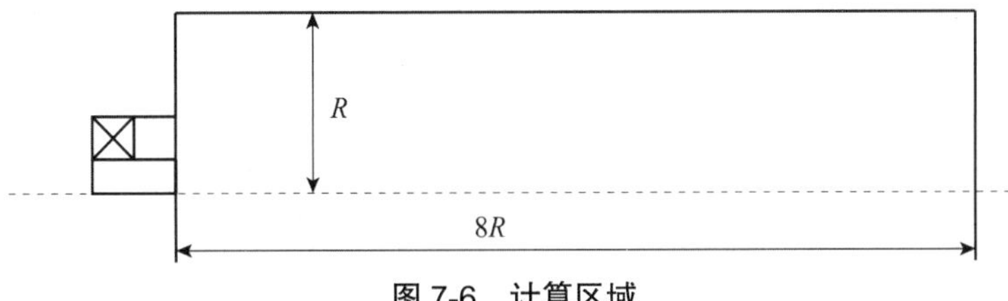

图 7-6　计算区域

同时使用标准 $\kappa-\varepsilon$ 模型和代数应力模型进行计算，采用交错网格的 SIMPLE 算法。网格数为 80×21。边界条件介绍如下。

进口条件：$\overline{u}_{\text{in}}$，$\overline{w}_{\text{in}}$ 使用实验值，$\overline{v}_{\text{in}}=0$，$k_{\text{in}}=0.06\overline{u}_{\text{in}}^2$，$\varepsilon_{\text{in}}=C_\mu^{\frac{3}{4}}k_{\text{in}}^{\frac{3}{2}}/(0.03y_c)$，$y_c$ 为喷口宽度。

出口条件：轴向速度出口为 $\overline{u}_{l_1,j}=f\cdot\overline{u}_{l_2,j}$，其中 f 由质量守衡原理确定

$$f=\frac{F_{in}}{\sum\rho\left(\overline{u}_{l_2,j}+\overline{u}_{\min}\right)A_i}$$

$\overline{u}_{l_1,j}$ 表示轴向出口速度，$\overline{u}_{l_2,j}$ 表示与边界临近的轴向速度，A_i 为出口面积，F_{in} 为进口流量。其他变量出口条件满足

$$\frac{\partial\overline{w}_{\text{out}}}{\partial x}=\frac{\partial k_{\text{out}}}{\partial x}=\frac{\partial\varepsilon_{\text{out}}}{\partial x}=\overline{v}_{\text{out}}=0$$

轴对称边界：$\dfrac{\partial \overline{u}}{\partial y}=\dfrac{\partial k}{\partial y}=\dfrac{\partial \varepsilon}{\partial y}=\overline{v}=\overline{w}=0$

壁面条件：壁面条件按式（7.9）计算。

7.2.3 收敛性与计算速度

从图 7-7 中可以看出，代数应力模型（ASM）比标准 $\kappa-\varepsilon$ 模型的收敛性差，但 ASM 模型的收敛性还是良好的。从计算速度上看，ASM 模型也比标准 $\kappa-\varepsilon$ 模型的差一些，比较见表 7-5、表 7-6。Zhang-ASM 模型的计算速度和收敛性与 RNG -ASM 模型基本一致。

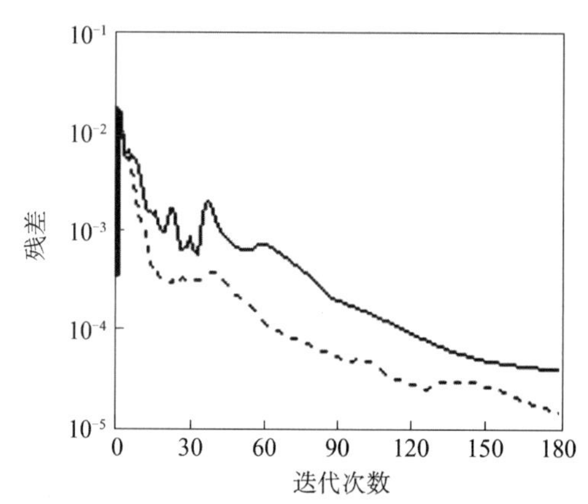

图 7-7 标准 $\kappa-\varepsilon$ 模型和 ASM 模型的收敛性比较

（—ASM 模型，---标准 $\kappa-\varepsilon$ 模型）

表 7-5 收敛性与计算速度比较

	迭代步	CPU 时间	精度
$\kappa-\varepsilon$ 模型	180	198 秒	1.37×10^{-5}
RNG-ASM 模型	180	288 秒	3.68×10^{-5}

表 7-6 ASM 模型中各量的弛豫系数

$\overline{u}$	$\overline{v}$	$\overline{w}$	P	μ_t	κ	ε
0.5	0.4	0.8	0.6	0.5	0.4	0.4

7.2.4 计算结果分析

1. 旋流数 Ω=0.67 的旋流场流线分布

使用标准 $\kappa-\varepsilon$ 模型、Zhang-ASM 模型和 RNG-ASM 模型对旋流数为 0.67 的流场进行模拟，其流线图见图 7-8～图 7-10。标准 $\kappa-\varepsilon$ 模型预报的中心回流区为 $2R$ 左右，与 Abnjelala.M.T 和 Lilley.D.G 的计算结果相似，与实验值相距较大，其他两个模型有较大改善，见表 7-7。

2. 旋流数 Ω=0.67 的旋流速度场比较

旋流数 Ω=0.67 的旋流速度场比较见图 7-11、图 7-12，其结果是：

① $\kappa-\varepsilon$ 模型由于预报回流区不准确，导致流场下游的轴向速度偏大；切向速度上游偏大，下游偏小，且在回流剧烈区域流线分布与实验值有差异。

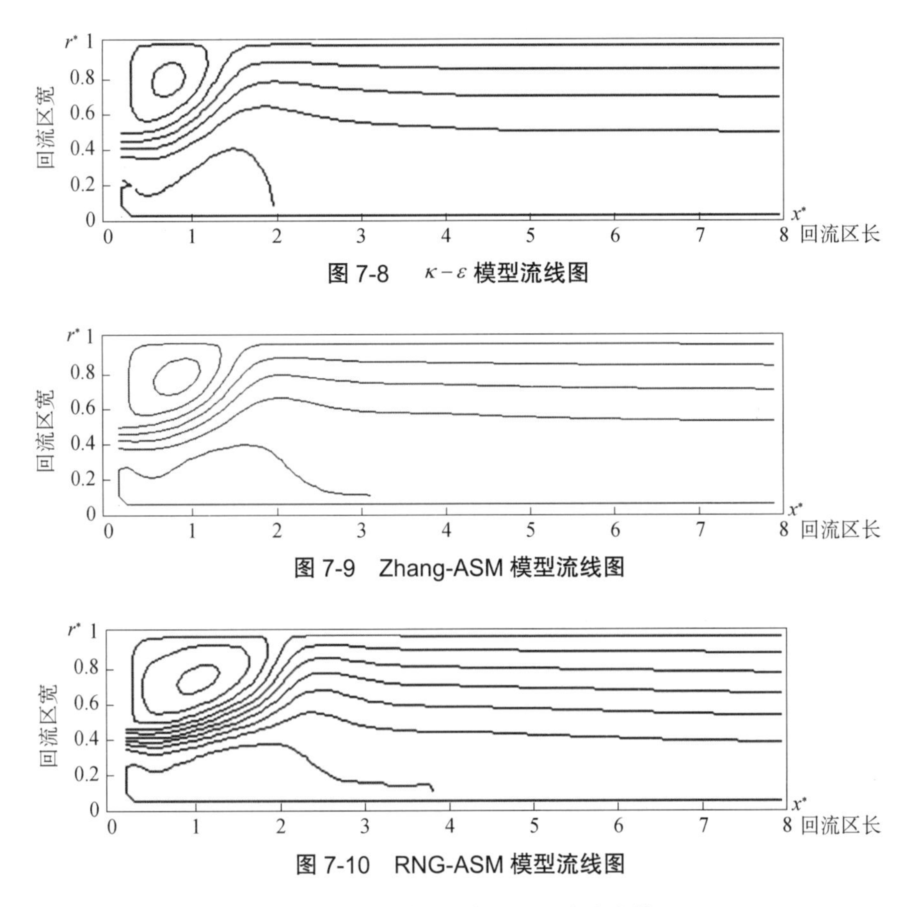

图 7-8　$\kappa-\varepsilon$ 模型流线图

图 7-9　Zhang-ASM 模型流线图

图 7-10　RNG-ASM 模型流线图

表 7-7　不同模型预报回流区大小比较

	标准 $\kappa-\varepsilon$ 模型	Zhang-ASM 模型	RNG-ASM 模型	实验值
回流区长	4R	2R	3.2R	3.9R
回流区宽	1.4R	1.6R	1.52R	1.44R

② Zhang-ASM 模型改善了对回流区大小的预报，因而轴向速度与切向速度更接近实验值。但在回流剧烈小区域内，轴向速度与实验值存在分布差异，切向速度的预报偏大，与 $\kappa-\varepsilon$ 模型的预报结果类似。说明 Zhang-ASM 模型在回流剧烈小区域内没有改进 $\kappa-\varepsilon$ 模型的缺陷。其他区域的切向速度偏小。

③ RNG-ASM 模型改善在于回流剧烈小区域的轴向速度分布更合理，切向速度下游趋于饱满，这说明了 RNG $\kappa-\varepsilon$ 方程在速度变化剧烈区域有明显的优越性，RNG $\kappa-\varepsilon$ 方程的附加项起了较大的作用，但切向速度的上游的预报值偏大。

（3）不同旋流数的旋流流场流线分布比较

不同旋流数的旋流流场流线分布比较如图 7-13～图 7-15 所示。当旋流数变化时，RNG-ASM 模型的模拟结果是成功的，旋流数增大，回流区长度和宽度响应增大，流线分布合理。但在旋流数很小时（0.52），回流形状不十分理想。

4. 不同旋流数的旋流速度场分布比较（RNG –ASM 模型）

不同旋流数的旋流速度场分布比较如图 7-16、图 7-17 所示。

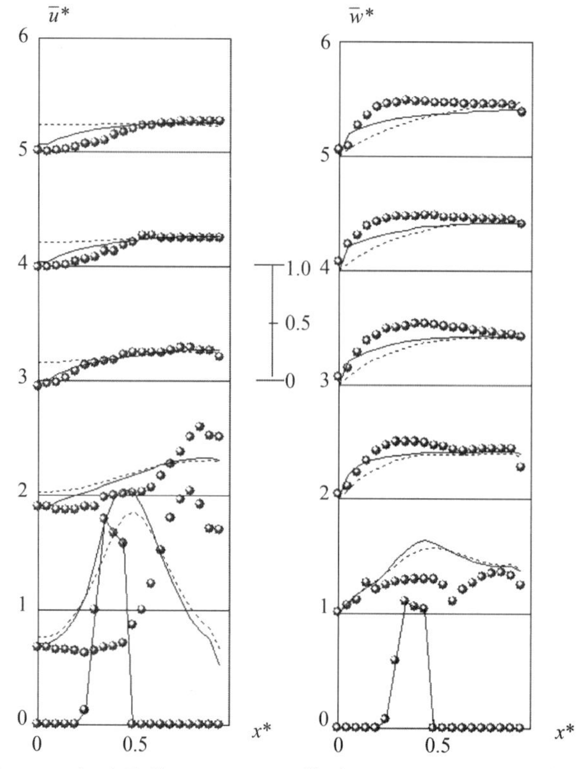

图 7-11 （◦实验值；----κ-ε 模型；——Zhang-ASM 模型）

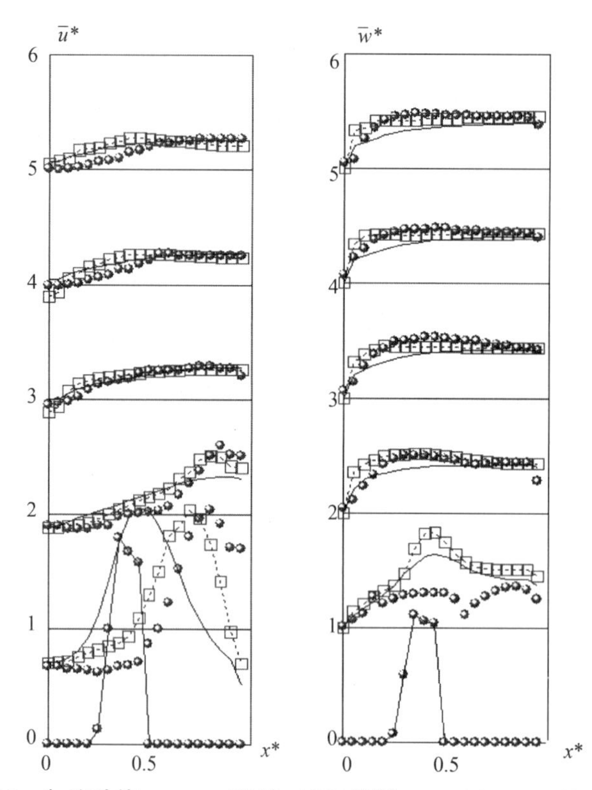

图 7-12 （◦实验值；--□--RNG -ASM 模型；——Zhang-ASM 模型）

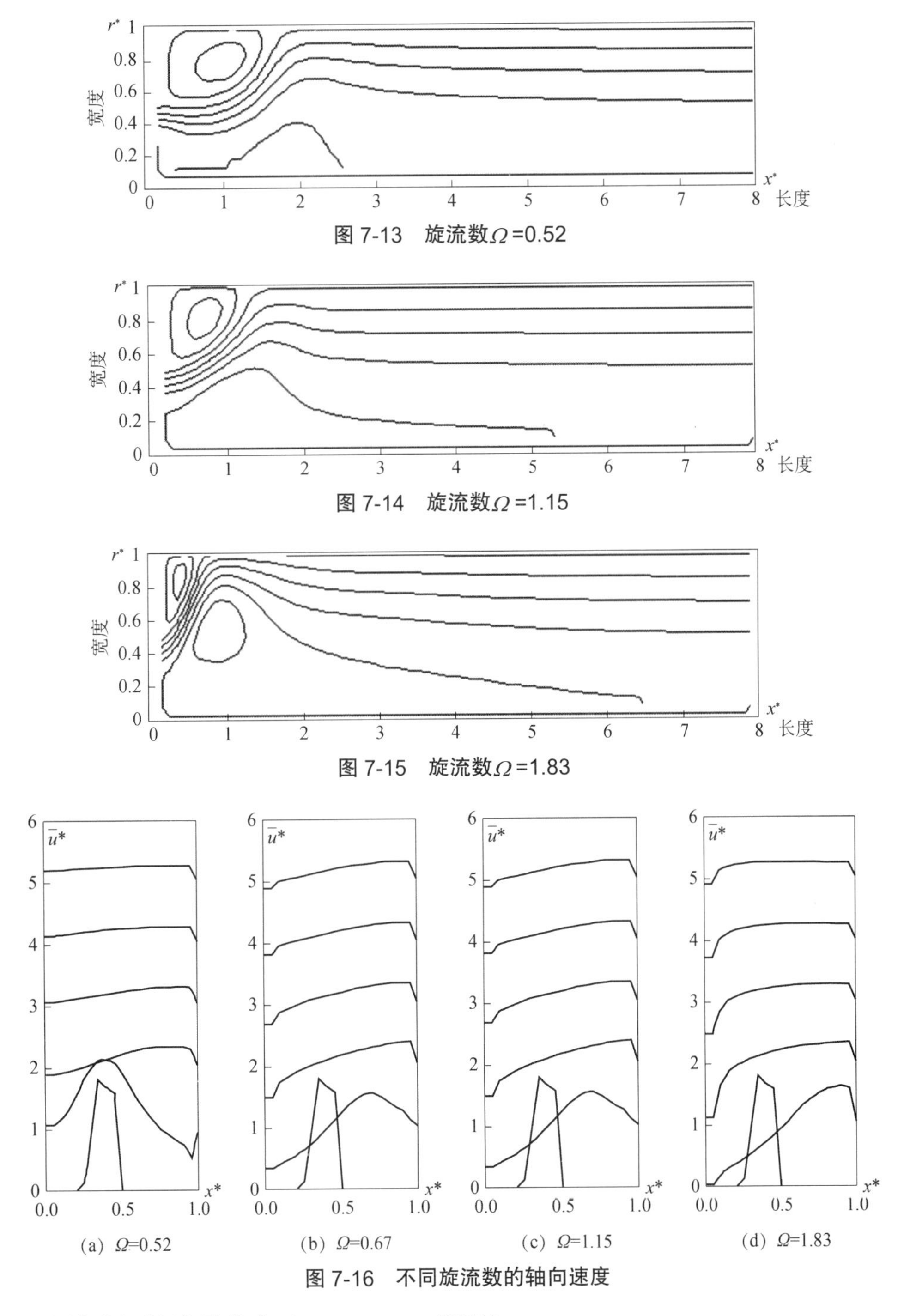

图 7-13　旋流数Ω=0.52

图 7-14　旋流数Ω=1.15

图 7-15　旋流数Ω=1.83

图 7-16　不同旋流数的轴向速度

5. 旋转流场湍流量分布（RNG-ASM 模型）

旋流数Ω=0.67 旋转流场湍流量分布如图 7-18～图 7-20 所示。图 7-18 为 6 个 Reynolds 应力的分布曲线，3 个正应力明显高于 3 个切应力。在回流区附近，Reynolds 应力比其他区域大得多，且变化剧烈；随着流场的发展，Reynolds 应力逐步衰减，且趋于均匀。这是$\kappa-\varepsilon$模型无法预报的。从湍流动能和耗散率的的等值线图（图 7-19、图 7-20）也可以看出，湍流剧烈区域在回流区附近。

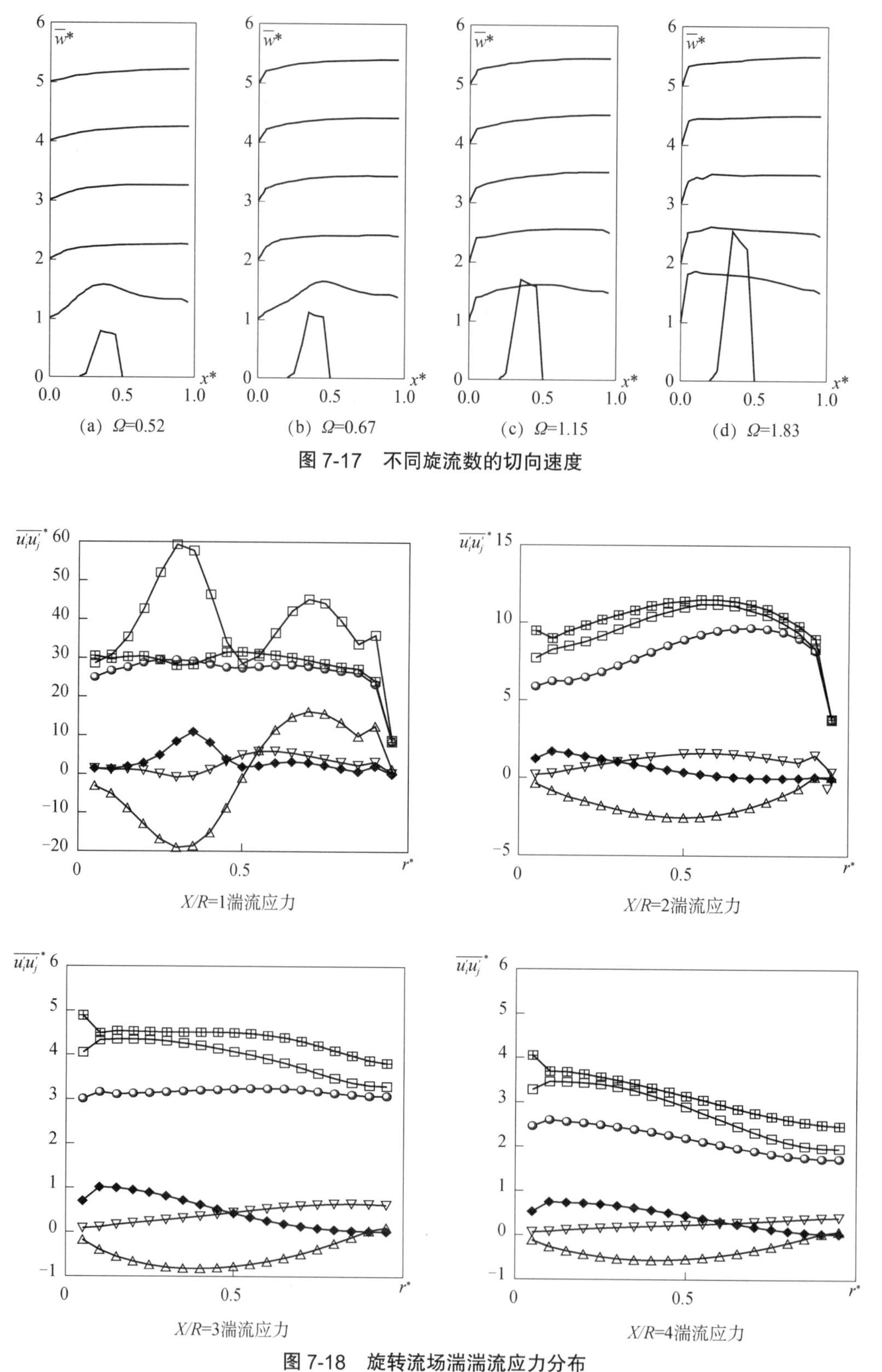

图 7-17　不同旋流数的切向速度

图 7-18　旋转流场湍湍流应力分布

（□：$\overline{u'u'}$；田：$\overline{v'v'}$；●：$\overline{w'w'}$；Δ：$\overline{u'v'}$；∇：$\overline{v'w}$；◊：$\overline{u'w'}$）

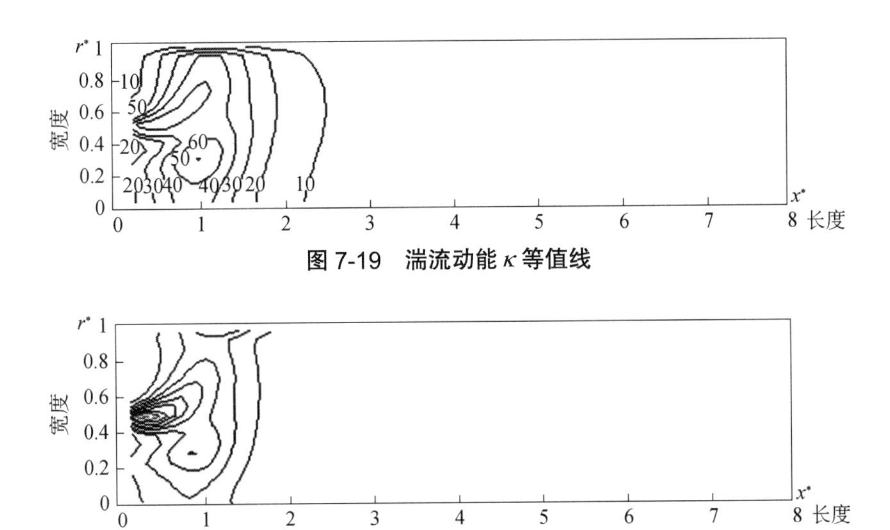

图 7-19　湍流动能 κ 等值线

图 7-20　湍流耗散率 ε 等值线

第 8 章　气体燃烧的数值模拟

本章以环状介质燃烧器内燃烧问题的数值模拟为例，对燃烧模型做进一步分析讨论。

所谓多孔介质，是指由固体物质组成的骨架和由骨架分隔成大量密集成群的微小空隙所构成的整体，其中固体骨架构成的孔隙空间中由单质或多相介质占有，其内的介质可为气相流体、液相流体或气液两相流体。固体骨架遍及多孔介质所占的体积空间，而多孔介质内的微小空隙可能是互相连通或部分连通的。多孔介质燃烧技术是第三代燃烧技术，与传统自由空间的燃烧相比，多孔介质燃烧的优势在于高燃烧效率、可燃极限拓宽、可调节功率范围大、污染物排放低。对多孔介质燃烧技术的进一步研究意义重大。

8.1　多孔介质燃烧的数学模型

本章对多孔介质环形燃烧器内的燃烧过程进行数值模拟，模拟过程中做了如下假设：

① 整个多孔介质区域均匀填充，多孔介质考虑为各向同性，惰性的光学厚介质，没有催化作用，其热物性在计算过程中选为定值。

② 混合气体为牛顿气体，且按照一定的当量比混合均匀，忽略气体的辐射及弥散作用。

③ 因气体的流速较小，多孔介质中流动模型选取为层流流动模型。

④ 多孔介质和混合气体在燃烧的过程中满足局部热平衡，即可采用单温度模型；化学反应为单步总包反应。

对于本算例中预混合气体在环状多孔介质燃烧器内的流动传热和燃烧，应用多孔介质燃烧的单温度模型来描述，结合化学反应引起的热效应和组分方程，单温度燃烧模型控制方程为

$$\frac{\partial\left(\rho_f\eta\right)}{\partial t}+\frac{\partial\left(\rho_f\eta v_i\right)}{\partial x_i}=0 \tag{8.1}$$

$$\frac{\partial}{\partial t}\left(\eta\rho_f v_i\right)+\frac{\partial}{\partial x_k}\left(\eta\rho_f v_k v_i\right)=-\frac{\partial p}{\partial x_i}+\frac{\partial}{\partial x_k}\left(\mu\frac{\partial v_i}{\partial x_k}\right)+\frac{\mu}{\alpha}v_i+\frac{C_F\rho_f}{\sqrt{\alpha}}\sqrt{v_i^2}v_i \tag{8.2}$$

$$\frac{\partial}{\partial t}\left(\eta\rho_f C_p T\right)+\frac{\partial}{\partial x_k}\left(\eta\rho_f C_p v_k T\right)=\frac{\partial}{\partial x_k}\left(\eta\lambda_f\frac{\partial T}{\partial x_k}\right)+\eta q_f+\eta R_l h_l \tag{8.3}$$

$$\frac{\partial\left(\eta\rho_f Y_l\right)}{\partial t}+\frac{\partial\left(\eta\rho_f v_k Y_l\right)}{\partial x_k}=-\eta\rho_f D_l\frac{\partial^2 Y_l}{\partial x_k^2}+\eta R_l \tag{8.4}$$

其中，η 为多孔介质孔隙率，ρ_f，P，v_i，T 和 Y_l 分别为流体密度、压力、速度、温度和组分，$l = CH_4$，O_2，CO_2，H_2O。

1. 动量源项

对于泡沫多孔介质而言，其阻力项应用非线性达西律来描述更恰当，本算例中应用非线性达西律 Darcy-Forcheime 关系式。对于各向同性的多孔介质材料在不同的坐标方向上 F_i 相等，为使得模拟结果与客观实际相匹配，对于 $1/\alpha$、C_F 两个参数的设置使用 Al_2O_3 泡沫多孔介质的测量值。阻力项表示为

$$F_i = \frac{\mu}{k_1} v_i + \frac{\rho}{k_2} v_i^2 \tag{8.5}$$

其中，k_1，k_2 分别表示黏性阻力系数和惯性阻力系数。

2. 化学反应项的处理

单步总包反应如下

$$CH_4 + 2\phi^{-1}\left(O_2 + 3.76N_2\right) \rightarrow CO_2 + 2H_2O + 2\left(\phi^{-1} - 1\right) + 2\phi^{-1} g 3.76N_2 \tag{8.6}$$

式中，ϕ 表示当量比，在对燃烧的数值模拟过程中采用的是层流有限速率模型，该模型使用 Arrhenius 公式来计算化学源项，对于化学反应中的某一个化学物质 l 的化学反应净源项通过其参加的所有化学反应的 Arrhenius 反应源之和进行计算得到。化学物质 l 的分解摩尔速率由下式计算

$$R_{i,r} = \Gamma\left(v''_{i,r} - v'_{i,r}\right)\left[\prod_{j=1}^{N}\left(C_{j,r}\right)^{\eta'_{j,r}} - k_{b,r}\prod_{j=1}^{N}\left(C_{j,r}\right)^{\eta''_{j,r}}\right] A_r T^{\beta r} e^{-E_r/RT} \tag{8.7}$$

式中，Γ 表示第三体对化学反应速率的净影，$C_{j,r}$ 为反应 r 中每一种反应物或生成物 j 的摩尔浓度，$\eta'_{j,r}$ 为反应 r 中每一种反应物或生成物 j 的正向反应速率指数，$\eta''_{j,r}$ 为反应 r 中每一种反应物或生成物 j 的反向反应速率指数，A_r 为指数前因子，β_r 为无量纲的温度指数，E_r 为反应活化能。本例的数值模拟中与化学反应速率处理相关的参数详见表 8-1。

表 8-1　化学反应速率相关参数

参数	化学物质			
	CH_4	O_2	H_2O	CO_2
$v'_{i,r}$	1	2	0	0
$v''_{i,r}$	0	0	2	1
$\eta'_{j,r}$	0.2	1.3	0	0
$\eta''_{j,r}$	0	0	0	0
$M_{w,i}$	16	32	18	44
A_r	2.119×10^{11}			
β_r	0			
$E_r\,(\mathrm{J/kg\cdot mol})$	2.027×10^{8}			
$R\,(\mathrm{J/mol\cdot K})$	8.314			

本算例为单步总包反应，即 $N=1$，则只需计算一个化学反应中 i 的 Arrhenius 反应源。单步总包反应中不考虑逆反应和催化剂（即第三体）的影响，故而有关逆反应的参数均取值为零，Γ 取值为 1。对于本算例的单步总包反应，可得

$$R_{CH_4}=M_{w,CH_4}\cdot\left(-v'_{CH_4,1}\right)\left(AT^{\beta}e^{-E/RT}\left[C_{CH_4,1}\right]^{\eta'_{CH_4,1}}\cdot\left[C_{O_2,1}\right]^{\eta'_{O_2,1}}\right)$$

$$R_{O_2}=M_{w,O_2}\cdot\left(-v'_{O_2,1}\right)\left(AT^{\beta}e^{-E/RT}\left[C_{CH_4,1}\right]^{\eta'_{CH_4,1}}\cdot\left[C_{O_2,1}\right]^{\eta'_{O_2,1}}\right)$$

$$R_{H_2O}=M_{w,H_2O}\cdot v''_{H_2O,1}\cdot AT^{\beta}e^{-E/RT}$$

$$R_{CO_2}=M_{w,CO_2}\cdot v''_{CO_2,1}\cdot AT^{\beta}e^{-E/RT}$$

8.2 二维环状多孔介质燃烧器的数值模拟

本节针对不同的工况下甲烷和空气的预混合气体在直进口的环状多孔介质燃烧器中的燃烧状况进行了二维非稳态及稳态的数值模拟，模拟对象为圆环状，其外直径为 260mm，内直径为 140mm，管道直径为 60mm，进出口管道均长为 60mm 且其直径与圆环管道直径相等，其中整个圆环及进出口一半距离均为由 20ppi 的 Al_2O_3 泡沫填充的多孔介质区域，其中多孔介质的孔隙率 η =0.85，如图 8-1 所示。

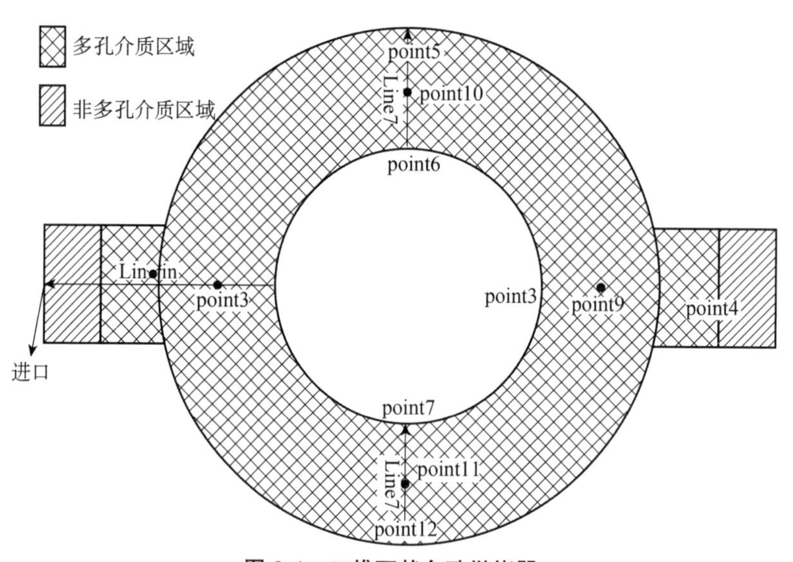

图 8-1　二维环状多孔燃烧器

8.2.1 计算条件

1. 初始条件

t=0s，对于混合气体而言，有 $T_g=300\text{K}\left(x\in(-0.19,-0.16)\right)$； $v_1=m$，$v_2=0$（m 为常数，具体见工况设置），混合气体的质量分数在不同的当量比下不同，即

$$Y_{CH_4}=Y_{CH_4,in}，\ Y_{O_2}=Y_{O_2,in}$$

燃烧器壁面初温为 300K；因甲烷的可燃温度为 650℃，故在初始化时对多孔介质区域整体 patch 高温，从而点燃混合气体，即 $T_s = 1200\text{K}$ 。因为本例中的工况设置中，当量比均小于 1，混合气体中占较大比例的为空气，故混合气体中的比热、导热系数以空气代替。多孔介质条件及相关气体常量参数如表 8-2 所示。

表 8-2　物性参数

参数	Al_2O_3 物质（1300℃）	空气
密度 ρ /（kg/m^3）	3707	1.225
比热 C_p /（$J/kg\cdot K$）	1298	1006.43
导热系数 λ /（$W/m\cdot K$）	6.13	0.085

2. 边界条件

进口条件：$\dfrac{\partial T}{\partial y} = 0$；$\dfrac{\partial v_1}{\partial y} = 0$ 。

出口条件：静压为 0；$\dfrac{\partial v_1}{\partial x} = \dfrac{\partial v_2}{\partial x} = \dfrac{\partial T}{\partial x} = \dfrac{\partial Y_{CH_4}}{\partial x} = \dfrac{\partial Y_{O_2}}{\partial x} = 0$ 。

壁面条件：壁面厚度为零，壁面分为两部分，一部分绝热，另一部分有一定的热损失 Q_0，速度无滑移。

3. 工况设置

非稳态的工况设置如表 8-3 所列。当量比对混合气体在多孔介质中的燃烧特性有较大影响，特别是火焰稳定的位置。因此，在工况设置中，主要以当量比分为高、中、低三类当量比。在此基础上，再考虑壁面热损失、流体流速等因素对燃烧室内温度场分布及火焰稳定位置的影响。

对上述当量比为 0.3 的工况而言，虽然其流速、壁面热损失等因素设置并不一致，但从最后的模拟结果来看，不能在该环状多孔介质燃烧器内形成稳定的燃烧，初速度越大，越容易被吹出燃烧室，火焰面最终飘逸出燃烧室，因此这里不再对这些工况下的温度变化进行详细的分析。对于当量比为 0.6 的工况，燃烧火焰面向上游移动，并稳定在多孔介质与纯流体的交界面附近，与之相反，当量比为 0.4 时，火焰面向下游移动，本书对这两种当量比工况下燃烧后的温度场及流场进行了较为详细的分析。

表 8-3　非稳态的工况设置

工况	设置项		
	当量比（ϕ）	进口初速度 u/（m/s）	壁面热损失 Q_0 /（K/m^2）
工况一	0.6	0.2	0
工况二			2000
工况三	0.4	0.2	2000
工况四	0.3	0.2	0
工况五			1000
工况六			2000
工况七		0.4	1000

8.2.2 高当量比绝热工况下计算结果

1. 温度分布

温度分布的云图只能宏观看到温度的梯度分布及高温区域的变化过程，不能明显地看出温度变化反复性的规律，因此，在数值模拟的过程中，从燃烧室内建立不同位置的监测点，其分布见图 8-1。对工况一的非稳态计算时间为 0～2935s。随着时间的变化，燃烧室内的整体温度在不断地升高，6min 后最高温可达到 1870K（见图 8-2），最高温保持较长一段时间内（大约 24min）不再上升，但高温区域在燃烧器内的范围不断增大，直至 1800s 左右高温区域占据燃烧室近半的面积（见图 8-2（b）），整个过程中，环状燃烧室内的温度轴对称分布。工况一燃烧放热量相对较高，也较易维持稳定燃烧。非稳态工况一与稳态工况一相比，条件设置相同，稳态工况一模拟的收敛结果（见图 8-2（d））可以看作是非稳态在相同的工况设置中的最终稳定结果，两者最终达到的状态，从定性的角度来看是一致的。

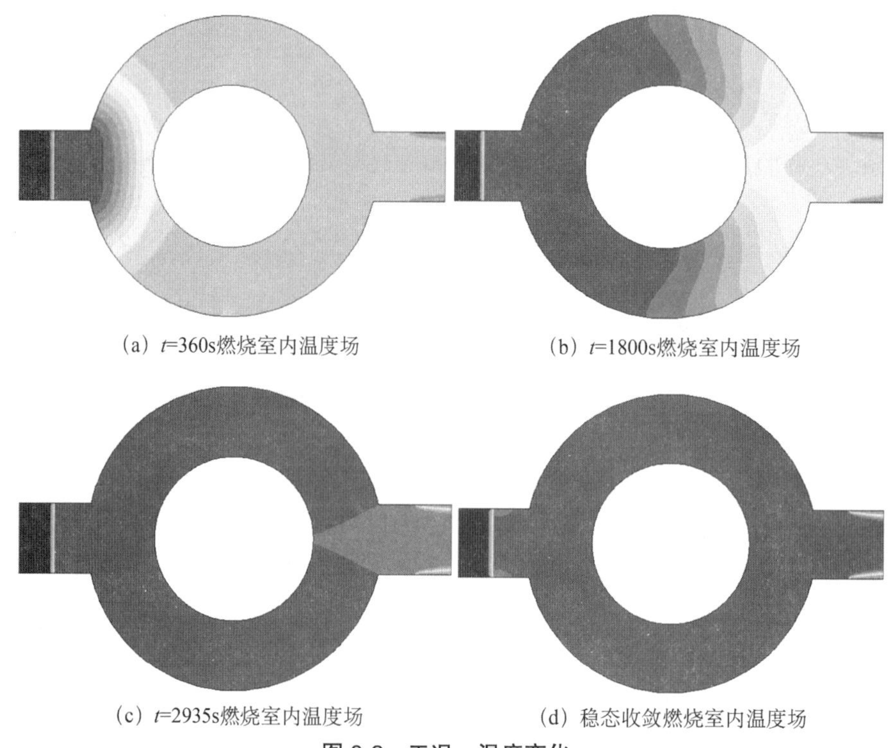

（a）t=360s燃烧室内温度场　（b）t=1800s燃烧室内温度场

（c）t=2935s燃烧室内温度场　（d）稳态收敛燃烧室内温度场

图 8-2　工况一温度变化

图 8-3 描述的是燃烧器进口截面的温度变化，可以看出温度随时间变化而逐渐稳定增高，直到某一值后，达到一个稳定的状态。15s 时高温区域很窄小，温度变化较为平缓，360s 已有明显的高温区域形成，且最高温度点向上游移动，此时高温区域在不断地向环内延伸，840s 之后最高温度值基本上不再变化，整个进口处已形成稳定的高温区。将稳态收敛的结果与非稳态的计算结果对比，二者基本吻合。

图 8-4 所示的是环形的中心线 line7 上温度分布。前 5min 的时间内，line7 在 y 方向上几乎不存在温度梯度，整体温度变化幅度很小，由于燃烧释放的热量仍大量在交界面附近积聚，但燃烧器的中央部分未得到足够多的热量，温度值基本上保持了初始的 1200K。随着时间的

变化，line7 整体温度开始上升，注意到内壁附近温度值要高于外壁附近，两者之间的温差先增大后保持再减小，温差最大值约 160K，最小约为−4K，最终两者基本相等，但是外壁要略高于内壁。将稳态收敛的结果于非稳态的计算结果对比，二者基本吻合。

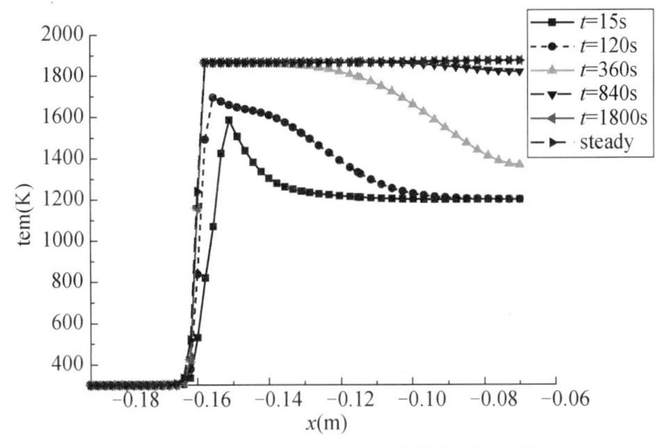

图 8-3　工况一 line_in 上的温度变化

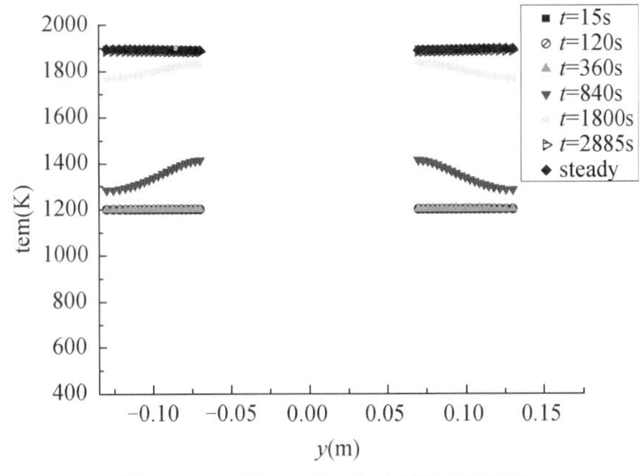

图 8-4　工况一 line7 上的温度变化

图 8-5 所示的是出口处的温度分布。在前 30min 与初始温度值相比变化较小，因为出口直管壁面为绝热，初温只有 300K，造成壁面附近温度较低，1800～2885s 之间温度值增加幅度较大，且保持在较为均匀的水平，约每分钟 20K。

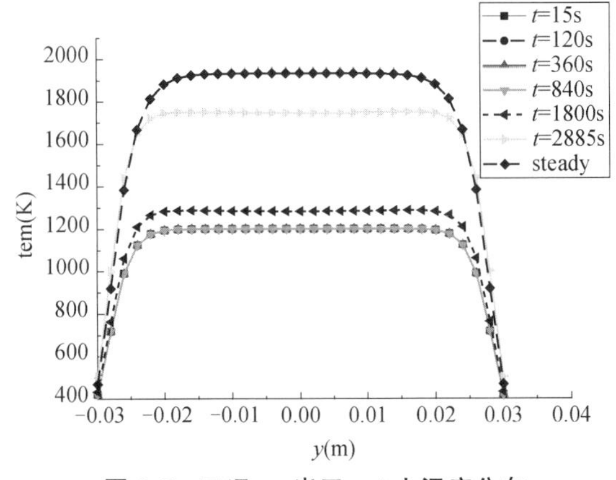

图 8-5　工况一 出口 out 上温度分布

图 8-6 中为燃烧室内监测点温度随时间变化的图像，可以看出由于热量传递的时间差导致了不同位置的监测点在相同的时间上温度不等。由于多孔介质本身的一些特性，前部 point8 在燃烧过程中较快达到最后的高温值；对于后部的 point9 上的温度从燃烧开始时刻，温度在不断上升；中间的 point10、point11 二者的温度变化一致，再一次印证环内温度满足对称分布。整体而言，燃烧过程中，温度以 x 为轴对称分布，且在 x 方向上的温度梯度较大，y 方向上的温度梯度很小，燃烧室内各个位置上的温度都在不断增高，直到整体达到同一水平，燃烧室内的形成了稳定的燃烧。

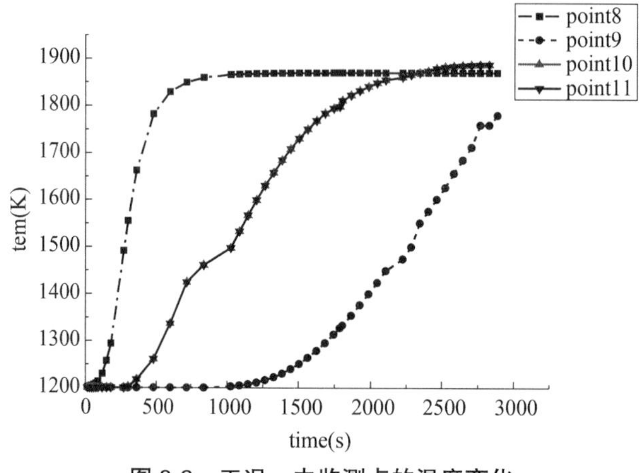

图 8-6　工况一中监测点的温度变化

2. 速度场的非稳态变化

图 8-7 所示为燃烧室内速度流场随时间的变化，可以看出，速度场以 x 轴为轴对称分布，多孔介质区域内流体速度较为均匀。由于火焰面稳定在交界面附近，t=360s 时刻，流体速度最大可达 1.7m/s，t=360s 与 t=1200s、t=1800s 相比，流体速度有增加且向下游移动的趋势，进口直管与环状相切处速度最大值约为 1.9m/s，而内环附近速度最小。整个燃烧过程中，燃烧室内多孔介质区域的流体速度随时间变化的幅度很小，只有出口处的流体速度由于温度的增加而上升。

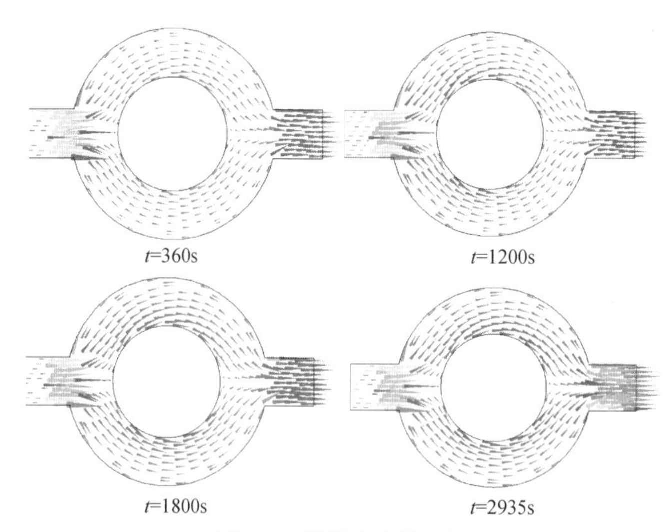

图 8-7　燃烧室内速度场

3. 组分的质量分数分布

单步总包反应是理想的完全燃烧，燃烧开始并持续进行时，反应物近乎百分百消耗，同时生成相应的生成物。工况一中，火焰面稳定在交界处附近，甲烷在火焰前方最高为初始含量，火焰面后即趋近于零，与之相反的是二氧化碳的质量分数分布。在整个燃烧过程中，组分火焰面稳定后组分的质量分数始终保持图 8-8 所示。

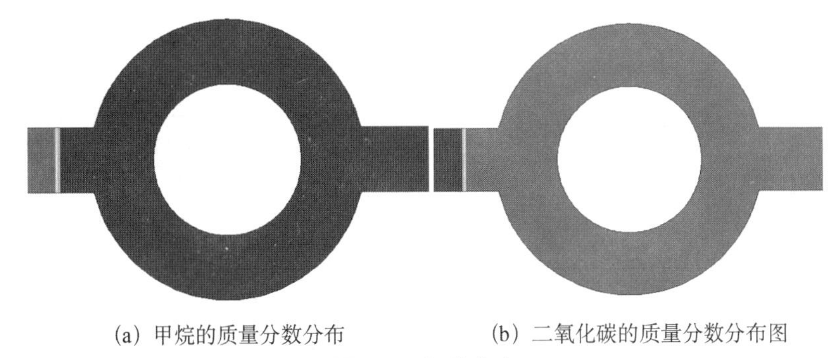

(a) 甲烷的质量分数分布　　(b) 二氧化碳的质量分数分布图

图 8-8　组分分布

8.2.3　燃烧器内温度场的影响因素分析

1. 当量比对温度分布的影响

当量比的大小，决定了燃料含量的多少，进而决定了燃烧过程中热量释放的总量。当量比也会影响到火焰面的传播速度和火焰面的移动方向，进而影响到热量的传递，最后导致温度场呈现出不同的分布。当量比较高时火焰传播速度反而较小，当量比较低时，火焰面移动速度较大，如图 8-9 所示，图中（a）表示当量比为 0.4，初速度为 0.2m/s，内外壁热损失均为 2000K/m^2 的工况三下 2820s 时的燃烧室内的温度场，图中（b）表示当量比为 0.3，初速度为 0.2m/s，内外壁热损失均为 2000K/m^2 的工况六下 2820s 时的燃烧室内的温度场，二者对比可看出，二者火焰面都是向下游移动的，但在相同时刻，较高当量比的火焰面仍在进口直管内，而低当量比的火焰面在环内。

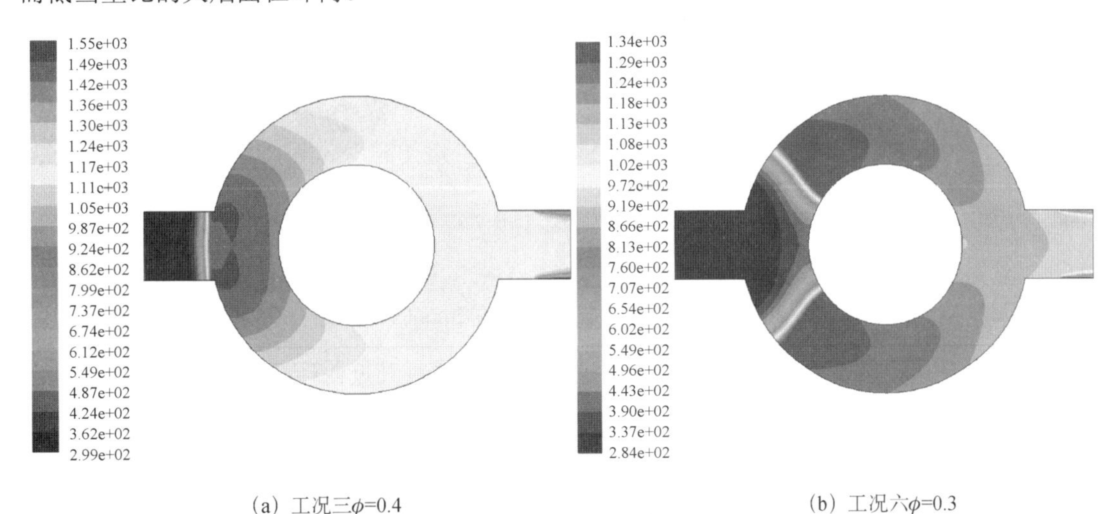

(a) 工况三ϕ=0.4　　(b) 工况六ϕ=0.3

图 8-9　不同当量比同时刻的温度对比

2. 进口初速度对温度分布的影响

如图8-10所示，进口初速度越大，则较易熄灭，不容易形成稳定的燃烧。虽然二者只是流速不同，明显可以看出，前者在该环形燃烧室内形成稳定自维持燃烧，而后者火焰却飘逸该环形燃烧室。在中当量比下两种初速不同的工况，燃烧室内的温度场截然不同。从上面例子可以看出，混合气体的初速度是影响燃烧能否稳定的关键原因之一。

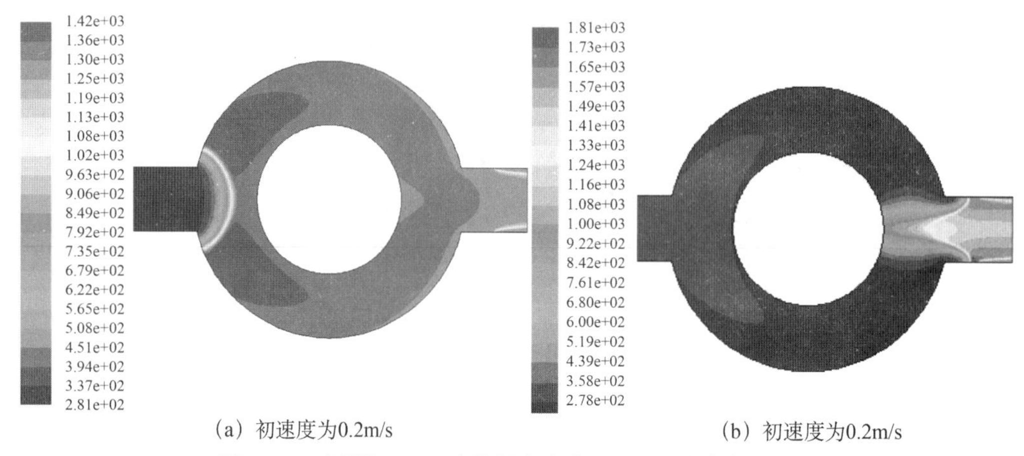

(a) 初速度为0.2m/s　　(b) 初速度为0.2m/s

图8-10　当量比0.4，壁热损失均为2000K/m² 稳态温度场

3. 壁面热损失对温度分布的影响

壁面热损失对低当量比的工况下燃烧室内的温度分布有很大影响，如图8-11所示。对于壁面绝热情况，高温区域几乎占满整个燃烧室，只有火焰锋面的顶端后方温度稍低；而由于内壁的热量损失，高温区域集中于燃烧室前部的外壁附近。

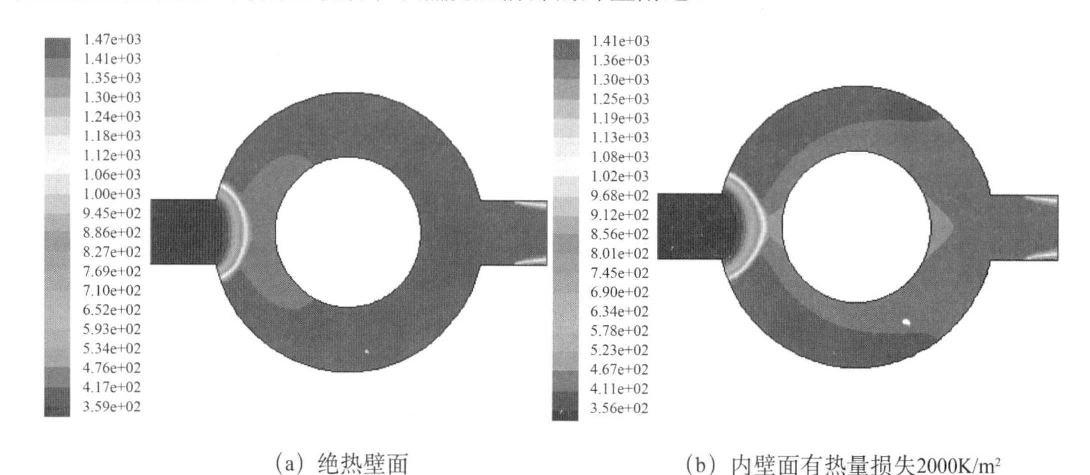

(a) 绝热壁面　　(b) 内壁面有热量损失2000K/m²

图8-11　当量比为0.4，初速度0.2m/s的温度场

如图8-12所示，二者高温值基本相等，但前者高温区域贴近内环且很细小，后者火焰后方的温度值都相等。由于环形燃烧器的内外壁不对称性，造成内外壁在单位面积热损失相等的情况下，外壁热量损失高于内壁。由于多孔介质的存在，使得内外壁的温差逐渐减小。当考察燃烧的热效应时，壁面热损失对于低当量比的工况而言，是一个较为重要的因素。在高当量比的绝热与非绝热条件下，燃烧室内的温度分布也不一样，说明了壁面热损失会影响到

燃烧室内的温度分布。

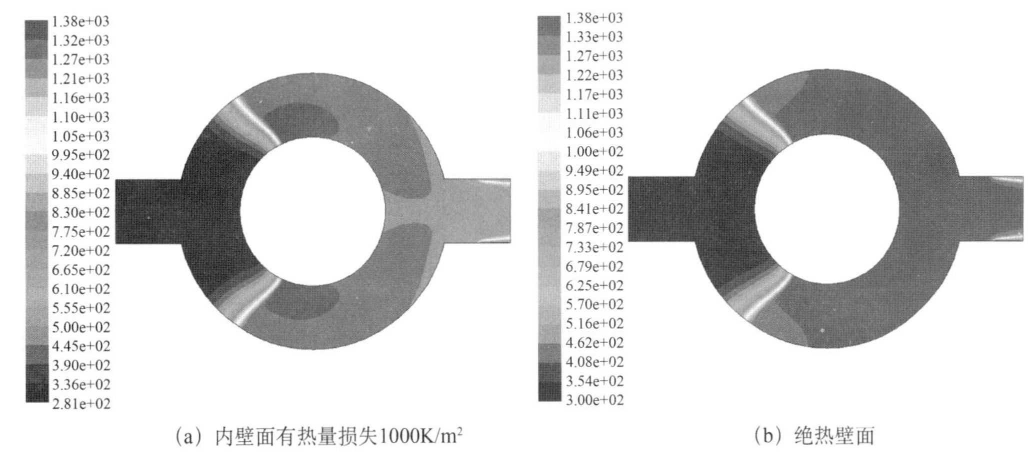

(a) 内壁面有热量损失1000K/m²　　(b) 绝热壁面

图 8-12　当量比为 0.3，初速度 0.2m/s 的温度场

8.2.4　火焰移动速率

在高当量比工况下，火焰向上游移动，低当量比时向下游移动，但对低当量比而言，若流速过大，易熄火。在高当量比工况下，火焰面向上游移动，其传播速度约为 10^{-4}m/s 数量级。图 8-13（a）中表示工况一中燃烧室壁面绝热时的化学反应速率图，图 8-13（b）中是将工况一与工况二的化学反应速率进行的对比。可以看出，壁面热损失对化学反应速率没有影响，对火焰面的传播速度也没有影响，火焰厚度在传播过程中比较均匀。

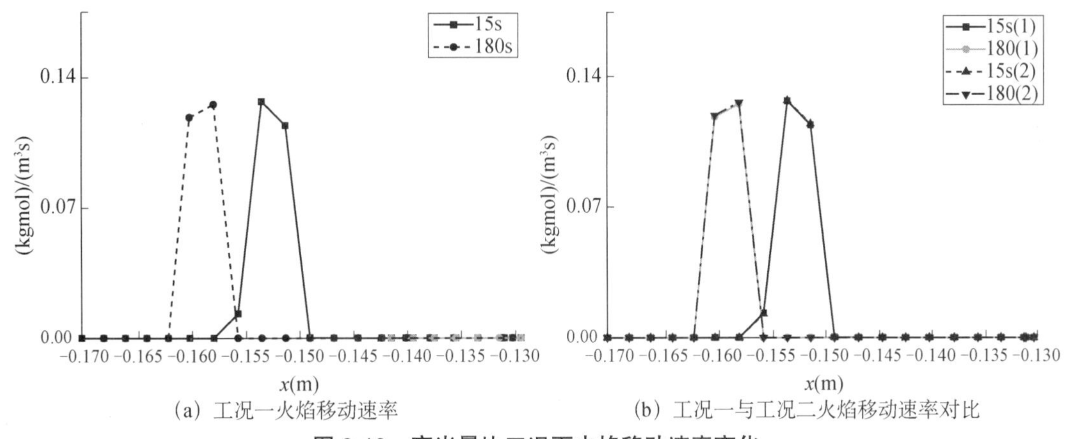

(a) 工况一火焰移动速率　　(b) 工况一与工况二火焰移动速率对比

图 8-13　高当量比工况下火焰移动速率变化

下面对当量比为 0.4，初速度为 0.2m/s，燃烧室内外比面均有一定量热损失的工况三火焰移动速率进行分析。随着燃烧的进行，火焰面厚度有一定的变化，特别是在燃烧开始的第一分钟内，如图 8-14（a）所示，火焰面厚度迅速变薄，反应速率也迅速加大，从图 8-14（b）可以看出，当量比为 0.4 时，其火焰面的传播速度在 10^{-6}m/s 数量级，反应速率保持在较为平稳的状态，但由于火焰面进入环内后，其形状由直线逐渐变化为弧形锋面，其弧顶的反应速率比两侧的反应速率要低一些。图 8-14（c）中明显可以看出，火焰面向两侧传播的趋势，其锋面的弧顶部分反应在逐渐减弱，图 8-14（d）显示了此时火焰已稳定在 $x = -0.09$m 处。

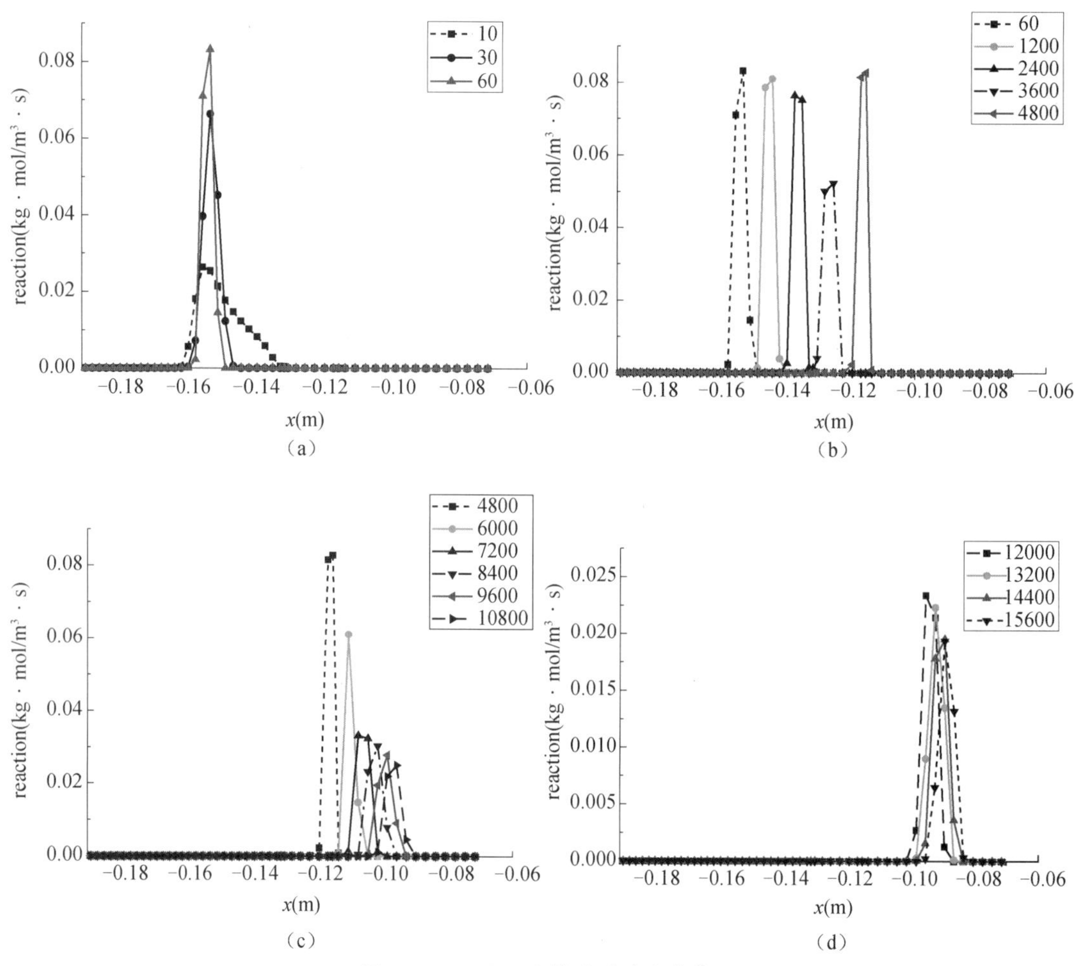

图 8-14　工况三火焰移动速率变化

图 8-15（a）与图 8-15（b）给出了工况一、工况三中化学反应组分分布，从这图中可估算出火焰面的厚度，宏观了解两个工况下达到稳定燃烧状态时的火焰面结构。从图中可以看出，对于高当量比，火焰面后均匀，而后者反应厚度较大，且火焰面上反应速率分布不均匀。

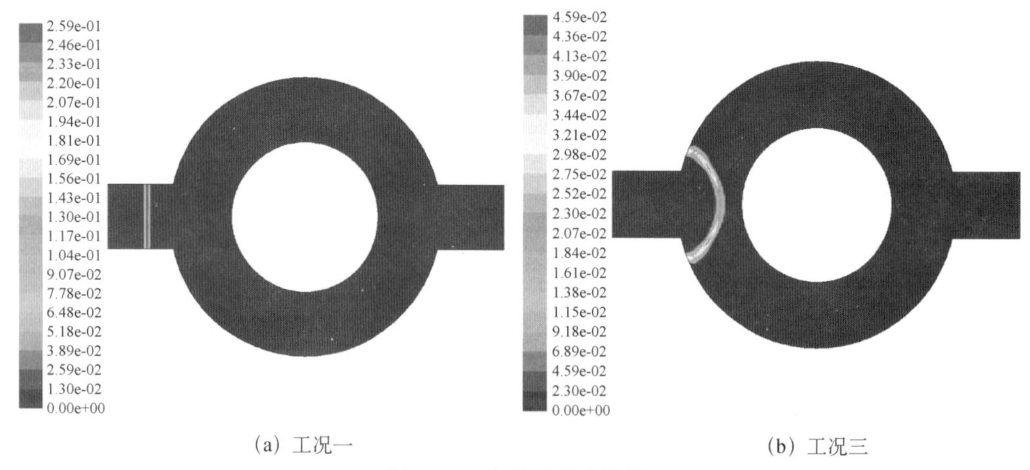

（a）工况一　　（b）工况三

图 8-15　火焰面分布比较

对甲烷–空气混合气体在环形多孔介质燃烧器内的燃烧特性进行理论研究，较为详细地讨论了高、中当量比工况下，当流体初速度、燃烧室壁面热损失变化时对燃烧室内温度场的影响，同时对化学反应速率的分布进行了探讨，主要结论如下。

① 当量比为 0.6 时，火焰面向上游移动，并稳定在多孔介质和非多孔介质的交界面附近，整个环形多孔介质燃烧室内的温度分布较为均匀，且为所有工况中温度最高的。流体初速度的变化不改变其稳定的燃烧，壁面热损失会影响到最高温值及分布大小，传播速度约为 10^{-4}m/s 数量级。

② 当量比为 0.4 时，火焰面向下游移动，热量不断向下游传递，高温区域明显小于当量比为 0.6 时所占区域，但此时更依赖于流体的初速度，当初速度为 0.2m/s，火焰可稳定在环内 $x=-0.09$m 处燃烧；当初速度为 0.4m/s，火焰飘逸出燃烧室，不能形成稳定的燃烧状态。壁面热损失不会影响火焰的稳定性，只是对高温区域的分布有一定影响，火焰面的传播速度在 10^{-6}m/s 数量级。

③ 当量比为 0.3 时，不能在燃烧室内形成稳定的燃烧状态。

8.3　三维环状多孔介质燃烧器的数值模拟

8.3.1　计算条件

本节采用的模型假设及其相关物性参数同 8.2 节一样，控制方程扩展为三维数学模型，三维模型的网格划分图如 8-16 所示。其中多孔介质区域采用 T 形网格，非多孔介质区域采用矩形网格，网格总数为 77980。选取当量比为 0.6，初速度为 0.2m/s，燃烧室壁面为绝热的工况进行模拟。

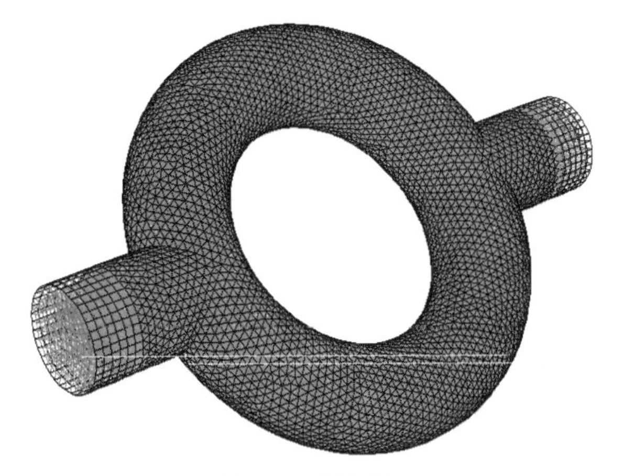

图 8-16　网格图示

1. 初始条件

t=0s，对于混合气体而言，有 $T_g=300\text{K}$； $v_1=0.2\text{m/s}$，$v_2=0$，$v_3=0$；进口处混合气体中各个组分的质量分数为 $Y_{CH_4}=0.034$，$Y_{O_2}=0.222$；燃烧器壁面初温为 300K，且为绝热条件，对多孔介质区域整体 patch 高温，从而点燃混合气体，即 $T_s=1200\text{K}$。

2. 边界条件

进口条件：$\frac{\partial T}{\partial y}=\frac{\partial T}{\partial z}=0$；$\frac{\partial v_1}{\partial y}=\frac{\partial v_1}{\partial z}=0$。

出口条件：静压为 0；$\frac{\partial v_1}{\partial x}=\frac{\partial v_2}{\partial x}=\frac{\partial T}{\partial x}=\frac{\partial Y_{CH_4}}{\partial x}=\frac{\partial Y_{O_2}}{\partial x}=0$。

壁面条件：壁面厚度为零，整个燃烧室壁面为绝热；无滑移。

8.3.2 计算结果分析

该三维算例为非稳态工况的计算，可以从不同于二维模型的角度来看燃烧室内的温度场的变化，从而更为全面地了解加入多孔介质后，环形燃烧器内的燃烧特性。

1. 燃烧室内温度场的非稳态变化

图 8-17 为高当量比绝热条件下，三维数学模拟燃烧室的温度场随时间的变化云图。图左边为燃烧室内的温度场分布，右边为同一时刻的等温面的分布。可以看出，温度以 x 为轴呈对称分布，多孔介质区域的温度分布较为均匀。燃烧时间 6min 内，燃烧室温度迅速增高，360～600s 之间，燃烧室整体的温度变化幅度较小，高温区域向环内延伸，高温值可达到 1900K，进口处与出口处的壁面始终保持初温值。从等温面的分布可以看出，随着燃烧的进行，火焰稳定在交界面附近，燃烧释放的热量不断地向下游传递，温度值为 1800K 的区域在不断地向环内延伸，等温面由 y 方向的平面逐渐转化为有一定弧度圆滑的抛物线的曲面，当完全进入燃烧室分为两支时，等温面又恢复了平面。对每一处的横截面而言，燃烧室管腔内温度分布较为均匀。

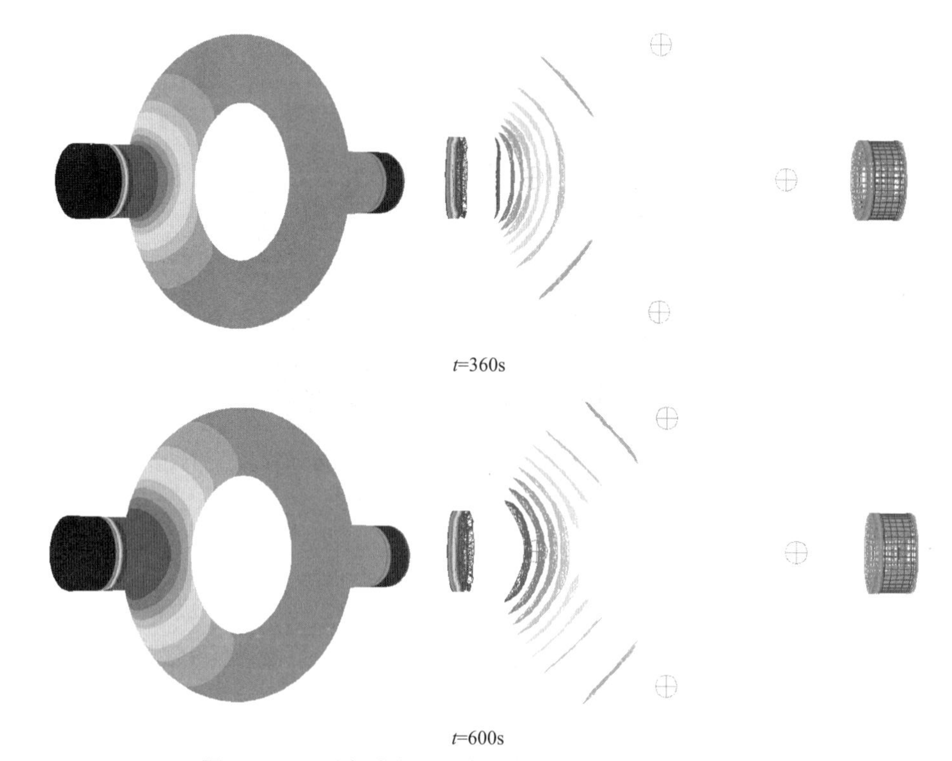

图 8-17　环形多孔介质燃烧器内温度场（360～600s）

从温度场云图可以看出，由于多孔介质的存在，燃烧室内的温度基本不再变化，只是高温区域的面积在不断扩大。因此截取了 900s 及 1800s 两个时刻的温度云图，观测高温区域进入环内后，燃烧室内的温度变化。

从图 8-18 中可以看出，火焰稳定在交界面附近，燃烧的半个小时内，热量不断向下游传递，燃烧室整体温度不断升高，高温区域不断地向环内延伸。从等温面的分布可以看出，z 方向不存在温度梯度，x 方向的温度梯度在不断减小，y 方向有一定的温度梯度，表现在内壁附近的温度要略高于外壁温度。在 t=900s 时的等温图中，等温面的弧度几乎接近于 V 形。

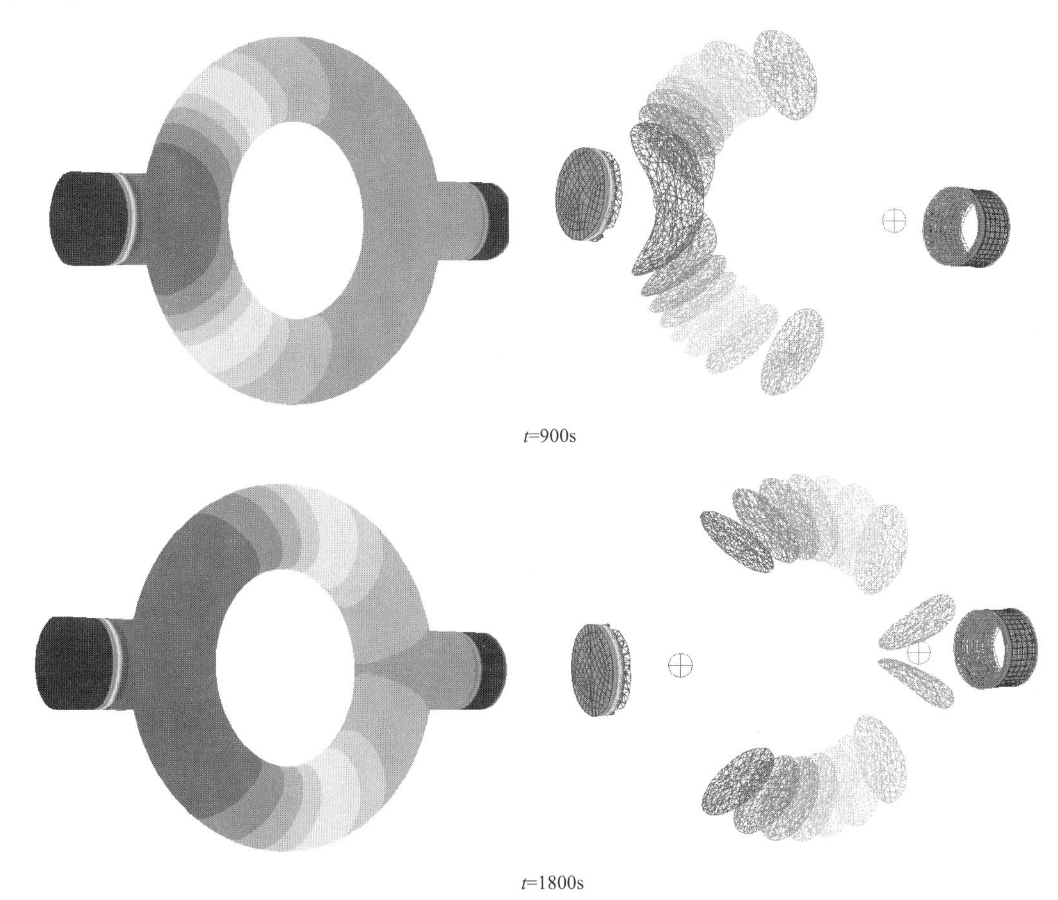

图 8-18　环形多孔介质燃烧器内温度场（900～1800s）

图 8-19 中燃烧室最高温度上升至 1930K，整体温度也比前面的时刻要高，高温区域已占环内近半的体积，出口直管处的温度也在增加。多孔介质区域的温度较为均匀，并没有局部热现象出现。

2. 燃烧室内速度流场的非稳态变化

图 8-20 为三维数值结果中 t=360s 及 t=2400s 时刻的速度矢量图，可以看出，速度呈轴对称分布，多孔介质内速度较为均匀，变化幅度较小，进口直管与环状相切处速度最大，内环在 x=−0.07m 及 x=0.07m 处速度最小，这与二维模拟的速度矢量图的结果是一致的。

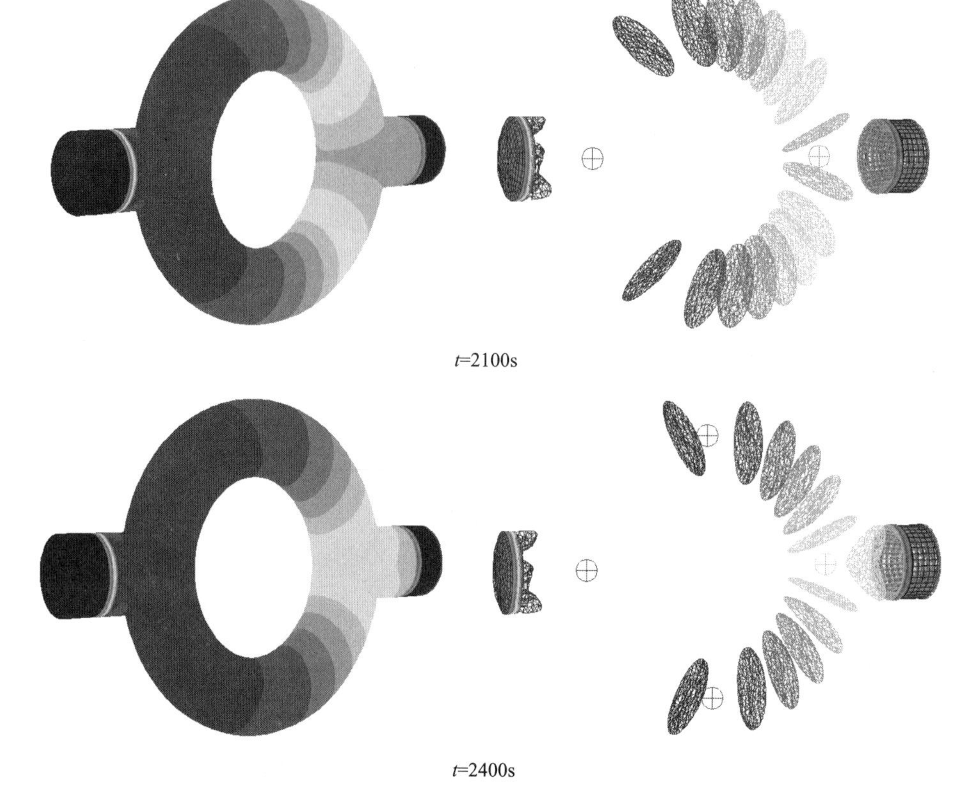

图 8-19　环形多孔介质燃烧器内温度场（2100 ~ 2400s）

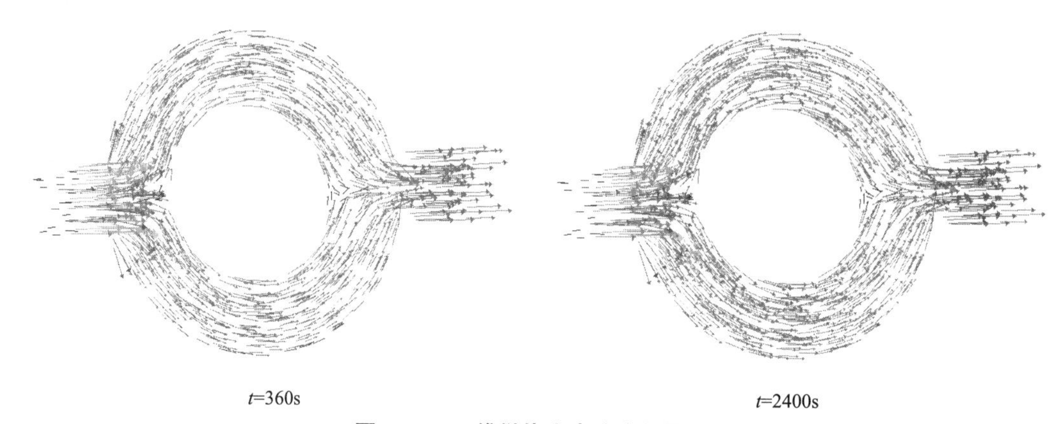

图 8-20　三维燃烧室内速度矢量图

8.3.3　三维模型与二维模型的燃烧室内温度场及流场对比

在三维模拟结果中选取测线在三个不同时刻的温度值，与相应时刻的二维模型中温度值相对比，可以看出，利用二维模型所得结果可以近似代替三维，定性地分析该燃烧室的燃烧热性。

1. line_in 上温度值对比

图 8-21 为 t=360s、1800s、2400s 三个时刻，三维数值模拟的 line_in 温度值与二维模拟结果的对比。可以看出，t=360s 时 line_in 上 x=−0.13m 之后的温度，在二维模拟结果中稍高于

三维模拟结果，其原因是三维模拟结果中，火焰面在交界面的上游，造成局部较小的温差，随着燃烧的进行，二者模拟温度相等。

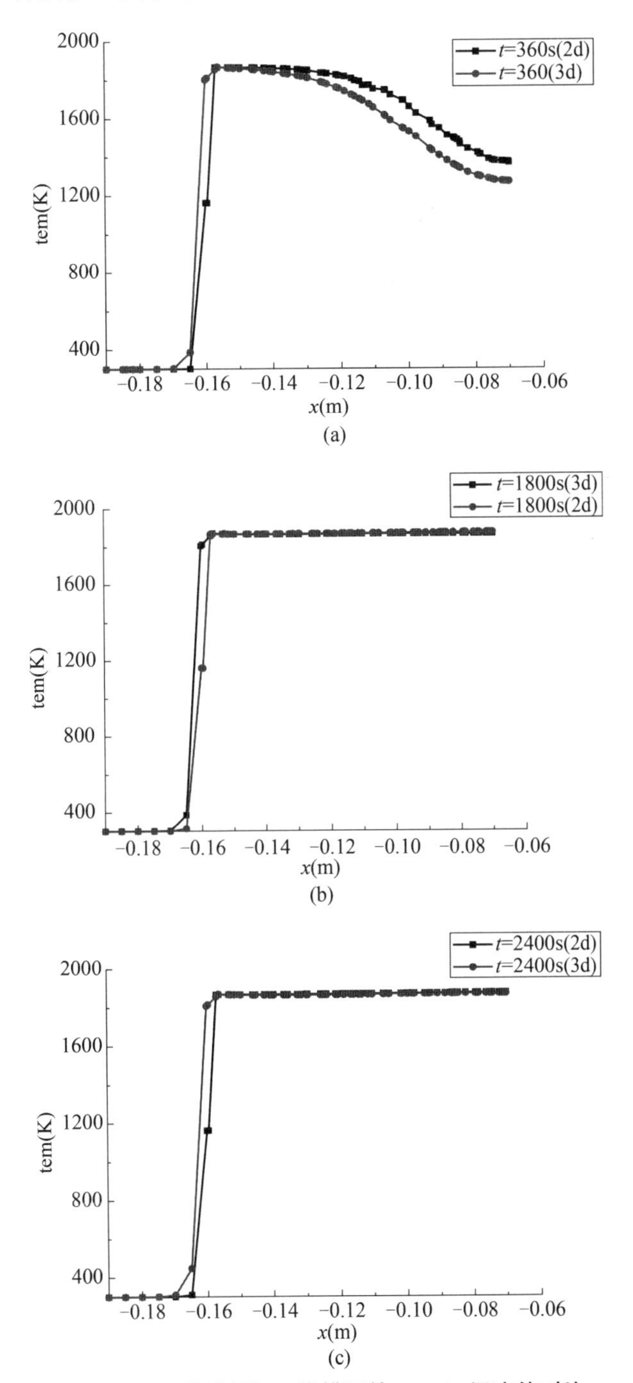

图 8-21　三维模拟与二维模拟的 line_in 温度值对比

2. line7 上温度值对比

图 8-22 为 t=360s、1800s、2400s 三个时刻，三维数值模拟的 line7 温度值与二维模拟结果的对比。可以看出，整个燃烧过程中的模拟结果显示，在相同时刻，line7 的温度值在二维

模拟结果中稍高于三维模拟结果，同样是由于三维模拟结果中，火焰面在交界面的上游，燃烧释放的热量向下游传递有一定的时差，二维模拟中忽略了实体三维结构中 z 方向上的热量传递。随着燃烧的进行，line7 的温度的二维模拟结果与三维模拟结果相等。

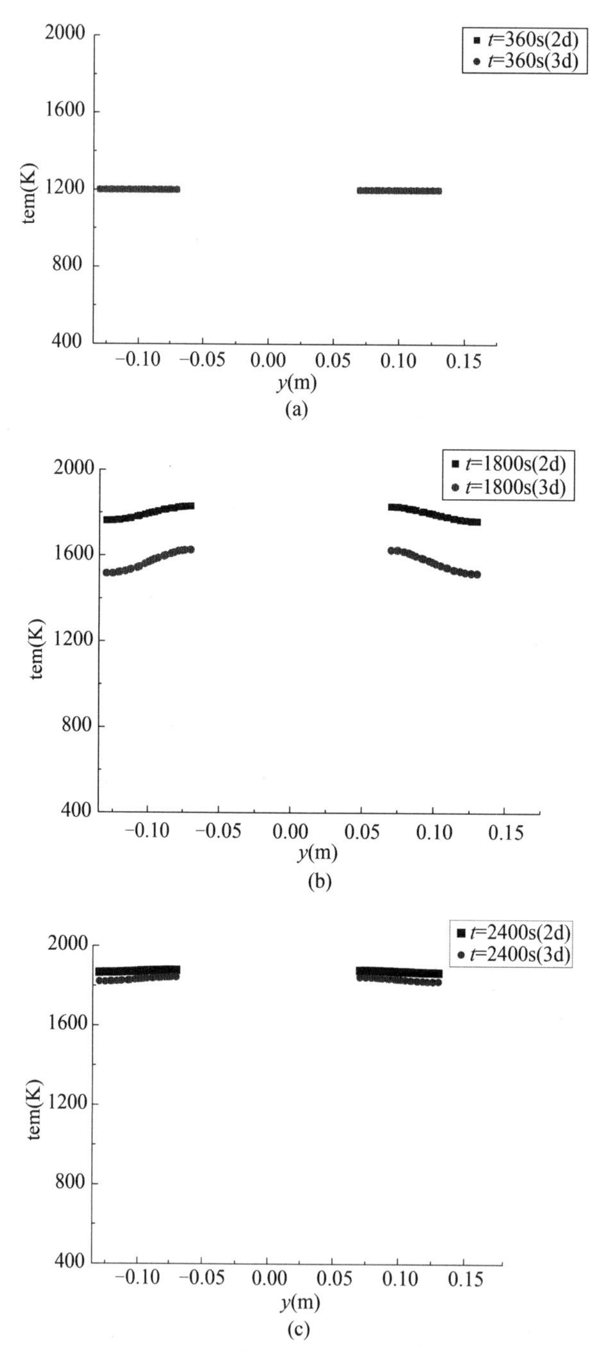

图 8-22　三维模拟与二维模拟的 line7 温度值对比

3. out 上温度值对比

图 8-23 为 t=360s、1800s、2400s 三个时刻，三维数值模拟的 out 温度值与二维模拟结果的对比。图 8-23（a）表明 t=360s 时刻燃烧释放热量未传递至出口处，因此出口处保持初温，

随着燃烧的进行，在相同时刻，出口处的温度值在二维模拟结果中高于三维模拟结果，但三维模拟中出口处贴近壁面的温度要高于二维模拟结果。在出口处温度有一定的误差，一方面是由于燃烧释放热量传递的时间差，另一方面是三维模拟中更贴近于实际物理模型，考虑到 z 方向上有一定的热量传递。

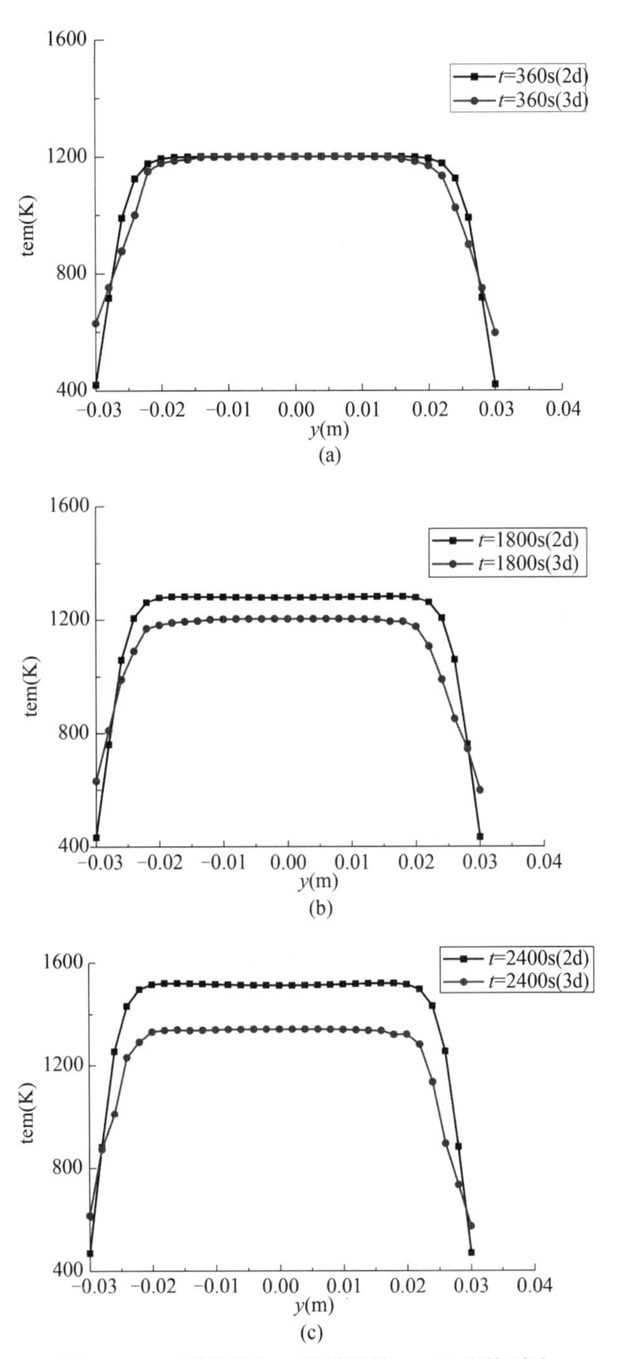

图 8-23　三维模拟与二维模拟的 out 温度值对比

8.3.4 三维模型与二维模型的速度场对比

从速度的三维矢量图中可以看出，在燃烧过程中，燃烧室内整体速度变化不大。本小节将三维数值模拟结果与二维数值模拟结果在三个监测位置上的速度进行对比。

1. line_in 上速度对比

图 8-24 为三维数值模拟中 line_in 在 t=360s、1800s 及 2400s 时刻的速度对比。可以看出，整体变化幅度很小；最大速度值始终保持在多孔介质区域与纯流体的交界面上，这与火焰面稳定在交界面是一致的；line_in 上 x=−0.07m 处速度趋近于零（见图 8-25），也就是靠近内环壁面速度值最小，这与速度矢量图是一致的。

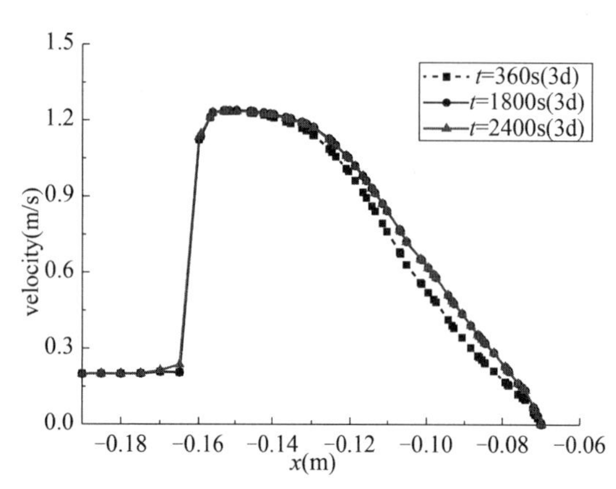

图 8-24 三维数值模拟 line-in 上速度变化图

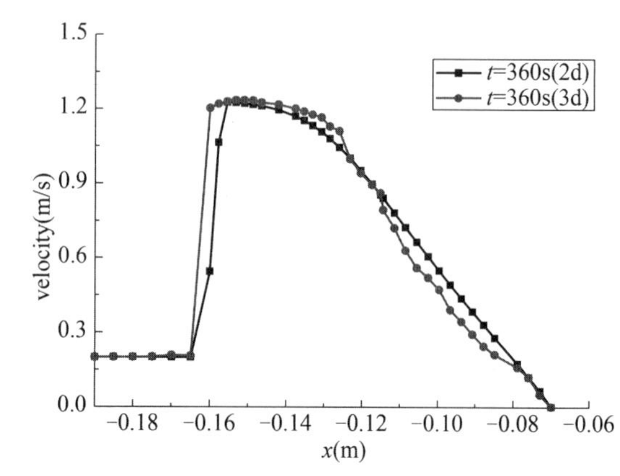

图 8-25 三维与二维模拟 line-in 上速度的对比

2. line7 上速度对比

图 8-26 为三维数值模拟结果中不同时刻 line7 上的速度，可以看出，燃烧室靠近内壁的地方，速度较大，随着时间的变化，line7 上的整体速度增加趋势，但增加幅度在缓慢变小。line7 上速度相对于 line_in 较小，这是由于多孔介质的存在，使得气体在燃烧室内的流动变得缓慢，有助于气固之间的热交换，使得热量得到高效的利用。

图 8-27 为 t=360s 时刻 line7 速度的三维数值模拟与二维数值模拟的对比，可以看出，二者基本吻合。

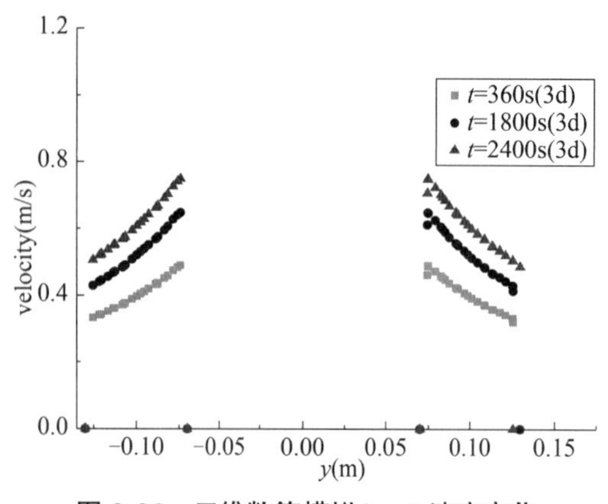

图 8-26 三维数值模拟 line7 速度变化

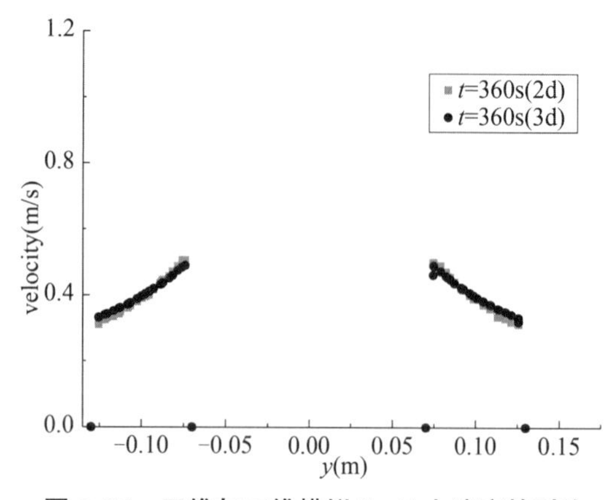

图 8-27 三维与二维模拟 line7 上速度的对比

3. out 上速度对比

图 8-28 为三维数值模拟中 out 上温度随时间变化的图。从中可以看出，在整个燃烧过程中，出口处的温度基本保持不变，其温度呈现梯形分布，这是由于出口处壁面为绝热条件。图 8-29 中显示为 t=360s 时刻，三维模拟结果中的 out 上的速度值与二维数值模拟的速度值的对比，二者也基本吻合。

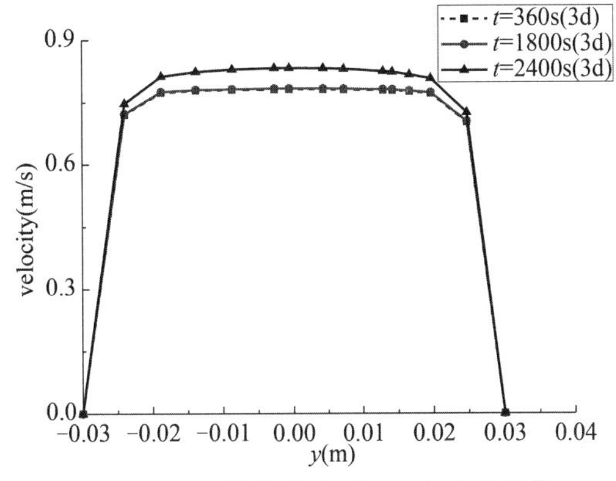

图 8-28　三维数值模拟 out 上速度变化

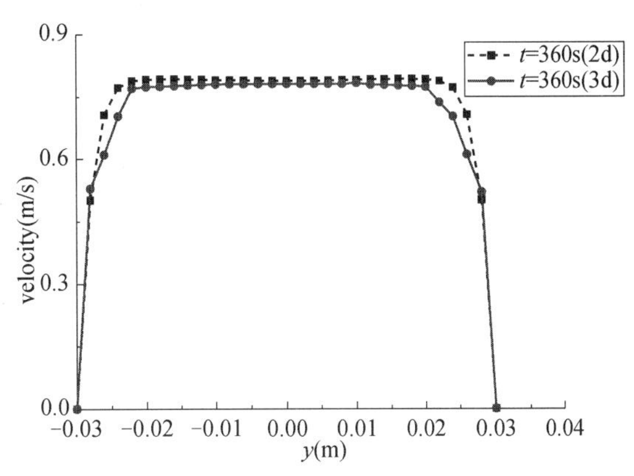

图 8-29　三维数值模拟与二维模拟 out 上速度的对比

第 9 章　气固两相流的数值模拟

声波团聚是指细颗粒在加载声波的流场中团聚成大颗粒的现象，从本质上讲，这是一个两相流动问题，涉及流体力学模型、颗粒运动模型和颗粒生长模型等几个方面。该问题对细颗粒研究有重大意义，本章就声波团聚数学模型进行分析，然后对两种颗粒分离装置进行数值模拟。

9.1　驻波声–流场中颗粒细颗粒运动数学模型

本节先介绍颗粒在声流场中的受力情况，并建立驻波声–流场中颗粒细颗粒运动数学模型。

1. 所受的主要作用力

两相流动中颗粒在运动过程中所受到的作用力是十分复杂的。在实际工程计算中往往不可能全面考虑所有力的作用，只能根据实际情况，选择几种主要的作用力加以计算，力求接近实际过程。两相流动中颗粒在运动过程中可能受到的作用力至少可以列举出如下 10 种：流体阻力；重力和浮力；虚假质量力；压力梯度力；Basset 力；Magnus 升力；saffman 升力；热泳力、不均匀燃烧力和光、声泳力（辐射力）；静电力；颗粒之间及颗粒与壁面之间的作用力。

当悬浮液暴露在声场中，悬浮颗粒周围的流体因为声场的存在将对悬浮颗粒施加一种跟辐射压力相关的时均力。通过对作用在物体表面的整个声压场进行求积分运算，可以推导出作用在无黏性流体中自由悬浮的刚性球上的声辐射力，在平面驻波声场中的时均声辐射力的表达式为

$$\bar{F}_s(x)=4\pi\rho\widehat{\Phi^2}(kR)^3K_s(\lambda,\sigma)\sin(2kx) \tag{9.1}$$

其中，R 为颗粒的半径，ρ 为流体的密度，k 是声波数，$\lambda=\rho_p/\rho$ 和 $\sigma=c_p/c_f$ 分别是颗粒和流体的密度比及声速比，K_s 声比因子

$$K_s=\frac{1}{3}\left[\frac{5\lambda-2}{2\lambda+1}-\frac{1}{\lambda\sigma^2}\right] \tag{9.2}$$

由于平面驻波声场的时均声能密度为 $E=\rho k^2\hat{\Phi}^2$，故

$$\bar{F}_s(x)=4\pi kR^3EK_s(\lambda,\sigma)\sin(2kx) \tag{9.3}$$

2. 声波驻波场中颗粒运动方程

对于驻波声–流场中相对低浓度的颗粒而言，颗粒在运动过程中所受到的作用力主要有 4

种：气流阻力、重力和浮力、虚假质量力和声辐射力。驻波声–流场中颗粒运动方程组为

$$\begin{cases} V_p\rho_p\dfrac{\mathrm{d}u_p}{\mathrm{d}t}=6\pi\mu R\left(u-u_p\right)+\dfrac{1}{2}V_p\rho\dfrac{\mathrm{d}\left(u-u_p\right)}{\mathrm{d}t} \\ V_p\rho_p\dfrac{\mathrm{d}v_p}{\mathrm{d}t}=-V_pkEG\sin(2ky)+6\pi\mu R\left(v-v_p\right)+V_p\left(\rho-\rho_p\right)g+\dfrac{1}{2}V_p\rho\dfrac{\mathrm{d}\left(v-v_p\right)}{\mathrm{d}t} \end{cases} \tag{9.4}$$

其中，V_p 为颗粒体积，E 为驻波时均声能密度，$G=3K_s\left(\lambda,\ \sigma\right)$。整理可得

$$\begin{cases} \dfrac{\mathrm{d}u_p}{\mathrm{d}t}=\dfrac{9\mu}{\left(\rho+2\rho_p\right)R^2}\left(u-u_p\right)+\dfrac{\rho}{\left(\rho+2\rho_p\right)}\dfrac{\mathrm{d}u}{\mathrm{d}t} \\ \dfrac{\mathrm{d}v_p}{\mathrm{d}t}=\dfrac{9\mu}{\left(\rho+2\rho_p\right)R^2}\left(v-v_p\right)+\dfrac{\rho}{\left(\rho+2\rho_p\right)}\dfrac{\mathrm{d}v}{\mathrm{d}t}-\dfrac{2kEG}{\left(\rho+2\rho_p\right)}\sin(2ky)+\dfrac{2\left(\rho-\rho_p\right)g}{\left(\rho+2\rho_p\right)} \end{cases} \tag{9.5}$$

进一步加上颗粒位置方程，得到

$$\begin{cases} \dfrac{\mathrm{d}x_p}{\mathrm{d}t}=u_p \\ \dfrac{\mathrm{d}u_p}{\mathrm{d}t}=a\left(u-u_p\right)+b\dfrac{\mathrm{d}u}{\mathrm{d}t} \\ \dfrac{\mathrm{d}y_p}{\mathrm{d}t}=v_p \\ \dfrac{\mathrm{d}v_p}{\mathrm{d}t}=a\left(v-v_p\right)+b\dfrac{\mathrm{d}v}{\mathrm{d}t}+c\sin(2ky)+d \end{cases} \tag{9.6}$$

其中，$a=-\dfrac{9\mu}{\left(\rho+2\rho_p\right)R^2}$，$b=\dfrac{\rho}{\left(\rho+2\rho_p\right)}$，$c=-\dfrac{2kEG}{\left(\rho+2\rho_p\right)L}$，$d=\dfrac{2\left(\rho-\rho_p\right)g}{\left(\rho+2\rho_p\right)L}$。

9.2　颗粒声波凝聚的特性分析

在静止流体中，从微分方程组（9.6）出发可以方便地导出更简单的颗粒运动模型，假定此时颗粒的初始条件为 $x_p=x_0$，$y_p=y_0$，$u_p=0$，$v_p=0$，超声驻波的速度声压节位于微通道的中轴线上，而超声驻波的速度声压腹刚好在微通道的上下壁面上，称为半波长驻波通道，驻波声–流场的坐标系统如图 9-1 所示。因为流体是静止的，始终有 $u=0$，$v=0$。由式（9.6）得

$$\begin{cases} \dfrac{\mathrm{d}y_p}{\mathrm{d}t}=v_p \\ \dfrac{\mathrm{d}v_p}{\mathrm{d}t}=av_p+c\sin(\pi y_p)+d \end{cases} \tag{9.7}$$

当颗粒位于流场中某一位置 y_0，以静止的初始状态在超声驻波声–流场中发生颗粒声波凝聚现象，那么颗粒的初始状态相当于方程组（9.7）的初值条件为 $y=y_0\left(-l/4\leqslant y_0\leqslant l/4\right)$，$v_p=0$。为了研究不同的介质对象对声波凝聚的影响，将颗粒物和流体介质组合分为三组，分别是：聚苯乙烯颗粒和脱气糖水；聚苯乙烯颗粒和脱气软化水；高密度聚乙烯颗粒和脱气软化水。颗粒物和流体介质的物性参数见表 9-1。

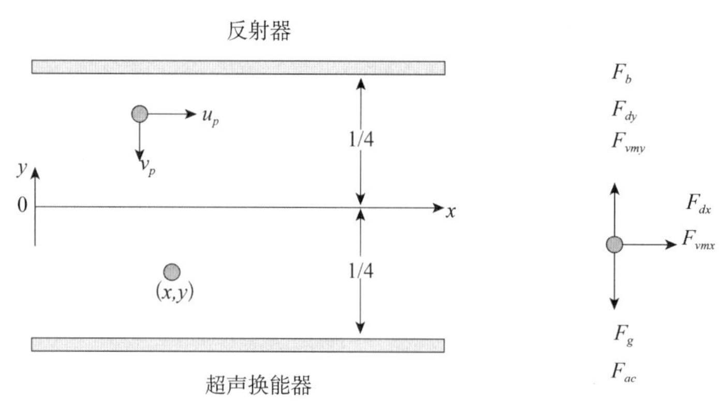

图 9-1 坐标系统及颗粒的受力分析

表 9-1 流体和颗粒的物性参数（SI 单位制）

流体材料	密度	声速	黏度	温度	固体材料	密度	声速
脱气糖水	1050	1500	0.001	298	聚苯乙烯	1050	2331
脱气软化水	1000	1500	0.001	298	高密度聚乙烯	940	2005.5

1. 颗粒物和流体的不同组合对颗粒声波凝聚效果的影响

从数值计算结果容易看出，在 $f = 24.1\text{kHz}$，$R = 20\mu\text{m}$，$E = 10\text{J}\cdot\text{m}^{-3}$ 的数值计算条件下，聚苯乙烯颗粒不管在脱气糖水还是在脱气软化水中，都发生颗粒凝聚现象，如图 9-2（a）、图 9-3（a）和图 9-4（a）所示；但是高密度聚乙烯在脱气软化水中却根本不发生颗粒凝聚现象，这说明驻波场中颗粒声波凝聚现象的发生是有条件的。图 9-3（a）说明聚苯乙烯颗粒在脱气软化水中尽管也发生颗粒凝聚现象，但是凝聚点不在声压节处，有一个偏差，凝聚点在 $y' = -0.26$ 附近，初始位置在底部声压腹附近的颗粒并不发生凝聚现象，而是撞向壁面。

2. 声频率对颗粒声波凝聚效果的影响

图 9-2～图 9-4 表示不同组合不同声频率凝聚情况，数值计算结果清楚地表明改变声频率的大小确实使颗粒声波凝聚现象发生了重大的变化。从图 9-4 可以发现，当声波的频率增大时，高密度聚乙烯颗粒在脱气软化水中从不发生颗粒凝聚现象到发生颗粒凝聚现象。从图 9-2～图 9-4 对比可以发现，当驻波的频率增大时，颗粒凝聚的时间大幅度减少，颗粒凝聚的时间大致跟驻波频率的平方成反比关系。在组合 B 的情形中（见图 9-3），撞向壁面的颗粒的初始位置位于底部的声压腹附近，而在组合 C 的情形中（见图 9-4），撞向壁面的颗粒的初始位置位于顶部的声压腹附近，而且组合 B 中凝聚点跟声压节的偏移量是负值，而组合 C 中凝聚点跟声压节的偏移量是正值，随着频率增大凝聚点跟声压节的偏移量随着频率的增大显著缩小。

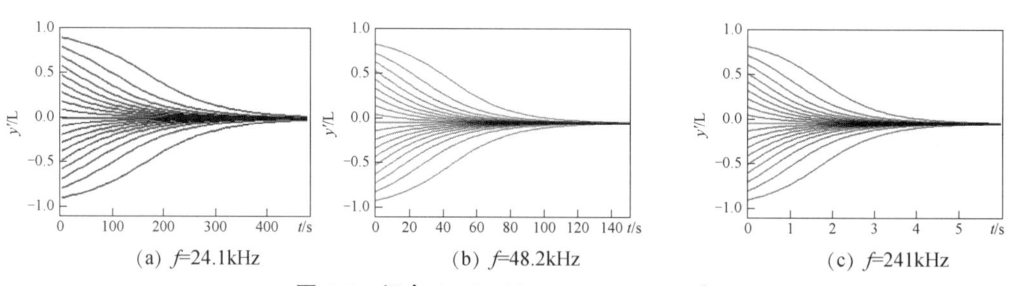

图 9-2 组合 A R=20μm，E=10J · m^{-3}

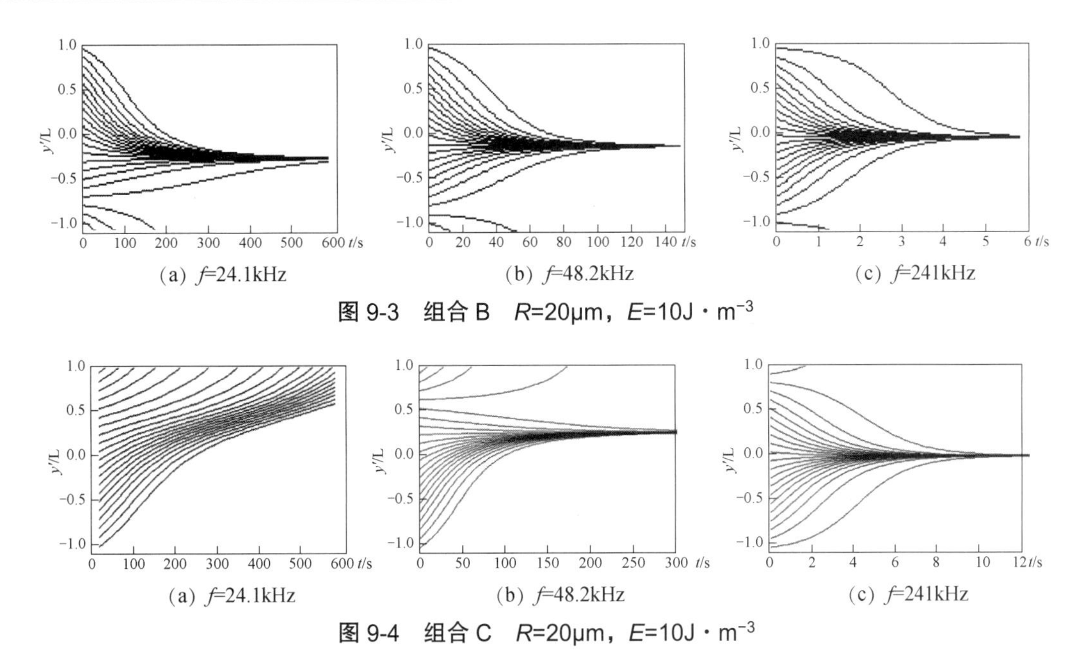

图 9-3　组合 B　R=20μm，E=10J · m^{-3}

(a) f=24.1kHz　(b) f=48.2kHz　(c) f=241kHz

图 9-4　组合 C　R=20μm，E=10J · m^{-3}

3. 颗粒半径的大小对颗粒声波凝聚效果的影响

图 9-5 所示的是 A,B,C 三种组合在颗粒半径 $R=10\mu m$ 时的数值模拟的结果。对比图(a)、(b)、(c) 三个图，容易发现颗粒是否凝聚及颗粒凝聚点的位置跟颗粒半径的大小无关，但是颗粒半径的大小变化会影响颗粒凝聚的时间。从数值模拟的结果看颗粒凝聚的时间大致跟颗粒半径的平方成反比。

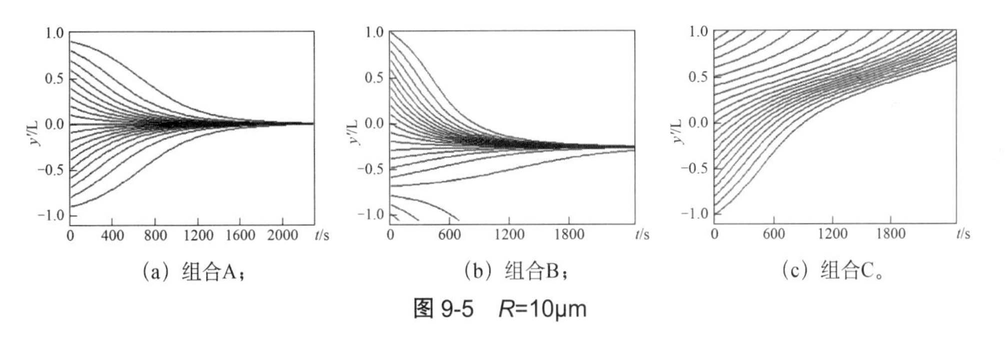

(a) 组合A；　(b) 组合B；　(c) 组合C。

图 9-5　R=10μm

4. 时均声能密度对颗粒声波凝聚效果的影响

将时均声能密度 E 由 10J • m^{-3} 改变为 100J • m^{-3} 时可以发现（见图 9-6～图 9-8），当声波的时均声能密度 E 增大为原来的 10 倍时，高密度聚乙烯颗粒在脱气软化水中本来不发生颗粒凝聚现象，现在却发生了颗粒凝聚现象（组合 C）。当驻波的频率增大时，颗粒凝聚的时间减少了，颗粒凝聚的时间大致跟声波的时均声能密度 E 的大小成反比关系。随着时均声能密度 E 的增大凝聚点跟声压节的偏移量也大大缩小，初始位置在底部声压腹附近的部分颗粒不发生凝聚现象（组合 B），随着时均声能密度 E 的增大，这样的颗粒也随之减少了。

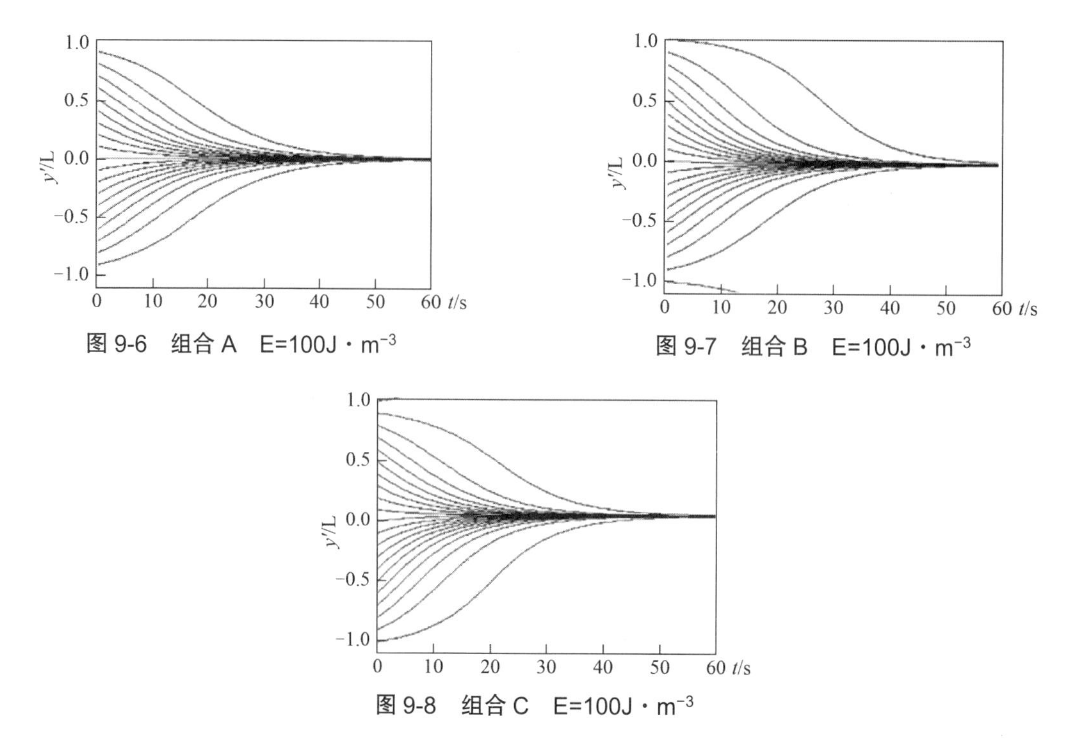

图 9-6　组合 A　E=100J·m^{-3}

图 9-7　组合 B　E=100J·m^{-3}

图 9-8　组合 C　E=100J·m^{-3}

在静止流体中应用数值模拟方法，研究了在流场中流体和颗粒的物性参数及超声驻波的声学参数对颗粒声波凝聚效果的影响。研究结果表明，驻波场中颗粒聚合现象发生是有条件的，凝聚点不一定在声压节处，可能有一个偏差；当驻波的频率增大时，颗粒凝聚的时间大幅度减少，颗粒凝聚的时间大致跟驻波频率的平方成反比关系；颗粒半径的大小变化会影响颗粒凝聚的时间，大致跟颗粒半径的平方成反比；时均声能密度 E 的增大，颗粒凝聚的时间减少，凝聚点跟声压节的偏移量也大大缩小。

9.3　超细颗粒声波团聚数值模拟

从 1866 年 Kundt 首次发现驻波场中灰尘颗粒聚集的现象起，到 20 世纪 60 年代 Mednikov EP 对早期声波团聚技术进行了较为完整的研究总结，属于早期的初级阶段研究。20 世纪 70 年代以来，由于环境标准的日益严格，声波团聚研究更趋重视。

微通道细颗粒会聚/分离的原件是微型化细颗粒分离装置的基本结构。前面我们利用数值模拟和理论分析相结合的方法，研究了在流场中流体和颗粒的物性参数及超声驻波的声学参数，颗粒的半径和流场的流量对颗粒声波会聚效果的影响。在此基础上，设计了一个三出口驻波微通道细颗粒会聚/分离装置。本节对该装置进行详细的数值模拟，为微通道细颗粒会聚/分离装置进行优化设计和声波微通道与颗粒分离器的结合装置的设计提供参考。

9.3.1　微通道超细颗粒声波团聚数学模型

根据流体动力学的理论，二维动力黏度为常数的不可压缩流场的 Navier-Stokes 方程由连续性方程、x 方向和 y 方向的动量方程组成。不考虑颗粒相对流体的作用，由于流场为定常的，

二维原始变量 Navier-Stokes 方程可以写成

$$
\begin{cases}
\dfrac{\partial u}{\partial x}+\dfrac{\partial v}{\partial y}=0 \\
u\dfrac{\partial(\rho u)}{\partial x}+v\dfrac{\partial(\rho v)}{\partial y}=-\dfrac{\partial p}{\partial x}+\mu\left(\dfrac{\partial^2 u}{\partial x^2}+\dfrac{\partial^2 u}{\partial y^2}\right) \\
u\dfrac{\partial(\rho v)}{\partial x}+v\dfrac{\partial(\rho v)}{\partial y}=-\dfrac{\partial p}{\partial y}+\mu\left(\dfrac{\partial^2 v}{\partial x^2}+\dfrac{\partial^2 v}{\partial y^2}\right)
\end{cases}
\tag{9.8}
$$

另一方面，再次给出颗粒运动方程

$$
\begin{cases}
\dfrac{\mathrm{d}x_p}{\mathrm{d}t}=u_p \\
\dfrac{\mathrm{d}u_p}{\mathrm{d}t}=a\left(u-u_p\right)+b\dfrac{\mathrm{d}u}{\mathrm{d}t} \\
\dfrac{\mathrm{d}y_p}{\mathrm{d}t}=v_p \\
\dfrac{\mathrm{d}v_p}{\mathrm{d}t}=a\left(v-v_p\right)+b\dfrac{\mathrm{d}v}{\mathrm{d}t}+c\sin 2ky+d
\end{cases}
\tag{9.9}
$$

其中，$a=-\dfrac{9\mu}{\left(\rho+2\rho_p\right)R^2}$，$b=\dfrac{\rho}{\left(\rho+2\rho_p\right)}$，$c=-\dfrac{2kEG}{\left(\rho+2\rho_p\right)L}$，$d=\dfrac{2\left(\rho-\rho_p\right)g}{\left(\rho+2\rho_p\right)L}$。

9.3.2　超细颗粒声波团聚数值模拟方法

超细颗粒声波团聚数值模拟的对象如图 9-9 所示，这是一个有 3 个出口的半波长微通道声–流场。流体介质为脱气软化水，颗粒为聚苯乙烯颗粒，颗粒半径为 $R=1\mu\mathrm{m}$；超声波的声频率 $f=3\mathrm{MHz}$，时均声能密度 $E=100\mathrm{J}\cdot\mathrm{m}^{-3}$；微通道的高度为 $h=l/2=250\mu\mathrm{m}$，长度为 20mm，超声换能器的长度为 13.125mm，距离微通道入口 $625\mu\mathrm{m}$，中间出口为颗粒出口，两边的出口为清洁的流体出口，每个出口长度均为 $187.5\mu\mathrm{m}$，它们各自也相距 $187.5\mu\mathrm{m}$，最后一个出口距离微通道底部 $625\mu\mathrm{m}$；进口为均匀来流，流速 $u=0.01\mathrm{m/s}$；流场为定常的。

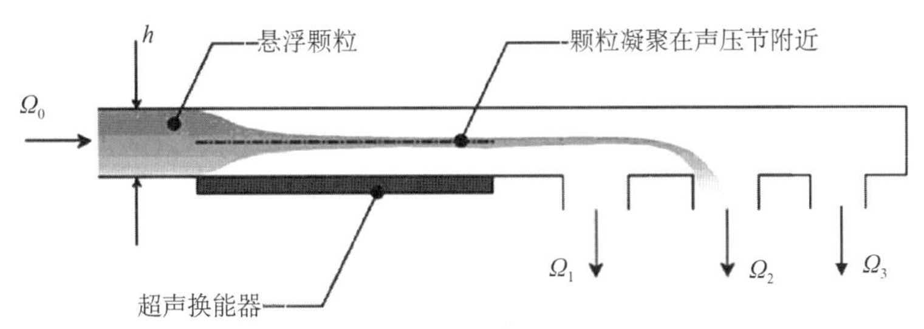

图 9-9　微通道超细颗粒声波团聚数值模拟的对象

Navier-Stokes 方程使用有限容积 SIMPLE 方法求解，获得流场的速度分布，流场的计算区的网格系统为采用内节点法的均分网格，节点数为 42×1602。取特征长度 $L=l/4$，特征速度 $V=L/T$，T 为驻波周期，无量纲化前后的各量为 $x^*=x/L$，$y^*=y/L$，$u^*=u/V$，$v^*=v/V$，各边界条件如下。

进口条件：$x^*=0$，$-1\leqslant y^*\leqslant 1$时，$u^*=0.01$，$v^*=0$。

上壁面条件：$y^*=1$，$0\leqslant x^*\leqslant 160$时，$u^*=0$，$v^*=0$。

下壁面条件：$y^*=-1$，$0\leqslant x^*\leqslant 147.5$，$149\leqslant x^*\leqslant 150.5$，$152\leqslant x^*\leqslant 153.5, 155\leqslant x^*\leqslant 160$，$u^*=0$，$v^*=0$。

后壁面条件：$x^*=160$，$-1\leqslant y^*\leqslant 1$时，$u^*=0$，$v^*=0$。

出口边界：$y^*=-1$，$147.5<x^*<149$，$150.5<x^*<152$，$153.5<x^*<155$时，$u_{i,1}^*=u_{i,2}^*$。与出口截面平行的速度分量v^*，满足总体质量守恒的条件。

使用有限容积 SIMPLE 方法求解无量纲 Navier-Stokes 方程，使用变步长四阶 Runge-Kutta 法求解颗粒轨道方程（9.9），整个气固两相求解使用自己开发的程序实现耦合计算。

9.3.3 数值模拟结果

流体介质为脱气软化水（密度为 1000kg • m^{-3}，声速为 1500m • s^{-1}，黏度为 0.001Pa • s），颗粒为聚苯乙烯颗粒（密度 1050kg • m^{-3}），颗粒半径为 R=1μm。声学参数的选取是与微通道长度和宽度密切相关的，经过前期的研究，并经过多种工况的数值实验，选取典型的参数：超声波的声频率 $f=3\text{MHz}$，时均声能密度 E=100J • m^{-3}，超声换能器的长度为通道高度的 50 倍，流体的平均流速为$U_0=0.01\text{m/s}$，要求通道内 95%的颗粒都能凝聚到凝聚点的邻域半径为 0.05 的邻域内。

图 9-11 是三出口微通道流场全场的流线图，流线在流场上游非常平稳，在出口处变化剧烈；图 9-12 是微通道流场三出口处的流线放大图；图 9-13、9-14 给出流场中三出口处的速度u^*，v^*分布图。计算表明三出口u^*逐步分段降低，出口流量逐渐减少，第三个出口的流量明显减少，v^*有一个明显的出口速度，逐步分段加强，中间出口的变化最大，有利于颗粒分离。为了验证计算的正确性，从图 9-15 可以看出流场在驻波作用段跟二维泊肃叶流十分相似，二者的速度u^*的误差值很小，而且微通道声超声驻波作用段的流场是稳定的，数值模拟的结果证明了计算的合理性。

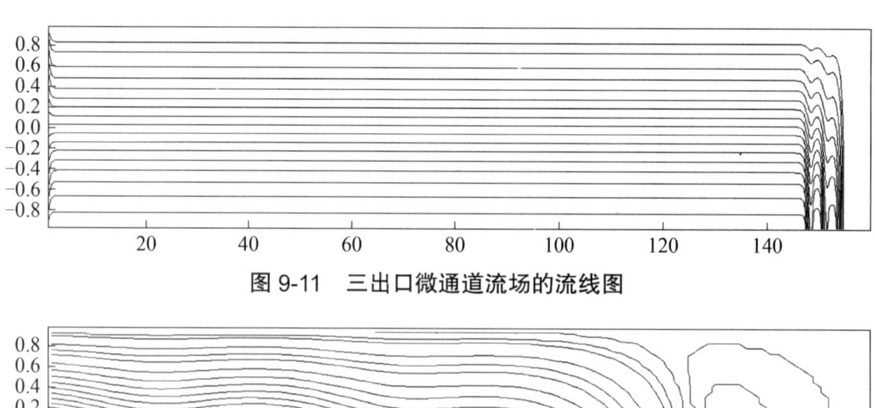

图 9-11　三出口微通道流场的流线图

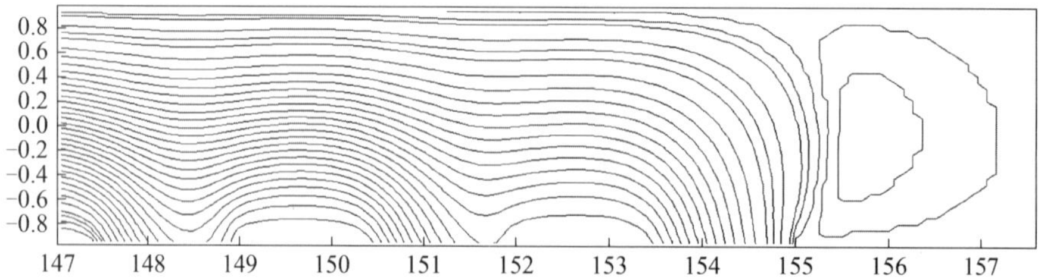

图 9-12　微通道流场三出口处的流线图

图 9-16 所示的是半波长微通道声–流场超细颗粒声波会聚数值模拟的结果，显示了超细颗粒在进口段向轴线靠拢之趋势及随后在超声驻波作用下发生声波会聚的现象。计算表明，通道高度的 50 倍的超声换能器的长度范围内颗粒会聚于波节的趋势已经基本形成，在 50～100 倍的超声换能器的长度范围内，颗粒非常集中，是颗粒团聚成大颗粒过程。一个波节的作用，能够使细颗粒在以后的运动中保持集中，在第一个出口处有离开通道的趋势，最终在第二出口处分离出，因此三个出口的流量控制是颗粒分离的重要因素，这对今后的应用有指导意义。

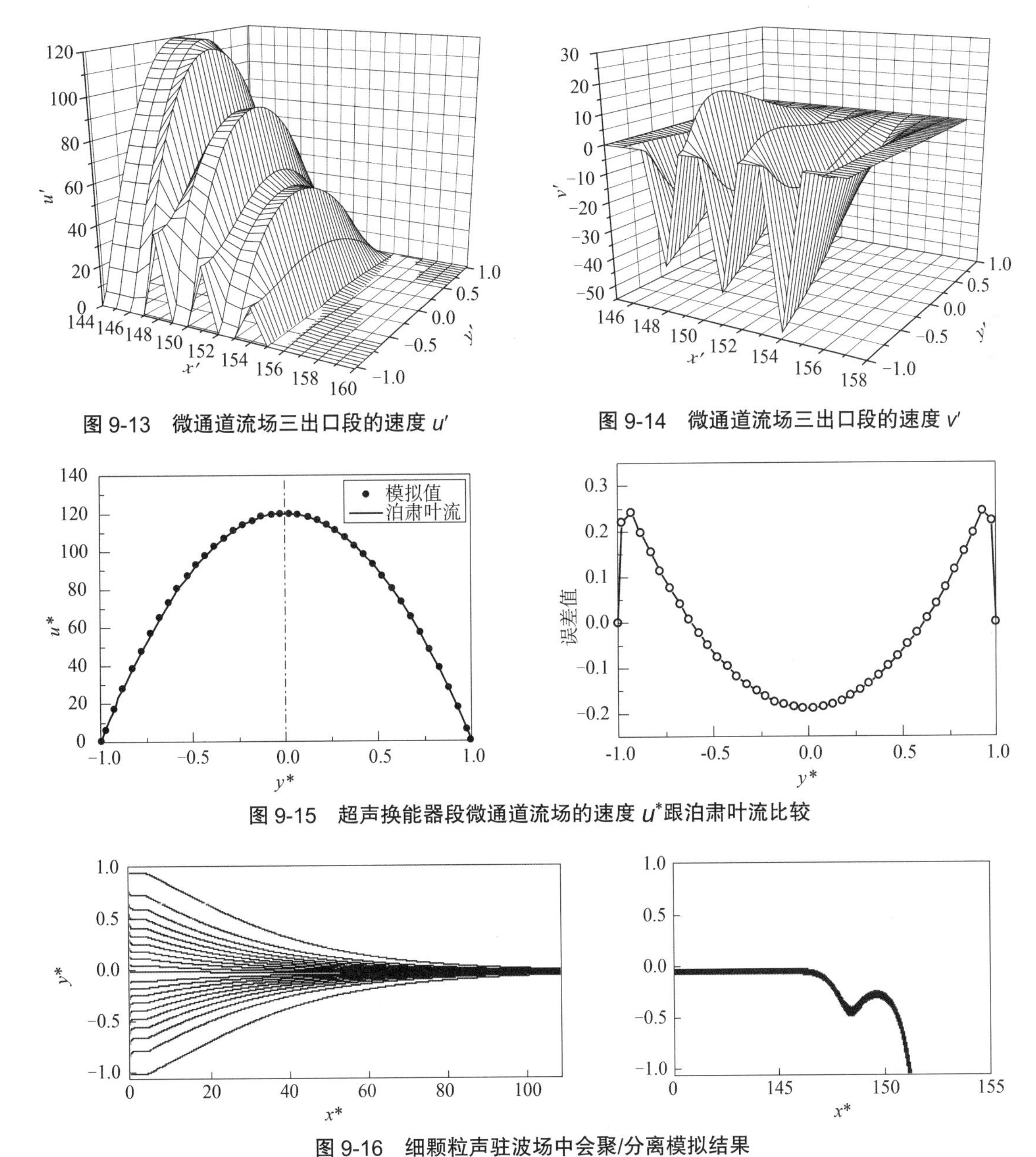

图 9-13　微通道流场三出口段的速度 u'

图 9-14　微通道流场三出口段的速度 v'

图 9-15　超声换能器段微通道流场的速度 u^* 跟泊肃叶流比较

图 9-16　细颗粒声驻波场中会聚/分离模拟结果

9.4　声波旋风分离器两相流的数学模型

在旋风分离器前加一声波团聚装置，并组合成声波旋风分离器，对该装置颗粒分离过程的描述需要湍流模型、颗粒运动模型和声波团聚动力学模型。

9.4.1　湍流雷诺应力模型

在对旋风分离器内的强旋流场进行模拟时，标准 $\kappa-\varepsilon$ 模型给出的结果不够准确，这是因为标准 $\kappa-\varepsilon$ 模型采用了湍流局部各向同性假设，难以描述旋风分离器内各向异性的强旋流动；雷诺应力模型是比较精确和复杂的一种模型，它对雷诺应力建立输运方程，可以计算各个独立的雷诺应力分量，因此更加适合于旋风分离器内强旋流场的计算。基于此，这里选用雷诺应力模型

$$\frac{\partial \overline{v_i}}{\partial x_i}=0 \tag{9.1}$$

$$\frac{\partial \overline{v_i}}{\partial t}+\overline{v}_k\frac{\partial \overline{v_i}}{\partial x_k}=-\frac{1}{\rho}\frac{\partial \overline{p}}{\partial x_i}+\nu\frac{\partial^2 \overline{v_i}}{\partial x_k^2}-\frac{\partial R_{ik}}{\partial x_k} \tag{9.2}$$

$$\frac{\partial R_{ij}}{\partial t}+v_k\frac{\partial R_{ij}}{\partial x_k}=\frac{\partial}{\partial x_k}\left[\left(\nu+\frac{\nu_t}{\sigma_k}\right)\frac{\partial R_{ij}}{\partial x_k}\right]+P_{ij}-\frac{2}{3}\varepsilon\delta_{ij}-C_1\frac{\varepsilon}{k}\left(R_{ij}-\frac{2}{3}k\delta_{ij}\right)-C_2\left(P_{ij}-\frac{1}{3}P_{kk}\delta_{ij}\right) \tag{9.3}$$

$$\frac{\partial k}{\partial t}+u_k\frac{\partial k}{\partial x_k}=\frac{\partial}{\partial x_k}\left[\left(\nu+\frac{\nu_t}{\sigma_k}\right)\frac{\partial k}{\partial x_k}\right]-R_{ik}\frac{\partial \overline{v_i}}{\partial x_k}-\varepsilon \tag{9.4}$$

$$\frac{\partial \varepsilon}{\partial t}+u_k\frac{\partial \varepsilon}{\partial x_k}=\frac{\partial}{\partial x_k}\left[\left(\nu+\frac{\nu_t}{\sigma_\varepsilon}\right)\frac{\partial \varepsilon}{\partial x_k}\right]-\frac{\varepsilon}{k}\left(C_{\varepsilon1}R_{ik}\frac{\partial \overline{v_i}}{\partial x_k}+C_{\varepsilon2}\varepsilon\right) \tag{9.5}$$

其中，$\nu_t=C_k k^2/\varepsilon$，经验常数为 $C_k=0.10$，$\sigma_k=1.0$，$\sigma_\varepsilon=1.43$，$C_{\varepsilon1}=1.44$，$C_{\varepsilon2}=1.92$，$C_1=2.30$，$C_2=0.4$。

9.4.2　颗粒模型

假定颗粒为球体，在旋风分离器内颗粒所受到的力主要是重力和阻力。其他力的影响很小，可以忽略。下面在拉格朗日坐标系下，运动方程为

$$\begin{cases}\dfrac{\mathrm{d}\boldsymbol{x}_p}{\mathrm{d}t}=\boldsymbol{u}_p\\[2mm]\dfrac{\mathrm{d}\boldsymbol{u}_p}{\mathrm{d}t}=\dfrac{\boldsymbol{u}_f\left(t,\boldsymbol{x}_p\right)-\boldsymbol{u}_p}{\tau_p}+g+F\end{cases} \tag{9.6}$$

式中，颗粒弛豫时间 $\tau_p=\dfrac{\rho_p d_p^2}{18\mu f}$，$f=C_D\dfrac{\mathrm{Re}_p}{24}$，颗粒雷诺数 $\mathrm{Re}_p=\dfrac{\rho_p d_p\left|\boldsymbol{u}-\boldsymbol{u}_p\right|}{\mu}$，$m_p$ 为颗粒的

质量，d_p 为颗粒直径，ρ_p 为颗粒密度，ρ 为气体的密度，g 取 9.8 m/s²，$\boldsymbol{u}_p$ 为颗粒速度，$\boldsymbol{u}$ 为气流速度；C_D 为阻力系数，μ 为流体黏性系数。阻力系数按照 Morsi 和 Alexander 给出的公式依不同的颗粒雷诺数范围取值

$$C_D = a_1 + \frac{a_2}{\mathrm{Re}_p} + \frac{a_3}{\mathrm{Re}_p^2} \tag{9.7}$$

系数 a_1，a_2，a_3 由 Re_p 范围决定。

在垂直于声波发生器方向加上一个声辐射力，其中声场力表达为

$$\boldsymbol{F} = C\left\{\cos\left[2\pi f\left(t - \frac{x - x'}{c}\right)\right] - \cos\left[2\pi f\left(t - \frac{x + x'}{c}\right)\right]\right\} \tag{9.8}$$

其中，$C = \left(\dfrac{2I}{\rho c^3}\right)^{\frac{1}{2}} p_0 \gamma \left(\dfrac{d}{2}\right)^2 \pi$ 是一个与声波参数相关的常数，f 为声波频率。

9.4.3 团聚动力学方程

由 Fuch's 定律和 Fick's 扩散定律可知，对于粒径相同的颗粒群，动力学方程在团聚过程的开始阶段可描述为

$$\frac{\mathrm{d}n_c}{\mathrm{d}t} = -Kn^2 \tag{9.9}$$

其中，n_c 为单分散相颗粒浓度，初始颗粒间的碰撞速度可以表示为核函数 K 和初始浓度 n 的函数。对于粒径不同的颗粒，式（9.9）可以写为

$$\frac{\mathrm{d}n_{12}}{\mathrm{d}t} = -K_{21} n_1 n_2 \tag{9.10}$$

其中，K_{21} 为碰撞核函数，n_{12} 为两组颗粒的浓度，n_1、n_2 分别为两组颗粒的初始浓度。在粒径不同的颗粒之间发生团聚时，可以用离散形式来表达粒径为 k 的颗粒的浓度变化，公式为

$$\frac{\mathrm{d}n_k}{\mathrm{d}t} = \frac{1}{2}\sum_{i=1,\ j=k-1}^{k} K_{ij} n_i n_j - n_k \sum_{i=1}^{k} K_{ik} n_i \tag{9.11}$$

其中右边第一项的意义为 i、j 粒径的颗粒发生团聚，进而结合成 k 粒径颗粒的概率，第二项表示其他颗粒与粒径为 k 的颗粒团聚而导致粒径为 k 的颗粒减少的速率。团聚动力学方程是一个微分方程，因此可以通过数值积分方法求解。

将声场中单位浓度、单位时间内颗粒之间发生碰撞的次数，称为声波团聚核函数，用 K 表示，单位 m³/s。声波团聚核函数主要由同向凝聚核函数和再填充因子两部分构成。

1. 同向团聚核函数

对于传统的同向团聚核函数可以参考 Hoffmann 模型，这个模型是根据传统的同向凝聚机理建立的，可以对声波团聚核函数进行理论上的推导。团聚过程在推导中被做了一系列的简化，并假设：忽略颗粒间的流体力学作用；颗粒之间距离较大，颗粒形状为球形并且粒径较小；小颗粒在团聚过程中充满整个团聚体，即团聚体内外颗粒浓度不变，而且还假设在半个声波周期内，颗粒发生完全团聚。

团聚核函数的推导过程：

（1）假设一个体积为V_{21}的团聚体内，小颗粒的数目为N_2，那么每半个声波周期在一个团聚内，有N_2个团聚发生。

（2）大颗粒在单位体积内的数量浓度为n_1，因此每半个声波周期，在单位体积内，有$N_2 \times n_1$个团聚发生。

（3）将N_2表示为n_2V_{21}，那么每半个周期内在单位体积内，有$n_2V_{21} \times n_1$个团聚发生。

（4）频率为f的声波，在单位时间内产生$2f$个半声波周期，那么单位体积、单位时间内的团聚数为$2f \times n_1n_2V_{21}$，即为声波团聚速率$\mathrm{d}n_a / \mathrm{d}t$。

（5）声波团聚速率为颗粒数目变化速度的负数，即

$$\frac{\mathrm{d}n_a}{\mathrm{d}t} = 2fV_{21}n_1n_2 = -\frac{\mathrm{d}n_{21}}{\mathrm{d}t} \tag{9.12}$$

根据式（9.10），就可以得到同向团聚的核函数

$$K_{21} = 2fV_{21} = 2fS_{21}L_{21} = 2f\pi\left(r_1 + r_2\right)^2 \times 2\left|x_2 - x_1\right| \tag{9.13}$$

定义$u_n = \mathrm{d}x_n / \mathrm{d}t$，则颗粒间的最大速度幅度$\left|u_2 - u_1\right|$可以表示成

$$\left|u_2 - u_1\right| = \left|\left(-i\omega\right)x_2 - \left(-i\omega\right)x_1\right| \tag{9.14}$$

上式中$u_1 = \left(-i\omega\right)x_1$、$u_2 = \left(-i\omega\right)x_2$是每一个颗粒的速度公式。所以上式就可以替换为

$$K_{21} = 2fV_{21} = 2\left(r_1 + r_2\right)^2\left|u_2 - u_1\right| \tag{9.15}$$

由推导过程可知，小颗粒在一个声波周期后自动填充到团聚体中，这个填充速度是很快的，根据假设，这个过程几乎是瞬时完成的，目的是保证颗粒在团聚体内外的浓度相等。但是这种填充机理与实际的团聚现象是矛盾的，团聚体内外的颗粒浓度不可能在很短的时间内达到平衡，所以这个机理并没有被广大的研究者认同，必须引入有效的填充系数来改进团聚核函数。

2. 再填充因子

正向团聚作用机理表明当颗粒粒径相同时颗粒之间的团聚作用将不会发生团聚，但是根据 Shaw 和 Shirokova 在驻波与行波中得到的实验结果，发现粒径相同的颗粒也能发生团聚，并发现了声场中颗粒之间的流体力学力。流体力学力可以作用在较大距离范围内，并被大多数研究者认为是粒径相同的颗粒之间发生团聚现象的主要作用机理，主要包括共辐射压作用、共散射作用和声波尾迹效应。

为了修正团聚核函数，假定声波团聚发生时，同向声波团聚体V_{21}内小颗粒的数目为$N_2 = n_2 \times V_{21}$，半个声波周期后，团聚完全发生。那么经过半个声波周期，新团聚体内小颗粒的数量N_{L2}就可以重新表示，它取决于声波激发效应下进入团聚体的小颗粒数目。所以团聚速率就依赖于新的团聚体内的颗粒密度，那么式（9.10）变为

$$\frac{\mathrm{d}n_{21}}{\mathrm{d}t} = -K_{21}n_{L2}n_1 \tag{9.16}$$

再填充因子即为团聚体内部和外部的颗粒浓度比：$R_{21} = \dfrac{n_{L2}}{n_2}$，这样式（9.16）变为

$$\frac{\mathrm{d}n_{21}}{\mathrm{d}t} = -K_{21}R_{21}n_2n_1 = -K_{21}^*n_2n_1 \tag{9.17}$$

新的修正后的声波团聚核函数为$K_{21}^* = K_{21}R_{21}$，要求R_{21}，就需要求出团聚体内的颗粒浓度n_{L2}。如图 9-17 所示，由于颗粒的总体数目是一定的，所以团聚体内的颗粒数目与外部再填充体积

V_{EX} 内的颗粒数目是相等的，即 $V_{\mathrm{EX}}n_2 = V_{21}n_{L2}$，这样团聚体内部的颗粒浓度就变成了

$$n_{L2} = \frac{V_{\mathrm{EX}}}{V_{21}} n_2 \tag{9.18}$$

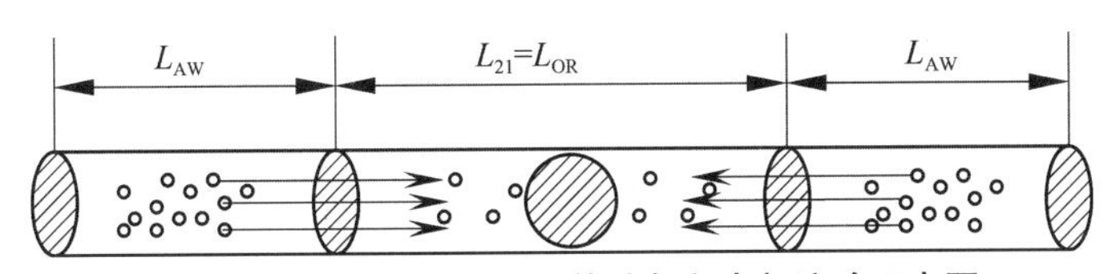

图 9-17　颗粒由声波团聚体外部向内部流动示意图

因而

$$R_{21} = \frac{V_{\mathrm{EX}}}{V_{21}} \tag{9.19}$$

由图 9-17 可知，在声波的作用下颗粒由团聚体外部填充到团聚体内部。同向声波团聚体两端的部分也属于外部填充体。L_{AW} 的长度可以定义为在半个声波周期内颗粒在团聚体外能够到达团聚体内的最远位置。外部填充体和团聚体为圆柱体，所以，长度比值可以代替体积比值，因此有

$$R_{21} = \frac{V_{\mathrm{EX}}}{V_{21}} = \frac{2L_{\mathrm{AW}}}{L_{21}} \tag{9.20}$$

为求得声波填充体的长度，这里借用了 Dianov 的结论

$$L_{\mathrm{AW}} = \sqrt{\left(\frac{1}{2}L_{21}\right)^2 + \frac{3u_0\left(r_1 l_1 + r_2 l_2\right)}{\pi}\frac{T}{2}} - \frac{1}{2}L_{21} \tag{9.21}$$

式中，u_0 为声振速 340 m/s，l_i 为滑移系数，表达式为 $l_i = \dfrac{\eta_i}{\sqrt{1+2h_i\eta_i^2 + h_i^2\eta_i^4}}$，$\eta_i$、$h_i$ 为常数，表达式分别为 $\eta_i = \dfrac{\omega\tau_i}{\sqrt{1+(\omega\tau_i)^2}}$，$h_i = \dfrac{9}{2}\dfrac{u_0}{\pi\omega r_i}\dfrac{\rho}{\rho_p}$（$\tau_i$ 为颗粒松弛时间，表达式为 $\tau_i = 2\rho_p r_i^2/9\mu$，$\mu$ 为流体的动力学黏度，ρ、ρ_p 为流体和颗粒的密度）。

因此，通过修正可以得到新的，扩展的声波团聚核函数

$$K_{21}^* = K_{21}R_{21}K_{21}\left[\sqrt{1+\frac{12u_0\left(r_1 l_1 + r_2 l_2\right)}{\pi L_{21}^2}\frac{T}{2}} - 1\right] \tag{9.22}$$

为了简化，前面的推导过程都省略了团聚体两端的部分，加上这两部分后团聚体体积可表示为

$$V = \pi\left(r_2 + r_1\right)^2 2\left|r_2 - r_1\right| + \frac{4}{3}\pi\left(r_2 + r_1\right)^3 \tag{9.23}$$

团聚体的长度为

$$L = 2\left|r_2 - r_1\right| + 2\left(r_2 + r_1\right) \tag{9.24}$$

所以，声波团聚核函数可最终为

$$K = 2\pi f\left(r_2 + r_1\right)^2 \times L \times \left[\sqrt{1+\frac{12u_0\left(r_1 l_1 + r_2 l_2\right)}{\pi L_{21}^2}\frac{T}{2}} - 1\right] \tag{9.25}$$

9.5 旋风除尘器颗粒声波团聚和分离过程的数值模拟

9.5.1 模拟对象-旋风除尘器

旋风分离器内的流动状况非常复杂，所以首先要确定旋风除尘器的几何参数，已有的研究表明对于旋风除尘器筒体的直径是一关键的尺寸，其他尺寸都与直径有关，所以确定合理的直径是非常重要的。确定筒体的最佳直径为 d=190mm。其他具体参数如表 9-2 所示，结构示意图如图 9-18 所示。

表 9-2 旋风除尘器的几何参数

圆筒直径	进口宽度	进口高度	排气管直径	排气管插入深度	圆筒高度	圆锥高度	排灰口直径
190mm	38mm	95mm	64mm	95mm	285mm	475mm	72.5mm

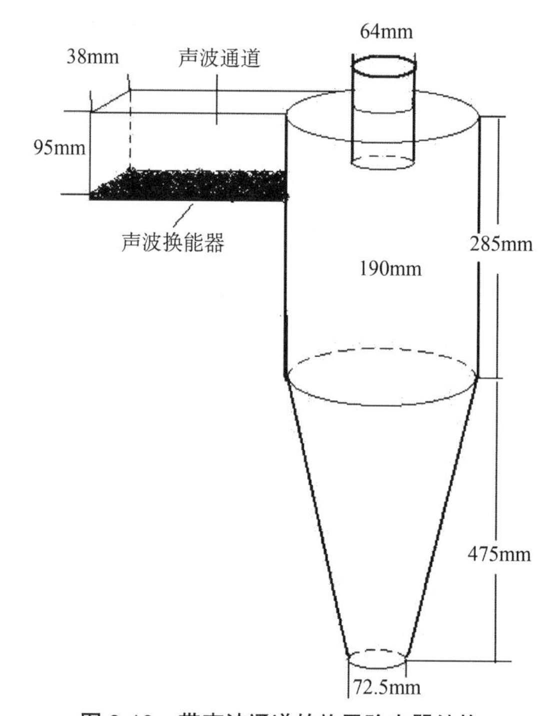

图 9-18 带声波通道的旋风除尘器结构

9.5.2 边界条件与差分格式选择

（1）入口边界：入口气流为常温状态下的空气，入口处流速为 5m/s，压力为常压。

（2）出口边界：出口处流动已充分发展，所有变量在出口截面法向方向上的梯度为 0。

（3）固壁边界：采用“壁面函数”法，即对于湍流核心区内的流动使用雷诺应力模型求解，而在壁面区直接使用半经验公式将壁面上的物理量与湍流核心区域内的求解变量联系起来，不需要对壁面区内的流动进行求解，就可直接得到与壁面相邻控制体积节点的变量值。

流动控制方程组采用有限体积法离散求解，扩散项采用中心差分式，对流项采用具有二阶精度的二阶迎风格式。代数方程组采用分离隐式求解方法，用 SIMPLEC 算法耦合连续方程和动量方程。

（4）颗粒边界条件：在旋风分离器外筒壁，颗粒被收集，即“捕获”边界；在排气管壁面，假定颗粒反弹，即“弹性碰撞”边界；在出口处，颗粒随气流逃出，即“逃逸”边界。

9.5.3　单相流场计算结果

取 $z=645$mm 处平面速度矢量图与压力等值线图，以及 x=0 平面的速度矢量图与压力等值线图，如图 9-19～图 9-22 所示。由图 9-19～图 9-21 可以看出，流场是不均匀的，而且不对称，旋风除尘器内中心气流有强烈的旋转，壁面附近气流的速度快速降低；由图 9-20～图 9-22 可以看出，压力在筒体上部分布比较密集，变化比较大。

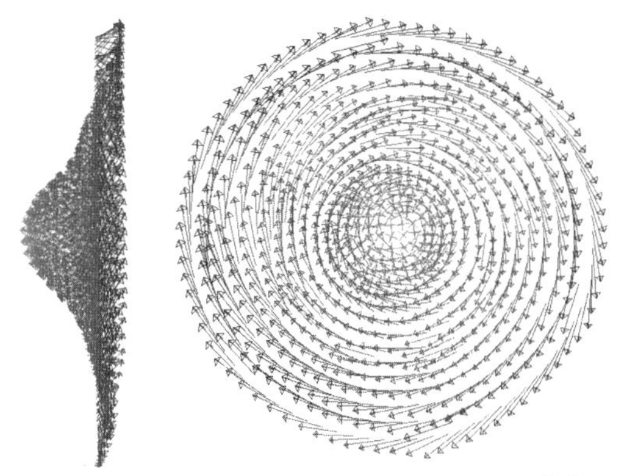

图 9-19　z=645 mm 平面处侧面和正面速度

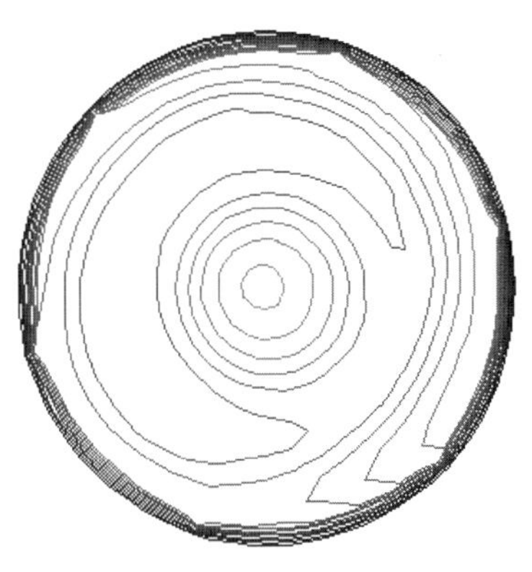

图 9-20　z=645 mm 处平面压力等值线

取 x=0 这个平面上的 k 值等值线图，如图 9-23 所示，取 $\overline{u'u'}$ 应力、$\overline{v'v'}$ 应力、$\overline{w'w'}$ 应力、$\overline{u'v'}$ 应力、$\overline{v'w'}$ 应力、$\overline{u'w'}$ 应力等值线图，如图 9-24 所示。由图 9-23 可以看出湍流动能在旋风分离器上部分布密集，这表明在旋风分离器的上部能量消耗较大，是造成分离器压力损失的主要区域；图 9-24 给出了雷诺应力 6 个分量在同一个平面上的分布，由图可以清楚看出分离器内湍流的各向异性特性：三个正应力分布不同，在筒体上部分布密集，偏引力的分布与正应力的分布大致相同。这表明旋风除尘器中的流动是具有很强的各向异性特点的旋流流动。

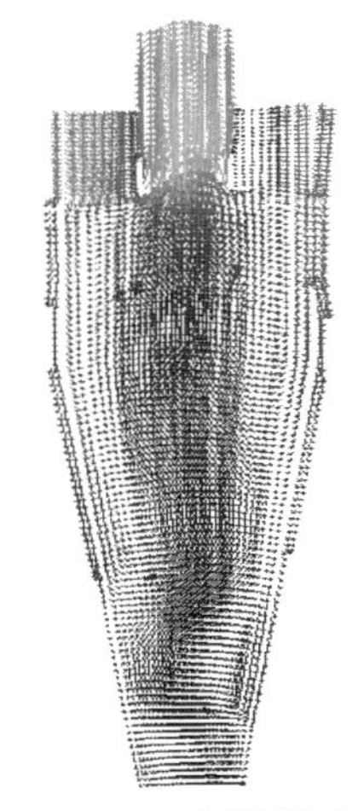

图 9-21　x=0 平面的速度

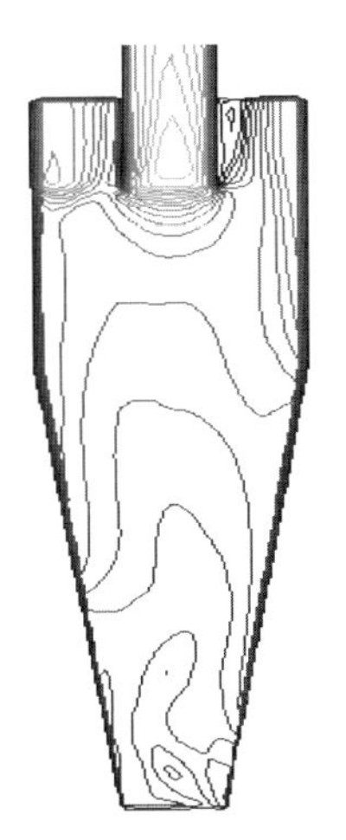

图 9-22　x=0 平面的压力等值线

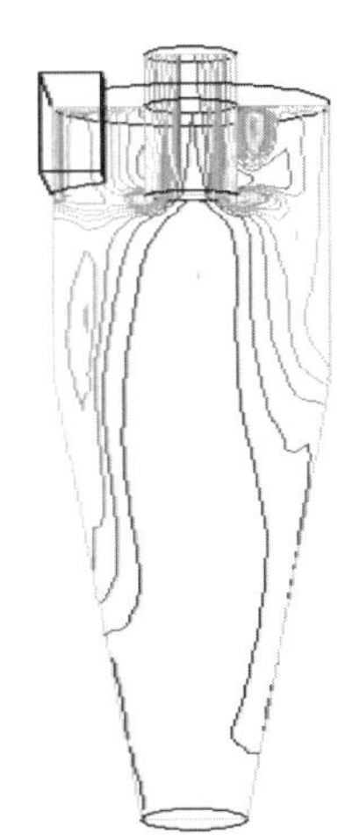

图 9-23　x=0 平面上 κ 值等值线

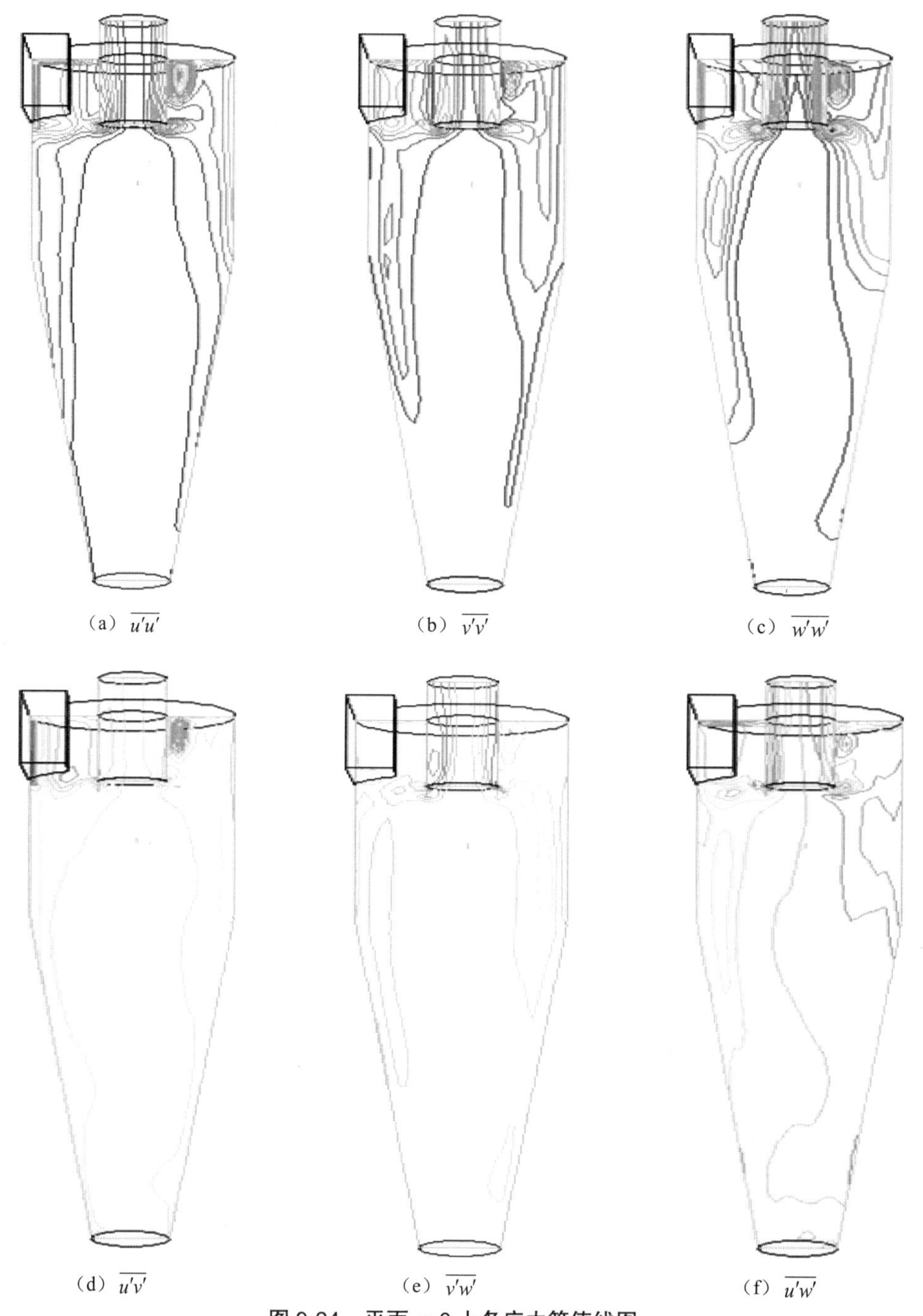

图 9-24　平面 x=0 上各应力等值线图

9.5.4　声波团聚两相流场计算结果

下面给出颗粒在整个流场中运动轨迹的模拟。通过加声波和未加声波两种情况的对比，说明声波在整个颗粒运动过程中的作用。

考虑两相流后，旋风分离器的速度分布如图 9-25 所示，分离器中心存在一个强漩涡，靠近壁面速度迅速减弱。分离器上部的压力梯度大于下部，如图 9-26 所示，表明压力在出口处变化大，有利于颗粒的分离。

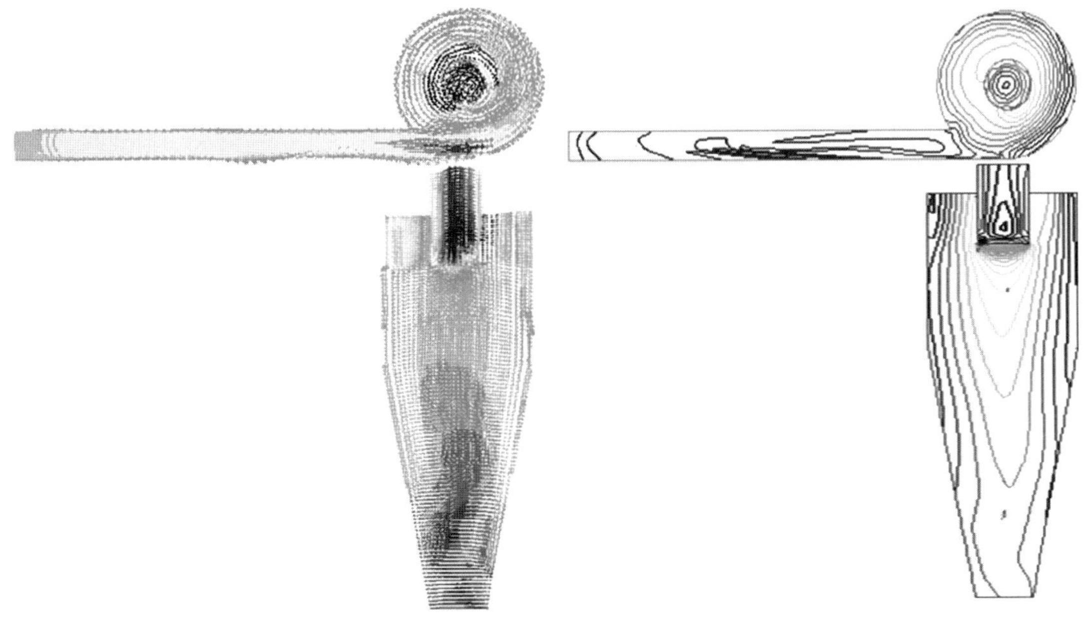

图 9-25　旋风分离器中的速度分布　　　　图 9-26　旋风分离器中的压力分布

颗粒尺寸发生了变化使用式（9.11）计算获得，如图 9-27 所示，0.03μm 到 6μm 的颗粒分布由于声波团聚作用发生变化，颗粒向大尺寸方向变化，0.03μm 到 0.5μm 的颗粒数变少，0.5μm 到 6μm 的颗粒数增多。

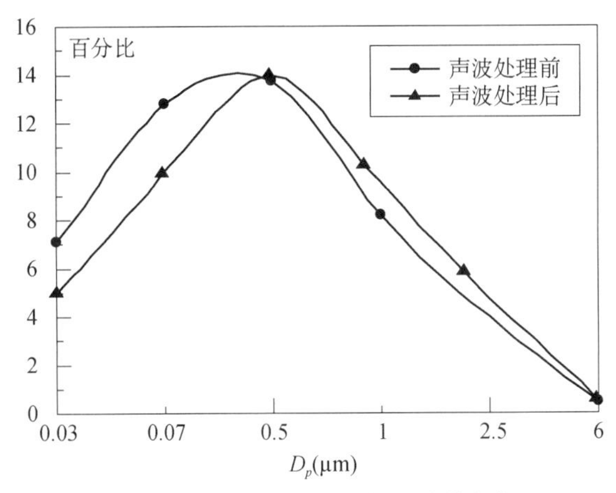

图 9-27　加声波前后颗粒尺寸的变化

图 9-28 所示的是粒径为 5μm 的颗粒在没有加声波时在整个装置中的运动轨迹，可以看出大颗粒经过入口管道时也近乎直线，但是当它进入旋风除尘器中的时候开始急剧旋转，碰到旋风除尘器的壁面后迅速下降，沿着筒壁下落，最后绝大部分下落到旋风除尘器的底部颗粒收集室。

图 9-29 所示为粒径为 5μm 的小颗粒在入口管道中遇到声波作用时在全流场中的运动轨迹，可以看出，颗粒在入口管道中轨迹震荡比较大，发生了碰撞而团聚，进入旋风除尘器后由于颗粒粒径较大，颗粒的轨迹也发生了变化。

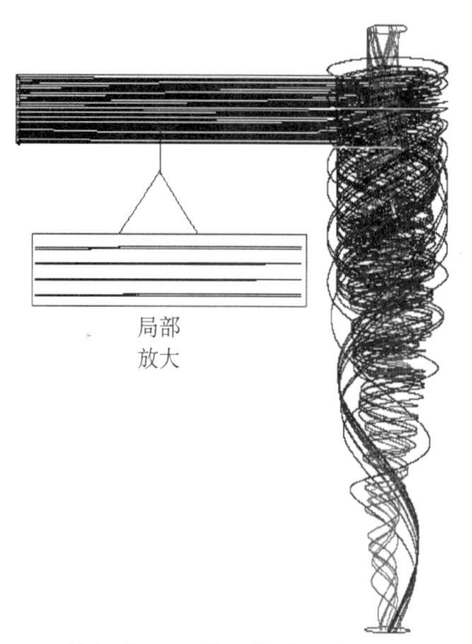

图 9-28　粒径为 5μm 的颗粒在加声波时的运动轨迹

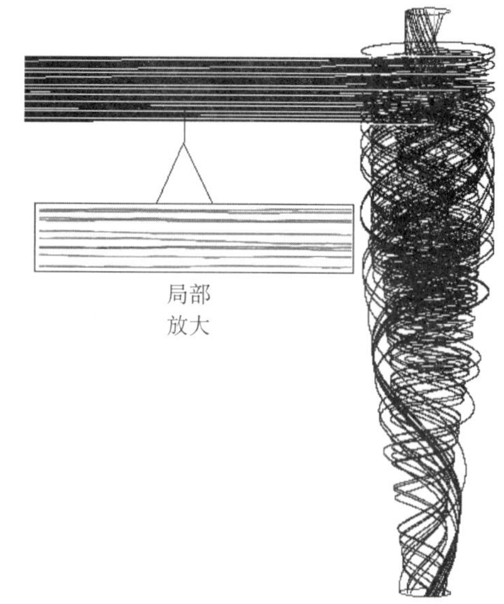

图 9-29　粒径为 5μm 的颗粒在加声波时的运动轨迹

让声波作用前后的颗粒分别通过旋风除尘器，通过收集到的颗粒数所占总通入颗粒数的百分比来对比计算除尘效率。根据前面的计算结果，假定存在一颗粒总数为 400 的飞灰颗粒群，从其中取样如表 9-3 所示的 6 种粒径不同的颗粒。

表 9-3　团聚后颗粒数目变化

粒径/μm	0.03	0.07	0.5	1	2.5	6
初始颗粒个数	29	51	55	33	16	2
3 秒后颗粒个数	19	40	56	37	19	2

按照表 9-4 把对应数目的颗粒通入旋风除尘器中，对不同粒径颗粒轨迹进行跟踪。通过表 9-4 分析可得：声波作用前，粒径为 0.03μm 的颗粒有 29 个其中有 5 个下沉，粒径为 0.07μm 的有 51 个其中有 9 个下沉，粒径为 0.5μm 的颗粒有 55 个其中有 10 个下沉，粒径为 1μm 的颗粒有 33 个其中有 6 个下沉，粒径为 2.5μm 的颗粒有 16 个其中有 2 个下沉，粒径为 6μm 的颗粒有 2 个全部下沉；声波作用后，粒径为 0.03μm 的颗粒有 19 个其中有 4 个下沉，粒径为 0.07μm 的有 40 个其中有 8 个下沉，粒径为 0.5μm 的颗粒有 56 个其中有 11 个下沉，粒径为 1μm 的颗粒有 37 个其中有 7 个下沉，粒径为 2.5μm 的颗粒有 19 个其中有 6 个下沉，粒径为 6μm 的颗粒有 2 个全部下沉。团聚前的 186 个颗粒中有 36 个下沉，占 19.4%，团聚后 173 个颗粒中有 39 个下沉，占 22.5%，收集率近提高 3%。

表 9-4　声波作用前后颗粒收集率对比

粒径/μm	初始个数	声波作用前下沉数	声波作用 3s 后颗粒个数	声波作用后下沉数
0.03	29	5	19	4
0.07	51	9	40	8
0.5	55	10	56	11
1.0	33	6	37	7
2.5	16	2	19	6
6	2	2	2	2
总数	186	36	173	39
百分比/%	19.4		22.5	

通过计算知道，只考虑了颗粒本身所受的声波作用力时，颗粒虽然发生彼此碰撞，但团聚在旋风除尘器的计算中得不到充分体现，除尘效率变化不大；在考虑团聚核函数后，按求解团聚动力学方程后浓度的变化情况来讨论除尘效率时，颗粒发生的碰撞和团聚得到了很好的体现，使得旋风除尘器对小颗粒的除尘效率得到提高。

第 10 章　气液两相流的 LBM 模拟

本章采用相场格子 Boltzmann 方法对竖直微通道内中等 Atwoods 数流体的单模 Rayleigh-Taylor 不稳定性问题进行数值模拟，系统分析了雷诺数对相界面动力学行为以及扰动在各发展阶段演化规律的影响。数值结果表明高雷诺数条件下，不稳定性界面扰动的增长经历了 4 个不同的发展阶段，包括线性增长阶段、饱和速度阶段、重加速阶段及混沌混合阶段。在线性增长阶段，计算获得的气泡与尖钉振幅符合线性稳定性理论，并且线性增长率随着雷诺数的增加而增大。在第二个阶段，气泡与尖钉将以恒定的速度增长，获得的尖钉饱和速度略高于 Goncharov 经典势能模型的解析解[Phys. Rev. Lett. 88（2002）134502]，这归因于系统中产生了多个尺度的旋涡，而旋涡之间的相互作用促进了尖钉的增长。随着横向速度和纵向速度的差异扩大，气泡和尖钉界面演化诱导产生的 Kelvin-Helmholtz 不稳定性逐渐增强，从而流体混合区域出现许多不同层次的涡结构，加速了气泡与尖钉振幅的演化速度，并在演化后期阶段，导致界面发生多层次卷起、剧烈变形、混沌破裂等行为，最终形成了非常复杂的拓扑结构。此外，对演化后期气泡与尖钉的无量纲加速度进行统计，发现气泡和尖钉的振幅在后期呈现二次增长规律，其增长率系数分别为 0.045 与 0.233。而在低雷诺条件下，重流体在不稳定性后期以尖钉的形式向下运动而轻流体以气泡的形式向上升起。在整个演化过程中，界面变得足够光滑，气泡与尖钉在后期的演化速度接近于常数，未观察到后期的重加速与混沌混合阶段。

10.1　Rayleigh-Taylor 不稳定性问题

瑞利-泰勒（Rayleigh-Taylor，RT）不稳定性是一种经典而又古老的流体界面不稳定性现象。当重流体置于轻流体之上并在相界面处施加一个微小的扰动，两相流体的界面是不稳定的，RT 不稳定性现象将会发生。RT 不稳定性问题广泛存在于天体物理（卷云、超星系爆炸、蟹状星云等）、地球物理（盐丘、油气矿的形成）、工程界（混合过程、惯性约束聚变），也在核能约束聚变热能利用中扮演着重要角色。另外，我国著名核物理学家贺贤土院士指出有效抑制 RT 不稳定性的后期湍流混合是惯性约束聚变过程中实现点火成功的关键。因此，RT 不稳定性问题在流体力学领域具有重要的理论价值和广泛的工程应用，从而长期以来吸引许多学者对其开展了相关研究。早在 1883 年，著名学者 Rayleigh 在研究云的分层问题中第一次描述了 RT 不稳定性现象。后来，Taylor 在原子能武器的研究中进一步发现了 RT 不稳定性现象。他们对 RT 不稳定性进行理论分析并提出了描述扰动发展的经典线性增长理论：当界面初始扰动的振幅小于它的波长，扰动将变得不稳定，其振幅将以指数形式增长。后来，一些学者相继分析了流体压缩性、流体黏性、界面张力对扰动增长率的影响，并提出了修正的线性增长理论。Lewis 第一次通过实验研究了 RT 不稳定性问题，验证了 Taylor 的线性增长理论，并初步而定性地描述了不稳定性中扰动的发展阶段。后来，Sharp 进一步研究了 RT 不稳定性问题，并较为完善地划分了不稳定性发展的 4 个阶段：初始阶段，扰动振幅符合经典的线性增长理论，将以指数形式增长，直至增长到初始扰动波长的 10%～40%；紧接着，界面扰动增长转变为非线性发展阶段，表现为重流体渗透到轻流体中呈现出蘑菇的形状，称为尖钉，而轻流体上浮至重流体中，称为气泡；在轻重流体相互渗透的过程中，两相系统的非线性强度逐渐增强，蘑菇头部发生挤压而尾部出现卷吸现象，这表明产生了第二类不稳定性现象，即开尔文-赫姆霍兹（Kelvin-Helmholtz，KH）不稳定性；最后，受两类不稳定性的双重影响，气泡和尖钉发生破裂行为，流体界面表现为后期的混沌状态。

自 Sharp 的研究工作以来，许多学者对 RT 不稳定性的各个发展阶段开展了研究，包括单模态 RT 不稳定性和随机扰动模态的 RT 不稳定性。本书主要关注相界面初始扰动为单模态的 RT 不稳定性问题。Waddell 等人实验研究了低 Atwood 数下二维单模 RT 不稳定性，其结果表明扰动振幅在初始阶段以指数的形式增长，获得的线性增长率与经典的线性理论分析相一致，还进一步发现尖钉和气泡的平均速度在演化后期接近于常数。Goncharov 通过理论分析证实了这一点，并定量地给出理想流体的尖钉和气泡恒定的饱和速度

$$u_b=\sqrt{\frac{2A_t g}{C_g k\left(1+A_t\right)}},u_s=\sqrt{\frac{2A_t g}{C_g k\left(1-A_t\right)}} \tag{10.1}$$

其中，u_b 是气泡的速度，u_s 是尖钉的速度，g 是重力加速度，A_t 是 Atwood 数，k 是波数，C_g 对于三维情形取 1，而对于二维情形则取为 3。Wilkinson 等人对三维单模 RT 不稳定性问题进行了实验研究，观察到气泡与尖钉在演化后期的增长速度均高于 Goncharov 的势能理论模型的解析解，并将这种与理论预测不一致现象归因于涡结构间的相互作用。后来，一些学者还分析了涡结构相互作用、流体黏性、表面张力对第二阶段中气泡演化速度的影响，并提出了包含这些物理因素的理论表达式。

单模态 RT 不稳定性的上述研究还仅限于扰动发展的前三个阶段，而对于不稳定性的后期阶段，非线性效应往往越来越强烈，流体界面则会显示出非常复杂而剧烈的拓扑变化，因而难以通过实验方法测量演化后期的相关物理统计量，也难以通过理论分析方法来求解。近几十年来，随着计算机计算技术与数值方法的快速发展，数值模拟已经成为一种基本的研究手段，在 RT 不稳定性研究方面发挥了越来越重要的作用。He 等人采用一个双分布等温格子 Boltzmann（Lattice Boltzmann，LB）方法模拟了三维单模 RT 不稳定性问题，分析了雷诺数和 Atwood 数对不稳定性界面结构的影响。Glimm 等人基于欧拉方程的前追踪方法研究了二维单模 RT 不稳定性问题，发现不稳定性的发展经历了饱和恒定速度阶段后会出现一个加速阶段，这个阶段后来被 Wilkinson 等人实验所发现。Celani 等人利用相场方法模拟了二维单模 RT 不稳定性问题，并在初始阶段获得了与线性理论相吻合的扰动增长率。需要指出的是，大多数的数值研究是用于验证所发展的计算流体力学方法的正确性与有效性，研究阶段也局限于不稳定性发展的中前期。Ramaprabhu 等人模拟了三维混相流体的单模 RT 不稳定性现象，考察了 Atwood 数和雷诺数对气泡和尖钉振幅在后期阶段的演化规律。他们发现低 Atwood 数的不稳定性在高雷诺数情形下经历了指数增长、饱和速度增长、重加速、混沌混合等 4 个发展阶段，并进一步指出在重加速阶段，气泡和尖钉速度已经超过经典势能模型所预测的理论

解，而在后期阶段，气泡和尖钉速度会出现急剧的下降。Wei 等人采用直接数值模拟方法研究了低 Atwood 数下二维混相流体的单模 RT 不稳定性问题，分析了雷诺数对气泡和尖钉振幅增长的影响。他们同样地观察到混相不稳定性在高雷诺数时经历了一系列的发展阶段，但不同于 Ramaprabhu 等人的结果，气泡演化速度在后期的混沌阶段出现了随时间波动的现象，并且其平均加速度接近于常数，这表明气泡在演化后期具有二次增长的规律。Liang 等人利用基于相场理论的多相流 LB 方法模拟二维及三维长微管道内低 Atwood 数下非混相流体的单模 RT 不稳定性问题，详细地考察了雷诺数对不稳定性各发展阶段扰动增长和流体界面动态行为的影响。数值结果表明高雷诺数时，不稳定性也经历了 4 个发展阶段，包括线性增长阶段、饱和速度增长阶段、重加速阶段及混沌混合阶段。在后期阶段，相界面发生多层次卷起、剧烈变形、混沌破裂等行为，形成了非常复杂的拓扑结构，并且气泡振幅显示二次增长的规律。而低雷诺数时，相界面的演化变得相对光滑，后期的发展阶段也相继难以到达。最近，Hu 等人通过数值研究了低 Atwood 数混相流体的单模 RT 不稳定性问题，发现气泡速度在重加速阶段后会不停地加速与减速，并将这种现象归因于旋涡强度的变化。

综上所述，已有许多学者对单模 RT 不稳定性问题开展了研究，丰富了人们对不稳定性发展规律的认识。然而，绝大多数的工作局限于不稳定性发展的前期阶段，并且所考虑的雷诺数均较小。尽管一些学者对高雷诺数下不稳定性演化的后期阶段开展了部分研究，但考虑的两种流体为相互混溶的，所关注的流体间 Atwood 数也太小。鉴于此，本章将采用基于相场理论的多松弛 LB 方法研究中等 Atwood 数下非混相流体 RT 不稳定性的演化规律，着重分析雷诺数对相界面动力学行为和扰动后期增长的影响。

10.2 相场格子 Boltzmann 方法

基于分子动理学理论的 LB 方法是近十几年发展起来的介观数值方法，它不再基于宏观连续介质模型，而通过描述流体粒子分布函数的演化再现复杂流动的宏观行为，从而相比传统数值方法具有一些独特的优势，比如易于处理物理复杂边界、程序实现简单且天然并行、直观刻画多相流体间微观相互作用。目前，从流体组分间相互作用力的不同物理背景出发，已经提出了多种描述多相流体输运的 LB 模型，包括颜色模型、伪势模型、自由能模型、基于相场理论的 LB 方法。而基于相场理论的 LB 方法在描述多相流体界面动力学方面具有清晰的物理机制，可用于模拟多相系统中界面具有拓扑变化的流动，因而受到了许多学者的广泛关注，并已成功地应用于轴对称多相流、三相流、复杂微通道内液滴动力学、液滴润湿固体表面等复杂多相流问题。采用 Liang 等人提出相场 LB 模型用于研究长微通道中非混相 RT 不稳定性的后期演化规律，该模型相比前人相场 LB 模型可正确地恢复 Cahn-Hilliard 和 Navier-Stokes 的耦合方程，并且速度和压力场可通过分布函数进行显示计算。另外，为了提高模型在高雷诺数时的数值稳定性，在相场 LB 模型的演化过程中采用多松弛的碰撞算子。本章相场 LB 模型利用两个独立的分布函数 f_i 和 g_i，其对应的多松弛演化方程可表述为

$$f_i\left(\boldsymbol{x}+\boldsymbol{e}_i\delta_x,t+\delta_t\right)-f_i\left(\boldsymbol{x},t\right)=-(\boldsymbol{M}^{-1}\boldsymbol{S}^f\boldsymbol{M})_{ij}\left[f_j(\boldsymbol{x},t)-f_j^{\mathrm{eq}}(\boldsymbol{x},t)\right]+\delta_t F_i\left(\boldsymbol{x},t\right), \tag{10.2}$$

$$g_i\left(\boldsymbol{x}+\boldsymbol{e}_i\delta_x,t+\delta_t\right)-g_i\left(\boldsymbol{x},t\right)=-(\boldsymbol{M}^{-1}\boldsymbol{S}^g\boldsymbol{M})_{ij}\left[g_j(\boldsymbol{x},t)-g_j^{\mathrm{eq}}(\boldsymbol{x},t)\right]+\delta_t G_i\left(\boldsymbol{x},t\right), \tag{10.3}$$

其中 $f_i\left(\boldsymbol{x},t\right)$ 是描述粒子在空间 $\boldsymbol{x}$ 和时间 t 时的序参数分布函数，$g_i\left(\boldsymbol{x},t\right)$ 是密度分布函数，

$f_i^{\mathrm{eq}}(\boldsymbol{x},t)$、$g_i^{\mathrm{eq}}(\boldsymbol{x},t)$为两分布函数所对应的平衡态分布函数，$\boldsymbol{M}$是分布函数空间到矩空间的变换矩阵，$\boldsymbol{S}^f$、$\boldsymbol{S}^g$为松弛矩阵，$F_i(\boldsymbol{x},t)$、$G_i(\boldsymbol{x},t)$分别为源项和外力项的分布函数，$\delta_x$和$\delta_t$为空间和时间步长。为了匹配宏观控制方程，平衡态分布函数$f_i^{\mathrm{eq}}(\boldsymbol{x},t)$和$g_i^{\mathrm{eq}}(\boldsymbol{x},t)$可设定为

$$f_i^{\mathrm{eq}}=\begin{cases}\phi+(\omega_i-1)\eta\mu, & i=0\\ \omega_i\eta\mu+\omega_i\dfrac{\boldsymbol{e}_i\cdot\phi\boldsymbol{u},}{c_s^2} & i\neq 0\end{cases}\tag{10.4}$$

$$g_i^{\mathrm{eq}}=\begin{cases}\dfrac{p}{c_s^2}(\omega_i-1)+\rho s_i(\boldsymbol{u}) & i=0\\ \dfrac{p}{c_s^2}\omega_i+\rho s_i(\boldsymbol{u}) & i\neq 0\end{cases}\tag{10.5}$$

且

$$s_i(\boldsymbol{u})=\omega_i\left[\frac{\boldsymbol{e}_i\cdot\boldsymbol{u}}{c_s^2}+\frac{(\boldsymbol{e}_i\cdot\boldsymbol{u})^2}{2c_s^4}-\frac{\boldsymbol{u}\cdot\boldsymbol{u}}{2c_s^2}\right]\tag{10.6}$$

其中，ϕ是序参数，μ是化学势，η为调节迁移率的自由参数，ρ是密度，p是流体动力学压力，$\boldsymbol{u}$是流体速度，ω_i为权系数，c_s为声速。根据相场理论，范德瓦尔斯（van der Waals）流体的化学势μ可表述为序参数的相关函数，具体定义为

$$\mu=4\beta\phi(\phi-1)(\phi-0.5)-k\nabla^2\phi\tag{10.7}$$

其中，参数k、β与界面厚度D、表面张力σ相关

$$k=1.5D\sigma,\beta=\frac{12\sigma}{D}\tag{10.8}$$

另外，ω_i和c_s^2选取依赖于格子速度的离散模型。针对本书所研究的二维微通道流动，采用最有代表性的 D2Q9 格子离散速度模型，其权系数和声速为$\omega_0=4/9$，$\omega_{1-4}=1/9$，$\omega_{5-8}=1/36$，$c_s^2=c^2/3$，离散速度$\boldsymbol{e}_i$为

$$\boldsymbol{e}_i=\begin{cases}(0,0), & i=0\\ \left(\cos[(i-1)\pi/2],\sin[(i-1)\pi/2]\right), & i=1-4\\ \sqrt{2}\left(\cos[(i-5)\pi/2+\pi/4],\sin[(i-5)\pi/2+\pi/4]\right), & i=5-8\end{cases}\tag{10.9}$$

且采用规则的正方形格子，其对应的变换矩阵为

$$\boldsymbol{M}=\begin{pmatrix}1&1&1&1&1&1&1&1&1\\-4&-1&-1&-1&-1&2&2&2&2\\4&-2&-2&-2&-2&1&1&1&1\\0&1&0&-1&0&1&-1&-1&1\\0&-2&0&2&0&1&-1&-1&1\\0&0&1&0&-1&1&1&-1&-1\\0&0&-2&0&2&1&1&-1&-1\\0&1&-1&1&-1&0&0&0&0\\0&0&0&0&0&1&-1&1&-1\end{pmatrix}\tag{10.10}$$

同样地，在多松弛的 D2Q9 格子模型中，f_i，g_i所对应的松弛矩阵分别定义为

$$\boldsymbol{S}^f=\left(1,s_1^f,s_1^f,s_2^f,s_3^f,s_2^f,s_3^f,1,1\right) \tag{10.11}$$

$$\boldsymbol{S}^g=\left(1,1,1,1,s_1^g,1,s_1^g,s_2^g,s_2^g\right) \tag{10.12}$$

其中，s_2^f 是与相场方程中迁移率有关的松弛因子，松弛因子 s_2^g 的值取决于流体黏性，s_1^f，s_3^f，s_1^g 为可调节的松弛因子。Lallemand 等人通过理论分析表明，调节这些自由的松弛参数可以有效地提高 LB 方法的数值稳定性。另外，Liang 等人通过数值实验发现多松弛模型适用于研究高雷诺数的 RT 界面不稳定性问题。进一步，为了恢复正确的相界面追踪 Cahn-Hilliard 方程，LB 演化方程中的源项分布函数 $F_i\left(\boldsymbol{x},t\right)$ 和外力项分布函数 $G_i\left(\boldsymbol{x},t\right)$ 分别定义为

$$F_i=\left[M^{-1}(I-\frac{S^f}{2})M\right]_{ij}\frac{\omega_j\boldsymbol{e}_j\cdot\partial_t\phi\boldsymbol{u}}{c_s^2} \tag{10.13}$$

$$G_i=\left[M^{-1}(I-\frac{S^g}{2})M\right]_{ij}\omega_j\left[\frac{\boldsymbol{e}_j\cdot\left(\boldsymbol{F}_s+\boldsymbol{G}\right)}{c_s^2}+\frac{\boldsymbol{u}\nabla\rho:\boldsymbol{e}_j\boldsymbol{e}_j}{c_s^2}\right] \tag{10.14}$$

其中，$\boldsymbol{I}$ 是单位矩阵，$\boldsymbol{F}_s$ 是界面张力，$\boldsymbol{G}$ 是外力项。在相场模型中，表面张力取为势能形式 $\boldsymbol{F}_s=\mu\nabla\phi$，发现能够有效地减少相界面处的虚假速度。

在本模型中，流体的宏观量可以通过求解粒子分布函数的各阶矩获得，具体的计算式如下

$$\phi=\sum_i f_i \tag{10.15}$$

$$\rho\boldsymbol{u}=\sum_i\boldsymbol{e}_i g_i+\frac{\delta_t}{2}\left(\boldsymbol{F}_s+\boldsymbol{G}\right) \tag{10.16}$$

$$p=\frac{c_s^2}{\left(1-\omega_0\right)}\left[\sum_{i\neq 0}g_i+\frac{\delta_t}{2}\boldsymbol{u}\cdot\nabla\rho+\rho s_0(\boldsymbol{u})\right] \tag{10.17}$$

而宏观量密度 ρ 可以看成是关于序参数 ϕ 的一个简单的线性插值函数

$$\rho=\phi\left(\rho_h-\rho_l\right)+\rho_l \tag{10.18}$$

其中，ρ_h 和 ρ_l 分别为重质流体和轻质流体的密度。

最后，通过 Chapman-Enskog 多尺度理论分析，可以证明本书采用的基于相场理论的多松弛 LB 模型可以正确地恢复界面追踪的 Cahn-Hilliard 控制方程

$$\frac{\partial\phi}{\partial t}+\nabla\cdot\phi\boldsymbol{u}=\nabla\cdot M\left(\nabla\mu\right) \tag{10.19}$$

和描述流体动力学的不可压 Navier-Stokes 方程组

$$\nabla\cdot\boldsymbol{u}=0 \tag{10.20}$$

$$\frac{\partial\rho\boldsymbol{u}}{\partial t}+\nabla\cdot\left(\rho\boldsymbol{u}\boldsymbol{u}\right)=-\nabla p+\nabla\cdot\left[\nu\rho(\nabla\boldsymbol{u}+\nabla\boldsymbol{u}^{\mathrm{T}})\right]+\boldsymbol{F}_s+\boldsymbol{G} \tag{10.21}$$

其中，迁移率 M、流体运动性黏性 ν 与松弛因子关系可分别表示为

$$M=c_s^2\left(\frac{1}{s_2^f}-0.5\right)\delta_t \tag{10.22}$$

$$\nu=c_s^2\left(\frac{1}{s_2^g}-0.5\right)\delta_t \tag{10.23}$$

10.3　数值结果与讨论

本章将采用基于相场理论的多松弛 LB 模型研究二维长管道内非混相流体的单模 RT 界面不稳定性问题，并详细地考察雷诺数对界面不稳定性发展的影响，以及定量分析气泡与尖钉的振幅随着雷诺数的变化规律。为了研究不稳定性的后期演化规律，本书考虑的物理问题为一个长方形的微通道，其高度和宽度分别为 H 和 W，且 $H/W=8$。初始时刻，密度较大的重流体置于另一种轻质流体的上方，且给流体界面处一个微小的扰动，在重力场的作用下，扰动会逐渐发展，并最终达到混沌混合状态。在长方形微通道的中心截面处，施加一个波长为 W 具有余弦函数的微小初始扰动

$$h(x,y)=0.5H+0.05W\cos(kx) \tag{10.24}$$

其中，$k=2\pi/W$ 是扰动波数。为了使序参数变量在相界面处光滑连续的变化，设定序参数 $\phi(x,y)$ 的初始分布为

$$\phi(x,y)=0.5+0.5\tanh\frac{2(y-h)}{D} \tag{10.25}$$

为了表征二维 RT 不稳定性的演化特征，引入两个常用的无量纲参数，即雷诺数（Re）和阿特伍德数（A_t），分别定义为

$$\mathrm{Re}=\frac{W\sqrt{gW}}{\nu},A_t=\frac{\rho_h-\rho_l}{\rho_h+\rho_l} \tag{10.26}$$

其中，g 是重力加速度，ν 是流体运动性黏性。考虑中等的阿特伍德数下界面不稳定性的演化规律，将轻重流体的密度分别设定为 1 和 3，其对应的 Atwood 数为 0.5，其他的物理参数选取如下：$W=256$，$D=4$，$\sigma=5\times10^{-5}$，$\sqrt{gW}=0.04$。为了演化计算，需要选择合适的边界格式处理物理边界处的粒子分布函数，本书对上下固壁采用无滑移的半反弹边界条件，左右边界应用周期边界条件。另外，标记气泡和尖钉的振幅为 H_b 和 H_s，分别定义为气泡与尖钉的前端到对应初始位置的距离，因此气泡和尖钉的振幅在初始时刻的值为 0。进一步，将管道宽度 W 和 $1/\sqrt{A_t gk}$ 选为特征长度和特征时间，还定义了气泡和尖钉无量纲的演化速度，也被称为气泡和尖钉的 Froude 数

$$\mathrm{Fr}_b=\frac{u_b}{\sqrt{\frac{A_t gW}{1+A_t}}},\mathrm{Fr}_s=\frac{u_s}{\sqrt{\frac{A_t gW}{1+A_t}}} \tag{10.27}$$

其中，u_b 和 u_s 为气泡和尖钉前端的速度，可以由气泡和尖钉振幅计算获得。除了特别声明，本书接下来给出的长度、速度、时间 τ 等相关物理量均已被相应地特征值所无量纲化。

图 10-1 描述了 4 种典型的不同雷诺数下非混相 RT 不稳定性中相界面的演化过程。从图 10-1 中可以发现，对于不同的雷诺数，不稳定性的扰动在初始阶段显示相似的界面动力学特行为：重流体在重力的作用下往下运动而轻流体向上浮起，即轻重流体之间相互渗透，从而形成了气泡和尖钉图案。紧接着，流体界面在不同的雷诺数下展示出显著不同的动力学特征。对高 Re 情形（Re=10000），尖钉继续向下运动并逐渐地向上卷起，形成了一对旋转方向相反的两个旋涡，这是由于 KH 不稳定性出现并作用于相界面的结果。随着时间的演化，两个旋

涡不断地增长，在卷起的尾端处形成了一对二级旋涡。随后，在多个旋涡相互作用下，不稳定性系统的非线性效应越来越剧烈，尖钉卷起的长度也越来越长，并逐渐地靠近进而接触中轴线附近的流体界面。在高流体界面剪切力作用下，中轴线附近的界面在多处位置出现卷起与变形行为。最终，流体界面发生了混沌的破裂，在系统中形成了许多离散的小液滴，另外，还观察到流体界面在整个演化过程中始终保持关于中轴线对称。当 Re 数减少至 2048 时，同样地观察到尖钉发生卷起行为，在尾端也形成了一对二级涡，并最终导致相界面在多个位置发生卷吸、变形和破裂，形成较为复杂的结构。然而，相比 Re=10000 的情形，在演化后期，系统中相界面的混沌程度减弱了。当 Re 数进一步降低至 50 时，重流体的尖钉往下运动，经过一段演化时间，在尾端发生卷吸现象，也形成了一对旋转方向相反的旋涡，但与高雷诺数情形相比，界面卷起发生的时刻推迟了，旋涡的卷吸幅度也相应地减弱了。最后，形成的旋涡随着时间演化而不断地发展，伴随着尾端卷起的部分也越来越长。在整个演化过程中，未观察到二次旋涡卷吸和界面后期发生破裂的现象。当 Re 充分小（Re=5）时，卷吸现象不再发生，重流体将以尖钉的方式不断地向下运动，界面也变得足够光滑，未出现混沌破裂等复杂拓扑现象，这是由于强黏性作用使流体之间的剪切层保持稳定，流动在整个过程表现为层流状态。

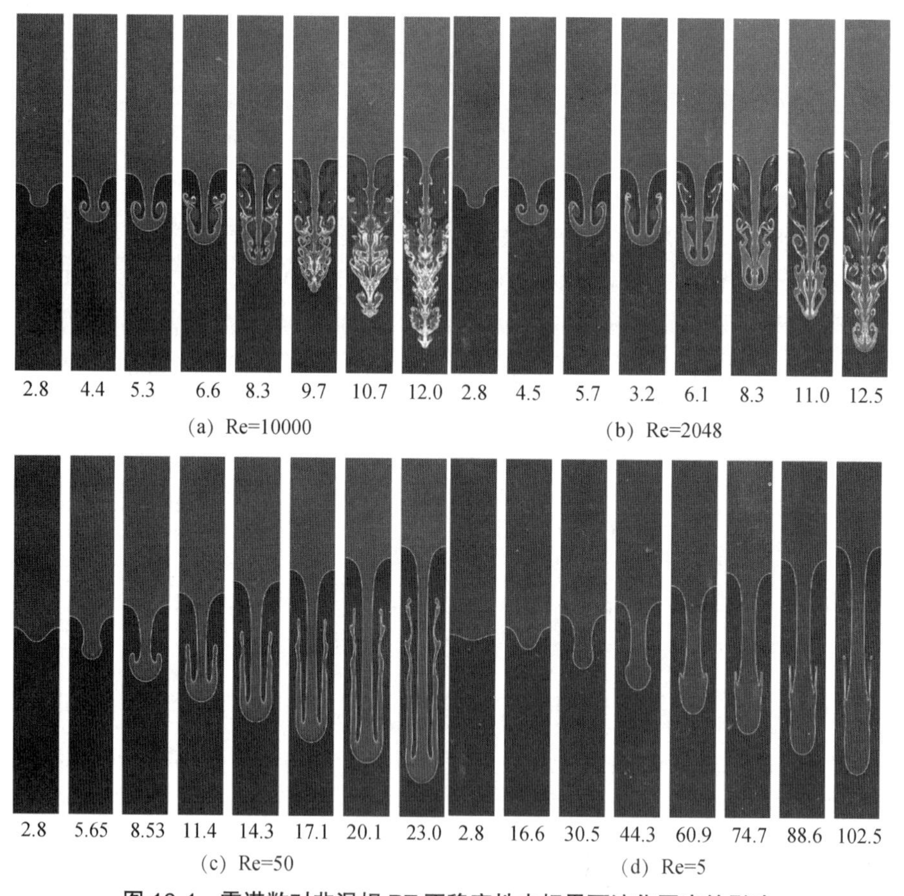

图 10-1　雷诺数对非混相 RT 不稳定性中相界面演化图案的影响

上面讨论了雷诺数对单模 RT 不稳定性中相界面动力学行为的影响，而气泡与尖钉振幅及演化速度是描述 RT 不稳定性问题中另外两个非常重要的物理量。为了进一步显示雷诺数的效应，对不同雷诺数下气泡和尖钉振幅、运动速度随时间的演化规律进行定量分析。图 10-2 分别给出了气泡与尖钉在不同雷诺数下随时间变化的演化曲线。从图中可以发现，对所有的 Re 数情形，气泡和尖钉的振幅均随着时间演化而不断增大。当 Re 数逐渐增大时，可以观察到同一时刻所获得的尖钉振幅也越大，而当 Re 数增大至足够大时，雷诺数对尖钉振幅的影响将不再显著。在不可压流体的 RT 不稳定性中，尖钉的运动特征在理论上由单位质量的浮力和黏性耗散力之间竞争关系所决定

$$\frac{\mathrm{d}H_s}{\mathrm{d}t}=u_s,\frac{\mathrm{d}u_s}{\mathrm{d}t}=\frac{\delta\rho}{\bar{\rho}}g+F_d \tag{10.28}$$

其中，$\delta\rho=\left(\rho_h-\rho_l\right)/2$，$\bar{\rho}=\left(\rho_h+\rho_l\right)/2$，$F_d$ 是黏性耗散力，定义为重力方向上的动量耗散率 $F_d=-\epsilon/\nu$，ϵ 是能量耗散率。对于无黏时间尺度，Sreenivasan 理论分析给出了能量耗散率的数学表达式，$\epsilon=C\nu^3/W$，其中 C 是常数。根据上述分析，当雷诺数从小增大的过程中，黏性耗散力在不断减小，从而理论上可以获得更大的尖钉运动速度，以及更大的尖钉的振幅；而当雷诺数足够大时，黏性耗散力已充分小，浮力相比黏性耗散力更占统治地位，从而继续增大雷诺数对尖钉振幅增长的影响将不再显著。我们确实观察到与上述的理论分析相一致的数值结果。另外，从图 10-2 中还可以发现，当雷诺数在一定范围内，增大雷诺数可以有效地促进气泡振幅的增长，而当雷诺数充分大时，气泡振幅的增长在后期会随着雷诺数的增大而呈现出一种递减的趋势。这是由于当雷诺数足够大时，在浮力驱动的不稳定性演化中后期，诱导产生了 KH 不稳定性。受两类不稳定性的共同作用，系统中出现了许多不同尺度的旋涡，这些旋涡效应在一定程序上减缓了气泡向上运动。

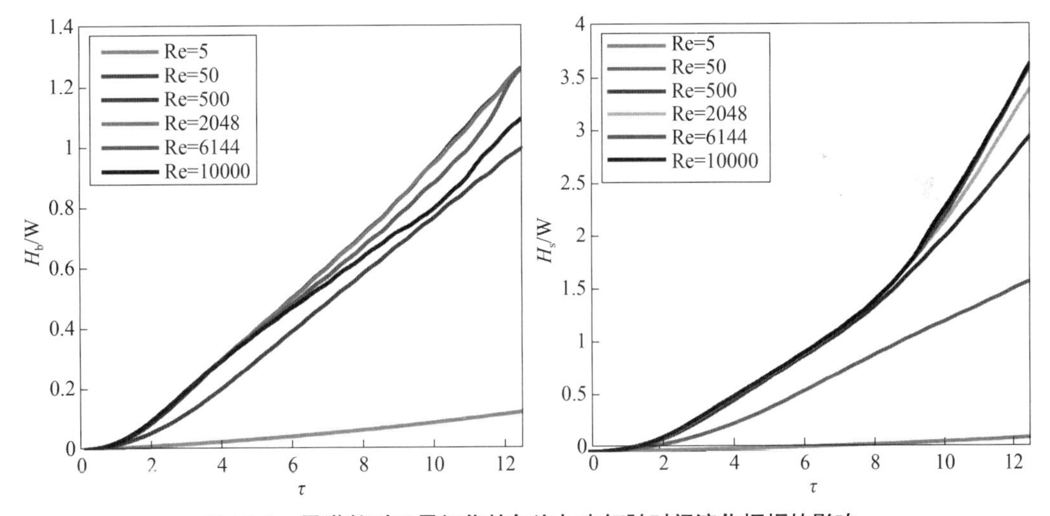

图 10-2　雷诺数对无量纲化的气泡与尖钉随时间演化振幅的影响

进一步，统计不同雷诺数下气泡和尖钉随时间演化的运动速度 u_b，u_s，其大小是通过气泡和尖钉的振幅对演化时间差分计算获得的，并根据式（10.27）无量纲化得到气泡与尖钉的 Froude 数。图 10-3 描述了不同雷诺数下气泡与尖钉随时间演化的 Froude 数。从图 10-3 中可以发现，气泡与尖钉的运动速度在不同雷诺数下表现出显著不同的演化规律。当雷诺数越高，尖钉往下运动的速度越快，而当雷诺数充分大时，尖钉的演化速度对雷诺数的变化不再敏感，这与上述式（10.28）理论分析的结果是相统一的。雷诺数对气泡运动速度的影响则显现出先促进而后抑制的规律，这是由于当雷诺数充分高时，在不稳定性的演化后期产生了许多不同

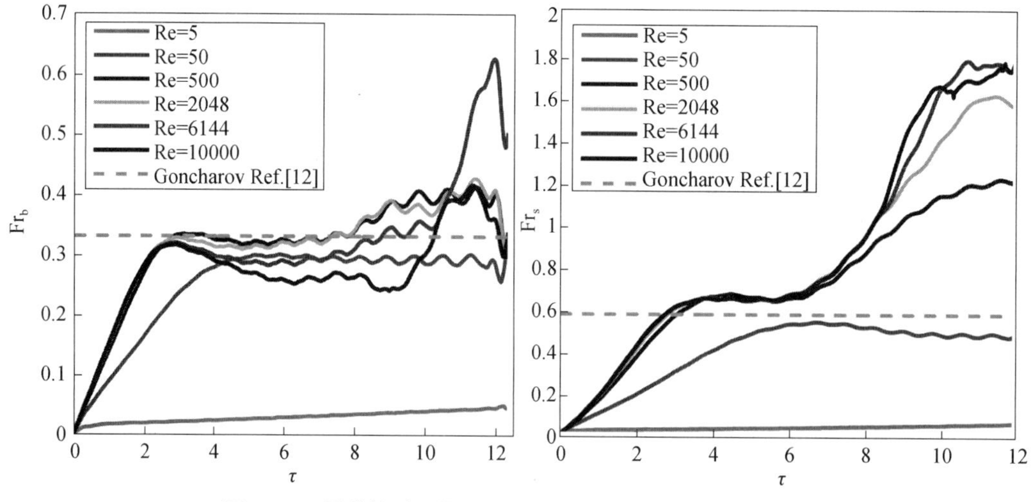

图 10-3　雷诺数对无量纲化的气泡和尖钉演化速度的影响

尺度的旋涡，这些旋涡的运动减弱了气泡往上运动的速率而使之发生旋转。Ramaprabhu 等人数值研究了混相流体的 RT 不稳定性的后期演化规律，他们也发现当雷诺数足够大时，继续增大雷诺数会减小气泡往上的演化速度。另外，进一步对气泡与尖钉速度演化图进行分析，将高雷诺数下非混相流体的单模 RT 不稳定性的演化归结于 4 个发展阶段，包括线性增长阶段、饱和速度增长阶段、重加速阶段、混沌混合阶段。在初始阶段，不稳定性的扰动发展符合线性稳定性理论，其振幅的增长具有指数形式的规律

$$H = a_1 e^{\gamma t} + a_2 e^{-\gamma t} \tag{10.29}$$

其中，H 代表气泡或者尖钉的振幅，a_1 与 a_2 是拟合参数，γ 是线性增长因子。图 10-4 给出了不同雷诺数下随时间演化的气泡与尖钉振幅的数值模拟结果以及曲线拟合结果，可以发现气泡和尖钉的初始增长确实符合线性稳定性理论，并且获得的线性增长因子随着雷诺数的增大而增大。紧接着线性增长阶段，气泡与尖钉将以近似恒定的速度增长，这表明不稳定性的发展进入饱和速度增长阶段。Goncharov 分析了单模 RT 不稳定性的非线性增长区域，提出了经典的势能理论模型以预测气泡与尖钉的饱和增长速度，其表达式如式（10.1）所示。进一步根据式（10.1），可以推导出气泡与尖钉在饱和速度阶段所对应的无量纲 Froude 数分别为 0.325 与 0.564。从图 10-3 可以发现，高雷诺数下尖钉在饱和速度阶段的 Froude 数略高于势能模型的解析解，这是由于在实际模拟中，界面在该阶段发生卷吸行为，产生了许多不同尺度的旋涡，这些涡效应会促进尖钉的发展，而势能模型的理论解未包含涡效应。Goncharov 通过数值模拟同样地验证了尖钉实际演化速度高于势能模型的解析解。另外，发现在高雷诺数条件下，继续增大雷诺数会减少气泡演化速度，从而导致气泡饱和速度小于势能模型的解析解。接下来，各尺度的涡结构之间相互作用逐渐增加，使得气泡和尖钉 Froude 数高于经典势能模型的理论解，这预示着不稳定发展进入了重加速阶段。重加速阶段不能持续地发展下去，在演化后期，气泡与尖钉的 Froude 数变得不稳定，开始随着时间波动，这表明界面的演化进入了混沌混合阶段。为了揭示混沌混合阶段不稳定性的发展规律，对气泡与尖钉增长的无量纲加速度进行分析，$\alpha_{b,s} = \ddot{h}_{b,s} / 2A_t g$，其中 $\ddot{h}_{b,s}$ 表示气泡与尖钉振幅对时间的两阶导数，实际通过对气泡与尖钉振幅关于时间的二阶差分计算获得。图 10-5 给出了高雷诺下气泡与尖钉无量纲加速度随时间的演化曲线。从图中可以发现，气泡与尖钉 Froude 数在演化后期不稳定性，

分别绕着常数 0.045 与 0.233 上下波动，预示着后期气泡与尖钉平均加速度是一个常数，并表明 RT 不稳定性的后期发展呈现出二次增长的规律。当雷诺数足够低时，在不稳定的整个演化过程中，不能观察到重加速阶段与混沌混合阶段，气泡与尖钉在后期阶段将以恒定的饱和速度增长。另外，发现低雷诺数下气泡与尖钉的饱和速度低于经典的势能模型的理论解，其原因在于势能模型考虑的理想无黏性流体的不稳定性现象，未考虑流体黏性对演化速度的影响。

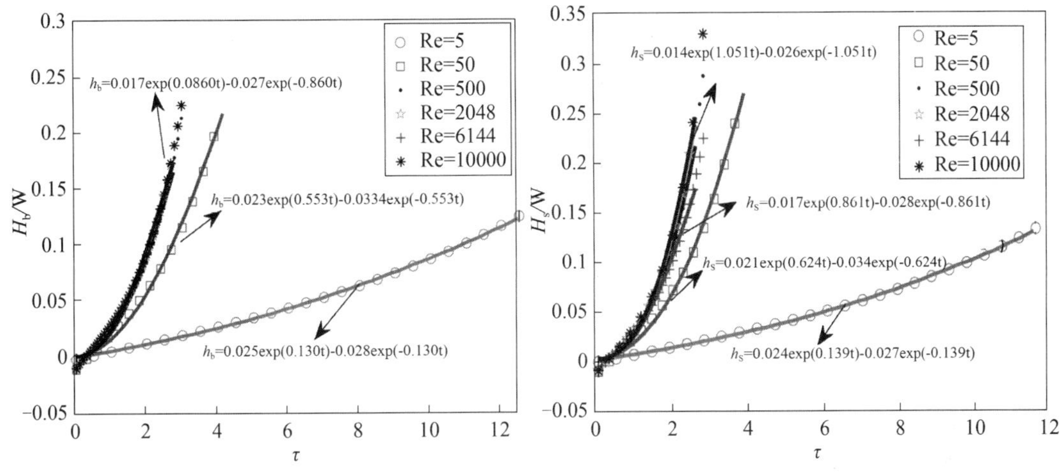

图 10-4　不同雷诺数下气泡和尖钉振幅在初始阶段的演化曲线

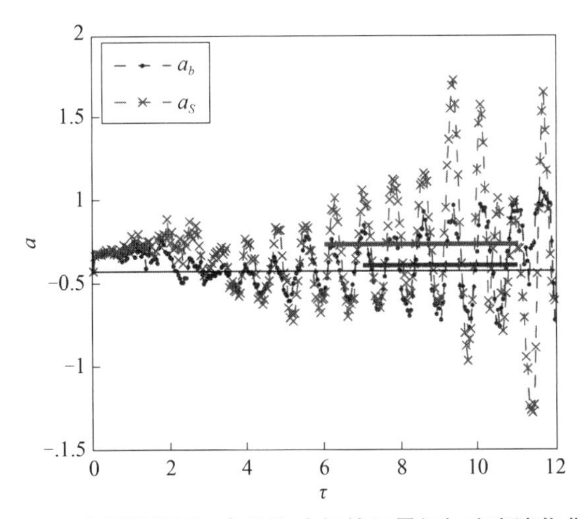

图 10-5　高雷诺数下，气泡和尖钉的无量纲加速度演化曲线

在本章中，基于相场理论的 LB 方法模拟了一个长微管道内非混相流体的 RT 不稳定性问题，该方法可以准确地追踪相界面动力学行为，以及采用多松弛碰撞模型可以很好地处理高雷诺数流动问题。本章着重分析雷诺数对中等 Atwood 数的不稳定性演化中界面动力学行为和扰动增长规律的影响。研究发现在高雷诺数情形下，RT 不稳定性的发展先后经历线性增长阶段、饱和速度增长阶段、重加速阶段以及混沌混合阶段。在线性增长阶段，重流体与轻流体之间相互渗透，扰动的增长符合经典的线性稳定性理论。紧接着，不稳定性的演化进入了饱和速度增长阶段。在该阶段中，轻重流体形成了气泡与尖钉的结构，气泡与尖钉将以恒定的速度增长，并随着时间演化在尖钉尾端处出现卷吸行为。随着横向速度和纵向速度的差异逐渐扩大，气泡与尖钉的演化诱导产生了 KH 不稳定性，进而使系统中出现了许多不同尺度的

涡结构，从而加速了气泡与尖钉的演化速度。重加速阶段不能一直持续下去，气泡与尖钉的演化速度在后期阶段会发生波动现象，这表明不稳定性的发展进入了混沌混合阶段。在混沌混合阶段，界面会发生多层次卷起、剧烈变形、混沌破裂，形成了非常复杂的界面拓扑结构，系统中也产生了许多离散的小液滴。另外，统计了演化后期的气泡与尖钉加速度，其无量纲的值分别围绕着常数 0.045 与 0.233 上下波动，这表明不稳定性在演化后期具有二次增长的规律。而当雷诺数足够小，扰动的增长变得非常缓慢，流体相界面也变得足够光滑，未出现卷吸和破裂行为，也未观察到后期的重加速与混沌混合阶段，气泡与尖钉将以恒定速度一直演化下去。

附录 A　曲线坐标系中场

A.1　场的基本知识

场方法是力学和物理学的重要数学方法，可以按物理量的性质将场分为标量场和矢量场。温度场、压力场、密度场均为标量场，定义

$$\varphi=\varphi(\boldsymbol{r},t)=\varphi(x,y,z,t)$$

速度场、电磁场均为矢量场，定义

$$\boldsymbol{a}=\boldsymbol{a}(\boldsymbol{r},t)=\boldsymbol{a}(x,y,z,t)$$

另外，按物理量的自变量分，场又可分为均匀场和定常场。均匀场是指场的空间均匀性，物理量只是时间的函数，如$\varphi(t)$，$\boldsymbol{a}(t)$；定常场是指场时间不变形，物理量只是空间变量的函数，如$\varphi(\boldsymbol{r})$，$\boldsymbol{a}(\boldsymbol{r})$。

场论的主要概念是标量的梯度、矢量的旋度和散度，以及哈密顿算子和拉普拉斯算子等运算符号，本节回顾一下这些基本概念。

A.1.1　标量场的梯度

1. 定义

如图 A-1 所示，

$$\frac{\partial\varphi}{\partial\boldsymbol{n}}=\lim_{PP_1\to 0}\frac{\varphi(P_1)-\varphi(P)}{PP_1}\text{，}\quad\frac{\partial\varphi}{\partial\boldsymbol{L}}=\lim_{PP'\to 0}\frac{\varphi(P')-\varphi(P)}{PP'}$$

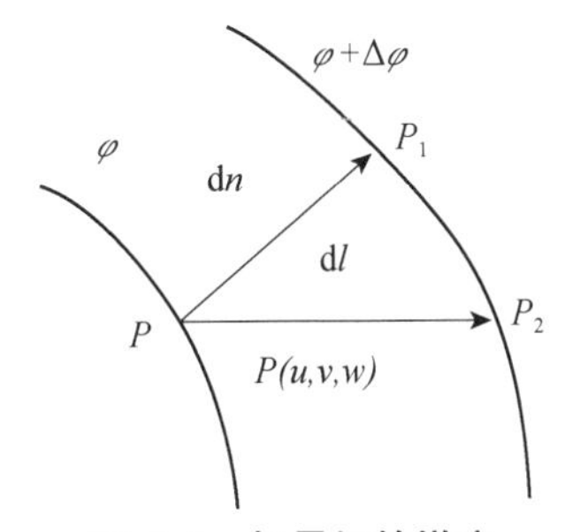

图 A-1　标量场的梯度

由于 $PP_1=PP'\cos(\boldsymbol{n},\boldsymbol{L})$，故

$$\Rightarrow \frac{\partial \varphi}{\partial S} = \lim_{PP' \to 0} \frac{\varphi(P') - \varphi(P)}{PP'} = \cos(\boldsymbol{n}, \boldsymbol{L}) \lim_{PP_1 \to 0} \frac{\varphi(P_1) - \varphi(P)}{PP_1}$$

$$= \frac{\partial \varphi}{\partial \boldsymbol{n}} \cos(\boldsymbol{n}, \boldsymbol{L})$$

称大小为$\left|\frac{\partial \phi}{\partial \boldsymbol{n}}\right|$，方向为 $\boldsymbol{n}$ 的矢量为φ的梯度：$\mathrm{grad}\varphi = \frac{\partial \varphi}{\partial \boldsymbol{n}} \boldsymbol{n}_0$，则$\frac{\partial \varphi}{\partial S} = \frac{\partial \varphi}{\partial \boldsymbol{n}} \cos(\boldsymbol{n}_0, \boldsymbol{L}_0) = \mathrm{grad}\varphi \cdot \boldsymbol{L}_0$。应用于直角系，则

$$\left.\begin{aligned} \frac{\partial \varphi}{\partial x} &= \mathrm{grad}\varphi \cdot \mathrm{i} \\ \frac{\partial \varphi}{\partial y} &= \mathrm{grad}\varphi \cdot \mathrm{j} \\ \frac{\partial \varphi}{\partial z} &= \mathrm{grad}\varphi \cdot \mathrm{k} \end{aligned}\right\} \Rightarrow \mathrm{grad}\varphi = \frac{\partial \varphi}{\partial x}\mathbf{i} + \frac{\partial \varphi}{\partial y}\mathbf{j} + \frac{\partial \varphi}{\partial z}\mathbf{k}$$

2. 主要性质

（1）梯度 $\mathrm{grad}\varphi$ 描写了场内任一点 M 标量φ的变化情况，沿法线方向变化最快。

（2）梯度 $\mathrm{grad}\varphi$ 在任一方向上的投影等于该方向的方向导数，直角系中

$$\mathrm{grad}\varphi = \frac{\partial \varphi}{\partial x}\mathbf{i} + \frac{\partial \varphi}{\partial y}\mathbf{j} + \frac{\partial \varphi}{\partial z}\mathbf{k}$$

其中每一个分量为该坐标方向的方向导数。

（3）$\mathrm{d}\varphi = \mathrm{grad}\phi \cdot \mathrm{d}\boldsymbol{r}$

$$\begin{aligned} \mathrm{d}\varphi &= \frac{\partial \varphi}{\partial x}\mathrm{d}x + \frac{\partial \varphi}{\partial y}\mathrm{d}y + \frac{\partial \varphi}{\partial z}\mathrm{d}z \\ &= \left(\frac{\partial \varphi}{\partial x}\mathbf{i} + \frac{\partial \varphi}{\partial y}\mathbf{j} + \frac{\partial \varphi}{\partial z}\mathbf{k}\right) \cdot (\mathrm{d}x\mathbf{i} + \mathrm{d}y\mathbf{j} + \mathrm{d}z\mathbf{k}) \\ &= \mathrm{grad}\varphi \cdot \mathrm{d}\boldsymbol{r} \end{aligned}$$

（4）若φ是 $\boldsymbol{r}$ 的单位函数，沿任一方向闭曲线

$$\oint_L \mathrm{grad}\varphi \cdot \mathrm{d}\boldsymbol{r} = \oint_L \mathrm{d}\varphi = 0$$

A.1.2 矢量的散度

定义 $\boldsymbol{a}$ 在面元 $\mathrm{d}S$ 法线上的投影为

$$\begin{aligned} \boldsymbol{a}_n = \boldsymbol{a} \cdot \boldsymbol{n} &= (a_x\mathbf{i} + a_y\mathbf{j} + a_z\mathbf{k}) \cdot [\cos(n,x)\mathbf{i} + \cos(n,y)\mathbf{j} + \cos(n,z)\mathbf{k}] \\ &= a_x\cos(n,x) + a_y\cos(n,y) + a_z\cos(n,z) \end{aligned}$$

矢量 $\mathrm{d}\boldsymbol{S}$ 的大小为 $\mathrm{d}s$，方向为法向 $\boldsymbol{n}$，定义矢量 $\boldsymbol{a}$ 通过面积 $\mathrm{d}s$ 的通量

$$a_n\mathrm{d}s = \boldsymbol{a} \cdot \boldsymbol{n}\mathrm{d}s = \boldsymbol{a} \cdot \mathrm{d}\boldsymbol{s}$$

矢量 $\boldsymbol{a}$ 通过曲面 S 的通量为

$$\int_s a_n \mathrm{d}s = \int_s \boldsymbol{a} \cdot \boldsymbol{n}\mathrm{d}s$$

$$=\int_s\left[a_x\cos(n,x)+a_y\cos(n,y)+a_z\cos(n,z)\right]\mathrm{d}s$$
$$=\int_s\left(a_x\mathrm{d}y\mathrm{d}z+a_y\mathrm{d}x\mathrm{d}z+a_z\mathrm{d}x\mathrm{d}y\right)$$

V 包含场内一点 M，S 为其外表面（见图 A-2），则矢量 $\boldsymbol{a}$ 的散度为

$$\mathrm{div}\boldsymbol{a}=\lim_{V\to0}\frac{\oint a_n\mathrm{d}s}{V}$$

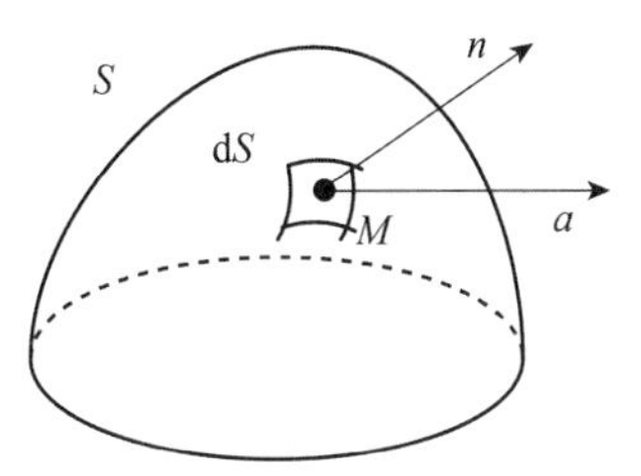

图 A-2 矢量的散度

根据高斯定理

$$\oint_s a_n\mathrm{d}s=\iint_s\left(a_x\mathrm{d}y\mathrm{d}z+a_y\mathrm{d}x\mathrm{d}z+a_z\mathrm{d}x\mathrm{d}y\right)$$
$$=\iiint_V\left(\frac{\partial a_x}{\partial x}+\frac{\partial a_y}{\partial y}+\frac{\partial a_z}{\partial z}\right)\mathrm{d}V$$
$$=V\left(\frac{\partial a_x}{\partial x}+\frac{\partial a_y}{\partial y}+\frac{\partial a_z}{\partial z}\right)$$

由中值定理得到的

$$\mathrm{div}\boldsymbol{a}=\lim_{v\to0}\frac{\iint_s a_n\mathrm{d}s}{V}=\lim_{v\to0}\left(\frac{\partial a_x}{\partial x}+\frac{\partial a_y}{\partial y}+\frac{\partial a_z}{\partial z}\right)$$

$v\to0$ 时，即为 M 点，所以 $\mathrm{div}\boldsymbol{a}=\frac{\partial a_x}{\partial x}+\frac{\partial a_y}{\partial y}+\frac{\partial a_z}{\partial z}$

A.1.3 矢量的旋度

定义 $\boldsymbol{a}$ 沿闭曲线 L 的环量

$$\oint_L\boldsymbol{a}\cdot\mathrm{d}\boldsymbol{r}=\int_L\left(a_x\mathrm{d}x+a_y\mathrm{d}y+a_z\mathrm{d}z\right)$$

如图 A-3 所示，M 点附近取无限小闭合曲线 L，规定一正方向，以 L 为界做任一曲线 $\boldsymbol{S}$，$\boldsymbol{S}$ 的法线方向为 $\boldsymbol{n}$，$\boldsymbol{n}$ 与 $\boldsymbol{L}$ 满足右手法则，则曲面矢量 $\boldsymbol{S}=S\boldsymbol{n}$，则 $\boldsymbol{a}$ 的旋度为

$$\mathrm{rot}_n\boldsymbol{a}=\lim_{S\to0}\frac{\oint_L\boldsymbol{a}\cdot\mathrm{d}\boldsymbol{r}}{s}$$

根据斯托克斯公式

$$\oint_L\boldsymbol{a}\cdot\mathrm{d}\boldsymbol{r}=\oint_L\left(a_x\mathrm{d}x+a_y\mathrm{d}y+a_z\mathrm{d}z\right)$$
$$=\int_S\left\{\left[\frac{\partial a_z}{\partial y}-\frac{\partial a_y}{\partial z}\right]\cos(n,x)+\left[\frac{\partial a_x}{\partial z}-\frac{\partial a_z}{\partial x}\right]\cos(n,y)+\left[\frac{\partial a_y}{\partial x}-\frac{\partial a_x}{\partial y}\right]\cos(n,z)\right\}$$

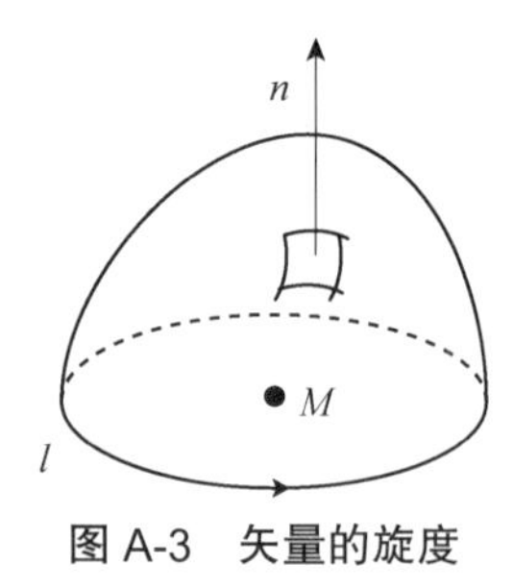

图 A-3　矢量的旋度

利用中值公式后有

$$\oint_L \boldsymbol{a}\cdot \mathrm{d}\boldsymbol{r} = S\left[\left(\frac{\partial a_y}{\partial z}-\frac{\partial a_z}{\partial y}\right)\cos(n,x)+\left(\frac{\partial a_x}{\partial z}-\frac{\partial a_z}{\partial x}\right)\cos(n,y)+\left(\frac{\partial a_y}{x}-\frac{\partial a_x}{\partial y}\right)\cos(n,z)\right]_Q$$

所以

$$\mathrm{rot}_n\boldsymbol{a} = \lim_{S\to 0}\frac{\oint_L \boldsymbol{a}\cdot \mathrm{d}\boldsymbol{r}}{S} = \left(\frac{\partial a_z}{\partial y}-\frac{\partial a_y}{\partial z}\right)\cos(n,x)+\left(\frac{\partial a_x}{\partial z}-\frac{\partial a_z}{\partial x}\right)\cos(n,y)+\left(\frac{\partial a_y}{\partial x}-\frac{\partial a_x}{\partial y}\right)\cos(n,z)$$

或 $\mathrm{rot}_n\boldsymbol{a} = \begin{vmatrix} \mathbf{i} & \mathbf{j} & \mathbf{k} \\ \dfrac{\partial}{\partial x} & \dfrac{\partial}{\partial y} & \dfrac{\partial}{\partial z} \\ a_x & a_y & a_z \end{vmatrix}$

A.1.4　哈密顿算子

定义哈密顿算子

$$\nabla = \mathbf{i}\frac{\partial}{\partial x}+\mathbf{j}\frac{\partial}{\partial y}+\mathbf{k}\frac{\partial}{\partial z}$$

则

$$\nabla\varphi = \mathbf{i}\frac{\partial\varphi}{\partial x}+\mathbf{j}\frac{\partial\varphi}{\partial y}+\mathbf{k}\frac{\partial\varphi}{\partial z} = \mathrm{grad}\varphi$$

$$\nabla\boldsymbol{a} = \left(\mathbf{i}\frac{\partial}{\partial x}+\mathbf{j}\frac{\partial}{\partial y}+\mathbf{j}\frac{\partial}{\partial z}\right)\cdot\left(\mathbf{i}a_x+\mathbf{j}a_y+\mathbf{k}a_z\right) = \frac{\partial a_x}{\partial x}+\frac{\partial a_y}{\partial y}+\frac{\partial a_z}{\partial z} = \mathrm{div}\boldsymbol{a}$$

$$\begin{aligned}\nabla\times\boldsymbol{a} &= \left(\mathbf{i}\frac{\partial}{\partial x}+\mathbf{j}\frac{\partial}{\partial y}+\mathbf{j}\frac{\partial}{\partial z}\right)\times\left(\mathbf{i}a_x+\mathbf{j}a_y+\mathbf{k}a_z\right)\\ &= \mathbf{i}\left(\frac{\partial a_z}{\partial y}-\frac{\partial a_y}{\partial z}\right)+\mathbf{j}\left(\frac{\partial a_x}{\partial z}-\frac{\partial a_z}{\partial x}\right)+\mathbf{k}\left(\frac{\partial a_y}{\partial x}-\frac{\partial a_x}{\partial y}\right) = \mathrm{rot}\boldsymbol{a}\end{aligned}$$

$$\begin{aligned}(\boldsymbol{s}_0\cdot\nabla)\cdot\boldsymbol{a} &= \left[\left(\mathbf{i}\cos(s,x)+\mathbf{j}\cos(s,y)+\mathbf{k}\cos(s,z)\right)\cdot\left(\mathbf{i}\frac{\partial}{\partial x}+\mathbf{j}\frac{\partial}{\partial y}+\mathbf{j}\frac{\partial}{\partial z}\right)\right]\cdot\boldsymbol{a}\\ &= \left[\cos(s,x)\frac{\partial}{\partial x}+\cos(s,y)\frac{\partial}{\partial y}+\cos(s,z)\frac{\partial}{\partial z}\right]\cdot\boldsymbol{a}\\ &= \frac{\partial\boldsymbol{a}}{\partial s}\end{aligned}$$

拉普拉斯算子

$$\nabla^2=(\nabla\cdot\nabla)\varphi=\left(\mathbf{i}\frac{\partial}{\partial x}+\mathbf{j}\frac{\partial}{\partial y}+\mathbf{j}\frac{\partial}{\partial z}\right)\cdot\left(\mathbf{i}\frac{\partial}{\partial x}+\mathbf{j}\frac{\partial}{\partial y}+\mathbf{j}\frac{\partial}{\partial z}\right)\varphi$$

$$=\frac{\partial^2\varphi}{\partial x^2}+\frac{\partial^2\varphi}{\partial y^2}+\frac{\partial^2\varphi}{\partial z^2}=\Delta\varphi$$

A.2 曲线坐标系表述的场

A.2.1 符号约定

（1）矢量 $\boldsymbol{a}$ 用 a_i 表示， $i=1,2,3$ ，则

$$\mathrm{grad}\varphi=\frac{\partial\varphi}{\partial x_i}$$

（2）求和法则，两个自由指标相同时，表示指标要从1到3求和

$$a_ib_i=a_1b_1+a_2b_2+a_3b_3$$

$$\frac{\partial a_i}{\partial x_i}=\frac{\partial a_1}{\partial x_1}+\frac{\partial a_2}{\partial x_2}+\frac{\partial a_3}{\partial x_3}=\mathrm{div}\boldsymbol{a}=\nabla\cdot\boldsymbol{a}$$

$$(\boldsymbol{a}\cdot\nabla)b=a_j\frac{\partial b_i}{\partial x_j}$$

$$\Delta\boldsymbol{a}=\nabla^2\boldsymbol{a}=\nabla\cdot\nabla\cdot\boldsymbol{a}=\frac{\partial}{\partial x_i}\left(\frac{\partial a_j}{\partial x_i}\right)=\frac{\partial^2 a_j}{\partial x_i\partial x_i}$$

（3）克罗内克（kronerker）符号 δ

$$\delta_{ij}=\begin{cases}0,i\neq j\\1,i=j\end{cases}$$

$\boldsymbol{\delta}_{ij}=\mathbf{e}_i\cdot\mathbf{e}_j$ ， $\mathbf{e}_i$ 是正交坐标轴上的单位向量。

（4）置控符号 ε_{ijk}

$$\varepsilon_{ijk}=\begin{cases}0，i、j、k\text{中有两个以上的指标相同时}\\1，i、j、k\text{为偶排列}(\text{如}\varepsilon_{123},\varepsilon_{231},\varepsilon_{312})\\-1，i、j、k\text{为奇排列}(\text{如}\varepsilon_{213},\varepsilon_{321},\varepsilon_{132})\end{cases}$$

$$\boldsymbol{a}\times\boldsymbol{b}=\varepsilon_{ijk}a_jb_k$$

$$\mathrm{rot}\boldsymbol{a}=\varepsilon_{ijk}\frac{\partial a_k}{\partial x_j}$$

$$\begin{vmatrix}a_{11}&a_{12}&a_{13}\\a_{21}&a_{22}&a_{23}\\a_{31}&a_{32}&a_{33}\end{vmatrix}=\varepsilon_{ijk}a_{i1}a_{j2}a_{k3}$$

（5） $\varepsilon-\delta$ 恒等式

$$\varepsilon_{ijk}\varepsilon_{ist}=\delta_{js}\delta_{kt}-\delta_{jt}\delta_{ks}$$

几个常用的公式同时用矢量和张量表示出来

- $\mathrm{div}(\varphi \boldsymbol{a})=\dfrac{\partial(\varphi a_i)}{\partial x_i}=\varphi\dfrac{\partial a_i}{\partial x_i}+a_i\dfrac{\partial \varphi}{\partial x_i}=\varphi\mathrm{div}(\boldsymbol{a})+\mathrm{grad}\varphi\cdot\boldsymbol{a}$

- $\mathrm{div}(\boldsymbol{a}\times\boldsymbol{b})=\dfrac{\partial}{\partial x_i}(\varepsilon_{ijk}a_j b_k)=\varepsilon_{ijk}\dfrac{\partial a_j}{\partial x_i}b_k+\varepsilon_{ijk}\dfrac{\partial b_k}{\partial x_i}a_j$

$$=\varepsilon_{ijk}\frac{\partial a_j}{\partial x_i}b_k-\varepsilon_{jik}\frac{\partial b_k}{\partial x_i}a_j=\boldsymbol{b}\cdot\mathrm{rot}\boldsymbol{a}-\boldsymbol{a}\cdot\mathrm{rot}\boldsymbol{b}$$

- $\mathrm{rot}(\varphi\boldsymbol{a})=\varepsilon_{ijk}\dfrac{\partial(\varphi a_k)}{\partial x_j}=\varepsilon_{ijk}\varphi\dfrac{\partial a_k}{\partial x_j}+\varepsilon_{ijk}\dfrac{\partial\varphi}{\partial x_j}a_k=\varphi\mathrm{rot}\boldsymbol{a}+(\nabla\varphi)\times\boldsymbol{a}$

- $\mathrm{rot}(\boldsymbol{a}\times\boldsymbol{b})=\varepsilon_{ijk}\dfrac{\partial\varepsilon_{klm}a_l b_m}{\partial x_j}=\varepsilon_{kij}\varepsilon_{klm}\dfrac{\partial a_l b_m}{\partial x_j}=(\delta_{il}\delta_{jm}-\delta_{im}\delta_{jl})\left(a_l\dfrac{\partial b_m}{\partial x_j}+b_m\dfrac{\partial a_l}{\partial x_j}\right)$

$$=a_i\frac{\partial b_j}{\partial x_j}-a_j\frac{\partial b_i}{\partial x_j}+b_j\frac{\partial a_i}{\partial x_j}-b_i\frac{\partial a_j}{\partial x_j}=(\boldsymbol{b}\cdot\nabla)\boldsymbol{a}-(\boldsymbol{a}\cdot\nabla)\boldsymbol{b}+\boldsymbol{a}\mathrm{div}\boldsymbol{b}-\boldsymbol{b}\mathrm{div}\boldsymbol{a}$$

- $(\boldsymbol{b}\cdot\nabla)\boldsymbol{a}+(\boldsymbol{a}\cdot\nabla)\boldsymbol{b}+\boldsymbol{b}\times\mathrm{div}\boldsymbol{a}+\boldsymbol{a}\times\mathrm{div}\boldsymbol{b}$

$$=b_j\frac{\partial a_i}{\partial x_j}+a_j\frac{\partial b_i}{\partial x_j}+\varepsilon_{ijk}b_j\varepsilon_{klm}\frac{\partial a_m}{\partial x_l}+\varepsilon_{ijk}a_j\varepsilon_{klm}\frac{\partial b_m}{\partial x_l}$$

$$=b_j\frac{\partial a_i}{\partial x_j}+a_j\frac{\partial b_i}{\partial x_j}+(\delta_{il}\delta_{jm}-\delta_{im}\delta_{jl})\left(b_j\frac{\partial a_m}{\partial x_l}+a_j\frac{\partial b_m}{\partial x_l}\right)$$

$$=b_j\frac{\partial a_i}{\partial x_j}+a_j\frac{\partial b_i}{\partial x_j}+a_j\frac{\partial b_j}{\partial x_i}-a_j\frac{\partial b_i}{\partial x_j}+b_j\frac{\partial a_j}{\partial x_i}-b_j\frac{\partial a_i}{\partial x_j}$$

$$=a_j\frac{\partial b_j}{\partial x_i}+b_j\frac{\partial a_i}{\partial x_j}=\frac{\partial a_j b_j}{\partial x_i}=grad(\boldsymbol{a}\cdot\boldsymbol{b})$$

- $\mathrm{rotrot}\boldsymbol{a}=\varepsilon_{ijk}\dfrac{\partial}{\partial x_j}\left(\varepsilon_{klm}\dfrac{\partial a_m}{\partial x_l}\right)=(\delta_{il}\delta_{jm}-\delta_{im}\delta_{jl})\dfrac{\partial^2 a_m}{\partial x_j\partial x_l}$

$$=\frac{\partial^2 a_j}{\partial x_j\partial x_i}-\frac{\partial^2 a_i}{\partial x_j\partial x_j}=\mathrm{graddiv}\boldsymbol{a}-\Delta\boldsymbol{a}$$

- $\int_V\nabla\times\boldsymbol{a}\mathrm{d}V=\int_V\varepsilon_{ijk}\dfrac{\partial a_k}{\partial x_j}\mathrm{d}V=\int_S\varepsilon_{ijk}a_k n_j dS=\int_S\boldsymbol{n}\times\boldsymbol{a}\mathrm{d}S$

A.2.2 曲线坐标系及孤元素

1. 曲线坐标系

矢量 $\boldsymbol{a}$ 在直角系中

$$\boldsymbol{a}=a_x(x,y,z)\mathbf{i}+a_y(x,y,z)\mathbf{j}+a_z(x,y,z)\mathbf{k}\tag{A.1}$$

在任意曲线系中

$$\boldsymbol{a}=a_1(q_1,q_2,q_3)\mathbf{e}_1+a_2(q_1,q_2,q_3)\mathbf{e}_2+a_3(q_1,q_2,q_3)\mathbf{e}_3\tag{A.2}$$

坐标之间存在函数关系为

$$q_1 = q_1(x,y,z), q_2 = q_2(x,y,z), q_3 = q_3(x,y,z) \tag{A.3}$$

反函数也存在。上述函数存在的条件是：

（1）函数 q_i 在区域 R 内单值连续具有一阶连续偏导数。

（2）雅克比 $\dfrac{\partial(q_1,\ q_2,\ q_3)}{\partial(x,\ y,\ z)}$ 在区域 R 内处处不为零。

2. 三坐标轴相互正交为正交曲线坐标系

柱坐标，如图 A-4 所示。

$$\begin{cases} q_1 = r,(0,\infty) \\ q_2 = \theta,(0,2\pi) \\ q_3 = z,(-\infty,+\infty) \end{cases} \qquad \begin{cases} x = r\cos\theta \\ y = r\sin\theta \\ z = z \end{cases}$$

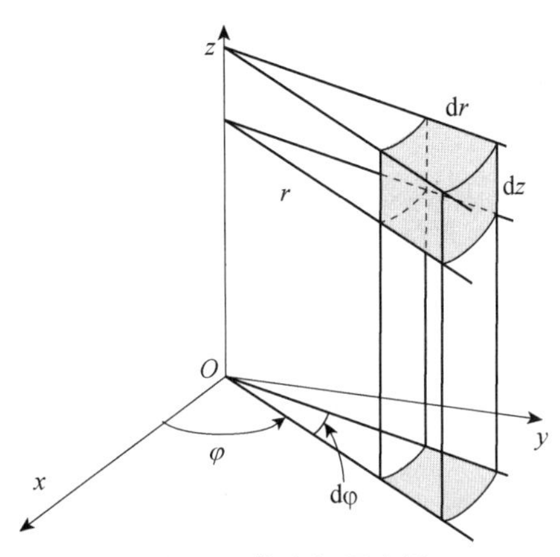

图 A-4　柱坐标示意图

球坐标，如图 A-5 所示。

$$\begin{cases} q_1 = r,(0,\infty) \\ q_2 = \theta,(0,\pi) \\ q_3 = \phi,(0,2\pi) \end{cases} \qquad \begin{cases} x = r\sin\theta\cos\phi \\ y = r\sin\theta\sin\phi \\ z = r\cos\theta \end{cases}$$

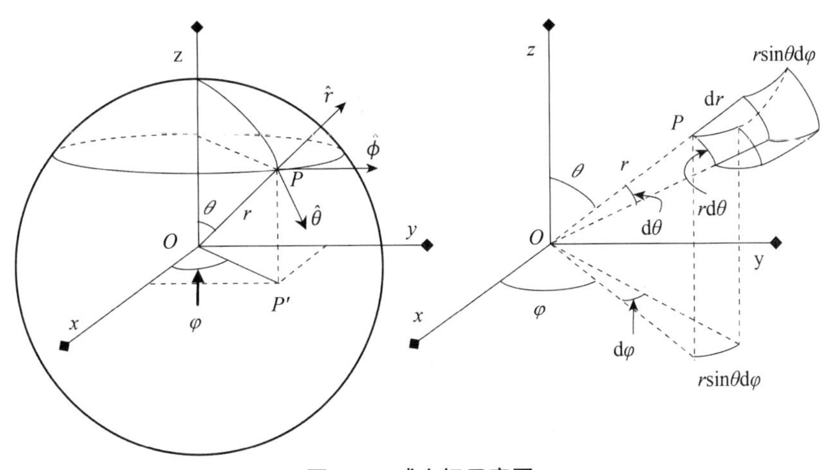

图 A-5　球坐标示意图

3. 曲线系中的孤元素

拉梅系数：

$$H_1 = \left|\frac{\partial \boldsymbol{r}}{\partial q_1}\right| = \sqrt{\left(\frac{\partial x}{\partial q_1}\right)^2 + \left(\frac{\partial y}{\partial q_1}\right)^2 + \left(\frac{\partial z}{\partial q_1}\right)^2}$$

$$H_2 = \left|\frac{\partial \boldsymbol{r}}{\partial q_2}\right| = \sqrt{\left(\frac{\partial x}{\partial q_2}\right)^2 + \left(\frac{\partial y}{\partial q_2}\right)^2 + \left(\frac{\partial z}{\partial q_2}\right)^2}$$

$$H_3 = \left|\frac{\partial \boldsymbol{r}}{\partial q_3}\right| = \sqrt{\left(\frac{\partial x}{\partial q_3}\right)^2 + \left(\frac{\partial y}{\partial q_3}\right)^2 + \left(\frac{\partial z}{\partial q_3}\right)^2}$$

其中 $\boldsymbol{r} = \boldsymbol{r}(q_1,\ q_2,\ q_3)$ 的微元 $\mathrm{d}\boldsymbol{r}$ 在曲线中为

$$\mathrm{d}\boldsymbol{r} = H_1\mathrm{d}q_1\mathbf{e}_1 + H_2\mathrm{d}q_2\mathbf{e}_2 + H_3\mathrm{d}q_3\mathbf{e}_3 \tag{A.4}$$

其中 $\dfrac{\partial \boldsymbol{r}}{\partial q_i}$ 的大小是 $\left|\dfrac{\partial \boldsymbol{r}}{\partial q_i}\right|$，方向 q_i 为坐标方向 $\mathbf{e}_i$，如图 A-6 所示，所以

$$\mathrm{d}\boldsymbol{r} = \frac{\partial \boldsymbol{r}}{\partial q_1}\mathrm{d}q_1 + \frac{\partial \boldsymbol{r}}{\partial q_2}\mathrm{d}q_2 + \frac{\partial \boldsymbol{r}}{\partial q_3}\mathrm{d}q_3 = \mathrm{d}s_1\mathbf{e}_1 + \mathrm{d}s_2\mathbf{e}_2 + \mathrm{d}s_3\mathbf{e}_3 \tag{A.5}$$

$\mathrm{d}\boldsymbol{r}$ 的大小

$$\mathrm{d}s = \sqrt{(H_1\mathrm{d}q_1)^2 + (H_2\mathrm{d}q_2)^2 + (H_3\mathrm{d}q_3)^2} \tag{A.6}$$

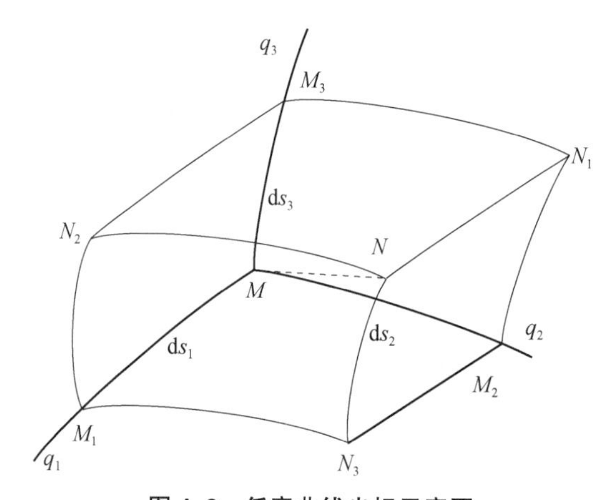

图 A-6 任意曲线坐标示意图

微元体积

$$\mathrm{d}V = H_1H_2H_3\mathrm{d}q_1\mathrm{d}q_2\mathrm{d}q_3 = \mathrm{d}s_1\mathrm{d}s_2\mathrm{d}s_3 \tag{A.7}$$

各侧面积 $\mathrm{d}\sigma_1$ 方向为 q_1 垂直方向，$\mathrm{d}\sigma_2$ 方向为 q_2 垂直方向，$\mathrm{d}\sigma_3$ 方向为 q_3 垂直方向

$$\mathrm{d}\sigma_1 = H_2H_3\mathrm{d}q_2\mathrm{d}q_3 \qquad \mathrm{d}\sigma_2 = H_1H_3\mathrm{d}q_1\mathrm{d}q_3 \qquad \mathrm{d}\sigma_3 = H_1H_2\mathrm{d}q_1\mathrm{d}q_2 \tag{A.8}$$

在柱系中

$$H_1 = 1, H_2 = r, H_3 = 1$$

$$(\mathrm{d}s)^2 = (\mathrm{d}r)^2 + (r\mathrm{d}\theta)^2 + (\mathrm{d}z)^2$$

$$\mathrm{d}V = r\mathrm{d}r\mathrm{d}\theta\mathrm{d}z$$

在球系中

$$H_1=1,H_2=r,H_3=r\sin\theta$$

$$(\mathrm{d}s)^2=(\mathrm{d}r)^2+(r\mathrm{d}\theta)^2+r^2\sin^2\theta(\mathrm{d}\phi)^2$$

$$\mathrm{d}V=r^2\sin\theta\mathrm{d}r\mathrm{d}\theta\mathrm{d}\phi$$

A.2.3 曲线系中的梯度、散度和旋度

1. 曲线系中的梯度

$$\mathrm{grad}\varphi=\frac{\partial\varphi}{\partial s_i}=\frac{\partial\varphi}{\partial s_1}\mathbf{e}_1+\frac{\partial\varphi}{\partial s_2}\mathbf{e}_2+\frac{\partial\varphi}{\partial s_3}\mathbf{e}_3=\frac{1}{H_1}\frac{\partial\varphi}{\partial q_1}\mathbf{e}_1+\frac{1}{H_2}\frac{\partial\varphi}{\partial q_2}\mathbf{e}_2+\frac{1}{H_3}\frac{\partial\varphi}{\partial q_3}\mathbf{e}_3 \tag{A.9}$$

柱系中，$\mathrm{grad}\varphi=\frac{\partial\varphi}{\partial r}\mathbf{e}_r+\frac{1}{r}\frac{\partial\varphi}{\partial\theta}\mathbf{e}_\theta+\frac{\partial\varphi}{\partial z}\mathbf{e}_z$

球系中，$\mathrm{grad}\varphi=\frac{\partial\varphi}{\partial r}\mathbf{e}_r+\frac{1}{r}\frac{\partial\varphi}{\partial\theta}\mathbf{e}_\theta+\frac{1}{r\sin\theta}\frac{\partial\varphi}{\partial\phi}\mathbf{e}_\phi$

2. 曲线系中的散度

$$\mathrm{div}\boldsymbol{a}=\lim_{V\to0}\frac{\oiint a_n\mathrm{d}s}{V} \tag{A.10}$$

即定义与坐标选取无关。曲线坐标中的表达式，在场内任取一点M，做M点的体积元素$\mathrm{d}V$，$\mathrm{d}V$是一个以$\mathrm{d}s_1$，$\mathrm{d}s_2$，$\mathrm{d}s_3$为边的平行六面体，现在相当于前面的$\mathrm{d}V$，而S则相当于平行六面体的6个面。我们计算矢量$\boldsymbol{a}$经过这6个面的通量。

经过曲面$MM_2N_1M_3$的通量为

$$-a_1\mathrm{d}S_2\mathrm{d}S_3=-a_1H_2H_3\mathrm{d}q_2\mathrm{d}q_3$$

因为此面的外法线方向是q_1的负方向，故取负号。

经过曲面$M_1N_3NN_2$的通量为

$$\left[a_1H_2H_3+\frac{\partial(a_1H_2H_3)}{\partial q_1}\right]\mathrm{d}q_2\mathrm{d}q_3$$

于是经过这两个面的总通量是

$$\frac{\partial(a_1H_2H_3)}{\partial q_1}\mathrm{d}q_1\mathrm{d}q_2\mathrm{d}q_3 \tag{A.11}$$

同理，经过$MM_1N_2M_3$和$M_2N_3NN_1$两面的总通量是

$$\frac{\partial(a_2H_3H_1)}{\partial q_2}\mathrm{d}q_1\mathrm{d}q_2\mathrm{d}q_3 \tag{A.12}$$

经过$MM_1N_3M_2$和$M_3N_2NN_1$两面的总通量是

$$\frac{\partial(a_3H_1H_2)}{\partial q_3}\mathrm{d}q_1\mathrm{d}q_2\mathrm{d}q_3 \tag{A.13}$$

将式（A.11）、（A.12）与（A.13）三式相加，得经过6个面的总通量是

$$\oint_S a_n\mathrm{d}s=\left[\frac{\partial(a_1H_2H_3)}{\partial q_1}+\frac{\partial(a_2H_3H_1)}{\partial q_2}+\frac{\partial(a_3H_1H_2)}{\partial q_3}\right]\mathrm{d}q_1\mathrm{d}q_2\mathrm{d}q_3$$

与式（A.7）$\mathrm{d}V = H_1H_2H_3\mathrm{d}q_1\mathrm{d}q_2\mathrm{d}q_3$ 相除得 $\mathrm{div}\boldsymbol{a}$ 在曲线坐标系中的表达式为

$$\mathrm{div}\boldsymbol{a} = \frac{1}{H_1H_2H_3}\left[\frac{\partial(a_1H_2H_3)}{\partial q_1} + \frac{\partial(a_2H_3H_1)}{\partial q_2} + \frac{\partial(a_3H_1H_2)}{\partial q_3}\right] \tag{A.14}$$

在柱坐标和球坐标中，$\mathrm{div}\boldsymbol{a}$ 的表达式分别为

$$\mathrm{div}\boldsymbol{a} = \frac{1}{r}\frac{\partial(ra_r)}{\partial r} + \frac{1}{r}\frac{\partial a_\theta}{\partial \theta} + \frac{\partial a_z}{\partial z}$$

$$\mathrm{div}\boldsymbol{a} = \frac{1}{r^2}\frac{\partial(r^2a_r)}{\partial r} + \frac{1}{r\sin\theta}\frac{\partial(\sin\theta a_\theta)}{\partial \theta} + \frac{1}{r\sin\theta}\frac{\partial a_\varphi}{\partial \varphi}$$

3. 曲线坐标系中的旋度

$\mathrm{rot}_n\boldsymbol{a}$ 的定义

$$\mathrm{rot}\boldsymbol{a} = \lim_{s\to 0}\frac{\oint_L \boldsymbol{a}\cdot\mathrm{d}r}{s} \tag{A.15}$$

此定义也与坐标系的选取无关，现在我们利用它来求 $\mathrm{rot}\boldsymbol{a}$ 在曲线坐标系中的表达式。作为一个例子，我们求 $\mathrm{rot}\boldsymbol{a}$ 在 q_1 轴上的投影。此时取 $\boldsymbol{n}$ 为 q_1 的正方向；S 面为常数，即曲面 $\mathrm{d}\sigma_1$；式（A.15）中的曲线 L，现为 $MM_2N_1M_3$，设其正方向为逆时针方向。现在我们计算矢量 $\boldsymbol{a}$ 沿 $MM_2N_1M_3$ 的环量：

$$\int_{MM_2}\boldsymbol{a}\cdot\mathrm{d}r = a_2\mathrm{d}S_2 = a_2H_2\mathrm{d}q_2$$

$$\int_{MM_2}\boldsymbol{a}\cdot\mathrm{d}r = \left[a_2H_2 + \frac{\partial(a_2H_2)}{\partial q_3}\mathrm{d}q_3\right]\mathrm{d}q_2$$

$$\int_{MM_3}\boldsymbol{a}\cdot\mathrm{d}r = a_3H_3\mathrm{d}q_3$$

$$\int_{M_2N_1}\boldsymbol{a}\cdot\mathrm{d}r = \left[a_3H_3 + \frac{\partial(a_3H_3)}{\partial q_2}\mathrm{d}q_2\right]\mathrm{d}q_3$$

因此

$$\oint_{MM_2\cdot N_1M_3}\boldsymbol{a}\cdot\mathrm{d}r = \int_{MM_2} + \int_{M_2N_1} - \int_{M_3N_1} - \int_{MM_3} = \left[\frac{\partial(a_3H_3)}{\partial q_2} - \frac{\partial(a_2H_2)}{\partial q_3}\right]\mathrm{d}q_2\mathrm{d}q_3$$

另一方面，与式（A.8）$\mathrm{d}\sigma_1 = H_2H_3\mathrm{d}q_2\mathrm{d}q_3$

相除得

$$(\mathrm{rot}\boldsymbol{a})_1 = \frac{1}{H_2H_3}\left[\frac{\partial(a_3H_3)}{\partial q_2} - \frac{\partial(a_2H_2)}{\partial q_3}\right] \tag{A.16}$$

同样地可得 $(\mathrm{rot}\boldsymbol{a})_2$、$(\mathrm{rot}\boldsymbol{a})_3$ 的表达式，它们是

$$(\mathrm{rot}\boldsymbol{a})_2 = \frac{1}{H_3H_1}\left[\frac{\partial(a_1H_1)}{\partial q_3} - \frac{\partial(a_3H_3)}{\partial q_1}\right]$$

$$(\mathrm{rot}\boldsymbol{a})_3 = \frac{1}{H_1H_2}\left[\frac{\partial(a_2H_2)}{\partial q_1} - \frac{\partial(a_1H_1)}{\partial q_2}\right]$$

或写成

$$\mathrm{rot}\boldsymbol{a}=\frac{1}{H_1H_2H_3}\begin{vmatrix} H_1\mathbf{e}_1 & H_2\mathbf{e}_2 & H_3\mathbf{e}_3 \\ \dfrac{\partial}{\partial q_1} & \dfrac{\partial}{\partial q_2} & \dfrac{\partial}{\partial q_3} \\ H_1a_1 & H_2a_2 & H_3a_3 \end{vmatrix} \tag{A.17}$$

在柱坐标和球坐标情形中，rot$\boldsymbol{a}$ 的表达式是

$$\begin{cases} \mathrm{rot}_r\boldsymbol{a}=\dfrac{1}{r}\dfrac{\partial a_z}{\partial\theta}-\dfrac{\partial a_\theta}{\partial z} \\ \mathrm{rot}_\theta\boldsymbol{a}=\dfrac{\partial a_r}{\partial z}-\dfrac{\partial a_z}{\partial r} \\ \mathrm{rot}_z\boldsymbol{a}=\dfrac{1}{r}\dfrac{\partial(ra_\theta)}{\partial r}-\dfrac{1}{r}\dfrac{\partial a_r}{\partial\theta} \end{cases}$$

及

$$\begin{cases} \mathrm{rot}_r\boldsymbol{a}=\dfrac{1}{r\sin\theta}\dfrac{\partial(a_\lambda\sin\theta)}{\partial\theta}-\dfrac{1}{r\sin\theta}\dfrac{\partial a_\theta}{\partial\lambda} \\ \mathrm{rot}_\theta\boldsymbol{a}=\dfrac{1}{r\sin\theta}\dfrac{\partial a_r}{\partial\lambda}-\dfrac{1}{r}\dfrac{\partial(ra_\lambda)}{\partial r} \\ \mathrm{rot}_z\boldsymbol{a}=\dfrac{1}{r}\dfrac{\partial(ra_\theta)}{\partial r}-\dfrac{1}{r}\dfrac{\partial a_r}{\partial\theta} \end{cases}$$

4. 拉普拉斯算子 $\Delta\varphi$ 在曲线坐标系中的表达式

令 $\boldsymbol{a}=\mathrm{grad}\phi$ 代入 div$\boldsymbol{a}$ 的曲线坐标系表达式（A.14）中去，并考虑到式（A.9），$\Delta\varphi$ 在曲线坐标系中的表达式为

$$\Delta\varphi=\frac{1}{H_1H_2H_3}\left[\frac{\partial}{\partial q_1}\left(\frac{H_2H_3}{H_1}\frac{\partial\varphi}{\partial q_1}\right)+\frac{\partial}{\partial q_2}\left(\frac{H_3H_1}{H_2}\frac{\partial\varphi}{\partial q_2}\right)+\frac{\partial}{\partial q_3}\left(\frac{H_1H_2}{H_3}\frac{\partial\varphi}{\partial q_3}\right)\right] \tag{A.18}$$

在柱坐标和球坐标中，有

$$\Delta\varphi=\frac{1}{r}\frac{\partial}{\partial r}\left(r\frac{\partial\varphi}{\partial r}\right)+\frac{1}{r^2}\frac{\partial^2\varphi}{\partial\theta^2}+\frac{\partial^2\varphi}{\partial z^2}$$

$$\Delta\varphi=\frac{1}{r^2}\frac{\partial}{\partial r}\left(r^2\frac{\partial\varphi}{\partial r}\right)+\frac{1}{r^2\sin\theta}\frac{\partial}{\partial\theta}\left(\sin\theta\frac{\partial\varphi}{\partial\theta}\right)+\frac{1}{r^2\sin^2\theta}\frac{\partial^2\varphi}{\partial z^2}$$

A.3 曲线系流体力学的场论公式

在力学问题中常常需要计算矢量对曲线坐标的偏导数，在计算这些偏导数时具有基本意义的是单位矢量 $\boldsymbol{e}_i$ 对曲线坐标 q_i 的 9 个偏导数，它们分别满足下列公式

$$\frac{\partial\boldsymbol{e}_i}{\partial q_j}=-\frac{1}{H_j}\frac{\partial H_i}{\partial q_j}\boldsymbol{e}_j-\frac{1}{H_k}\frac{\partial H_i}{\partial q_k}\boldsymbol{e}_k\,(i,j,k\text{置换}) \tag{A.19}$$

$$\frac{\partial\boldsymbol{e}_i}{\partial q_j}=\frac{1}{H_i}\frac{\partial H_j}{\partial q_i}\boldsymbol{e}_j\,(i\neq j\text{时}) \tag{A.20}$$

在流体力学基本方程中会出现带有 grandφ，div$\boldsymbol{a}$，rot$\boldsymbol{a}$，$\Delta\varphi$,$(\boldsymbol{a}\cdot\nabla)\boldsymbol{b}$，$\Delta\boldsymbol{a}$ 等算子的项，这

些算子在曲线坐标系中的表达式可以利用式（A.21）～（A.23）经过运算得到。上节我们利用算子的定义已经导出 gradϕ，div$\boldsymbol{a}$，rot$\boldsymbol{a}$，$\Delta\phi$ 在曲线坐标系中的表达式，现利用式（A.21）～（A.23）也可以导出它们来，下面我们推导其他两个算子在曲线坐标中中的表达式。

（1）
$$
\begin{aligned}
(\boldsymbol{a}\cdot\nabla)\boldsymbol{b} &= \boldsymbol{a}\cdot\nabla\left(b_1\boldsymbol{e}_1+b_2\boldsymbol{e}_2+b_3\boldsymbol{e}_3\right)\\
&=\boldsymbol{e}_1(\boldsymbol{a}\cdot\nabla b_1)+\boldsymbol{e}_2(\boldsymbol{a}\cdot\nabla b_2)+\boldsymbol{e}_3(\boldsymbol{a}\cdot\nabla b_3)+b_1(\boldsymbol{a}\cdot\nabla\boldsymbol{e}_1)+b_2(\boldsymbol{a}\cdot\nabla\boldsymbol{e}_2)+b_3(\boldsymbol{a}\cdot\nabla\boldsymbol{e}_3)\\
&=\boldsymbol{e}_1(\boldsymbol{a}\cdot\nabla b_1)+\boldsymbol{e}_2(\boldsymbol{a}\cdot\nabla b_2)+\boldsymbol{e}_3(\boldsymbol{a}\cdot\nabla b_3)-\frac{a_1b_1}{H_1H_2}\frac{\partial H_1}{\partial q_2}\boldsymbol{e}_2-\frac{a_1b_1}{H_3H_1}\frac{\partial H_1}{\partial q_3}\boldsymbol{e}_3\\
&\quad+\frac{a_2b_1}{H_1H_2}\frac{\partial H_2}{\partial q_1}\boldsymbol{e}_2+\frac{a_3b_1}{H_3H_1}\frac{\partial H_3}{\partial q_1}\boldsymbol{e}_3-\frac{a_2b_2}{H_2H_3}\frac{\partial H_2}{\partial q_3}\boldsymbol{e}_3+\frac{a_2b_2}{H_1H_2}\frac{\partial H_2}{\partial q_1}\boldsymbol{e}_2\\
&\quad-\frac{a_3b_3}{H_2H_3}\frac{\partial H_3}{\partial q_2}\boldsymbol{e}_3+\frac{a_1b_3}{H_3H_1}\frac{\partial H_1}{\partial q_3}\boldsymbol{e}_1+\frac{a_2b_3}{H_2H_3}\frac{\partial H_2}{\partial q_3}\boldsymbol{e}_2
\end{aligned}
$$

于是

$$
\begin{aligned}
(\boldsymbol{a}\cdot\nabla)\boldsymbol{b}=\boldsymbol{e}_1&\left\{\boldsymbol{a}\cdot\nabla b_1+\frac{b_2}{H_1H_2}\left(a_1\frac{\partial H_1}{\partial q_2}-a_2\frac{\partial H_2}{\partial q_1}\right)+\frac{b_3}{H_3H_1}\left(a_1\frac{\partial H_1}{\partial q_3}-a_3\frac{\partial H_3}{\partial q_1}\right)\right\}\\
+\boldsymbol{e}_2&\left\{\boldsymbol{a}\cdot\nabla b_2+\frac{b_3}{H_2H_3}\left(a_2\frac{\partial H_2}{\partial q_3}-a_3\frac{\partial H_3}{\partial q_2}\right)+\frac{b_1}{H_1H_2}\left(a_2\frac{\partial H_2}{\partial q_1}-a_1\frac{\partial H_1}{\partial q_2}\right)\right\}\\
+\boldsymbol{e}_3&\left\{\boldsymbol{a}\cdot\nabla b_3+\frac{b_1}{H_3H_1}\left(a_3\frac{\partial H_3}{\partial q_1}-a_1\frac{\partial H_1}{\partial q_3}\right)+\frac{b_2}{H_2H_3}\left(a_3\frac{\partial H_3}{\partial q_2}-a_2\frac{\partial H_2}{\partial q_3}\right)\right\}
\end{aligned}
\tag{A.21}
$$

其中

$$
\boldsymbol{a}\cdot\nabla=\frac{a_1}{H_1}\frac{\partial}{\partial q_1}+\frac{a_2}{H_2}\frac{\partial}{\partial q_2}+\frac{a_3}{H_3}\frac{\partial}{\partial q_3}
$$

（2）$\Delta\boldsymbol{a}$。由基本运算公式（A.15）我们有

$$
\Delta\boldsymbol{a}=\nabla(\nabla\cdot\boldsymbol{a})-\nabla\times(\nabla\times\boldsymbol{a})
$$

先推导 $\Delta\boldsymbol{a}$ 在 q_1 轴上的投影 $(\Delta\boldsymbol{a})_1$。利用式（A.14）、式（A.9）、式（A.16），我们有

$$
\begin{aligned}
(\Delta\boldsymbol{a})_1&=\frac{1}{H_1}\frac{\partial}{\partial q_1}\left\{\frac{1}{H_1H_2H_3}\left[\frac{\partial(H_2H_3a_1)}{\partial q_1}+\frac{\partial(H_3H_1a_2)}{\partial q_2}+\frac{\partial(H_1H_2a_3)}{\partial q_1}\right]\right\}\\
&\quad-\frac{1}{H_2H_3}\frac{\partial}{\partial q_2}\left\{\frac{H_3}{H_1H_2}\left[\frac{\partial(H_2a_2)}{\partial q_1}-\frac{\partial(H_1a_1)}{\partial q_2}\right]\right\}\\
&\quad+\frac{1}{H_2H_3}\frac{\partial}{\partial q_3}\left\{\frac{H_2}{H_3H_1}\left[\frac{\partial(H_1a_1)}{\partial q_3}-\frac{\partial(H_3a_3)}{\partial q_1}\right]\right\}\\
&=\Delta a_1+\frac{2}{H_1^2H_2}\frac{\partial H_1}{\partial q_2}\frac{\partial a_2}{\partial q_1}-\frac{2}{H_1H_2^2}\frac{\partial H_2}{\partial q_1}\frac{\partial a_2}{\partial q_2}\\
&\quad+\frac{2}{H_1^2H_3}\frac{\partial H_1}{\partial q_3}\frac{\partial a_3}{\partial q_1}-\frac{2}{H_1H_3^2}\frac{\partial H_3}{\partial q_1}\frac{\partial a_3}{\partial q_3}\\
&\quad+\left\{\frac{1}{H_1}\frac{\partial}{\partial q_1}\left[\frac{1}{H_1H_2H_3}\frac{\partial(H_2H_3)}{\partial q_1}\right]+\frac{1}{H_1H_2}\frac{\partial}{\partial q_2}\left[\frac{H_3}{H_1H_2}\frac{\partial H_1}{\partial q_2}\right]+\frac{1}{H_2H_3}\frac{\partial}{\partial q_3}\left[\frac{H_2}{H_3H_1}\frac{\partial H_1}{\partial q_3}\right]\right\}a_1
\end{aligned}
$$

$$+\left\{\frac{1}{H_1}\frac{\partial}{\partial q_1}\left[\frac{1}{H_1H_2H_3}\frac{\partial(H_3H_1)}{\partial q_2}\right]-\frac{1}{H_2H_3}\frac{\partial}{\partial q_2}\left[\frac{H_3}{H_1H_2}\frac{\partial H_2}{\partial q_2}\right]\right\}a_2$$
$$+\left\{\frac{1}{H_1}\frac{\partial}{\partial q_1}\left[\frac{1}{H_1H_2H_3}\frac{\partial(H_1H_2)}{\partial q_3}\right]-\frac{1}{H_2H_3}\frac{\partial}{\partial q_3}\left[\frac{H_2}{H_3H_1}\frac{\partial H_3}{\partial q_1}\right]\right\}a_3 \tag{A.22}$$

同理可得

$$\begin{aligned}(\Delta\boldsymbol{a})_2=&\Delta a_2+\frac{2}{H_2^2H_3}\frac{\partial H_2}{\partial q_3}\frac{\partial a_3}{\partial q_2}-\frac{2}{H_2H_3^2}\frac{\partial H_3}{\partial q_2}\frac{\partial a_3}{\partial q_3}+\frac{2}{H_2^2H_1}\frac{\partial H_2}{\partial q_1}\frac{\partial a_1}{\partial q_1}-\frac{2}{H_2H_1^2}\frac{\partial H_1}{\partial q_2}\frac{\partial a_1}{\partial q_1}\\
&+\left\{\frac{1}{H_2}\frac{\partial}{\partial q_2}\left[\frac{1}{H_1H_2H_3}\frac{\partial(H_3H_1)}{\partial q_2}\right]+\frac{1}{H_3H_1}\frac{\partial}{\partial q_3}\left[\frac{H_1}{H_2H_3}\frac{\partial H_2}{\partial q_3}\right]+\frac{1}{H_3H_1}\frac{\partial}{\partial q_1}\left[\frac{H_3}{H_2H_1}\frac{\partial H_2}{\partial q_1}\right]\right\}a_2\\
&+\left\{\frac{1}{H_2}\frac{\partial}{\partial q_2}\left[\frac{1}{H_1H_2H_3}\frac{\partial(H_1H_2)}{\partial q_3}\right]-\frac{1}{H_3H_1}\frac{\partial}{\partial q_3}\left[\frac{H_1}{H_2H_3}\frac{\partial H_3}{\partial q_2}\right]\right\}a_3\\
&+\left\{\frac{1}{H_2}\frac{\partial}{\partial q_2}\left[\frac{1}{H_1H_2H_3}\frac{\partial(H_2H_3)}{\partial q_1}\right]-\frac{1}{H_3H_1}\frac{\partial}{\partial q_1}\left[\frac{H_3}{H_1H_2}\frac{\partial H_1}{\partial q_2}\right]\right\}a_1\end{aligned} \tag{A.23}$$

$$\begin{aligned}(\Delta\boldsymbol{a})_3=&\Delta a_3+\frac{2}{H_3^2H_1}\frac{\partial H_3}{\partial q_1}\frac{\partial a_1}{\partial q_3}-\frac{2}{H_3H_1^2}\frac{\partial H_1}{\partial q_3}\frac{\partial a_1}{\partial q_1}+\frac{2}{H_3^2H_1}\frac{\partial H_3}{\partial q_2}\frac{\partial a_2}{\partial q_3}-\frac{2}{H_3H_2^2}\frac{\partial H_2}{\partial q_3}\frac{\partial a_2}{\partial q_2}\\
&+\left\{\frac{1}{H_3}\frac{\partial}{\partial q_3}\left[\frac{1}{H_1H_2H_3}\frac{\partial(H_1H_2)}{\partial q_3}\right]+\frac{1}{H_1H_2}\frac{\partial}{\partial q_1}\left[\frac{H_2}{H_3H_1}\frac{\partial H_3}{\partial q_1}\right]+\frac{1}{H_1H_2}\frac{\partial}{\partial q_2}\left[\frac{H_1}{H_3H_2}\frac{\partial H_3}{\partial q_2}\right]\right\}a_3\\
&+\left\{\frac{1}{H_3}\frac{\partial}{\partial q_3}\left[\frac{1}{H_1H_2H_3}\frac{\partial(H_3H_3)}{\partial q_1}\right]+\frac{1}{H_1H_2}\frac{\partial}{\partial q_1}\left[\frac{H_2}{H_3H_1}\frac{\partial H_1}{\partial q_3}\right]\right\}a_1\\
&+\left\{\frac{1}{H_3}\frac{\partial}{\partial q_3}\left[\frac{1}{H_1H_2H_3}\frac{\partial(H_3H_1)}{\partial q_2}\right]-\frac{1}{H_1H_2}\frac{\partial}{\partial q_2}\left[\frac{H_1}{H_2H_3}\frac{\partial H_2}{\partial q_3}\right]\right\}a_2\end{aligned} \tag{A.24}$$

A.4　曲线坐标系中的不可压缩流方程组

曲线坐标系中的连续方程

$$\frac{\partial(H_2H_3v_1)}{\partial q_1}+\frac{\partial(H_3H_1v_2)}{\partial q_2}+\frac{\partial(H_1H_2v_3)}{\partial q_3}=0 \tag{A.25}$$

曲线坐标系中的动量方程

$$\frac{\partial v_1}{\partial t}+v\cdot\nabla v_1+\frac{v_1v_2}{H_1H_2}\frac{\partial H_1}{\partial q_2}+\frac{v_1v_3}{H_1H_3}\frac{\partial H_1}{\partial q_3}-\frac{v_2^2}{H_1H_2}\frac{\partial H_2}{\partial q_1}-\frac{v_3^2}{H_3H_1}\frac{\partial H_3}{\partial q_1}$$
$$=F_1-\frac{1}{\rho}\frac{1}{H_1}\frac{\partial p}{\partial q_1}+\upsilon\left[\!\left[\Delta v_1+\frac{2}{H_1^2H_2}\frac{\partial H_1}{\partial q_2}\frac{v_2}{\partial q_1}-\frac{2}{H_1H_2^2}\frac{\partial H_2}{\partial q_1}\frac{\partial v_2}{\partial q_2}\right.\right.$$

$$+\frac{2}{H_1^2H_3}\frac{\partial H_1}{\partial q_3}\frac{\partial v_3}{\partial q_1}-\frac{2}{H_1H_3^2}\frac{\partial H_3}{\partial q_1}\frac{\partial v_3}{\partial q_3}$$
$$+\left\{\frac{1}{H_1}\frac{\partial}{\partial q_1}\left[\frac{1}{H_1H_2H_3}\frac{\partial(H_3H_2)}{\partial q_1}\right]+\frac{1}{H_2H_3}\frac{\partial}{\partial q_2}\left[\frac{H_3}{H_2H_1}\frac{\partial H_1}{\partial q_2}\right]+\frac{1}{H_2H_3}\frac{\partial}{\partial q_3}\left[\frac{H_2}{H_1H_3}\frac{\partial H_1}{\partial q_3}\right]\right\}v_1$$
$$+\left\{\frac{1}{H_1}\frac{\partial}{\partial q_1}\left[\frac{1}{H_1H_2H_3}\frac{\partial(H_3H_1)}{\partial q_2}\right]-\frac{1}{H_3H_2}\frac{\partial}{\partial q_2}\left[\frac{H_3}{H_1H_2}\frac{\partial H_2}{\partial q_1}\right]\right\}v_2$$
$$+\left\{\frac{1}{H_1}\frac{\partial}{\partial q_1}\left[\frac{1}{H_1H_2H_3}\frac{\partial(H_1H_2)}{\partial q_3}\right]-\frac{1}{H_2H_3}\frac{\partial}{\partial q_3}\left[\frac{H_2}{H_3H_1}\frac{\partial H_3}{\partial q_1}\right]\right\}v_3\Bigg]\!\Bigg]$$

（A.26）

$$\frac{\partial v_2}{\partial t}+v\cdot\nabla v_2+\frac{v_1v_2}{H_1H_2}\frac{\partial H_2}{\partial q_1}+\frac{v_2v_3}{H_2H_3}\frac{\partial H_3}{\partial q_2}-\frac{v_3^2}{H_2H_3}\frac{\partial H_3}{\partial q_2}-\frac{v_1^2}{H_1H_2}\frac{\partial H_1}{\partial q_2}$$
$$=F_2-\frac{1}{\rho}\frac{1}{H_2}\frac{\partial p}{\partial q_2}+\upsilon\Bigg[\!\Bigg[\Delta v_2+\frac{2}{H_2^2H_3}\frac{\partial H_2}{\partial q_3}\frac{v_3}{\partial q_2}-\frac{2}{H_2H_3^2}\frac{\partial H_3}{\partial q_2}\frac{\partial v_3}{\partial q_3}+\frac{2}{H_2^2H_1}\frac{\partial H_2}{\partial q_1}\frac{\partial v_1}{\partial q_2}-\frac{2}{H_2H_1^2}\frac{\partial H_1}{\partial q_2}\frac{\partial v_1}{\partial q_1}$$
$$+\left\{\frac{1}{H_2}\frac{\partial}{\partial q_2}\left[\frac{1}{H_1H_2H_3}\frac{\partial(H_3H_1)}{\partial q_2}\right]+\frac{1}{H_3H_1}\frac{\partial}{\partial q_3}\left[\frac{H_1}{H_2H_3}\frac{\partial H_2}{\partial q_3}\right]+\frac{1}{H_3H_1}\frac{\partial}{\partial q_1}\left[\frac{H_3}{H_2H_1}\frac{\partial H_2}{\partial q_1}\right]\right\}v_2$$
$$+\left\{\frac{1}{H_2}\frac{\partial}{\partial q_2}\left[\frac{1}{H_1H_2H_3}\frac{\partial(H_1H_2)}{\partial q_3}\right]-\frac{1}{H_3H_1}\frac{\partial}{\partial q_3}\left[\frac{H_1}{H_2H_3}\frac{\partial H_3}{\partial q_2}\right]\right\}v_3$$
$$+\left\{\frac{1}{H_2}\frac{\partial}{\partial q_2}\left[\frac{1}{H_1H_2H_3}\frac{\partial(H_2H_3)}{\partial q_1}\right]-\frac{1}{H_3H_1}\frac{\partial}{\partial q_1}\left[\frac{H_3}{H_1H_2}\frac{\partial H_1}{\partial q_2}\right]\right\}v_1\Bigg]\!\Bigg]$$

（A.27）

$$\frac{\partial v_3}{\partial t}+v\cdot\nabla v_3+\frac{v_3v_1}{H_3H_1}\frac{\partial H_3}{\partial q_1}+\frac{v_2v_3}{H_2H_3}\frac{\partial H_3}{\partial q_2}-\frac{v_1^2}{H_3H_1}\frac{\partial H_1}{\partial q_3}-\frac{v_2^2}{H_2H_3}\frac{\partial H_2}{\partial q_3}$$
$$=F_3-\frac{1}{\rho}\frac{1}{H_3}\frac{\partial p}{\partial q_3}+\upsilon\Bigg[\!\Bigg[\Delta v_3+\frac{2}{H_3^2H_1}\frac{\partial H_3}{\partial q_1}\frac{\partial v_1}{\partial q_3}-\frac{2}{H_3H_1^2}\frac{\partial H_1}{\partial q_3}\frac{\partial v_1}{\partial q_1}+\frac{2}{H_3^2H_2}\frac{\partial H_3}{\partial q_2}\frac{\partial v_2}{\partial q_3}-\frac{2}{H_2^2H_3}\frac{\partial H_2}{\partial q_3}\frac{\partial v_2}{\partial q_2}$$
$$+\left\{\frac{1}{H_3}\frac{\partial}{\partial q_3}\left[\frac{1}{H_1H_2H_3}\frac{\partial(H_1H_2)}{\partial q_3}\right]+\frac{1}{H_1H_2}\frac{\partial}{\partial q_1}\left[\frac{H_2}{H_1H_3}\frac{\partial H_3}{\partial q_1}\right]+\frac{1}{H_1H_2}\frac{\partial}{\partial q_2}\left[\frac{H_1}{H_3H_2}\frac{\partial H_3}{\partial q_2}\right]\right\}v_3$$
$$+\left\{\frac{1}{H_3}\frac{\partial}{\partial q_3}\left[\frac{1}{H_1H_2H_3}\frac{\partial(H_3H_2)}{\partial q_1}\right]-\frac{1}{H_1H_2}\frac{\partial}{\partial q_1}\left[\frac{H_2}{H_3H_1}\frac{\partial H_1}{\partial q_3}\right]\right\}v_1$$
$$+\left\{\frac{1}{H_3}\frac{\partial}{\partial q_3}\left[\frac{1}{H_1H_2H_3}\frac{\partial(H_3H_1)}{\partial q_2}\right]-\frac{1}{H_1H_2}\frac{\partial}{\partial q_2}\left[\frac{H_1}{H_2H_3}\frac{\partial H_2}{\partial q_3}\right]\right\}v_2\Bigg]\!\Bigg]$$

（A.28）

其中

$$v\cdot\nabla=\frac{v_1}{H_1}\frac{\partial}{\partial q_1}+\frac{v_2}{H_2}\frac{\partial}{\partial q_2}+\frac{v_3}{H_3}\frac{\partial}{\partial q_3}$$

$$\Delta=\frac{1}{H_1H_2H_3}\left[\frac{\partial}{\partial q_1}\left(\frac{H_2H_3}{H_1}\frac{\partial}{\partial q_1}\right)+\frac{\partial}{\partial q_2}\left(\frac{H_3H_1}{H_2}\frac{\partial}{\partial q_2}\right)+\frac{\partial}{\partial q_3}\left(\frac{H_1H_2}{H_3}\frac{\partial}{\partial q_3}\right)\right]$$

本构方程在曲线坐标系中的表达式为

$$\begin{cases} p_{11}=-p+2\mu\left(\dfrac{1}{H_1}\dfrac{\partial v_1}{\partial q_1}+\dfrac{v_2}{H_1H_2}\dfrac{\partial H_1}{\partial q_2}+\dfrac{v_3}{H_1H_3}\dfrac{\partial H_1}{\partial q_3}\right) \\ p_{22}=-p+2\mu\left(\dfrac{1}{H_2}\dfrac{\partial v_2}{\partial q_2}+\dfrac{v_3}{H_2H_3}\dfrac{\partial H_2}{\partial q_3}+\dfrac{v_1}{H_2H_1}\dfrac{\partial H_2}{\partial q_1}\right) \\ p_{33}=-p+2\mu\left(\dfrac{1}{H_3}\dfrac{\partial v_3}{\partial q_3}+\dfrac{v_1}{H_3H_1}\dfrac{\partial H_3}{\partial q_1}+\dfrac{v_2}{H_3H_2}\dfrac{\partial H_3}{\partial q_2}\right) \\ p_{23}=\mu\left(\dfrac{1}{H_3}\dfrac{\partial v_2}{\partial q_3}+\dfrac{1}{H_1}\dfrac{\partial v_3}{\partial q_2}-\dfrac{v_2}{H_2H_3}\dfrac{\partial H_2}{\partial q_3}-\dfrac{v_3}{H_2H_3}\dfrac{\partial H_3}{\partial q_2}\right) \\ p_{31}=\mu\left(\dfrac{1}{H_1}\dfrac{\partial v_3}{\partial q_1}+\dfrac{1}{H_3}\dfrac{\partial v_1}{\partial q_3}-\dfrac{v_3}{H_3H_1}\dfrac{\partial H_3}{\partial q_1}-\dfrac{v_1}{H_3H_1}\dfrac{\partial H_1}{\partial q_3}\right) \\ p_{12}=\mu\left(\dfrac{1}{H_2}\dfrac{\partial v_1}{\partial q_2}+\dfrac{1}{H_1}\dfrac{\partial v_2}{\partial q_1}-\dfrac{v_1}{H_1H_2}\dfrac{\partial H_1}{\partial q_2}-\dfrac{v_2}{H_1H_2}\dfrac{\partial H_2}{\partial q_1}\right) \end{cases} \tag{A.29}$$

（1）在柱坐标系中 $H_1=1$，$H_2=r$，$H_3=1$，于是有

$$\frac{\partial v_r}{\partial r}+\frac{1}{r}\frac{\partial v_\theta}{\partial \theta}+\frac{\partial v_z}{\partial z}+\frac{v_r}{r}=0$$

$$\frac{\partial v_r}{\partial t}+v\cdot\nabla v_r-\frac{v_\theta^2}{r}=F_r-\frac{1}{\rho}\frac{\partial p}{\partial r}+\upsilon\left(\Delta v_r-\frac{2}{r^2}\frac{\partial v_\theta}{\partial \theta}-\frac{v_r}{r^2}\right)$$

$$\frac{\partial v_\theta}{\partial t}+v\cdot\nabla v_\theta+\frac{v_r v_\theta}{r}=F_\theta-\frac{1}{\rho r}\frac{\partial p}{\partial \theta}+\upsilon\left(\Delta v_\theta+\frac{2}{r^2}\frac{\partial v_r}{\partial \theta}-\frac{v_\theta}{r^2}\right)$$

$$\frac{\partial v_z}{\partial t}+v\cdot\nabla v_z=F_z-\frac{1}{\rho}\frac{\partial p}{\partial z}+\upsilon\Delta v_z$$

其中

$$v\cdot\nabla=v_r\frac{\partial}{\partial r}+\frac{v_\theta}{r}\frac{\partial}{\partial \theta}+v_z\frac{\partial}{\partial z},\ \Delta=\frac{1}{r}\frac{\partial}{\partial r}\left(r\frac{\partial}{\partial r}\right)+\frac{1}{r^2}\frac{\partial^2}{\partial \theta^2}+\frac{\partial}{\partial z}$$

本构方程为

$$p_{rr}=-p+2\mu\frac{\partial v_r}{\partial r},p_{\theta\theta}=-p+2\mu\left(\frac{1}{r}\frac{\partial v_\theta}{\partial \theta}+\frac{v_r}{r}\right),p_{zz}=-p+2\mu\frac{\partial v_z}{\partial z},$$

$$p_{r\theta}=\mu\left(\frac{1}{r}\frac{\partial v_r}{\partial \theta}+\frac{\partial v_\theta}{\partial r}-\frac{v_\theta}{r}\right),p_{\theta z}=\mu\left(\frac{\partial v_\theta}{\partial z}+\frac{1}{r}\frac{\partial v_z}{\partial \theta}\right),p_{zr}=\mu\left(\frac{\partial v_z}{\partial r}+\frac{\partial v_r}{\partial z}\right)$$

（2）在球坐标系中 $H_1=1$，$H_2=r$，$H_3=r\sin\theta$，于是有

$$\frac{\partial v_r}{\partial r}+\frac{1}{r}\frac{\partial v_\theta}{\partial \theta}+\frac{1}{r\sin\theta}\frac{\partial v_\lambda}{\partial \lambda}+\frac{2v_r}{r}+\frac{v_\theta\cot\theta}{r}=0$$

$$\frac{\partial v_r}{\partial t}+v\cdot\nabla v_r-\frac{v_\theta^2+v_\varphi^2}{r}=F_r-\frac{1}{\rho}\frac{\partial p}{\partial r}+\upsilon\left(\Delta v_r-\frac{2v_r}{r^2}-\frac{2}{r^2\sin\theta}\frac{\partial\left(v_\theta\sin\theta\right)}{\partial \theta}-\frac{2}{r^2\sin\theta}\frac{\partial v_\varphi}{\partial \varphi}\right)$$

$$\frac{\partial v_\theta}{\partial t}+v\cdot\nabla v_\theta+\frac{v_r v_\theta}{r}-\frac{v_\varphi^2\cot\theta}{r}=F_\theta-\frac{1}{\rho r}\frac{\partial p}{\partial \theta}+\upsilon\left(\Delta v_\theta-\frac{2}{r^2}\frac{\partial v_r}{\partial \theta}-\frac{v_\theta}{r^2\sin^2\theta}-\frac{2\cos\theta}{r^2\sin^2\theta}\frac{\partial v_\varphi}{\partial \varphi}\right)$$

$$\frac{\partial v_\varphi}{\partial t}+v\cdot\nabla v_\varphi+\frac{v_\varphi v_r}{r}+\frac{v_\varphi v_\theta\cot\theta}{r}=F_\varphi-\frac{1}{\rho r\sin\theta}\frac{\partial p}{\partial r}+\upsilon\left(\Delta v_r+\frac{2}{r^2\sin\theta}\frac{\partial v_r}{\partial\varphi}+\frac{2\cos\theta}{r^2\sin^2\theta}\frac{\partial v_\theta}{\partial\varphi}-\frac{v_\varphi}{r^2\sin^2\theta}\right)$$

其中

$$v\cdot\nabla=v_r\frac{\partial}{\partial r}+\frac{v_\theta}{r}\frac{\partial}{\partial\theta}+\frac{v_\varphi}{r\sin\theta}\frac{\partial}{\partial\varphi},\quad \Delta=\frac{1}{r^2}\frac{\partial}{\partial r}\left(r^2\frac{\partial}{\partial r}\right)+\frac{1}{r^2\sin\theta}\frac{\partial}{\partial\theta}\left(\sin\theta\frac{\partial}{\partial\theta}\right)+\frac{1}{r^2\sin^2\theta}\frac{\partial}{\partial\varphi^2}$$

本构方程为

$$p_{rr}=-p+2\mu\frac{\partial v_r}{\partial r},\quad p_{\theta\theta}=-p+2\mu\left(\frac{1}{r}\frac{\partial v_\theta}{\partial\theta}+\frac{v_r}{r}\right),\quad p_{\lambda\lambda}=-p+2\mu\left(\frac{1}{r\sin\theta}\frac{\partial v_\lambda}{\partial\varphi}+\frac{v_r}{r}+\frac{v_\theta\cot\theta}{r}\right)$$

$$p_{r\theta}=\mu\left(\frac{1}{r}\frac{\partial v_r}{\partial\theta}+\frac{\partial v_\theta}{\partial r}-\frac{v_\theta}{r}\right),\quad p_{\theta\lambda}=\mu\left(\frac{1}{r\sin\theta}\frac{\partial v_\theta}{\partial\varphi}+\frac{1}{r}\frac{\partial v_\varphi}{\partial\theta}-\frac{v_\varphi\cot\theta}{r}\right),$$

$$p_{\lambda r}=\mu\left(\frac{\partial v_\lambda}{\partial r}+\frac{1}{r\sin\theta}\frac{\partial v_r}{\partial\varphi}-\frac{v_\lambda}{r}\right)$$

参 考 文 献

[1] 吴望一. 流体力学（上、下册）[M]. 北京：北京大学出版社，2004.

[2] 张兆顺，崔桂香. 流体力学[M]. 北京：清华大学出版社，2015.

[3] 张兆顺，崔桂香，许春晓，等. 湍流理论与模拟[M]. 北京：清华大学出版社，2017.

[4] 陶文铨. 数值传热学[M]. 西安：西安交通大学出版社，2001.

[5] Bernt Øksendal. 随机微分方程导论与应用[M]. 北京：科学出版社，2012.

[6] 沈惠川. 统计力学[M]. 合肥：中国科技大学出版社，2011.

[7] Minier J P，Statistical descriptions of polydisperse turbulent two-phase flows，Physics Reports，2016，665：1-122.

[8] Minier J P，Peirano E，The pdf approach to turbulent polydispersed two-phase flows，Physics Reports，2001，352（1-3）：1-214.

[9] Frisch U，Hasslacher B，Pomeau Y，Lattice-gas automata for the Navier-Stokes equations，Phys. Rev. Lett，1986，56，1505.

[10] Qian Y，d' Humieres D，Lallemand P，Lattice BGK models for Navier-Stokes equation，Europhys. Lett，1992，17，479.

[11] Guo Z，Zheng C，Shi B，Discrete lattice effects on the forcing term in the lattice Boltzmann method，Phys. Rev. E，2002，65，046308.

[12] He X，Shan X，and Doolen G，Discrete Boltzmann equation model for nonideal gases，Phys. Rev. E，1998，57，13.

[13] He X，Zou Q，Luo L，Denilio M，Analytic solutions of simple flows and analysis of nonslip boundary conditions for the lattice Boltzmann BGK model.J. Stat. Phys，1997，87，115.

[14] Guo Z，Zheng C，Shi B，Non-equilibrium extrapolation method for velocity and pressure boundary conditions in the lattice Boltzmann method，Chin. Phys.2002，11，366.

[15] Alexander F，Chen S，and Sterling J，Lattice Boltzmann thermo hydrodynamics，Phys. Rev. E，1993，47，2249.

[16] Qian Y，Simulating thermo hydrodynamics with Lattice BGK models，J. Sci. Comput. 1993，8，231.

[17] Mezehab A，Bouzidi M，and Lallemand P，Hybrid lattice-Boltzmann finite-difference simulation of convective flows，Comput. Fluids，2004，33，623.

[18] Guo Z，Zheng C，Shi B，A coupled lattice BGK model for the Boussinesq equations，Int. J. Numer. Fluids，2002，39，325.

[19] Chopard B，Falcone J，Latt J，The lattice Boltzmann advection-diffusion model revisited，Eur. Phys. J. Special Topics，2009，171，245.

[20] Chai Z，Zhao T，Lattice Boltzmann model for the convection-diffusion equation，Phys. Rev. E，2013，87，063309.

[21] Gunstensen A，Rothman D，Zaleski S，and Zanetti G，Lattice Boltzmann model of immiscible fluids，Phys. Rev. A，1991，43，4320.

[22] Shan X and Chen H，Lattice Boltzmann model for simulating flows with multiple phases and components，Phys. Rev. E，1993，47，1815.

[23] wift M，Osborn W，and Yeomans J，Lattice Boltzmann Simulation of Nonideal Fluids，Phys. Rev. Lett.1995，75，830.

[24] Liang H，Shi B，Guo Z，and Chai Z，Phase-field-based multiple-relaxation-time lattice Boltzmann model for incompressible multiphase flows，Phys. Rev. E，2014，89，053320.

[25] Jacqmin D，Calculation of two-phase Navier-Stokes flows using phase-field modeling，J. Comput. Phys.1999，155，96.

[26] Cahn J，Hilliard J，Free Energy of a Nonuniform System. I. Interfacial Free Energy，J. Chem. Phys.1958，28，258.

[27] Li Q，Luo K，Gao Y，He Y，Additional interfacial force in lattice Boltzmann models for incompressible multiphase flows，Phys. Rev. E，2012，85，026704.

[28] 周力行. 湍流两相流动与燃烧的数值模拟[M]. 北京：清华大学出版社，1991.

[29] 岑可法，樊建人. 工程气固多相流动的理论和计算[M]. 杭州：浙江大学出版社，1990.

[30] 葛景信. 湍流与润滑[M]. 上海：上海科技文献出版社，1983.

[31] 岑可法. 自由射流、圆柱及管簇后尾迹紊流结构的实验研究[J]. 浙江大学学报，14（2）1963.

[32] Lawn C.J.，The determination of the rate of dissipation in turbulent pipe flow，J. Fluid Mech.48（3），1971.

[33] Uberoi M.S.，Freymuth P. Spectra of turbulence in wakes behind circular cylinders，The Physics of Fluid，12（7），1969.

[34] Laurence I.C.，Intensity scale and spectra of turbulence in mixing region of free subsonic jet，NACA. Report，1292，1956.

[35] Hinze J.O.，Turbulence，McGraw-Hill Book Co.，1975.

[36] 岑可法. 旋风燃烧室内气流紊流的研究[J]. 浙江大学学报，14（2）1963.

[37] 岑可法. 气流紊流的研究方法（热电风计的应用）[J]. 浙江大学学报，14（2）1963.

[38] 窦国仁. 紊流力学（上、下册）[M]. 北京：高等教育出版社，1987.

[39] 刘式达，刘式适. 湍流的 KdV-Burgers 方程模型[J]. 中国科学（A），9，1991.

[40] 刘式达，刘式适. 孤立波和同宿轨道[J]. 力学与实践，4，1991.

[41] 林建忠. 湍流的拟序结构[M]. 北京：机械工业出版社，1995.

[42] 樊建人，岑可法等. 气固多相射流的数值模拟[J]. 浙江大学学报，21（6）1987.

[43] 张健，Nieh S.. 强旋湍流气-固两相流动的颗粒随机轨道法模拟[J]. 力学学报，26（6），1994.

[44] 徐江荣，姚强，曹欣玉，等. 撞击式煤粉可调浓度浓缩燃烧器内内气固两流动的数

值模拟[J]. 燃烧科学与技术，5（4），1999.

[45] 池作和. 燃用劣质煤电站锅炉低负荷稳燃防结渣及减轻烟温偏差的研究[J]. 浙江大学博士学位论文，1996.

[46] 刘式达，刘式运. 孤波和湍流[M]. 上海：上海科技出版社，1994.9-18.（Liu Shi-da，Liu Shi-kuo，Solitary wave and Turbulence，Shanghai Scientific and Technological Education Publishing，1994，9-18）

[47] 胡岗. 随机力与非线性系统[M]. 上海：上海科技出版社，1994：184-189.（Hu Gang，Stochastic force and nonlinear system，Shanghai Scientific and Technological Education Publishing，1994，184-189）

[48] 李昭祥，徐江荣. 基于色噪声扩维方法的两相流动 PDF 模型[J]. 杭州电子科技大学学报，ISSN 1001-9146，Vol.24，No.4，2004：23-26.

[49] 徐一，周力行. 基于拉氏概率密度的两相湍流二阶矩模型[J]. 计算物理，17(6)，2000，633-640.

[50] Minier J.P.，Pozorski J.，Derivation of a pdf model for turbulent flows based on principles from statistical physics，Phys. Fluids 9（6），1997：1748-1753.

[51] Pozorski J.，Minier J.P.，Probability density function modelling of dispersed two-phase turbulent flows，Phys. Rev. E 59（1）（1998）855-863.

[52] Simonin O.，Deutsch E.，Minier J.P.，Eulerian prediction of the fluid-particle correlated motion in turbulent two-phase flows，Appl. Sci. Res. 51（1993）275-283.

[53] Wilson K G，Phys. Rev. B4，1971.

[54] 郝柏林，于渌等，统计物理学进展[M]. 北京：科学出版社，1981.

[55] Forster D，Nelson D R and Stephen M J，Phys. Rev. Lett.，37，1976.

[56] Forster D，Nelson D R and Stephen M J，Phys. Rev. A16，1977.

[57] Ma S K，Mazenko G F，Phys. Rev. B11，1975.

[58] Yakhot V，Orszag S A，In non-linear dynamics of trans critical flows，Springer，Berlin 1985.

[59] Yakhot V，Orszag S A and etc，Development of turbulence models for shear flows by a double expansion technique，Phys. Fluids，A4（7），1992.

[60] 岑可法，樊建人. 工程气固多相流动的理论和计算[M]. 杭州：浙江大学出版社，1990.

[61] 陈义良. 湍流计算模型[M]. 合肥：中国科技大学出版社，1991.

[62] Tennekes H，Lumleey J L，A first course in turbulencc，Massachusetts：MIT Press，1972.

[63] Comte-Bellot G and Corrsin S，The use of a contraction to improve the isotropy of grid-generated turbulence. J. Fluid Mech.，25，1966.

[64] Lumley J L and Newman G R，The return to isotropy of homogeneous turbulence，J. Fluid Mech.，82，1977.

[65] Yakhot V，Orszag S A，Renormalization group analysis of turbulence，I. Basic Theory，J. Sci. Computing，1（1），3，1986.

[66] Orszag S A et al，Renormalization group modeling and turbulence simulation. Proc. Near-Wall Turbulent Flow，Elsevier，Amsterdam，1993.

[67] Speziale C G，Analytical methods for the development of Reynolds-stress closures in

turbulence. Annu. Rev. Fluid Mech. 23，107，1991.

[68] Speciale CG，Thangam S. Analysis of an RNG based turbulence model for separated flows. International Journal Engineering Science，1992，30（10）：1379-1388.

[69] 王少平，曾扬兵，沈孟育，等. 用 RNG k-ε 模式数值模拟 180 弯道内的湍流分离流动[J]. 力学学报，1996，Vol.28，No.3：256-263.

[70] Martinuzzi and Pollard A，Comparative study turbulence models in predicting turbulent pipe flow：Part I：Algebraic and k－ε Models，AIAA J.，27（1），1989.

[71] Jian Zhang，Sen Nieh and Lixing Zhou，A New Version of Algebraic Stress Model for Simulating Strongly Swirling Turbulent Flows，Numerical Heat Transfer，Part B，Vol.22，pp.49-62.

[72] 叶孟琪，陈义良，蔡晓丹. 有旋流场中湍流模型应用的研究[J]. 工程热物理学报，Vol.18（1），1997：28-32.

[73] Yoon H K and Lilly D G，Five-Hole Pitot Probe Time-Mean Velocity Measurement in Confined Swirling Flow. Paper AIAA，83-0315，Reno，Nevada，1983.

[74] Rhode D L，Lilly D G and Mclaughlin D K，On the prediction of Swirling Flow field Found in Axisymmetric Combustor Geometries. J. of Fluid Eng.，Vol.140，1982.

[75] Peter Bastian. Numerical Computation of Multiphase Flows in Porous Media . Habilitation-sschrift，1999.

[76] Howell J R，Hall M J Ellzey J L，Combustion of Hydrocarbon Fuels within Porous Inert Media . Prog. Energy Combust. Sci.1996，22（2）：121-145.

[77] 王慧，曹令可，张海文，等. 多孔陶瓷——绿色功能材料[J]. 中国陶瓷，2002，38（3）：6-8，19.

[78] O. Picken cker，K. Picken cker，K. Wawrzinek，D. Trimis，Pritzkow C，W.E. C. Muller，P. Goethe，U. Papen burg，J. Adler，G. Standke，H. Heymer，W. Tauscher，F. Jansen. Innovative ceramic Materials for Porous Medium Burners，Interceram：International Ceramic Rev Jew，1999，48（5）：326-331.

[79] 刘伟，范爱武，黄晓明. 多孔介质传热传质理论与应用[M]. 北京：北京科学出版社，2006.

[80] MoBbauer S，Pickenacker O，Pickenacker K，Trimis D，Application of the Porous Burner Technology in Energy and Heat Engineering，FifthInternatiOna1Conference on TechnO1Ogies and Combust ion for a Clean Environment（Clean Air V），Lisbon，Portugal，12-15，July 1999，Volume I，Lecture 20（2）：519-523.

[81] Trimis D，Durst F. Combustion in a porous media compact heat exchanger unit-experiment and analysis. Experiment Thermal and Fluid Science. 2004，28：183-192.

[82] Weinberg，F. J.，The first half million gears of combustion research and today's burning problems. Proceedings of the Fifteenth International Symposium on Combustion. The Combustion Institute，Pittsburg，1975，pp.1-17.

[83] Jones. A.S. Lloyd，S.A. and Weinberg，F.J.，Combustion in heat exchangers. Proceedings of the Royal Society London，1978，A360：97-115.

[84] Hanamura，K.，Echigo，R. and Zhdanok，S. A.，Super adiabatic combustion in a porous medium. International Journal of Heat and Mass Transfer，1993，36，3201-3209.

[85] 王恩宇，骆仲泱，倪明江等，气体燃料在渐变型多孔介质中的预混合燃烧机理的研究：（博士论文）[D]. 杭州：浙江大学，2004

[86] Hsu P-F，Evans W D，Howell I J R，Experimental and Numerical Study of Premixed Combustion with in Nonhomo generous Porous Ceramics，Combust Sci Techno，1993.90：149-172.

[87] Hanamura K，Echigo R，Zhdanok S A. Super adiabatic combustion in a porous medium. International Journal of Heat and Mass Transfer，1993，36（13）：3201-3209.

[88] Brenner G，Rickenbacker K，Rickenbacker O，Trimis D，Wawrzinek K，Weber T. Numerical and Experimental Investigation of Matrix-Stabilized Methane/Air Combustion in Porous Inert Media. Combustion and Flame 2000. 123（1）：201-213.

[89] Weinberg F. Combustion temperature：The future? Nature，1971，（210）：223-239.

[90] 吴学成，程乐鸣，王恩宇，多孔介质中的预混燃烧发展现状[J].电站系程，2003，19（1）：37-41.

[91] 林瑞泰. 多孔介质传热传质引论[M]. 北京：科学出版社，1995.

[92] 邓洋波，解茂昭，多孔介质内反复流动下超绝热燃烧的实验和数值模拟的研究[J]. 大连：大连理工，2004.

[93] Takeno T，Sato K，An excess enthalpy flame theory .Combustion Science and Technology. 1983，31：207-215.

[94] Babkin V. S，Korzhavin A. A. Propagation of premixed gaseous explosion flames in porous media. Combustion and Flame. 1991，87：182-190.

[95] Foutko S.I，Shabunya S.I. Surperadiabatic combustion wave in a diluted methane-air mixture under filtration in a packed bed [C]. The combustion institute：26th symposium（international）on combustion. 1996：3377-3382.

[96] Foutko S.I. Mechanism of upper temperature limits in a wave of filtration combustion of gases. Combustion，explosion and shock waves，2003，39（2）：130-139.

[97] Faviano C，Alexel V.S.A reciprocal flow filtration combustor with embedded heat exchangers：numerical study . International Journal of Heat and Mass Transfer. 2003，46：949-961.

[98] Sahraoui M. Kaviany M.Direct simulation vs. volume-averaged treatment of adiabatic，premixed flame in a porous media . International Journal of Heat and Mass Transfer，1994，37(18)：2817-2814.

[99] Hennmann M. R，Ellzey J.L. Modeling of filtration combustion in a packed bed. Combustion and Flame. 1999，117：832-840.

[100] Hoddmann J.G，Echigom R，Yoshida H，et al. Experimental study on combustion in porous media with a reciprocating flow system . Combustion and Flame. 1997，111：32-46.

[101] Babkin V.S，Vierzba I，Kairm G.A，Energy-concentration phenomenon in combustion wave. Combustion Explosion and Shove Waves. 2002，38（1）：1-8.

[102] V.S. Yumlu. Temperatures of flames on porous burners. Combustion and Flame，1966，10（2），147-151.

[103] 褚金华，程乐明，骆仲泱等，渐变型多孔介质燃烧器的研究与发展（博士学位论文）[D]. 杭州：浙江大学，2005.

[104] 马培勇，唐志国，史卫东，等. 外置瑞士卷多孔介质燃烧器贫燃实验[J]. 中国电机

工程学报，2010，30（11）15-20.

[105] Zhou，X.Y. Pereira. Numerical study of combustion and pollutant formation in inert no homogeneous porous media .Combustion Science and Technology. 1997，130，335-364.

[106] Zhou，X.Y. Pereira. Comparison of four combustion models for simulating the premixed combustion in inert porous media . Fire and Materials.1998，22（5）：187-197.

[107] Jugjai S，Somjetlertcharoen A. Multimode heat transfer in cyclic flow reversal combustion in a porous medium. International Journal of Energy Research. 1999，23(3)，1830-206.

[108] Bouma P.H，Goey L.P. Premixed combustion on ceramic foam burners . Combustion and Flame. 1999，119，133-143.

[109] Shi J.R.，Xie M.Z.，Liu H.，Li G.，Zhou L. Numerical simulation and theoretical analysis of premixed low-velocity filtration combustion. International Journal of Heat and Mass Transfer，doi：10.1016/j.ijheatmasstransfer. 2007.06.028.

[110] P. Talukdar，S.C. Mishra，D. Trimis，F. Durst. Heat transfer characteristics of a porous radiant burner under the influence of a 2-D radiation field. Journal of Quantitative Spectroscopy & Radioactive Transfer 84，2004，527-537.

[111] T.C. Hayashi，I. Malico，J.C.F. Pereira. Three-dimensional modeling of a two-layer porous burner for household application . Computers and Structures，2004，82，1543-1550.

[112] Weinberg，F.J. Combustion temperature-the future? Nature，1971，233：239-241.

[113] Babkin V.S，Korzhavin A.A，Bunev V.A. Propagation of premixed gaseous explosion flames in porous media. Combustion and Flame，1991，87：182-190.

[114] Babkin V.S.，Wierzba I.，Karim G.A. The phenomenon of energy concentration in combustion waves and its applications. Chemical Engineering Journal，2003，91，279-285.

[115] Babkin，V.S. Filtration combustion of gases. Present state of affairs and prospects. Pure and Applied Chemistry，1993，65（2）：335-344.

[116] Dobrego，K.V.，Zhdanok，S.A. Physics of Filtration Combustion of Gases. ITMO Publ，Minsk. 2003 p. 204（in Russian）.

[117] Trimis，D. Durst，F.，Compact low emission combustion reactors with integrated heat exchangers. In：Proceedings of the 1st European Conference on Small Burner Technology and Heating Equipment，Zurich，pp. 1996，109-118.

[118] Trimis，D. Verbrennungsvorgange in porosen inerten Medium. BEV Heft 95.5.ESYTEC，Erlangen. 1995.

[119] Trimis，D.，Wawrzinek，K.，Hatzfeld，O.，Lucka，K.，Rutsche，A.，Haase，F.，Kruger，K.，Kuchen，C. High modulation burner for liquid fuels based on porous media combustion and cool flame vaporization. In：Carvalho，M.G.（Ed.），2001.

[120] Durst，F.，Trimis，D. Combustion by free flames versus combustion reactors. In：Proceedings of the 4th International Conference on Technologies and Combustion for a Clean Environment，Lisbon.，1997.

[121] Babkin V.S，Vierzba I，Kairm G.A. Energy-concentration phenomenon in combustion wave. Combustion Explosion and Shove Waves，2002，38（1）：1-8.

[122] Soete D. Stability and propagation of combustion waves in inert porous media. Eleventh

Symposium（International）on Combustion，the Combustion Institute，1966：959-966.

[123] Zhdanok S.A，Dobrego K.V，Futko S.I. Flame localization inside axis-symmetric cylindrical and spherical porous media burners. International Journal of Heat and Mass Transfer，1998，41：3647-3655.

[124] Rui-Na Xu，Pei-Xue jiang. Numerical simulation of fluid flow in micro porous media . International Journal of Heat and Fluid Flow，2008，29（5）：1447-1455.

[125] Peter Bastian，Numerical computation of multiphase flows in porous media，Habilitationsschrift，1999.

[126] 薛禹群，谢春红. 地下水动力学原理[M]. 北京：地质出版社，1986.

[127] Weigang Xu，Hongtao Zhang，Zhenming Yang，Jinsong Zhang. Numerical investigation on the flow characteristics and permeability of three-dimensional reticulated foam materials . Chemical Engineering Journal. 2008：140.562-569.

[128] Bear J. Dynamics of Fluids in Porous Media .American Elsevier Publishing Company，INC.1972.

[129] 李竞生，陈崇希. 多孔介质流体动力学[M]. 北京：中国建筑工业出版社，1983.

[130] 陈威，刘伟. 太阳能集热组合墙系统的耦合传热与流动分析[J]. 太阳能学报，2005，26（6），882.

[131] 杜礼明，解茂昭. 预混合燃烧系统中多孔介质作用的数值研究[J]. 大连理工学报，2004，44（1），70-75.

[132] Nelson O. Moraga，Cesar E. Rosas，Valeri I. Bubnovich，Nicola A. Solari. On predicting two-dimensional heat transfer in a cylindrical porous media combustor，International Journal of Heat and Mass Transfer，51（2008）：302-311.

[133] 傅维镳，张永廉，王清安. 燃烧学[M]. 北京：高等教育出版社，1989.

[134] Weigang Xu，Hongtao Zhang，Zhenming Yang，Jinsong Zhang. Numerical investigation on the flow characteristics and permeability of three-dimensional reticulated foam materials . Chemical Engineering Journal. 2008：140.562-569.

[135] Hoffmann T L，Koopmann G H. Visualization of acoustic particle interaction and agglomeration：Theory and experiments. Journal of the Acoustical Society of America，1996，99（4）：2130.

[136] Sheng C D，Shen X L. Modeling of acoustic agglomeration processes using the direct simulation Monte Carlo method. Journal of Aerosol Science，2006，37（1）：16-36.

[137] Sheng C D，Shen X L. Simulation of acoustic agglomeration processes of poly-disperse solid particles. Aerosol Science and Technology，2007，41（1）：1-13.

[138] Townsend R J，Hill M，Harris N R，White N M. Modeling of particle paths passing through an ultrasonic standing wave. Ultrasonics 2004，42：319-324.

[139] Groschl M. Ultrasonic separation of suspended particles-Part I：Fundamentals. Acustica 1998，84：432-447.

[140] Hill M，Wood R J K. Modeling in the design of a flow-through ultrasonic separator. Ultrasonics 2000，38：662-665.

[141] Hill M.，Shen Y.J.，Hawkes J.J.，Modelling of layered resonators for ultrasonic

separation，Ultrasonics 2002，40：385-392.

[142] 康明，徐江荣，李泽征. 声波驻波场中颗粒聚合特征模拟[J]. 杭州电子科技大学学报，（2009 年刊出）.

[143] Tiwary R，Reethof G. Hydrodynamic Interaction Of Spherical Aerosol Particles In A High Intensity Acoustic Field. Journal of Sound and Vibration，1986，108（1）：33-49.

[144] Tiwary R，Reethof G，Numerical Simulation of Acoustic Agglomeration and Experimental Verification，Journal of Vibration，Acoustics，Stress，and Reliability in Design，1987，109：185-191.

[145] Song L. An Improved theoretical model of acoustic agglomeration. Journal of Vibration and Acoustics，Transactions of the ASME，1994，116（2）：208-214.

[146] Riera F，Gallego Juarez J A. Ultrasonic Agglomeration Of Micron Aerosols Under Standing Wave Conditions. Journal of Sound and Vibration，1986，110（3）：413-427.

[147] Riera F. Application of high-power ultrasound to enhance fluid/solid particle separation processes. Ultrasonics，2000，38（1）：642-646.

[148] Hoffmann T L，Koopmann G H，Visualization of acoustic particle interaction and agglomeration：Theory evaluation. Journal of the Acoustical Society of America，1997，101（6）：3421-3429.

[149] Hoffmann T L. An Extended kernel for acoustic agglomeration simulation based on the acoustic wake effect. Journal of Aerosol Science，1997，28（6）：919-936.

[150] Hoffmann T L. Environmental implications of acoustic aerosol agglomeration. Ultrasonics，2000，38（1）：353-357.

[151] Riera F. Investigation of the influence of humidity on the ultrasonic agglomeration of submicron particles in diesel exhausts. Ultrasonics，2003，41（4）：277-281.

[152] Gonzalez I，Hoffmann T L，Gallego J A. Precise measurements of particle entrainment in a standing-wave acoustic field between 20 and 3500 Hz. Journal of Aerosol Science，2000，31（12）：1461-1468.

[153] González G，Luis E S，Hoffmann T L，Gallego J A，Numerical Study for the Hydrodynamic Interaction between Aerosol Particles Due to the Acoustic Wake Effect. Acustica，2001，4：437-530.

[154] Shaw D T. Acoustic precipitation of aerosol understanding-wave condition. Journal of Aerosol science，1979，10（3）：329-338.

[155] Shaw D T，Chou K H. Acoustically induced turbulence and shock wave sunder a traveling-wave condition. Journal of the Acoustical Society of America，1980，68（6）：1780-1789.

[156] Donga S，Lipkensb B，Cameronc T M，The effects of orthokinetic collision，acoustic wake，and gravity on acoustic agglomeration of polydisperse aerosols. Journal of Aerosol Science，2006，37：540-553.

[157] 张平，李泽征，康明，徐江荣. 微通道内细颗粒驻波会聚/分离过程的数值模拟[J]. 环境工程学报，2010，4（8）：216-220.

[158] Ma L. Ingham D B，et al. Numerical modeling of the fluid and particle penetration through small sampling cyclones. Aerosol Sci. 2000.3 1（9）：1097-1119.

[159] Griffith W D，Boysan F. Computational fluid dynamics（CFD）simulations of an H-darrieus rotor with different turbulence models. J A erosol Sci.1996.27（2）：281-304.

[160] Burrows A. Supernova explosions in the Universe，Nature，2000，403（6771）：727-733.

[161] Zhou Y. Rayleigh-Taylor and Richtmyer-Meshkov instability induced flow，turbulence，and mixing. I，Physics Reports，2017，720-722：1-160.

[162] Zhou Y. Rayleigh-Taylor and Richtmyer-Meshkov instability induced flow，turbulence，and mixing. II，Physics Reports，2017，723-725：1-160.

[163] Boffetta G，Mazzino A. Incompressible rayleigh-taylor turbulence，Annual Re-view of Fluid Mechanics，2017，49：119-143.

[164] Thakur S，Chen J X，Kapral R. Interaction of a chemically propelled nanomotor with a chemical wave.，Angewandte Chemie，2011，50（43）：10165-10169.

[165] Lord R. Investigation of the character of the equilibrium of an incompressible heavy fluid of variable density，Scientific Papers，1900：200-207.

[166] Whitehead Jr J A，Luther D S. Dynamics of laboratory diapir and plume models，Journal of Geophysical Research，1975，80（5）：705-717.

[167] Lindl J D，Amendt P，Berger R L，et al. The physics basis for ignition using indirect-drive targets on the National Ignition Facility，Physics of Plasmas，2004，11（2）：339-491.

[168] Cook A W，Cabot W，Miller P L. The mixing transition in Rayleigh Taylor instability，Journal of Fluid Mechanics，2004，511（511）：333-362.

[169] Zhou C T，Yu M Y，He X T. Electron acceleration by high current-density relativistic electron bunch in plasmas，Laser Particle Beams，2007，25（2）：313-319.

[170] Taylor S G，F. R S. The instability of liquid surfaces when accelerated in a direction perpendicular to their planes. I，Proceedings of the Royal Society of London，1950，201（1065）：192-196.

[171] Chandrasekhar S，Gillis J. Hydrodynamic and Hydromagnetic Stability，Physics Today，1962，15（3）：58-58.

[172] Mitchner M，Landshoff R K M. Rayleigh-Taylor Instability for Compressible Fluid-s，Physics of Fluids，1964，7（7）：862-866.

[173] Glimm J，Li X L，Menikoff R，et al. The Growth and Interaction of Bubbles in Rayleigh-Taylor Unstable Interfaces[M]. Springer，New York，NY，1991：107-122.

[174] Davenport H，Lewis D J. Homogeneous Additive Equations，Proceedings of the Royal Society of London，1963，274（1359）：443-460.

[175] Sharp D H. An overview of Rayleigh-Taylor instability，Physica D：Nonlinear Phenomena，1984，12（1-3）：3-18.

[176] Waddell J T，Niederhaus C E，Jacobs J W. Experimental study of Rayleigh-Taylor instability：Low Atwood number liquid systems with single-mode initial perturbations，Physics of fluids，2001，13（5）：1263-1273.

[177] Wilkinson J P，Jacobs J W. Experimental study of the single-mode three-dimensional Rayleigh-Taylor instability，Physics of Fluids，2007，19（12）：124102：459-477.

[178] White J，Oakley J，Anderson M，et al. Experimental measurements of the nonlinear

Rayleigh-Taylor instability using a magnetorheological fluid，Physical Review E，2010，81（2）：026303.

[179] Goncharov，V. N . Analytical Model of Nonlinear，Single-Mode，Classical Rayleigh-Taylor Instability at Arbitrary Atwood Numbers，Physical Review Letters，2002，88（13）：134502.

[180] Betti R，Sanz J. Bubble acceleration in the ablative Rayleigh-Taylor instability，Physical Review Letters，2006，97（20）：205002.

[181] Sohn S I. Effects of surface tension and viscosity on the growth rates of Rayleigh-Taylor and Richtmyer-Meshkov instabilities，Physical Review E，2009，80（5）：055302.

[182] Tryggvason G. Numerical simulations of the Rayleigh-Taylor instability，Journal of Computational Physics，1988，75（2）：253-282.

[183] He X，Zhang R，Chen S，et al. On the three-dimensional Rayleigh-Taylor instability，Physics of Fluids，1999，11（5）：1143-1152.

[184] Glimmb J，Grovec J W，Lia X L，et al. A Critical Analysis of Rayleigh-Taylor Growth Rates，Journal of Computational Physics，2001，169（2）：652-677.

[185] Celani A，Mazzino A，Muratoreginanneschi P，et al. Phase-field model for the Rayleigh-Taylor instability of immiscible fluids，Journal of Fluid Mechanics，2009，622（622）：115-134.

[186] Ramaprabhu P，Dimonte G，Woodward P，et al. The late-time dynamics of the single-mode Rayleigh-Taylor instability，Physics of Fluids，2012，24（7）：200-1152.

[187] Wei T，Livescu D. Late-time quadratic growth in single-mode Rayleigh-Taylor in-stability，Physical Review E，2012，86（4）：046405.

[188] Liang H，Shi B C，Guo Z L，et al. Phase-field-based multiple-relaxation-time lattice Boltzmann model for incompressible multiphase flows.，Physical Review E，2014，89（5）：053320.

[189] Liang H. Lattice Boltzmann simulation of three-dimensional Rayleigh-Taylor instability，Physical Review E，2016，93（3-1）：033113.

[190] Lin C，Xu A，Zhang G，Et Al. Discrete Boltzmann Modeling Of Rayleigh-Taylor Instability In Two-Component Compressible Flows，Physical Review E，2017，96（5）：053305.

[191] Lai H，Xu A，Zhang G，Et Al. Nonequilibrium Thermo hydrodynamic Effects On The Rayleigh-Taylor Instability In Compressible Flows，Physical Review E，2016，94（2）：023106.

[192] Dalziel S B. Self-similarity and internal structure of turbulence induced by Rayleigh-Taylor instability，Journal of Fluid Mechanics，2000，399（399）：1-48.

[193] Young Y N，Tufo H，Dubey A，et al. On the miscible Rayleigh-Taylor instability：two and three dimensions，Journal of Fluid Mechanics，2001，447（447）：377-408.

[194] Cook A W，Dimotakis P E . Transition stages of Rayleigh-Taylor instability be-tween miscible fluids，Journal of Fluid Mechanics，2001，443：69-99.

[195] Ramaprabhu P，Andrews M J. Experimental investigation of Rayleigh Taylor mixing at small Atwood numbers，Journal of Fluid Mechanics，2004，502（502）：233-271.

[196] Ramaprabhu P，Dimonte G，Andrews M J. A numerical study of the influence of initial perturbations on the turbulent Rayleigh-Taylor instability，Journal of Fluid Mechanics，2005，536：285-319.

[197] Cabot，William H，Cook，Andrew W. Reynolds number effects on Rayleigh-Taylor instability with possible implications for type Ia supernovae，Nature Physics，2（8）：562-568.

[198] Banerjee A，Andrews M J. 3D Simulations to investigate initial condition effects on the growth of Rayleigh-Taylor mixing，International Journal of Heat Mass Transfer，2009，52（17）：3906-3917.

[199] Olson D H，Jacobs J W. Experimental study of Rayleigh-Taylor instability with a complex initial perturbation，Physics of Fluids，2009，21（3）：034103.

[200] Lim H，Iwerks J，Glimm J，et al. Nonideal Rayleigh-Taylor mixing[C]. Proceedings of the National Academy of Sciences of the United States of America，2010：12786-12792.

[201] Burton，Gregory C. Study of ultrahigh Atwood-number Rayleigh-Taylor mixing dynamics using the nonlinear large-eddy simulation method，Physics of Fluids，2011，23（4）：045106.

[202] Livescu D. Numerical simulations of two-fluid turbulent mixing at large density ratios and applications to the Rayleigh-Taylor instability，Philosophical Trans-actions of the Royal Society A：Mathematical，Physical and Engineering Sciences，2013，371（2003）：20120185.

[203] Bhanesh A，Devesh R. Dynamics of buoyancy-driven flows at moderately high At-wood numbers，Journal of Fluid Mechanics，2016，795：313-355.

[204] Wei Y，Dou H S，Qian Y，et al. A novel two-dimensional coupled lattice Boltzmann model for incompressible flow in application of turbulence Rayleigh-Taylor instability，Computers Fluids，2017，156：97-102.

[205] Biferale L，Boffetta G，Mailybaev A A，et al. Rayleigh-Taylor turbulence with singular nonuniform initial conditions，Physical Review Fluids，2018，3（9）：092601.

[206] Wei Y，Dou H S，Qian Y，et al. A novel two-dimensional coupled lattice Boltzmann model for incompressible flow in application of turbulence Rayleigh-Taylor instability，Computers Fluids，2017，156：97-102.

[207] Abarzhi S I，Gorobets A，Sreenivasan K R. Rayleigh-Taylor turbulent mixing of immiscible，miscible and stratified fluids，Physics of Fluids，2005，17（8）：081705.

[208] Sohn S I，Baek S. Bubble merger and scaling law of the Rayleigh-Taylor instability with surface tension，Physics Letters A，2017，381（45）：3812-3817.

[209] Youngs D L. Numerical simulation of turbulent mixing by Rayleigh-Taylor instability，Physica D：Nonlinear Phenomena，1984，12（1-3）：32-44.

[210] Glimm J，Li X L，Menikoff R，et al. A numerical study of bubble interactions in Rayleigh-Taylor instability for compressible fluids，Physics of Fluids A：Fluid Dynamics，1990，2（11）：2046-2054.

[211] Dimonte G，Schneider M. Turbulent Rayleigh-Taylor instability experiments with variable acceleration，Physical Review E，1996，54（4）：3740.

[212] Schneider M B，Dimonte G，Remington B. Large and small scale structure in Rayleigh-Taylor mixing，Physical Review Letters，1998，80（16）：3507.

[213] Alon U，Hecht J，Ofer D，et al. Power laws and similarity of Rayleigh-Taylor and Richtmyer-Meshkov mixing fronts at all density ratios，Physical Review Letters，1995，74（4）：

534.

[214] Clark T T. A numerical study of the statistics of a two-dimensional Rayleigh-Taylor mixing layer，Physics of Fluids，2003，15（8）：2413-2423.

[215] Dimonte G. Dependence of turbulent Rayleigh-Taylor instability on initial perturbations，Physical Review E，2004，69（5）：056305.

[216] Chertkov M，Kolokolov I，Lebedev V. Effects of surface tension on immiscible Rayleigh-Taylor turbulence，Physical Review E，2005，71（5）：055301.

[217] Young Y N，Ham F E. Surface tension in incompressible Rayleigh-Taylor mixing flow，Journal of Turbulence，2006 7（71）：1-24.

[218] Liang H，Xu J，Chen J，et al. Phase-field-based lattice Boltzmann modeling of large-density-ratio two-phase flows，Physical Review E，2017，97（3）：033309.

[219] Liang H，Liu H，Chai Z，et al. Lattice Boltzmann method for contact-line motion of binary fluids with high density ratio，Physical Review E，2019，99（6）：063306.

[220] Liang H，Li Y，Chen J，et al. Axisymmetric lattice Boltzmann model for multiphase flows with large density ratio，International Journal of Heat and Mass Transfer，2019，130：1189-1205.

[221] 何雅玲，王勇，李庆. 格子 Boltzmann 方法的理论及应用[M]. 北京：科学出版社，2009：31-141.

[222] Lallemand P，d' Humieres D，Luo L S，et al. Theory of the lattice Boltzmann method：three-dimensional model for linear viscoelastic fluids，Physical Review E，2003，67（2）：021203.

[223] Youngs D L. Modelling turbulent mixing by Rayleigh-Taylor instability，Physica D：Nonlinear Phenomena，1989，37（1-3）：270-287.

[224] Dimonte G，Schneider M. Density ratio dependence of Rayleigh-Taylor mixing for sustained and impulsive acceleration histories，Physics of Fluids，2000，12（2）：304-321.

[225] Jacqmin D. Calculation of Two-Phase Navier-Stokes Flows Using Phase-Field Modeling，Journal of Computational Physics，1999，155（1）：96-127.

[226] Ding H，Spelt P D M，Shu C. Diffuse interface model for incompressible two-phase flows with large density ratios，Journal of Computational Physics，2007，226（2）：2078-2095.

[227] Guo Z，Chang S. Lattice Boltzmann Method and Its Applications in Engineering [M].2013.

[228] Wei Y，Wang Z，Yang J，et al. A simple lattice Boltzmann model for turbulence Rayleigh-B'enard thermal convection，Computers Fluids，2015，118：167-171.

[229] Wei Y，Dou H S，Wang Z，et al. Simulations of natural convection heat transfer in an enclosure at different Rayleigh number using lattice Boltzmann method，Computers Fluids，2016，124：30-38.

[230] Wei Y，Wang Z，Qian Y. A numerical study on entropy generation in two-dimensional Rayleigh-B'enard convection at different Prandtl number，Entropy，2017，19（9）：443.

[231] Huang Z，De L A，Atherton T J，et al. Rayleigh-Taylor instability experiments with precise and arbitrary control of the initial interface shape，Physical Review Letters，2007，99（20）：204502.

[232] Kolmogoroff A. The local structure of turbulence in an incompressible viscous fluid for very large Reynolds numbers，Proceedings Mathematical Physical Sciences，1991，434（1890）：9-13.

[233] Sreenivasan K R. On the scaling of the turbulence energy dissipation rate，Physics of Fluids，1984，27：1048-1051.

[234] Ramaprabhu P，Andrews M J. On the initialization of Rayleigh-Taylor simulation-s，Physics of Fluids，2004，16（8）：59-62.

[235] Mueschke N J，Schilling O. Investigation of Rayleigh-Taylor turbulence and mixing using direct numerical simulation with experimentally measured initial conditions. I. Comparison to experimental data，Physics of Fluids，2009，21（1）：014106.

[236] Mueschke N J，Schilling O. Investigation of Rayleigh-Taylor turbulence and mixing using direct numerical simulation with experimentally measured initial conditions. II. Dynamics of transitional flow and mixing statistics，Physics of Fluids，2009，21（1）：014107.

[237] Dimonte G，Youngs D L，Dimits A，et al. A comparative study of the turbulent Rayleigh-Taylor instability using high-resolution three-dimensional numerical simulations：The Alpha-Group collaboration，Physics of Fluids，2004，16（5）：1668-1693.

反侵权盗版声明